AF898413

STUDIA LEIBNITIANA · SONDERHEFT 14

STUDIA LEIBNITIANA

SONDERHEFT 14

FRANZ STEINER VERLAG WIESBADEN GMBH
STUTTGART 1986

300 JAHRE „NOVA METHODUS"
VON G. W. LEIBNIZ (1684-1984)

SYMPOSION DER LEIBNIZ-GESELLSCHAFT
IM CONGRESSCENTRUM „LEEWENHORST"
IN NOORDWIJKERHOUT (NIEDERLANDE),
28. BIS 30. AUGUST 1984

HERAUSGEGEBEN VON

ALBERT HEINEKAMP

FRANZ STEINER VERLAG WIESBADEN GMBH
STUTTGART 1986

Das Symposium wurde ermöglicht durch:
die Koninklijke Nederlandse Akademie van Wetenschappen
das Institut Français des Pays Bas, Den Haag
die Botschaft der Bundesrepublik Deutschland, Den Haag
die E. W. Beth Stichting
die Vertrouwenscommissie van het Wiskundig Genootschap

Die Drucklegung der Akten wurde gefördert mit Hilfe von
Forschungsmitteln
des Landes Niedersachsen
und mit Hilfe von Mitteln
der Louise Thyssen Schoube-stichting

CIP-Kurztitelaufnahme der Deutschen Bibliothek
300 **[Dreihundert] Jahre „Nova methodus" von G. W. Leibniz (1684–1984)** : Symposion d. Leibniz-Ges. im Congresszentrum „Leewenhorst" in Noordwijkerhout (Niederlande), 28. – 30. August 1984 / hrsg. von Albert Heinekamp. – Stuttgart : Steiner-Verlag-Wiesbaden-GmbH, 1986.

(Studia Leibnitiana : Sonderheft ; 14)

ISBN 3-515-04470-1

NE: Heinekamp, Albert [Hrsg.]; Gottfried-Wilhelm-Leibniz-Gesellschaft; Studia Leibnitiana / Sonderheft

INHALT

Zur Einführung

Leibniz' bedeutendste und folgenreichste Leistung im wissenschaftlichen Bereich ist wohl die Erfindung der Infinitesimalrechnung. Denn sie stellt allgemeine und leicht zu handhabende Verfahren zur Berechnung all der Kurven, Flächen und Körper zur Verfügung, die sich nicht auf gerade Linien zurückführen lassen. Eben diese mathematischen Gebilde spielen in der Natur eine große Rolle. Die Wurfbahn eines Geschosses, die Haltetaue einer Hängebrücke, aber auch die Bremszeit eines Autos – um nur ein paar Beispiele zu nehmen – beschreiben Kurven dieser Art. Mit Recht hat Leibniz immer wieder betont, durch seinen neuen Kalkül werde die Trennwand zwischen der Mathematik und der Physik niedergerissen. Leibniz hat als einer der ersten klar erkannt, daß die mathematischen Gesetzlichkeiten, gemäß denen Gott nach einer alten christlichen Lehre die Welt erschaffen hat („omnia in mensura, et numero et pondere disposuisti", Sap. XI, 21), vor allem im Sinne der neueren Mathematik zu verstehen seien. Daher betrachtete er es als vornehmste Aufgabe der Naturwissenschaften, diese Gesetzlichkeiten aufzuspüren; denn man bedürfe ihrer dringend, „en appliquant les Mathématiques à la Physique, parce que le caractère de l'Auteur infini entre ordinairement dans les opérations de la nature" (GM V, 308). Ihre Kenntnis ist seiner Meinung nach nicht nur eine unerläßliche Voraussetzung für die Beherrschung der Natur, sondern sie ist auch ein Eindringen in den Schöpfungsplan Gottes und damit ein wichtiges Mittel zur Vervollkommnung des menschlichen Geistes.

Die bahnbrechenden Entdeckungen gelangen Leibniz innerhalb weniger Tage im Oktober 1675 in Paris. Es vergingen jedoch genau neun Jahre, ehe Teilergebnisse der Öffentlichkeit bekannt wurden. Leibniz wählte dafür die seit zwei Jahren in Leipzig erscheinende erste namhafte deutsche wissenschaftliche Zeitschrift, die *Acta Eruditorum*. Der nur sieben Seiten umfassende Aufsatz *Eine neue Methode für Maxima und Minima sowie für Tangenten, die weder vor gebrochenen noch irrationalen Größen Halt macht, und eine besondere Rechenart für sie* erschien im Oktoberheft des Jahrgangs 1684.

Aus Anlaß der 300. Wiederkehr dieses Ereignisses[1] fand vom 28. bis 30. August 1984 in Noordwijkerhout in der Nähe von Leiden ein Symposion statt. Einge-

1 Die 300. Wiederkehr des Erscheinens der *Nova methodus* war Anlaß zu einigen Publikationen. Erwähnt seien Pascal DUPONT u. Clara Silvia ROERO: *Leibnitz 1984*, Torino 1984 (= *Quaderni di matematica*, n. 56, dicembre 1983). Es handelt sich um eine italienische Übersetzung der *Nova methodus* mit fortlaufendem Kommentar. – Enrico GIUSTI: *A tre secoli dal calcolo*, in: *Bollettino della Unione Matematica Italiana*, Ser. VI., vol. 3-A, Bologna 1984, S. 1–55. – S. H. HOLLINGDALE: *Leibniz and the first publication of the Calculus in 1684*, in: *Bulletin of the Institute of Mathematics and its Application, Southend-on-Sea, Essex*, vol. 21, 5/6 (1985) S. 88–94.

laden hatten die Leibniz-Gesellschaft und das aus vier Wissenschaftlern (Prof. Dr. H. Freudenthal, Utrecht; Prof. Dr. H. J. M. Bos, Universität Utrecht; Dr. S. B. Engelsman, Museum Boerhaave, Leiden; R. Schaer, Institut Français des Pays Bas, Den Haag) bestehende niederländische Organisationskomitee. Dabei oblag dem Organisationskomitee die Hauptlast der Vorbereitung und Durchführung. Es hatte im Congrescentrum „Leeuwenhorst" einen idealen Ort für die Beherbergung von Symposien ausfindig gemacht und sorgte mit bewundernswerter Umsicht und Geduld dafür, daß es keinem der etwa 40 Teilnehmer aus verschiedenen europäischen Ländern und aus Übersee an irgendetwas fehlte. Die Teilnehmer schulden den Veranstaltern besonderen Dank für ein Konzert mit Musik des 17. Jahrhunderts im Landsitz der Familie Huygens in Hofwijck und für eine Führung durch das Boerhaave-Museum in Leiden. Die reichen Bestände dieses Museums vermitteln ein lebendiges Bild von der Entwicklung der Wissenschaften. Einen besonders starken Eindruck hinterließen die verschiedenen von Christiaan Huygens gebauten Pendeluhren sowie die Mikroskope, mit denen Antonie van Leuwenhoek erste Blicke in die Wunderwelt des mit bloßem Auge nicht wahrnehmbaren Lebens warf.

Professor Dr. W. T. van Est übermittelte den Anwesenden Grüße der Koninklijken Nederlandsen Akademie van Wetenschapen und wünschte der Tagung einen guten Verlauf. Professor Dr. H. Freudenthal eröffnete die Sitzung und hob hervor, daß das Symposion nicht nur aufgrund der internationalen Beteiligung beispielhaft sei für übernationale Kooperation der Wissenschaften, sondern auch durch die Finanzierung, an der sich niederländische, französische und deutsche Institutionen beteiligten. Es war ihm eine besondere Freude, daß der Conseiller Culturel, M. de Rochefeuille, und der Kulturattaché, Dr. Kliesow, anwesend sein konnten; denn für die durch Leibniz herbeigeführte Revolution der Wissenschaften könne Frankreich die geistige und Deutschland die physische Vaterschaft beanspruchen. Die historische Auseinandersetzung mit dieser Revolution könne sich auf Leibniz berufen, welcher geschrieben habe: „Die Erkenntnis der wirklichen Ursprünge von denkwürdigen Erfindungen ist nicht nur dazu nützlich, daß die Wissenschaftsgeschichte jedem das Seine zuerkennt und andere zu ebenbürtigen Leistungen einlädt, sondern auch dazu, daß die Kunst der Erfindung dadurch erweitert wird, daß die Methode an berühmten Beispielen erkannt wird" (GM V, 392).

In den Referaten, deren Texte in diesem Heft zusammengefaßt sind, wurden die verschiedenen Aspekte der Leibnizschen Erfindung von Vertretern verschiedener Disziplinen (Mathematik, Wissenschaftsgeschichte, Philosophie und Geschichte) gewürdigt. Schon wegen des interdisziplinären Charakters des Symposions konnten die einzelnen Referenten sich nicht zu sehr in die Besonderheiten des von ihnen vertretenen Faches verlieren. Die sich an die Referate anschließenden Diskussionen verliefen in der Regel lebhafter als bei Fachsymposien. – Die Referate können drei Themengruppen zugeordnet werden:

a) Zur Vorgeschichte der *Nova Methodus*

Ein zentrales Thema der Infinitesimalrechnung ist die Bestimmung von Tangenten an Kurven. Die Entwicklung dieses Problems von seiner allgemeinen Formulierung im Rahmen der Cartesischen Geometrie bis zur vollständigen, auch die transzendenten Kurven (d. h. Kurven, deren Gleichung nicht durch rationale Zahlen oder Wurzelausdrücke lösbar ist) einschließenden Lösung in der *Nova Methodus* verfolgt Enrico Giusti. Am Anfang dieser Entwicklung steht Descartes; denn die von ihm eingeführte Algebra bewirkte, daß die Kurven nicht mehr durch ihre Konstruktion definiert werden müssen, sondern auch durch ihre algebraische Formel ausgedrückt werden können. Dadurch wurde es möglich, die Eigenschaften einer Kurve anhand ihrer Bestimmungsgleichung zu untersuchen. Weiterentwickelt wurde die Behandlung der Tangentenprobleme vor allem durch die Verfahren von Fermat, durch die kinematisschen Theorien von Torricelli und Roberval, durch die Methoden von Hudde, Sluse, Huygens und Barrow sowie durch die bisher wenig untersuchten Rechnungsverfahren von Tschirnhaus.

Zum Bekanntwerden der Cartesischen Mathematik haben die Niederlande wesentlich beigetragen, wie Jan van Maanen darlegt. Arbeiten von niederländischen Mathematikern (van Schooten und seine Schüler) und Kontakte zu einigen von ihnen (Ferguson, Hudde, Huygens) haben Leibniz' Entwicklungsgang als Mathematiker stark beeinflußt. Van Maanen behandelt drei Themen: 1. die zentrale Bedeutung der praktischen Mathematik am Anfang des 17. Jahrhunderts, 2. das neue Publikum, das die Mathematik aus der Schicht der Regenten und besitzenden Bürger im Laufe des Jahrhunderts anzog. Bei dieser Schicht wurde sie in immer steigendem Maße zu einem unverzichtbaren Teil der Allgemeinbildung. Um 1650 entstanden damit in Leiden (im Zusammenhang mit dem großen persönlichen Interesse, das van Schooten an der Cartesischen Geometrie nahm) die Untersuchungen, die für die Entwicklung der Infinitesimalrechnung sehr wichtig geworden sind, 3. die Lage um 1680, als die „praktische Tradition" fortwährte und die Cartesische Geometrie zwar in manchen Lehrbüchern und Vorlesungen das Endziel des Unterrichts, aber nicht mehr der Anfang neuer Forschungen war.

Zu den Wegbereitern der Infinitesimalrechnung gehört auch Cavalieris Indivisiblenmethode, welcher Kirsti Andersens Beitrag gewidmet ist. Ihr geht es vor allem darum, die Besonderheiten von Cavalieris Methode der Integration vorzustellen und von später eingeführten Verfahren, mit denen sie oft verwechselt wird, abzuheben. Cavalieris Begriff der Indivisiblen oder der „omnes lineae" bezeichnet eine geometrische Größe, die weder die Fläche der Figur ist noch eine Annäherung an sie, sondern die Gesamtheit von Linien einer Fläche, die als Größen verstanden werden. Seine Methode war rein geometrisch. Später wurde „Methode der Indivisiblen" ein Sammelname für Integrationsmethoden ohne Rücksicht auf ihre Fundierung. „Omnes lineae" wurde zu einer Bezeichnung für eine Summe von Linien oder von infinitesimalen Rechtecken. Genau in diesem Sinne gebrauchte Leibniz zunächst „omn." und später $\int$ als Abkürzung für „omnes". Bei der Herausarbeitung dieses neuen Begriffs von „omnes lineae" spielten nach Andersen

Torricelli, Roberval und Pascal eine wichtige Rolle. Die Verfahren von H. Fabri und Gregorius a Sancto Vincentio werden von ihr nicht in die Diskussion einbezogen.

Die drei Beiträge zeigen, daß bereits um 1660 Verfahren, mit denen in gewissen Fällen Tangenten und Extremwerte bestimmt werden können, bekannt waren. Es gab jedoch keine universell anwendbare Methode, die auf direktem Wege bei allen mathematischen Kurven zum Erfolg führte. Diese Methode entdeckte Leibniz, und zwar nach Newton, aber unabhängig von ihm.

b) Die *Nova Methodus* und die Weiterentwicklung der Infinitesimalrechnung durch Leibniz

Die von Hein-Jürgen Heß veröffentlichten Leibniz-Texte dokumentieren, daß Leibniz bereits im November 1676 über ein breites Wissen auf dem gesamten Gebiet der Infinitesimalrechnung und der Differentialgleichungslehre verfügte. In der *Nova Methodus* wird jedoch nur ein Teil dieses Wissens mitgeteilt: fast alle Differentiationsregeln und ihre Anwendung bei der Bestimmung von Tangenten, bei der Lösung von Extremwertaufgaben und bei der Behandlung von inversen Tangentenproblemen. Zugleich bemüht sich Leibniz um eine geometrische Interpretation des Kalküls und deutet erste Grundzüge einer Kurvendiskussion mit Hilfe der Differentialrechnung an. Im Gegensatz zu einigen der beigegebenen Leibniz-Texte wird in der *Nova Methodus* die Integralrechnung nicht erwähnt. Wie Heß zeigt, gab es mehrere Gründe, die Leibniz 1684 veranlaßten, diesen Ausschnitt seines Wissens mitzuteilen.

Mit der Infinitesimalrechnung schuf Leibniz eine Rechenart, die von grundlegender Bedeutung für die weitere Entwicklung der Mathematik war. Jedoch darf man nicht übersehen, daß die heute angewandten Methoden sich in wichtigen Punkten von denen Leibnizens unterscheiden. Die Unterschiede betreffen, wie H. J. M. Bos darlegt, den Gegenstandsbereich, die Grundoperation und die Auffassung der Variablen. Am wichtigsten ist wohl, daß Leibniz' Kalkül der Begriff der Funktion fehlt und daß die Differentiale unbestimmt sind (d. h. die Differentiale können mit einer gewissen Willkür gewählt werden). Um diese Besonderheit des Leibnizschen Kalküls zu verdeutlichen, untersucht Bos die der Theorie zugrunde liegenden Begriffe Variable, Kurve, Differential, Summe oder Integral und Progression der Variablen. Er betont, daß Leibniz' Kalkül trotz der grundlegenden Unterschiede zu den modernen eine eigentümliche, kohärente, tiefe und schöne Theorie ist.

Die Einführung der Inifinitesimalrechnung bedeutete eine Erweiterung des in der Mathematik zulässigen Objektbereichs, und zwar um den Bereich des Transzendenten. Diese Erweiterung ist Gegenstand des Aufsatzes von Herbert Breger. Hatte Descartes die Mathematik auf algebraische Kurven (d. h. Kurven, die mit den von ihm zugelassenen Kostruktionsgeräten dargestellt werden können) eingeschränkt und die nichtalgebraischen der Mechanik zugeordnet, so ging es Leibniz gerade um die mathematische Erfassung dieser Kurven (vor allem für Quadraturen). Zu diesem Zweck entwickelte er drei Rechnunsgarten: Differentialgleichungen, die Rechnung mit unendlichen Reihen und die Rechnung mit Gleichungen, deren Unbekannte bzw. Variable im Exponent vorkommt. Ihnen entspricht eine besondere Art von Größen, die Leibniz quantitates transcendentes nennt. Durch die Einführung dieser Größen wird das Kontinuum zu einem legitimen Objekt der Mathematik. Die Trennwand zwischen Geometrie und Mechanik wird beseitigt, sämtliche mathematischen Größen werden untereinander kommensurabel. Erkauft wird dieses Verfahren durch eine Lockerung der Exaktheitsforderung, die die Mathematik seit der Antike bestimmte.

Eric J. Aiton untersucht die drei kurzen Aufsätze, die Leibniz auf seiner großen Italienreise verfaßte und die zu Beginn des Jahres 1689 in den *Acta Eruditorum* erschienen. Es geht in ihnen um optische Linien, Bewegung in Widerstand leistenden Medien und die Ursachen der Planetenbewegungen. Die meisten dieser Themen waren bereits von anderen Autoren (Newton und Huygens) behandelt worden. Leibniz griff sie auf, als er durch eine Besprechung in den *Acta Eruditorum* von Newtons *Principia* Kenntnis erhielt, um seine eigenen Beiträge zu diesen Themen zu dokumentieren, ehe es zu spät war. Die Aufsätze sind zwar nicht frei von Fehlern; sie eröffnen aber neue Möglichkeiten der Anwendung der Differentialrechnung auf physikalische Probleme. Da es Leibniz weniger um die Resultate ging als um Methoden, überließ er die weitere Untersuchung der optischen, ballistischen und planetarischen Probleme seinen Freunden. Aufgrund seiner Ermunterungen gelangten diese zu beachtlichen Ergebnissen, die die Leistungsfähigkeit seiner neuen Rechnungsart unter Beweis stellten.

Ein weiteres Beispiel für diese Leistungsfähigkeit ist die „series universalissima", die im Briefwechsel mit Johann Bernoulli in den Jahren 1694 und 1695 diskutiert wird. Leibniz hatte diese Reihe, von der er glaubte, daß sie ein allgemeiner Ausdruck für alle Quadraturen und Rektifikationen sei, bereits in Paris gefunden. Lenore Feigenbaum legt dar, daß die Leibnizsche Reihe äquivalent ist mit der später von Brook Taylor veröffentlichten und nach ihm benannten; sie stellt eine Funktion als unendliche Potenzreihe dar, wobei die Ableitungen der Funktion als Koeffizienten auftreten.

Hans Freudenthals Beitrag handelt nicht unmittelbar über die Infinitesimalrechnung. Die Beschäftigung mit dem Kontinuitätsprinzip, das seinen Ursprung in mathematischen Überlegungen hat, führt den Autor zu Problemen der Anwendung dieses Prinzips in Leibniz' Kritik an Descartes' Gesetzen des elastischen Stoßes und der Erhaltung der Bewegung. Freudenthal glaubt, in den entsprechenden Schriften eine Menge von bizarren Widersprüchen, die in mangelnder begrifflicher Klarheit und in nicht hinreichend scharfer Unterscheidung der Fälle ihren Grund haben, nachweisen zu können.

Yvon Belaval und André Robinet versuchen den Ort, der der *Nova Methodus* in Leibniz' Denken zukommt, zu bestimmen. Belaval sieht in ihr die Krönung der Leibnizschen Bemühungen um eine Kunst der Erfindung und der Gewißheit, zu deren ersten Resultaten die *Dissertatio de Arte Combinatoria* gehörte. ‚Erfindungskunst' ist hierbei freilich nicht im Sinne einer einfachen Analyse und Synthese von Begriffen zu verstehen, sondern im Sinne des In-Beziehung-Setzens unterschiedlicher Bereiche aufgrund von Analogien. Gemeint ist wohl vor allem „Leibniz' Prinzip", daß die Regeln des Endlichen auch im Unendlichen Geltung behalten und umgekehrt (vgl. auch Laugwitz, S. 232). Zur Erfindungskunst im Leibnizschen Sinne gehört ferner die Suche nach möglichst adäquaten Zeichensystemen. Von dem Bemühen um die ars inveniendi erhoffte Leibniz Hilfe bei der Beschäftigung mit metaphysischen Fragen, wenn er auch deutlich gesehen hat, daß die Gegenstände der Metaphysik weder der empirischen Erfahrung noch – wie die der Mathematik – der „imaginatio" zugänglich sind. Vor allem hierin ist nach Belaval die Bedeutung der *Nova Methodus* für die Entwicklung der Leibnizschen Metaphysik zu suchen.

André Robinet fragt nach der Konzeption der Mathematik, die der *Nova Methodus* zugrunde liegt, und nach ihrer Stellung in der Geschichte des mathematischen Denkens von Leibniz. Er unterscheidet vier verschiedene Auffassungen der Mathematik in Leibniz' Entwicklung, welche er mit Leibniz „Speciosae" nennt. Diese Unterscheidung wird in Robinets Buch *Architectonique disjonctive* (1986) näher begründet. Die Infinitesimalrechnung bildet die dritte Konzeption. Sie wird später abgelöst von einer Auffassung, die Robinet als mathesis universalis bezeichnet. Gemeinsam ist den vier Konzeptionen, daß die Mathematik nach ihnen über fiktive Gegenstände handelt. Dadurch unterscheidet sie sich von der Metaphysik, deren Gegenstände existierende Dinge sind. Die Gegenstände der Mathematik sind ferner vorstellbar, während die der Metaphysik intelligibel sind. Kennzeichnend für Leibniz' Denken über Mathematik ist die Zunahme an Abstraktheit und Universalität. Leibniz bemühte sich, die Fundamente immter tiefer zu legen, indem er die Zahl der unbewiesenen Axiome und undefinierten Begriffe auf ein Mindestmaß zu reduzieren versuchte. Den Höhepunkt dieses Prozesses bilden die *Initia rerum mathematicarum metaphysica* (1715), in welchen Leibniz sogar die Begriffe des Raumes und der Zeit definiert. Der Mathematik als der Lehre von der Quantität wird hier die Lehre von ursprünglichen Formen vorgelagert. Diesen Schriften der späten Zeit entsprechen Leibniz' Programme einer metaphysischen Grundlegung der Mathematik.

c) Zur Rezeptionsgeschichte der *Nova Methodus*

Nicht nur wegen der Neuheit der Verfahren wurde Leibniz' Schrift bei ihrem Erscheinen kaum zur Kenntnis genommen. Die Kargheit der Leibnizschen Ausführungen und einige sinnstörende Bezeichnungsfehler (vgl. Heß, vor allem S. 65) erschwerten ungeübten Lesern das Verständnis. Nur sehr wenigen Mathematikern gelang es, sich mit den neuen Methoden vertraut zu machen. In der Geschichte der Rezeption der Differentialrechnung in der Frühzeit sind auffallende Unterschiede zwischen den verschiedenen Ländern zu beobachten. Italien gehört – wie Luigi Pepe darlegt – zu den Ländern, in denen die Infinitesimalrechnung verhältnismäßig früh bekannt wurde[2]. Bereits um die Jahrhundertwende gab es eine Anzahl von Wissenschaftlern, die mit Leibniz' Kalkül gut vertraut waren: Grandi (in Pisa), E. und G. Manfredi, Stancari, Verzaglia (in Bologna), Poleni, J. Riccati und Conti (in Padua), etwas später Fagnano (in Semigallia) und Galiani (in Neapel). Einige dieser Mathematiker standen mit Leibniz im Briefwechsel. Die Universität Padua, an welcher Jakob Hermann von 1707 bis 1713 und Nikolaus Bernoulli von 1716 bis 1719 lehrten und deren Professoren Guglielmini und Fardella mit Leibniz in enger Verbindung standen, spielte eine wichtige Rolle bei der Vermittlung der Differentialrechnung. Eine kurze Zeit übernahm Italien (vor allem durch G. Manfredi, Riccati und Fagnano) die Führung in der Weiterentwicklung der neuen Rechenart. Erst um 1720 wurde auch Newtons Fluxionsrechnung in Italien bekannt, und der Einfluß der Infinitasimalrechnung trat zurück.

Im Gegensatz zu Italien spielen die Niederlande bei der Weiterentwicklung der Differentialrechnung kaum eine Rolle. Daran änderte auch die Lehrtätigkeit Johann Bernoullis in Groningen nichts. Dieser Sachverhalt mag überraschen, wenn man sich den Anteil, der den niederländischen Mathematikern bei der Wegbereitung der Infinitesimalrechnung zukommt, vergegenwärtigt. Michael P e t r y begnügt sich in seinem Beitrag nicht mit der Feststellung, daß es in den Niederlanden gegen Ende des 17. Jhs. kaum schöpferische Mathematiker gab, sondern er sucht dieses Faktum aus der Situation der Wissenschaften in diesem Lande zu erklären. Den tieferen Grund glaubt er in einem Wandel des wissenschaftlichen Interesses finden zu können. Nach dem Niedergang des Cartesianismus hatte sich das Interesse unter dem Einfluß Englands (vor allem Bacons, Newtons und der Royal Society) auf empirische Forschung verlagert. Ablehnung deduktiver Verfahren, Beschränkung auf das empirisch Gegebene und Exaktheit waren die Leitgedanken der in den Generalstaaten weit verbreiteten Experimentalphilosophie. Diese Ausrichtung der Forschung wird an Huygens' Einstellung zum Calculus deutlich erkennbar. Trotz seiner engen Beziehung zu Leibniz konnte er sich erst in den 90er Jahren kurz vor seinem Tod überwinden, Leibniz' Veröffentlichungen genauer durchzuarbeiten. Ein Anhänger der neuen Rechnungsart wurde er jedoch nicht.

Aus der Ausrichtung der Philosophie auf das empirisch Gegebene erklärt sich auch die Ablehnung der Metaphysik. In den Zeitschriften war Leibniz vor allem als Gegner und Kritiker des Descartes in Erscheinung getreten. Deshalb wurde er ebenso wie Spinoza als Cartesianer betrachtet und mit Descartes abgelehnt. Aufschlußreich ist in diesem Zusammenhang der Briefwechsel mit Burchard de Volder, welchem der Aufsatz von George Macdonald R o s s gewidmet ist. Obgleich die Infinitesimalrechnung den Anlaß für den Briefwechsel gegeben hat und obgleich

2 Zur Rezeption der Infinitesimalrechnung in Italien vgl. auch Franco PALLADINO: *Origine e diffusione del calcolo differenziale in Italia*, in: *Giornale critico della filosofia italiana* 63 (1984) S. 377–405 u. André ROBINET: *Leibniz et les mathématiciens italiens*, in: *Symposia mathematica*, vol. 27 (1985) S. 101–121. Robinet handelt vor allem über den Briefwechsel mit Guido Grandi und hebt hervor, daß Leibniz Grandis mathematische Fähigkeiten nicht sehr hoch einschätze.

metaphysische Probleme ausführlich erörtert werden, wird die Monadenlehre nicht erwähnt. Leibniz legte hier offensichtlich Wert darauf, daß die Grenzen nicht verwischt werden. Aus diesem Grunde ist es – das sei am Rande bemerkt – unangemessen, eine allzu enge Verbindung zwischen der Infinitesimalrechnung und der Monadenlehre anzunehmen[3], wie es in neueren Publikationen oft geschieht. Die in diesem Briefwechsel erörterten metaphysischen Lehren werden nicht als Deduktionen aus unbezweifelbaren Axiomen dargeboten, sondern als Ergebnis einer Analyse einer großen Anzahl scheinbar widersprüchlicher Phänomene. Leibniz trägt seine Überzeugungen nicht dogmatisch vor, sondern er knüpft an de Volders Überzeugungen an. Obgleich sich Leibniz geschickt auf den Partner einstellte, hat er keinen nachhaltigen Einfluß auf dessen Denken ausgeübt.

Die in den Niederlanden verbreiteten Vorbehalte gegen die Infinitesimalrechnung werden von dem „theological positivist" Bernard Nieuwentijt deutlich ausgesprochen. Nieuwentijt war ein reformierter Theologe und gründete nach dem Vorbild der Royal Society eine wissenschaftliche Gesellschaft zur Verbreitung des Interesses an der empirischen Forschung. Sein Anliegen war es, die Größe Gottes in der Natur zu erkennen (vgl. Petry, S. 223). Wie B. P. Vermeulen nachweist, bestritt er nicht die Nützlichkeit der Differentialrechnung, seine Kritik richtete sich gegen ihre Begründung und Konsistenz. Er war davon überzeugt, daß zumindest die Annahme von Differentialen höherer Ordnung zu Widersprüchen führe; denn mit ihnen würden unendlich kleinen Größen die Eigenschaften endlicher Größen zugeschrieben; und dadurch würden Endliches und Unendliches vermengt. Dagegen trug er auch aus theologischen Gründen Bedenken. Im Gebrauch von Differentialen höherer Ordnung setzt man nach seiner Meinung voraus, daß der Mensch fähig ist, das Unendliche zu begreifen, und das könnte – wie er glaubte – den Spinozismus stützen.

Eine ähnliche Kritik an der Infinitesimalrechnung findet sich bei George Berkeley. Wie Wolfgang Breidert darlegt, ging es ihm darum, die Mathematik nur insoweit zuzulassen, wie sie auf sinnlich Erfahrbares begründet werden kann. Außerdem widersprachen die neuen Rechenverfahren seinem Exaktheitsideal, und er fürchtete ähnlich wie Nieuwentijt, daß die Infinitesimalmethoden durch die Einführung des Unendlichen zur Theologie, welche die Unendlichkeit Gottes zum Gegenstand hat, in Konkurrenz treten könnten. Berkeleys Kritik hat den Siegeszug der neuen Verfahren nicht aufgehalten, sie hat jedoch Anlaß gegeben, die Grundlagen der Differentialrechnung zu überdenken und zu verbessern.

Größere Verwirrung unter den Gelehrten des 17. und 18. Jahrhunderts stiftete der Prioritätsstreit zwischen Leibniz und Newton um die Entdeckung der Infini-

3 Leibniz schreibt zwar: „Et haec nova inventa mathematica partim lucem accipient a nostris philosophematibus, partim rursus ipsis auctoritatem dabunt" (an Fardella, 3./13. Sept. 1696, LEIBNIZ: *Nouvelles lettres et opuscules*, ed. A. FOUCHER DE CAREIL, Paris 1857, S. 328), auf der anderen Seite betont er jedoch: „On n'a point besoin de faire dependre l'analyse Mathématique des controverses métaphysiques." (an Varignon, 2. Febr. 1702, GM IV, 91).

tesimalrechnung. Heute hat sich die Auffassung durchgesetzt, daß beide ihren Kalkül unabhängig voneinander erfunden haben. Alfonso Pérez de Laborda vergleicht beide Rechnungsarten miteinander. Newtons Fluxionsrechnung ist zur Behandlung physikalischer Probleme erfunden, und dies findet in der entsprechenden Terminologie seinen Ausdruck. Der Leibnizsche Kalkül verfügt über die überlegene Notation und Bezeichnungsweise und fand daher schnellere Verbreitung. Beide Kalküle sind jedoch gleich leistungsfähig.

Ein besonders interessantes Zwischenspiel in der Auseinandersetzung zwischen Leibniz und Newton behandelt Steven B. Engelsman. Um die Überlegenheit seines Kalküls über die Newtonsche Fluxionsrechnung sichtbar zu machen, stellte Leibniz im Dezember 1715 den englischen Mathematikern das Problem, Orthogonaltrajektorien einer gegebenen Kurvenschar (d. h. Kurven, die sämtliche Kurven der gegebenen Schar unter einem rechten Winkel schneiden) zu bestimmen. Leibniz' Erwartungen gingen nicht in Erfüllung, weil er zunächst versäumt hatte, ein allgemeines Verfahren zu fordern, und später entsprechend einem Vorschlag von Johann Bernoulli die Aufgabenstellung abwandelte. Engelsman geht der Frage nach, weshalb Leibniz gerade diese Aufgabe wählte und weshalb sein Plan scheiterte. Er kommt zu dem Ergebnis, daß der Grund für das Fehlschlagen nicht in dem Problem selbst lag, sondern in der Regie. „Der Regisseur Leibniz war über das Können seines Hauptakteurs Johann Bernoulli nur unvollständig informiert; er hatte ihm eine Rolle zugedacht, die seine Kräfte überstieg." Erst 1719 fand Nikolaus I Bernoulli die von Leibniz angestrebte Lösungsart, die von den Zeitgenossen jedoch völlig unbeachtet und unverstanden blieb. Hierdurch wurde die „novissima methodus", deren Umriß Leibniz bereits 1697 erkannt hatte, zur Grundlage eines ganz neuen Zweiges der Differentialrechnung. Allerdings wurde dieser Zweig erst in den 40er Jahren des 18. Jahrhunderts einer breiteren Öffentlichkeit bekannt, und zwar durch Leonhard Euler.

Leonhard Euler kann in vieler Hinsicht als Vollender der Leibnizschen Infinitesimalrechnung betrachtet werden, wie Detlef Laugwitz zeigt. Als Schüler von Johann Bernoulli war Euler mit der Leibnizschen Mathematik aufgewachsen. Eulers Bedeutung besteht nach Laugwitz vor allem darin, daß er den Leibnizschen Vorrat an infiniten und infinitesimalen Zahlen erweiterte, den Konvergenzbegriff präzisierte, Methoden der Verwendung „divergenter" Reihen als Beweismittel entwickelte, die Methode der Polynome unendlichen Grades weiterbildete, den Begriff des Differentials klärte und den Funktionsbegriff genauer faßte. Euler kann auch insofern als Erbe Leibnizens betrachtet werden, als es ihm weniger um die präzise Festlegung von Begriffen ging, sondern vor allem darum, was man mit der Mathematik machen kann: „Mathematik ist mehr eine Aktivität als eine Doktrin."

An der Vorbereitung und Durchführung des Symposions haben zahlreiche Personen mitgewirkt. Einige von ihnen sind oben bereits erwähnt worden. Ihnen, aber auch denen, deren Name nicht genannt ist, sage ich Dank. Danken möchte ich auch denen, die bei der Drucklegung der Akten mitgeholfen haben, vor allem

Jean-Paul Guiot, welcher die von Nichtfranzosen auf Französisch abgefaßten Aufsätze für den Druck vorbereitet hat. Dem Verlag und der Druckerei danke ich für die sorgfältige Ausführung der Druckarbeiten.

Albert Heinekamp

Die Mathematik in den Niederlanden im 17. Jahrhundert und ihre Rolle in der Entwicklungsgeschichte der Infinitesimalrechnung

Von
JAN A. VAN MAANEN (UTRECHT)

0. Einleitung

Zum Hintergrund, vor dem die *Nova Methodus* skizziert werden soll, gehört die Mathematik in den Niederlanden im 17. Jahrhundert[1]. Arbeiten von niederländischen Mathematikern (van Schooten und seine Schüler) und Kontakte zu einigen von ihnen haben zu Leibniz' Entwicklungsgang als Mathematiker beigetragen. Sein Interesse an Infinitesimalproblemen und seine Arbeitsweise sind von diesen niederländischen Beiträgen mit beeinflußt worden. In diesem Aufsatz werde ich eine Übersicht geben über die Mathematik in den Niederlanden in den ersten acht Jahrzehnten des 17. Jahrhunderts. Zuerst (§1) diskutiere ich den Zeitraum um 1620. Hier hat die praktische Mathematik eine zentrale Bedeutung. In §2 kommt die Periode um 1650 zur Sprache, und vorwiegend das Interesse, das man in Leiden der Descartesschen *Géométrie*[2] entgegenbrachte. Danach (§3) werde ich zeigen, wie die Lage der Mathematik um 1680 war und was in Leiden geschah, nachdem Frans van Schooten gestorben war. Zum Schluß (§4) kommt Leibniz zur Sprache, und dabei werden auch seine Kontakte mit niederländischen Mathematikern noch kurz gestreift.

1 Dieser Aufsatz wurde geschrieben mit finanzieller Unterstützung der Niederländischen Organisation für reinwissenschaftliche Forschung (ZWO). Er ist notwendig kursorisch. Details findet man in: D. BIERENS DE HAAN, *Bouwstoffen voor de geschiedenis der wis- en natuurkundige wetenschapen in de Nederlanden*, 30 Arbeiten in: *Versl. en Meded. der Kon. Ak. van Wet.*, Tweede reeks 8 (1874) – Derde reeks 4 (1888). – Separatdruck (2 Teile): Leiden 1878–1887. – D. BIERENS DE HAAN, *Bibliographie néerlandaise historique-scientifique . . . , Bolletino di bibl. e di storia delle sc. mat. e fis.* 14 (1883). Separatdruck: Rom 1883, Nachdruck: Nieuwkoop 1965. – J. E. HOFMANN, *Frans van Schooten der Jüngere*, Wiesbaden 1962. – P. C. MOLHUYSEN; P. J. BLOK (Hrsg.), *Nieuw Nederlandsch Biographisch Woordenboek* (= *NNBW*), 10 Bde, Leiden 1911–1937. – D. J. STRUIK, *The Land of Stevin and Huygens*, Dordrecht usw. 1981.

2 [René DESCARTES], *La Géométrie*, Essay in: *Discours de la Methode* . . . Leyde 1637. Photographischer Nachdruck in: D. E. SMITH; M. L. LATHAM (Hrsg., Übers.), *The Geometry of René Descartes* . . . , New York 1954.

OPERA
MATHEMATICA,
Ofte
Wis-konstige Wercken:
handelende vande
Geometrie/ Perspe-
ctive/ Architecture/ en
Fortificatie.
Beschreven en voor oogen gestelt
DOOR
SAMUEL MAROLOIS.
Van nieuws oversien ende verbetert door
ALBERT GIRARD,
Mathematicus.
TAMSTERDAM,
By IAN IANSZOON,
A. 1630.

1. Um 1620

Die Niederlande sind im Anfang des 17. Jahrhunderts gekennzeichnet durch den Unabhängigkeitskampf gegen die Habsburger und den damit verbundenen Aufbau eines eigenen wirtschaftlichen, politischen und religiösen Gefüges. Das wichtigste Element darin waren die Regenten, die obere Schicht der städtischen Handelsklasse. Eine starke zentrale Obrigkeit existierte nicht, der Adel hatte nur geringen Einfluß, und dadurch hatten die Regenten große Möglichkeiten, neue Unternehmungen zu gründen. Sie investierten großzügig.

Davon beeinflußt entstand ein breiter Strom von praktischer Mathematik (stark auf Arithmetik und Geometrie hin orientiert) und von sich daran anschließendem Unterricht. So gab es schon frühzeitig ein großes Potential von Leuten, die auf Elementarebene diese praktische Mathematik beherrschten und betrieben. Zugleich gab es Raum für einige berufsmäßige Mathematiker, hauptsächlich im Hochschulwesen, und in dieser Gruppe (zu der zum Beispiel van Ceulen, Snellius und van Schooten der Ältere gehörten) findet man auch Forschungstätigkeiten.

Die Titelseite der *Opera Mathematica*[3] von Samuel Marolois (Erstausgabe 1614) zeigt, an welche praktischen Mathematiker der Autor sich wendet: den Vermesser, den Nautiker und Astronomen, den Architekten und den Festungsbaumeister. Um das Bild zu vervollständigen, sollten noch der Rechenmeister, der Mathematikprofessor, der Schriftsteller und der Verfasser von mathematischen Tafeln erwähnt werden. Aus drei von diesen Teilgebieten werde ich jetzt einen Vertreter aufführen.

Der erste ist Samuel Marolois selbst[4]. Er wurde 1572 geboren, kurz nachdem sein Vater aus Frankreich nach den Niederlanden emigriert war. Marolois gab Mathematikunterricht und arbeitete als technischer Berater. Er trat als Verfasser und Herausgeber von Büchern über Geometrie, Perspektive, Architektur und Festungsbau auf[5]. Seine Bücher waren sehr beliebt, auch noch lange nach seinem Tod im Jahre 1620. Sie verdanken ihre Popularität bestimmt auch ihren glanzvollen Kupferstichen. Marolois stammte, wie gesagt, aus einer Emigrantenfamilie. Es waren meistens unternehmende und gut ausgebildete Leute, die seit dem Ende des 16. Jahrhunderts aus dem Süden in die Niederlande emigrierten. Verschiedene bekannte Mathematiker haben diese Herkunft (unter anderen Girard, Marolois, Metius, van Schooten und Stevin), und der Vergleich mit dem „braindrain“ aus Europa nach den Vereinigten Staaten in neuerer Zeit ist bestimmt zutreffend.

Auch von den Vermessern möchte ich einen Vertreter aufführen, und zwar Jan Pietersz Dou. Die Vermesser hatten Arbeit im Überfluß. Es gab ausgedehnte Bau-

3 Samuel MAROLOIS, *Opera Mathmatica, Ofte wis-konstige Wercken* . . . Amsterdam 1630. Erstausgabe: Haag 1614; Nachdruck: Amsterdam 1662.

4 Biographie in P. C. MOLHUYSEN; P. J. BLOK, Bd. 2, Sp. 873–875 (Fußnote 1), weiter zu zitieren als *NNBW*.

5 Für genaue bibliographische Angaben siehe D. BIERENS DE HAAN, *Bibliographie* (Fußnote 1).

arbeiten. Land wurde trockengelegt und urbar gemacht. Wege, Kanäle und Hafen wurden angelegt. Die meisten Städte wurden regelmäßig erweitert. Es waren an sich keine neuen Arbeiten für den Vermesser, neu jedoch war der Umfang. Daher wurde 1600 vom Statthalter, Prinz Maurits, an der Leidener Universität eine Ingenieurschule für Vermesser und Militäringenieure mit Unterricht in der Landessprache gegründet.

Dou[6], der von ungefähr 1572 bis 1635 in Leiden lebte, war aber noch Autodidakt. Er begann seine Vermessungen 1590, aber er setzte in dieser Periode auch seine Studien fort[7]. Seine Tätigkeiten sind fast nicht aufzuzählen. Dou stellte Karten her, er entwarf 1610 die Leidener Stadterweiterung, er war beteiligt an Trockenlegungen im Norden der Provinz Holland, mit Stevin, Snellius und Marolois beurteilte er eine Methode für die Bestimmung der geographischen Länge, er beriet über die Auffrischung des Wassers in den Leidener Stadtgräben und verfaßte einen Plan, um Amsterdam über Haarlem mit der Nordsee zu verbinden.

Wichtig für die Mathematik waren besonders Dous Schriften. Zusammen mit dem friesischen Vermesser Sems verfaßte er zwei Lehrbücher[8] mit der Absicht, die niederländischen Vermesser besser auszubilden. Er führte in diesen Büchern einige, zum Teile selbst entwickelte, neue Methoden, Instrumente und Tafeln ein. Weiter publizierte er 1606 nach deutschen und französischen Vorlagen die erste niederländische Euklid-Ausgabe[9] (Bücher 1 bis 6 einschließlich).

Jetzt sehen wir uns einen Vertreter der Lehrer an. Mathematikunterricht konnte man auf zwei Stufen erhalten: in den Städten bei dem Rechenmeister, der seine Stunden zu Hause gab und für sein Einkommen unmittelbar von dem Stundengeld seiner Schüler abhängig war, und an den Universitäten, wo der Magistrat die Professoren ernannte und bezahlte, jedenfalls zum Teil. Art und Qualität des akademischen Mathematikunterrichts wechselten erheblich, aber im großen und ganzen nahm auch dort die praktische Mathematik an Bedeutung zu. Das trifft bestimmt zu für die Leidener Universität, wo 1620 van Schooten der Ältere und Willebrord Snellius lehrten. Aber auch an der Universität zu Franeker in Friesland, gegründet 1585, hatte die Mathematik eine starke praktische Ausrichtung.

Von 1600 bis zu seinem Tod im Jahre 1635 war Adriaen Metius[10], der 1571 geborene Sohn des Festungsbaumeisters und Alkmaarer Bürgermeisters Adriaen

6 *NNBW* Bd. 2. Sp. 406–408 und E. TAVERNE, *In't land van belofte: in de nieue stadt*. Dissertation Groningen 1978, mit weiteren Verweisungen.

7 Studiennotizen (1592–1603) sind aufbewahrt in der Handschrift „Hutspot der Geometrya" der Amsterdamer Universitätsbibliothek. Yvonne DOLD-SAMPLONIUS hat diese Handschrift beschrieben (unter Nummer 18) in ihrer Arbeit *Die Handschriften der Amsterdamer mathematischen Gesellschaft*, in: *Janus* 55 (1968) S. 241–303.

8 J. SEMS; J. P. DOU, *Practijck des landmetens: . . .* und *Van het ghebruyck der Geometrische instrumenten . . .*, Leiden 1600. Nachdruck Amsterdam um 1612. Man findet die beide Bücher immer in einem Band.

9 J. P. DOU (Hrsg.), *De ses eerste Boecken Euclidis, Van de beginselen en de fondamenten der Geometrie*, Leiden 1606, mit vielen Nachdrucken.

10 *NNBW* Bd. 1, Sp. 1325–1327; *Dictionary of Scientific Biography*, Bd. 9, S. 335–337.

Anthonisz, Professor zu Franeker. Sein Lehrauftrag zeigt die praktische Orientierung, denn er war beauftragt, Mathematik, Vermessung, Schiffahrtskunde, Militäringenieurswissenschaften und Astronomie zu lehren. Descartes mag, als er sich 1629 in Franeker aufhielt, bei Metius Vorlesungen gehört haben.

Metius' Bücher zeigen sein praktisches Interesse. Seine bekannteste Arbeit, die *Arithmeticae libri duo et geometriae libri sex*[11], enthält neben Abschnitten über Arithmetik und Trigonometrie Abschnitte über den Gebrauch der geometrischen Instrumente, über den Proportionalzirkel, über Vermessung und Visieren, über Festungsbau, über astronomische Berechnungen und über die Konstruktion von Sonnenuhren. Obwohl dieses Buch und auch Metius' andere Schriften nicht viel Neues bringen, sind sie doch modern und zumal didaktisch gut aufgebaut. Daß das Niveau hoch war, kann man zum Beispiel aus dem Abschnitt über Arithmetik folgern. Metius behandelt da unter anderm einen allgemeinen Algorithmus für die Berechnung von Wurzeln höheren Grades[12]. Dabei benutzt er das Pascalsche Dreieck und erklärt, wie dieses konstruiert werden soll. Es ist, wie bekannt, durchaus nicht originell, aber das eben ist der Charakter von Metius' Arbeiten: praktisch, wenig originell, aber von einem guten Niveau.

Zusammenfassend können wir über den Zeitraum um 1620 folgendes feststellen:

– es gab ein stark wachsendes Interesse an vorwiegend praktischer Mathematik,
– an verschiedenen Stellen wurde guter Unterricht gegeben, weiter erschienen zahlreiche Mathematikbücher, so daß sowohl die Anzahl der Mathematiker als auch ihre Qualität zunahm,
– es gab Raum für einige berufsmäßige Mathematiker, die teilweise auch Forschungen betrieben.

Kurz gesagt: die Mathematik tritt in der Gesellschaft mehr und mehr in den Vordergrund.

2. Um 1650

Zwischen 1620 und 1650 haben mehrere Entwicklungen den Charakter der niederländischen Mathematik geändert. Erstens wurden die Arbeiten von Viète, Descartes, Fermat und den Italienern an manchen Stellen ziemlich schnell bekannt.

Dazu kam, daß der wirtschaftliche Fortschritt zur Entstehung eines neuen Typus von Studenten führte[13]. In der Aufbauperiode im Anfang des 17. Jahrhunderts war das Studium für die meisten Familien eine Investition, die sich lohnen sollte. Kurz nach der Vollendung des Studiums wurde den Studenten eine gesellschaftliche Tätigkeit übertragen. Um 1650 brauchte die Handelsklasse nicht mehr um ihre

11 A. METIUS, *Arithmeticae libri duo: et Geometriae libri VI*, Leiden 1626.
12 Fußnote 11, S. 72–88.
13 W. Th. M. FRIJHOFF, *La Société Néerlandaise et ses gradués, 1575–1814*, Dissertation Tilburg 1981.

Stellung zu kämpfen, diese Stellung war gesichert, und der Wohlstand in den Städten war sehr groß. Die Expansion hatte abgenommen, zum Teil infolge der internationalen Konkurrenz. Die Folge war, daß mehr und mehr Studenten wegen des Vermögens ihrer Familie lange und ziemlich unbehindert studieren und zum Beispiel auch reisen konnten. Der Druck, produktiv zu werden, hatte abgenommen, und Themen ohne unmittelbare gesellschaftliche Anwendung wurden dadurch eher berücksichtigt. Diese Entwicklung führte zu einer gewissen Emanzipation der Mathematik. Die praktische Mathematik und die Mathematik als Vorstufe für weitere Studien blieben zwar bestehen, aber neu kam das Interesse an der Mathematik als einem selbständigen Gegenstand des Studiums hinzu, und zugleich wuchs die Einschätzung dieses Studiums als allgemeiner Bildungswert. Von fast allen großen niederländischen Mathematikern dieser Zeit wissen wir, daß sie als Studenten zu dieser Kategorie gehörten.

Eine dritte Entwicklung ist die Zunahme der Zahl der Studenten und Unterrichtsinstitute. Zwischen 1620 und 1660 wurden eine weitere Universität (Utrecht, 1636) und verschiedene Scholae Illustres gegründet. Die Anzahl der Graduierten nahm bis 1675 stetig zu, und sank dann bis 1725 wieder allmählich ab[13].

Mit diesen drei Punkten ist sozusagen die Existenz eines Nährbodens festgestellt. Es hängt dann aber von fähigen Menschen ab, ob auf diesem Boden auch wirklich etwas wächst. Diese Menschen waren da. Der Initiator dieses Wachtums war, wie bekannt, Frans van Schooten der Jüngere, dessen Interesse an den neueren mathematischen Entwicklungen und vor allem an der Descartesschen *Géométrie*, einen großen Einfluß ausgeübt hat.

Wir wenden uns darum jetzt van Schooten und seiner Arbeit zu[14]. Er wurde um 1615 zu Leiden geboren und studierte ab 1631 an der Leidener Universität bei seinem Vater und bei dem Mathematiker und Arabisten Gool. Schon während seines Studiums lernte er Descartes kennen; mit ihm unterhielt er freundschaftliche Beziehungen. 1635 versah er während einer Krankheit seines Vaters dessen Vorlesungen an der Ingenieurschule, und kurz danach entwarf er die Figuren für die Anhänge zum *Discours de la méthode*. Von 1641 bis 1643 war van Schooten auf Reisen. In Paris sammelte er die Schriften von Viète und machte Bekanntschaft mit verschiedenen französischen Mathematikern, bei denen er auch Schriften von Fermat sah. Zurückgekehrt in die Niederlande, gab er wieder Vorlesungen an der Ingenieurschule und Privatunterricht an Constantijn und Christiaan Huygens.

1646 starb sein Vater, und van Schooten erhielt die dadurch freigewordene Stelle. In diesem Jahr begann auch seine Publikationstätigkeit[15] mit der Viète-

14 Die beste Übersicht über Leben und Werk van Schootens gibt J. E. HOFMANN (Fußnote 1): siehe auch *NNBW* Bd. 7, Sp. 1110–1114, *Dictionary of Scientific Biography*, Bd. 12, S. 205–207 und D. BIERENS DE HAAN, *Bouwstoffen* 1878 (Fußnote 1), S. 254–279.

15 J. E. HOFMANN (Fußnote 1), S. 53–54 gibt eine Titelbeschreibung von seinem ganzen Œuvre.

Ausgabe und mit einer Abhandlung über die organische Erzeugung der Kegelschnitte. 1649 erschien die erste kommentierte lateinische Ausgabe der *Géométrie*, und 1659 und 1661 in zwei Bänden eine erweiterte zweite Ausgabe, unter anderm mit Beiträgen von einigen Studenten van Schootens. Weiter publizierte er 1656/7 *Exercitationum mathematicarum libri V*, eine Sammlung von allerhand kleineren Stücken. Van Schooten starb 1660; sein Nachfolger wurde sein Bruder Petrus.

Frans van Schooten hat sich in kurzer Zeit die Descartessche *Géométrie* zu eigen gemacht, ihre Schwierigkeiten klar erkannt und größtenteils Schritt für Schritt überwunden. In der Handschrift 108 der Groninger Universitätsbibliothek finden wir seine Aufzeichnungen, die er während der Durcharbeitung der *Géométrie* gemacht hatte, und Kommentare dazu, abwechselnd mit Aufzeichnungen aus anderen Texten (zum Beispiel aus Apollonius, Archimedes und Pappus) und aus Gools Vorlesungen. Van Schooten erkannte einerseits die große Leistungsfähigkeit der *Géométrie* und andererseits die Bedenken, die man dagegen haben kann: Die Unzugänglichkeit, die vielen Lücken in den Argumentationen, die visionären Elemente, denen man schwer folgen konnte, die didaktisch ungeschickte Struktur. Er versuchte diese Schwierigkeiten zu beseitigen, indem er die fehlenden Bindeglieder einfügte, einerseits innerhalb der *Géométrie* selbst, und andererseits zwischen der *Géométrie* und der zeitgenössischen akademischen Mathematik. Auf diese Weise hat van Schooten wie kein anderer zur Verbreitung der Descartesschen mathematischen Gedanken beigetragen.

Seine Arbeit zur Verbreitung der *Géométrie* hat soziale und auf den Text bezügliche Aspekte. Zu den sozialen Aspekten gehören u.a. das Unterrichten, das Publiziren, das Initiieren von Forschung, die Diskussion mit anderen über ihre Resultate, das Fördern von Publikationen und die Vermittlung zwischen Mathematikern. Weiter unterscheiden wir folgende auf den Text bezügliche Aspekte:

- das Übersetzen (allein schon die Übersetzung ins Lateinische hat die Zugänglichkeit der *Géométrie* sehr gefördert)
- das Kommentieren (mit Teilaspekten wie: Erklären, Ergänzen, wo Beweise oder Gedankenschritte fehlen, Begründen, Verweisen auf andere Schriften, Vereinfachen und Korrigieren)
- das Systematisieren und schließlich
- das Explorieren (das heißt: Generalisieren, Beantworten offener Fragen, Ausarbeiten vergleichbarer Fälle, Studieren neuer Probleme und Erweitern der Theorie.

Am besten sind diese Aspekte zu erkennen in van Schootens Behandlung der Kegelschnitte. In der *Géométrie* treten die Kegelschnitte häufig auf, ihre Theorie ist aber stiefmütterlich ausgearbeitet, und deswegen rufen sie zahllose Schwierigkeiten hervor. Man sieht van Schooten redigieren: übersetzen, kommentieren (er gibt viele Erklärungen und Ergänzungen und verweist nach wie vor auf Apollonius). Er systematisiert (die erste systematische analytische Theorie der Kegelschnitte findet man bei van Schooten in einem ausführlichen Kommentar zu einer Stelle aus dem zweiten Buch der *Géométrie*[16]), und schließlich sieht man ihn explorieren (Beispiele sind die durch de Witt vorgenommene Klassifikation der Kegelschnitte[17] und van Schootens Studien zur organischen Erzeugung der Kegelschnitte[18]; beide haben später Newton inspiriert[19]).

Es wäre sehr interessant, dieses Musterbeispiel des Schootenschen Programms genauer zu analysieren. Im Rahmen der Geschichte der Infinitesimalrechnung scheint es aber angemessener, ein anderes Beispiel etwas aufführlicher zu behandeln, nämlich die Kommentare und weiteren Arbeiten zur Descartesschen Normalenmethode.

Die Normalenmethode beruht auf der Bestimmung eines in einer Gleichung vorkommenden Parameters aus der Angabe, daß diese Gleichung eine gegebene Zahl als Doppelwurzel hat. Die Methode wird in diesem Band von E. Giusti ausführlicher besprochen. Descartes' eigener Text (*Géométrie*, S. 341–352) wirkt ziemlich verwirrend. Er gibt als Beispiele drei Kurven, für die er die Normale berechnen will (u.a. die Ellipse und die Cartesische Parabel). Für jede der drei Kurven führt er die Hälfte der Methode durch. Dann erklärt er, wie die Angabe der Doppelwurzel verwendet werden soll, und darauf nimmt er nacheinander die drei Kurven wieder auf und führt die zweite Hälfte der Methode durch.

Der Kommentar[20] beginnt mit dem Hinweis, daß es besser wäre, für jede Kurve die beiden Hälften zusammenzunehmen, weil die Methode sonst unverständlich sei (S. 241). Der nächste Kommentar bezieht sich auf die Normale zur Ellipse. Descartes gibt die Gleichung der Ellipse ohne weitere Erklärung. Van Schooten aber meint, den Lesern solle keine Frage bezüglich der Ableitung dieser Gleichung offen bleiben, denn das würde ihn von der Normalenmethode ablenken; darum erläutert er zunächst diese Ableitung (S. 241–242). Bei der Normalen zur Cartesischen Parabel findet sich dasselbe Verfahren (S. 242–243).

Bis hierher sind die Kommentare also erklärend: sie machen den Descartesschen Text besser zugänglich. Dann aber fährt van Schooten fort und gibt verschiedene Erweiterungen. Er wendet zunächst die Normalenmethode auf vergleichbare Fälle an: die Normale zur Hyperbel und zur Parabel (S. 244–246). Wieder sehen wir die Tendenz zur Systematisierung: Warum sollte man nur die Ellipse behandeln? Jetzt

16 Stelle bei Descartes: *Géométrie* (Fußnote 2), S. 329; Kommentar: F. van SCHOOTEN, *Geometria, à Renato DesCartes Anno 1637 Gallicè edita*; . . . (2 Bde), Amsterdam 1659–1661, Bd. 1, S. 206–223.

17 F. van SCHOOTEN, *Geometria* (Fußnote 16), Bd. 2, S. 159–340.

18 F. van SCHOOTEN, *De organica conicarum sectionum in plano descriptione, tractatus*, Leiden 1646; auch aufgenommen in seine *Exercitationum mathematicarum libri quinque*, Leiden 1656–1657.

19 Für Newtons Klassifikation der kubischen Kurven siehe D. T. WHITESIDE (Hrsg.), *The Mathematical Papers of Isaac Newton*, 8 Bd. Cambridge 1967–1981: Bd. 2, S. 10–89 und für sein Studium zur organischen Erzeugung der Kegelschnitte: ibid., S. 106–159.

20 Die Kommentare zur *Géométrie* befinden sich in *Geometria* (Fußnote 16), Bd. 1. Künftig wird auf diese Ausgabe verwiesen.

geht van Schooten über zu Tangenten. Descartes hatte behauptet, daß man seine Methode auch anwenden könnte auf die Tangentenkonstruktion, hatte den Gedanken aber selbst nicht weiter ausgeführt. Van Schooten füllt diese Lücke aus, bespricht eine ihm von Auzout brieflich mitgeteilte Tangentenmethode und erörtert auch die Konstruktion einer Tangente durch einen vorgegebenen Punkt außerhalb der Kurve (S. 246–249).

Der nächste Kommentar (S. 249–262) beginnt wieder damit, einen fehlenden Beweis vorzulegen. Er handelt über die Normale zur Konchoide. In der *Géométrie* hatte Descartes nämlich nur eine rein geometrische Konstruktion der Konchoidennormale beschrieben, und hinzugefügt, daß man diese Konstruktion finden könne „selon la methode icy expliquée“, aber diese Behauptung wird, wie des öfteren, nicht weiter belegt (*Géométrie*, S. 351–352). Van Schooten gibt einen Beweis. Dazu muß er erst einmal die Gleichung der Konchoide ableiten; dann wendet er die Doppelwurzelmethode an. Es sind wirklich keine Trivialitäten: diese Stelle nimmt drei sehr kompakte Textseiten ein. Auch eine beträchtliche Vereinfachung der geometrischen Konstruktion von Huygens wird vorgeführt.

Damit hat van Schooten die Textstelle ausreichend erklärt, aber wieder genügt es ihm nicht. Diesmal zeigt er, wie man dasselbe Problem mit andern Methoden angehen kann, und er arbeitet die Lösung aus nach Fermat und nach der Huddeschen Regel. Die Absicht ist deutlich: van Schooten plädiert für die Huddesche Regel, die, wie er sagt, ebenbürtig ist mit den anderen Methoden, aber schneller zum Ziele führt. Danach folgt eine Generalisierung der Doppelwurzelmethode zu einer Tripelwurzelmethode für Wendepunkte. Es stellt sich heraus, daß die Koordinaten der Wendepunkte der Konchoide Lösungen einer kubischen Gleichung sind, und damit kommt unmittelbar ein anderes Thema des Descartesschen Programms[21] in den Blick, nämlich die Lösungen dieser kubischen Gleichung durch den Schnitt möglichst einfacher Kurven zu konstruieren. Weil die Gleichung kubisch ist, sagt van Schooten, braucht man dazu Kegelschnitte, aber wenn man die gegebene Konchoide selbst als Konstruktionskurve zuläßt, ist die Konstruktion möglich ohne andere Hilfsmittel als Zirkel und Lineal, und das Problem scheint eben.

Die vorgeführte Konstruktion stammt von van Heuraet, einem Schüler Schootens[22]. Hier wird deutlich exploriert: die Problemstellung wird ausgedehnt, und mit anderen Problemgebieten werden Verbindungen geknüpft.

Nach Normalen, Tangenten und Wendepunkten werden (S. 262–264) Extremwertprobleme diskutiert, die Descartes selbst nicht behandelt hatte. Schließlich zeigt van Schooten, daß die Konstruktion von Normalen und Tangenten nicht notwen-

21 Dieses Thema wird ausführlich diskutiert von H. J. M. BOS, *On the Representation of Curves in Descartes' Géométrie*, in: *Arch. Hist. Exact Sci.* 24 (1981) S. 295–338.

22 Über die Arbeiten von van Heuraet und die Huddesche Regel siehe J. A. van MAANEN, *Hendrick van Heuraet (1634–1660?): His Life and Mathematical Work*, in: *Centaurus* 27 (1984) S. 218–279. Auch diese Konstruktion des Konchoidewendepunktes hat Newton inspiriert, siehe D. T. WHITESIDE (Fußnote 19), Bd. 1, S. 502–505.

dig auf algebraische Kurven beschränkt ist, und führt dazu die Zykloide an (S. 265–270). In späteren Kommentaren (S. 271–276) finden wir noch sehr hübsche Anwendungen der Normalenmethode auf optische Probleme (bei den parabolischen Spiegeln und bei elliptischen und hyperbolischen Linsen).

Neben diesen Kommentaren enthält die *Geometria* bezüglich der Normalenmethode noch eine *Nota brevis* von Debeaune über Kegelschnitt-Tangenten (S. 130–133), ferner den bekannten Brief, in dem Hudde seine Regel einführt, mehr oder weniger beweist und auf Extremwertprobleme anwendet (S. 507–516), und schließlich die Arbeit von van Heuraet, in der die Normalenmethode benutzt wird zur Rektifikation von Kurven (S. 517–520).

Das Programm ist wieder klar: übersetzen, kommentieren, systematisieren (wie zum Beispiel in den Arbeiten von Hudde und van Heuraet), explorieren. Das Ergebnis war eine zusammenfassende Übersicht der vorhandenen Methoden für Normalen, Tangenten, Maxima und Minima mit vielen neuen Anwendungen. Es war einer der Pfeiler für den Bau der Infinitesimalrechnung.

3. Um 1680

Schon 1671, also 11 Jahre nach dem Tode van Schootens, schreibt Johann Georg Graevius aus Utrecht an Leibniz: „Mathematica hic frigent“[23], die Mathematik steht hier auf kleiner Flamme (oder besser noch: auf keiner Flamme). Huygens ist in Frankreich, fährt Graevius fort, und Hudde, der größte hiesige Mathematiker, hat keine Zeit zum Publizieren.

Dies scheint aufgrund der jetzt vorhandenen Quellen eine richtige Feststellung zu sein. Die scharfen innenpolitischen Konflikte und die Tatsache, daß die Republik ihre wirtschaftliche Hausse passiert hatte, werden in diesem Rückgang eine Rolle gespielt haben. Weiter bemerkt Struik[24], daß die Republik keine Wissenschaft fördernde Organisation wie die Royal Society oder die Académie des Sciences kannte. Die niederländischen Wissenschaftler arbeiteten ziemlich isoliert. In Wissenschaften, die sich in einem Anfangsstadium befanden wie Medizin und Biologie wurden noch wichtige Ergebnisse erreicht, nicht aber in der Mathematik.

Es hat jedoch bestimmt auch mit der Haltung der Mathematiker selbst zu tun. Wenn wir uns zum Beispiel eines der bekanntesten Lehrbücher der Zeit ansehen, die *Geheele Mathesis of Wiskonst* von de Graaf[25], dann sehen wir folgenden Aufbau: erst vier einführende Kapitel über Proportionen, Arithmetik, klassische ebene Geometrie und Trigonometrie. Die dort erörterte Theorie wird dann angewandt

23 G. W. LEIBNIZ, *Sämtliche Schriften und Briefe*, I, 1, S. 144.

24 D. J. STRUIK (Fußnote 1).

25 A. de GRAAF, *De geheele Mathesis of Wiskonst, herstelt in zijn natuurlijke gedaante*, Amsterdam 1676.

in Kapiteln über Astronomie, Vermessung, Nautik, Festungsbau, Sonnenuhren, Perspektive, Optik und Mechanik. Und zum Schluß folgt noch ein letztes Kapitel, in dem de Graaf die Descartessche Geometrie einführt. Kurvendiskussionen findet man in diesem Kapitel aber nicht. De Graaf zeigt nur, wie mit algebraischen Hilfsmitteln geometrische Probleme gelöst werden können und wie man Wurzeln von Gleichungen durch Kurvenschnitte konstruieren kann.

Die Descartessche Geometrie hat also in diesem Buch keine zentrale Stelle; sie wird betrachtet als eine abgeschlossene Theorie, die gewisse Fragen algorithmisch beantwortet, selbst aber nicht zu neuen Fragen führt. Es scheint, als ob die Schootensche *Geometria* den niederländischen Mathematikern einen hemmenden Vorsprung gegeben hätte. Der Inhalt war so weitreichend, daß man die Schootensche Arbeit als das letzte Wort auf seinem Gebiet betrachtete. So wurde die *Geometria* das Endziel von didaktischen Aktivitäten statt der Anfangspunkt von neuen mathematischen Aktivitäten.

Interessant in dieser Hinsicht ist auch die Entwicklung in Leiden nach van Schootens Tod. 1660 bittet Petrus van Schooten die Kuratoren der Leidener Universität, die erledigte Stelle seines Bruders in der Ingenieurschule in Besitz nehmen zu dürfen[26]. Auf Gools Vorschlag wird Petrus Anfang 1661 zur Probe und Ende 1661 endgültig ernannt. Daß er 1670 auch die Erlaubnis bekommt, an der Universität lateinische Vorlesungen zu halten und daß sein Honorar regelmäßig aufgebessert wird, deutet auf Hochschätzung seiner Arbeit, wenigstens bei den Kuratoren, hin. Petrus stirbt 1679, und zwei Jahre später beschließt man, die offene Stelle nicht wieder zu besetzen.

Petrus van Schooten hat 1661 postum einen Traktat seines Bruders herausgegeben[27], aber weiter hat er nichts publiziert. Doch sind wir durch ein Kollegdiktat gut informiert über den von ihm gegebenen Unterricht. Das Diktat liegt in mehreren Exemplaren vor[28], die alle mit kleinen Variationen den Titel *Geometria universalis quam vocant algebram* tragen. Die folgenden Verweisungen beziehen sich auf das Original in der Universitätsbibliothek zu Groningen (Hs. 112). Van Schooten beginnt damit, einige arithmetische Regeln zu behandeln (S. 1–13). Viele seiner Beispiele entnimmt er dem ersten Buch der *Arithmetica* von Diophant. Dann folgen Probleme mit unendlich vielen Lösungen, weil die Anzahl der Unbekannten größer ist als die Anzahl der Gleichungen (S. 14–28). Die Lösungen werden hier aber noch nicht als Locus interpretiert. Weiter gibt es Aufgaben über irrationale Zahlen (S. 29–56) und, mit laufenden Hinweisen auf die *Geometria*, geometrische

26 Die Angaben über die Laufbahn Petrus van Schootens sind P. C. MOLHUYSEN (Hrsg.), *Bronnen tot de geschiedenis der Leidsche universiteit*, Bd. 3, *Rijks geschiedk. publ., Grote serie* Nr. 38, 's-Gravenhage 1918, entnommen.

27 „Tractatus de concinnandis demonstrationibus geometricis ex calculo algebraico“, *Geometria* (Fußnote 16), Bd. 2, S. 341–420.

28 Original: Groningen Universitätsbibliothek: Hs. 112 (Lateinisch) Abschriften, Überarbeitungen und Übersetzungen: Amsterdam Universitätsbibliothek: Hs. IIA 28^{a-e} (= DOLD-SAMPLONIUS, Fußnote 7, N. 2^{a}) und Hs. IIA 29 (= DOLD-SAMPLONIUS, N. 3); Leiden Universitätsbibliothek, Abt. „Westerse handschriften“: BPL 1968.

Probleme, die zu einer quadratischen Gleichung oder einem darauf reduzierbaren System führen (S. 57–134; zum Beispiel: In einen Halbkreis ein Quadrat einzuschreiben, S. 71). Dann findet man Aufgaben über verschiedene kleinere Themen (Neusiskonstruktionen, die Vièteschen Berührungsprobleme und andere aus Viète entlehnte Fragen, die Aufteilung von Figuren in Teile mit gleichem Flächeninhalt, die Vieleckzahlen und aliquote Teile; S. 135–243). Nach wie vor geht er diese Probleme mit Descartesschen Techniken an.

Danach behandelt van Schooten Locus-Probleme (S. 246–258), die Theorie der Kegelschnitte nach der *Geometria* (S. 262–282), die Normalen- und Tangentenmethoden von Descartes und Fermat und ihre Anwendung auf Extremwertprobleme (S. 286–314). Manche Beispiele entnimmt er der *Geometria*, aber Petrus führt mehr Beispiele vor als sein Bruder (wie das Problem, in eine Kugel einen Kegel mit maximalem Inhalt einzuschreiben; S. 296). Das Diktat schließt mit einigen Gegenständen aus dem dritten Buch der *Geometria*, hauptsächlich Gleichungen höheren Grades und der Konstruktion ihrer Wurzeln (S. 317–331).

Zusammenfassend kann man feststellen, daß Petrus van Schooten zu Leiden gediegenen Unterricht in der Descartesschen Tradition gegeben hat, aber auch für ihn gilt: die *Géométrie* war Endziel und kein Anfangspunkt neuer Forschung.

4. Leibniz' Kontakte mit niederländischen Mathematikern

Wenn wir zum Schluß noch einige Bemerkungen zu Leibniz' Kontakten mit niederländischen Mathematikern machen (wie immer in diesem Aufsatz beschränkt auf die Periode vor 1684), müßten wir natürlich zuerst Christiaan Huygens erwähnen. Die Beziehung zwischen Huygens und Leibniz, geknüpft während Leibniz' Parisaufenthalt und später brieflich weitergeführt, liefert aber Materialien für einen eigenen Aufsatz, und außerdem ist schon ziemlich viel über diese Beziehung gesagt[29]. Deswegen lasse ich hier dieses Thema ruhen.

Weiter hatte Leibniz bekanntlich auch Kontakt mit Hudde. Im Herbst 1676 unterbrach er seine Reise von London nach Hannover, um Hudde in Amsterdam zu besuchen. Hudde war aber im Amsterdamer Magistrat so beschäftigt, daß selbst Leibniz ihn nicht dazu bewegen konnte, Zeit für die Mathematik zu erübrigen. Auch ein späterer Brief und mehrere Versuche in den achtziger Jahren, Hudde durch Ferguson, einen anderen niederländischen Korrespondenten, zur Beschäftigung mit Mathematik zurück zu bringen, scheiterten[30].

Erfolglos blieb 1679 auch der Versuch, mit Joachim Nieustadt Kontakt anzuknüpfen, welcher einen Traktat de maximis et minimis verfaßt haben soll[31].

29 Siehe H. J. M. BOS, *The influence of Huygens on the formation of Leibniz' ideas*, in: *Leibniz à Paris (1672–1676), Symposium de la G. W. Leibniz-Gesellschaft et du C.N.R.S., Studia Leibn. Supplementa* 17 (1978) S. 59–68 mit weiteren Verweisungen.

30 Vgl. G. W. LEIBNIZ (Fußnote 23) III, 2, N. 2 und N. 34 (im Druck) und Fußnote 32.

31 J. A. van MAANEN, *Joachim Nieustadt geb. um 1634 gest. nach 1685*, in: *Studia Leibn.* 15 (1983) S. 115–119.

Bei weitem der interessanteste niederländische mathematische Korrespondent aus diesem Zeitraum ist Johan Jacob Ferguson, – doch: zugleich ist er derjenige, den wir am wenigsten kennen. Die Briefe und zum Teil auch Aufzeichnungen während persönlicher Begegnungen in Hannover[32] datieren aus den Jahren 1680 bis 1684 und betreffen sehr verschiedenen Themen, von reiner Mathematik (wie die Gleichungsreduktion, das Alhazensche Problem, Extremwertprobleme und Leibrentenberechnungen) zu Windmühlen und den niederländischen Bergwerken in Ost-Indien. Weiter wird in einigen Briefen Leibniz' Plan diskutiert, seine *Quadratura Arithmetica Circuli* mit Hilfe Fergusons in den Niederlanden drucken zu lassen.

Merkwürdig ist, daß Ferguson in seiner Zeit zweifellos ein bekannter und einflußreicher Mann war. Er publizierte ein auch im Ausland namhaftes Algebrabuch (*Labyrinthus Algebrae*, Haag 1667). Er kannte Cranen, Hudde, Huygens und Leibniz persönlich. Der offizielle Drucker der niederländischen Staten Generaal druckte 1675 eine von ihm verfaßte Tabelle. Ferguson reiste in Frankreich, England und Deutschland. Er hatte Kontakt mit der Oost-Indische Compagnie. Doch gibt es zur Zeit noch keine Biographie Fergusons. Es besteht die Absicht, diese Lücke aufgrund neuer Archivforschungen in Kürze zu füllen. Daraus geht hervor, daß Ferguson (geb. um 1630, gest. zwischen 1701 und 1706) im Haag lebte. Er war Sekretär von de Witt und Mitglied des Haager Magistrats und gehört also zum selben Typus wie Hudde, Nieustadt und de Witt: Mathematiker, die nach ihrem Studium in der Verwaltung tätig waren.

5. Folgerungen

1. Das wichtigste Ergebnis der niederländischen Mathematik im 17. Jahrhundert ist ohne Zweifel van Schootens Beitrag zur Verbreitung der *Géométrie*. Der Einfluß dieses Werkes auf Newton, vor allem in den Anfangsjahren seiner Tätigkeit, ist sehr deutlich erkennbar. Bei Leibniz ist das etwas schwieriger, weil noch viel Material auf die Publikation wartet, aber aus den schon gedruckten Quellen ist Schootens Einfluß schon mit Sicherheit nachweisbar.

2. Der ungewöhnliche Aufschwung der niederländischen Mathematik um 1650 ist allein zu verstehen vor dem Hintergrund der praktischen Mathematik einerseits und des Auftretens eines neuen Studententypus andererseits.

3. In Leiden hat sich mit der Publikation der *Géométrie* im Jahre 1637 und der Tätigkeit Frans van Schootens um 1650 eine wichtige Phase in der Frühgeschichte der Infinitesimalrechnung abgespielt. Das Symposion über ‚Leibniz und die Mathematik', über das dieser Band berichtet, wurde also in Noordwijkerhout, das ganz nahe bei Leiden liegt, auf historischem Boden veranstaltet.

32 Die Korrespondenz und die Aufzeichnungen (Hannover, Nds. Landesbibl. Teile von L.H. 3, L.H. 35 und L. Br. 264) werden von H. Breger und H.-J. Heß in G. W. Leibniz (Fußnote 23) III,3 und III,4 publiziert werden. Ich bedanke mich bei den beiden Herausgebern für die Möglichkeit, diese Briefe schon einzusehen.

The Method of Indivisibles: Changing Understandings

By
KIRSTI ANDERSEN (AARHUS)

Introduction

In describing the various pre-Leibnizian approaches to integration it has become common to characterize some of them as methods of infinitesimals and others as methods of indivisibles – and to name Cavalieri as the creator of the latter. The distinction between the two methods is best explained by an example. Let us consider a plane figure F limited by a curve AB and two linesegments AC and BC (figure 1). We assume that BC has been divided into an infinite number of linesegments of lengths Δh, and we denote the corresponding chords in F parallel to AC by ℓ.

Methods of infinitesimals are then presented as being based on the idea

$$F = \Sigma \ell \Delta h. \quad (1)$$

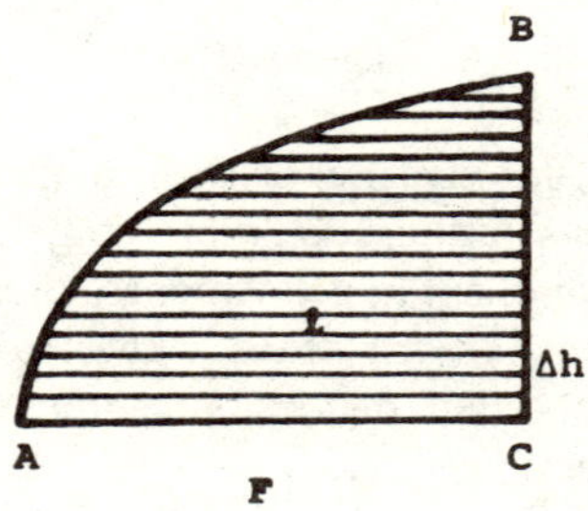

Figure 1

In this sum the Δh's will often be constant, but not always, there are for instance examples where BC is divided into segments forming a geometric progression.

The fundamental idea of methods of indivisibles is similarly described by an infinite sum, not of infinitesimal rectangles, but of all chords, ℓ, parallel to AC, i.e.

$$F = \underset{F}{\Sigma} \ell \quad (2)$$

where the ℓ's are often called the indivisibles of F.

Although clear this exposé of two types of methods of integration is historically rather inaccurate. First of all because (2) does not represent Cavalieri's ideas, and further because in the time before the creation of the calculus the term "method of indivisibles" was used quite broadly and did also cover methods based on the relation (1).

In the present paper I shall discuss some of the various interpretations of "the method of indivisibles" and particularly the confusion emerging from these. The survey starts with opinions on "the method of indivisibles" held two generations after Cavalieri, and continues with opinions put forward when the calculus had been established. Thereafter Cavalieri's own ideas will be presented, and finally the ring will be closed by studying reactions towards the method in the time between Cavalieri and Leibniz.

1. Some characterizations of the method of indivisibles

In the English edition of J. C. Sturm's *Mathesis enucleata* (1687) we find the following characterization of the method of indivisibles:

"The Method of indivisibles . . . goes to work after a way which seems to be more natural than any other, by supposing plane Figures to consist of innumerable lines, and solids of innumerable Plans (called their indivisible Parts or Elements because the Lines are conceived without latitude, and the Plans without any thickness), and relying on this self-evident Axiom, That if all the Indivisibles of one Magnitude collectively taken, be equal or proportional to all the correspondent Indivisibles of another, or taken separately each to each, then also those Magnitudes will be equal or proportional among themselves" (Sturm 1700, Preface § IX).

Sturm had two good points, the first being that an important tool of the method of indivisibles is the so-called principles of Cavalieri:

"If two plane (or solid) figures have equal altitudes, and if sections made by lines (or planes) parallel to the bases and at equal distances from them are always in the same ratio, then the plane (or solid) figures also are in this ratio" (free translation of Cavalieri 1653, p. 115, cf. Boyer 1968, p. 362).

Further Sturm – presumably influenced by C. Renaldinus's treatment of the theory of indivisibles (Renaldinus 1668) – alluded to the fact that Cavalieri created two methods of indivisibles: the collective method and the distributive method. In the first Cavalieri worked with the collection of parallel chords in a plane figure and in the latter he considered them separately – or with his own words distributively. Several later writers did not make it clear that Cavalieri treated indivisibles in two different ways, or even worse, they mixed up the two approaches.

Sturm's presentation of the method of indivisibles would have been completely reliable had it not been for its first point, that the method of indivisibles is based on the idea that a plane figure consists of lines and a solid figure of planes. This interpretation is problematic – as I shall explain in the next section, but it has nevertheless been repeated over and over again. We meet it for instance in John Harris's *Lexicon Technicum:*

'INDIVISIBLES, in Geometry, are such Elements or Principles, as any Body or Figure may ultimately be resolved into. And these E l e m e n t s or I n d i v i s i b l e s, are in each peculiar Figure supposed to be Infinitely small.

With regard to which Notion, a Line may be said to consist of Points; a Surface of Parallel Lines and a Solid of Parallel and Similar Surfaces. . . This Method of Indivisibles, is only the Ancient Method of Exhaustions a little disguised and contracted: It was first introduced by Cavallerius in. . . 1635, pursued after by Torricellius in his Works, Printed 1644. . ." (Harris 1704, article indivisibles).

It is remarkable that Harris did not compare the method of indivisibles with Newton's method of fluxions or Leibniz's calculus, but with the Greek method of exhaustion, even claiming that there was no essential difference between this and Cavalieri's method. Harris's opinion was taken over almost literally in the article on indivisibles in Diderot and d'Alembert's *Encyclopédie:*

"INDIVISIBLE. . . on entend par ce mot en Géométrie ces élémens infiniment petits, ou ces principes dans lesquels un corps ou une figure quelconque peut être résolue en dernier ressort, selon l'imagination de quelques Géometres modernes. . .

Ils prétendent qu'une ligne est composée de points, une surface de lignes paralleles, & un solide de surfaces paralleles & semblables.

Cette maniere de considérer les grandeurs s'appelle la Méthode des indivisibles, qui n'est au fond que l'ancienne méthode d'exhaustion deguisée, & dont on prend les conclusions comme principes sans se donner la peine de les démontrer. . .

Au reste, Cavallieri est le premier qui ait introduit cette méthode. . . en 1635. Torricelli l'adopta dans quelques-uns de ses ouvrages qui parurent en 1644. . ." (Diderot and d'Alembert 1779, pp. 609–612).

On the whole almost all of Harris's article is contained in the article in the *Encyclopédie* including an example of a distributive use of the method of indivisibles (whether Harris is the source or there exists a common source I have not been able to make out). However, in the *Encyclopédie* the author, De la Chapelle, goes much further than Harris, particularly in elaborating a negative attitude towards the method – of which there is just a taste in the quote.

An example of a mixing-up of indivisibles and concepts belonging to the calculus is found in J. H. Zedler's *Universal Lexicon:*

"indiuisibilia, werden von dem Cavalerio Geometr. indiuisibil. die unendlich kleinen Theilgen derer Grössen genennet, die heut zu Tage zu der Analysi Differential-Grössen, Infinite parua, oder auch Infinitesimae heissen. Es sind aber diese Grössen, ungeachtet sie unendlich kleine sind, dennoch nicht untheilbar, als welcher Begrieff nur denen Puncten beykommet; sondern sie können noch ferner in unendlich kleine Grössen zergliedert werden; wie der Calculus differentio-differentialis ausweiset." (Zedler 1735, p. 663).

Harris had said that indivisibles were infinitely small, but he did not identify them with infinitesimals. Taking the word indivisibles in the literal sense as something which cannot be divided he claimed that the method of indivisibles was based on the assumption that a surface, for instance, consists of line segments. Zedler could not accept an ultimate division of a continuum and consequently he saw no difference between indivisibles, differentials and infinitesimals; in other words, he described the indivisibles of a plane figure to be of the form $\ell\Delta h$.

This understanding of indivisibles which is often met with in the 17th century – as we shall see in section 4, – is rather uncommon for the 18th century. But in the latter century several commentators thought that a replacement of indivisibles by infinitesimals would mean an improvement of the method. Colin MacLaurin is one of those, thus in the introduction to *A Treatise of Fluxions* (1742) he wrote:

"In the method of indivisibles, lines were conceived to be made up by points, surfaces of lines . . . this doctrine was inconsistent with the strict principles of geometry. . . therefore others, in the place of indivisible, substituted infinitely small divisible elements. . . and thus endeavoured to retain, and improve, the advantages that were derived from the former method" (MacLaurin 1742, p. 1).

Further he said about indivisibles and infinitesimals,

"these being imagined indefinite, or infinite, in number, their s u m [my emphasis] was supposed to coincide with the curvilineal area, or solid.

It was however with caution that these suppositions were at first employed in geometry by Cavalerius. . . He discovered a method. . . In proposing it, he strove to avoid the supposing magnitude to consist of indivisible parts, and to abstract from the contemplation of infinity" (ibid., pp. 37–38).

It is interesting to notice that although MacLaurin joined the group claiming that the method of indivisibles is built on the assumption that a surface is composed by linesegments, he also stressed that Cavalieri tried to avoid this assumption and to avoid problems concerning infinity. The last statements are very true – as it will be pointed out in the next section – and are rarely found in the early literature on the method of indivisibles. Nevertheless MacLaurin introduced a sum and left the reader with the impression that the method of indivisibles worked by setting $F = \sum_{F} \ell$.

Let us imagine a person in the early 19th century who tries to find out what "the method of indivisibles" covers and reads the above quotes. He probably becomes rather confused, because he learns that the method was basically the same as the method of exhaustion, that it worked on the assumption $F = \sum_{F} \ell$, that indivisibles were or ought to be infinitesimals so that the relation $F = \Sigma\ell\Delta h$ is obtained. He may then decide to look in a book on the history of mathematics, J. C. Montucla's *Histoire des mathématiques*, where he among other things will read:

"Cavalleri imagine le continu comme composé d'un nombre infini de parties qui sont ses derniers élémens . . . Ce sont ces derniers élémens qu'il appelle i n d i v i s i b l e s. . . A en juger par cette manière de s'énoncer on diroit qu'il [Cavalleri] conçoit . . . les surfaces comme formées d'une infinité de [l]ignes. . . Mais il est facile de réconcilier ce langage avec la saine géométrie, par une interprétation, que sans doute Cavalleri sentit d'abord. . . Sa méthode n'est autre chose que celle d'e x h a u s t i o n des anciens, simplifiée. En effet, ces surfaces, ces lignes dont Cavalleri considère les rapports et les sommes, ne sont autre chose que les petits solides ou les parallélogrammes inscrits et circonscrits d'Archimède. . . la géométrie des indivisibles est occupée à déterminer le rapport de la somme de cette infinité de lignes ou de plans. . . avec la somme d'un pareil nombre d'élémens homogènes à ces premiers" (Montucla 1799/1800, pp. 38–39).

Although our person is as confused as ever, he may come to the conclusion that the only way in which all what he has read makes sense is by assuming that the method of indivisibles was based on the relation $F = \Sigma\ell$. This idea was in fact cemented and came to dominate the literature up to the second half of the 20th century (A presentation of some of the later interpretations of the method of indivisibles can be found in Galluzzi & Guerraggio). However, our person may also decide that the best thing to do is look at Cavalieri's own introduction of indivisibles which seems such a good idea that we shall do the same.

2. Cavalieri's collective method of indivisibles

Cavalieri's book from 1635 referred to in the last section is *Geometria indivisibilibus continuorum nova quadam ratione promota* (Geometry, advanced in a new way by the indivisibles of the continua) whose title became wellknown among mathematicians. The content of the book, however, was studied carefully only by a few persons, which explains why the ideas underlying Cavalieri's theory of integration remained obscure to most of his colleagues and successors and were usually presented in a confusing manner. In the following I shall sketch these ideas leaving out several aspects which would make this survey too long (these can be found in Giusti 1980 or Andersen 1985). One of my restrictions is to deal only with Cavalieri's treatment of quadratures; this can be done because there is no basic difference between his treatments of quadratures and cubatures. A further restriction is to concentrate on the first of Cavalieri's two methods of indivisibles, mentioned in the last section, that is the collective method. This can be justified because Cavalieri created the distributive method mainly to convince those mathematicians who might be sceptical about the foundation of the collective method and because it never played an important role in his theory.

To understand Cavalieri's approach to quadrature it is important to be aware that his main inspiration was classical Greek mathematics, and that he consciously tried to keep the style of Greek mathematics. Thus to Cavalieri quadrature meant to find the ratio between two plane figures (of which one would often be a parallelogram). Most modern mathematicians would probably understand this as finding the ratio between the areas, expressed by numbers, of the two figures. But the Greek mathematicians did not ascribe measures to geometrical figures; they worked directly with the figures when calculating the ratio between them.

The theory of geometrical magnitudes and of ratios between them, created by Eudoxus, is presented book five of Euclid's *Elements*, and it is exactly upon this theory Cavalieri attempted to build his new method of integration. Like so many mathematicians before him Cavalieri was probably aware of the intuitive idea expressed in (1): $F = \Sigma \ell \Delta h$. It was, however, impossible to incorporate the concept of $\Sigma \ell \Delta h$ in the Greek theory of magnitudes since this excluded both infinitesimals as Δh and the idea of an infinite sum. Thus Cavalieri searched for a concept which he thought would be acceptable in the theory of magnitudes and could be helpful for quadratures.

He hit on the concept of "all the lines", o m n e s l i n e a e, of a given figure. This concept he did not obtain – as suggested in the quotes in the last section –

by splitting up a figure, but through a continuous motion. In defining "all the lines" Cavalieri used a moving plane to be able to distinguish between different transitions of a figure (cf. Andersen 1985). Since this distinction will not be dealt with here, I simplify his definition by substituting a moving line for the plane. Let us then suppose that $F = ABC$ is a plane figure having two opposite tangents parallel to a given line GH, which Cavalieri called the *regula* (figure 2). We imagine that one tangent moves towards the other staying parallel to it; "all the lines" are then defined as the intercepts between the moving line and F. Thus "all the lines" of F are the collection of chords in F parallel to GH.

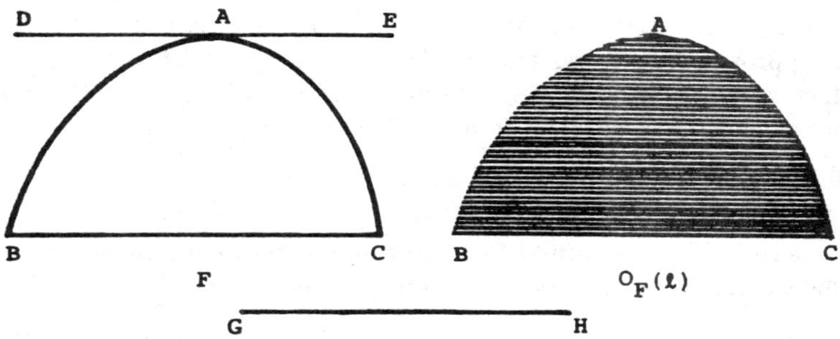

Figure 2

Cavalieri did not use a special notation for "all the lines", but I find it practical to denote them by $O_F(\ell)_{GH}$ or just $O_F(\ell)$. Further I shall often employ the term *the collection of lines* of F for $O_F(\ell)$. This terminology suggests that "all the lines" of F are considered as one entity, and that is exactly what Cavalieri did. He conceived of "all the lines" as a new kind of magnitude, and he put much effort in an attempt to prove that Eudoxus's theory of magnitudes can be applied to collections of lines. He was particularly considered about establishing the existence of a ratio between two collections of lines. Such ratios are very essential in Cavalieri's theory, its fundamental theorem being that the ratio between two plane figures, F_1 and F_2, is equal to the ratio between their collections of lines, which means

$$F_1 : F_2 = O_{F_1}(\ell) : O_{F_2}(\ell). \tag{3}$$

For the present concern it is irrelevant to reproduce Cavalieri's complicated mathematical arguments for this relation. It is, however, extremely relevant to realize that the mere existence of the long arguments clearly shows that *Cavalieri did not base his theory on the assumption that* $F = O_F(\ell)$.

The reader may wonder how collections of lines could be of any help to Cavalieri in his calculations. One of his important tools, the principle called after him, was already mentioned in the last section, but his procedure involved many more techniques and a large number of *ad hoc* concepts which it is impossible to explain thoroughly here. Thus I confine myself to state that building upon the concept of "all the lines" and similar concepts Cavalieri managed in *Geometria* to perform geometrical calculations serving the same purpose as our integration of polynomials of the first or second degree. (In *Exercitationes geometricae sex* (1647) Cavalieri generalized his approach and performed geometrical integrations of t^n for $n > 2$.) Cavalieri's calculations are by no means simple and it requires patience to go through them. Nevertheless, they constitute an impressive accomplishment; although Cavalieri did not succeed in solving all the foundational problems, he succeeded in avoiding the use of infinitesimals. His approach is not based on the idea of approximating areas, but on determining the exact ratio between two plane figures as the ratio between collections of lines which were not conceived as sums but as magnitudes different from the figures themselves; i.e.

$$F \neq O_F(\ell) \qquad \text{and} \qquad O_F(\ell) \neq \sum_F(\ell).$$

Having realized this, it is natural to investigate the question of how the idea developed that Cavalieri's theory was based on the assumption $F = \sum_F \ell$.

Cavalieri himself contributed to the idea of $F = O_F(\ell)$, because he introduced the word *indivisibles* in talking about all the lines of a plane figure and all the planes of a solid figure thus calling his new theory a "method of indivisibles" instead of for instance a "method of all the lines and all the planes". Further he sowed the seeds of the idea $F = O_F(\ell)$ in some confusing comments, added to his mathematical arguments, concerning the understanding of "all the lines" and the composition of a continuum. In discussing the latter problem Cavalieri left two possibilities open: either a plane figure is composed by its indivisibles, that is its collection of lines, or it is not. Although Cavalieri in the comments – as well as in the mathematical treatment – avoided the assumption $F = O_F(\ell)$, the fact that he did touch upon it seems to have misguided readers who studied his text only superficially.

There are, however, more origins of the idea that Cavalieri's method was based on the relation $F = O_F(\ell)$; the probably most important we find by following the clue given in the last section: the method of indivisibles was "pursued. . . by Torricelli in his Works, Printed 1644" (Harris 1704).

3. Torricelli's version of the method of indivisibles

The work referred to at the end of the last section is *Opera geometrica*, and particularly its chapter *De dimensione parabolae* containing 21 different derivations of the quadrature of the parabola. One of them runs in the following way: ABC is a segment of a parabola whose tangent at C is CD and whose diameter through A is

AD (figure 3). Torricelli completed the parallelogram ACED and searched for the ratio between this and ABCD. First he drew an arbitrary diameter GF cutting the parabola in B and the line CD in I; he then proved that

FG:IB = (circle with diameter FG):(circle with diameter IG).

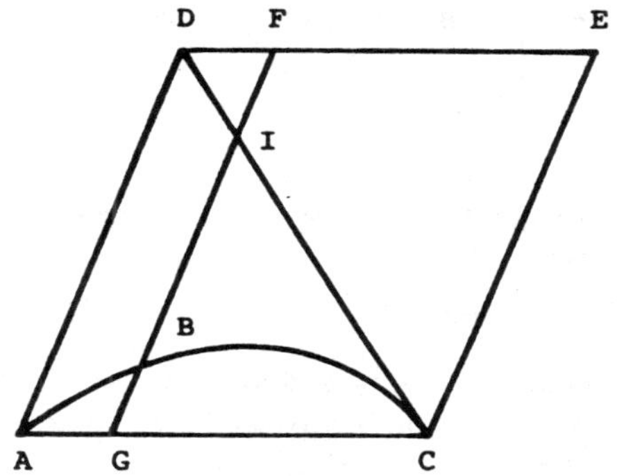

Figure 3

In this proportion the first and the third term are respectively equal to DA and a circle with diameter DA, thus they are independent of the position of FG. From this Torricelli concluded, considering all FG's in ACED, that

(all FG's):(all IB's) = (all circles with diameter FG):(all circles with diameter IG);

or, in his own words:

"All the first ones together, that is the parallelogram AE will be to all the second ones together, that is to the trilineum ABCD, as all the third ones together, that is the cylinder AE, to all the fourth ones together, that is to the cone ACD" (Torricelli 1919–1944, vol. I, part 1, p. 140).

Having come so far and using the fact that a cone is one third of its corresponding cylinder Torricelli found that the required ratio ACED:ABCD = 3:1. For our purpose, however, the result is not as interesting as the procedure by which it is obtained. The procedure involves an identification of for instance all the FG's and the parallelogram ACED which means that Torricelli's very elegant quadrature is based on setting $F = O_F(\ell)$. Instead of commenting upon this and other foundation aspects of his technique Torricelli referred to Cavalieri, whose method he said he was employing.

Contrary to Cavalieri's *Geometria* Torricelli's *Opera geometrica* was generally well received – and read. This meant that Cavalieri's method of indivisibles became more known through Torricelli's presentation than through his own. In general it was not realized that Torricelli had created a version of the method which was different from Cavalieri's elaborated theory; thus Torricelli became an essential link to the understanding that the method of indivisibles worked on the assumption

$$F = O_F(\ell). \qquad (4)$$

All of Torricelli's examples of quadratures, based on indivisibles, consist of a transformation of the ratio between a segment of a parabola and a parallelogram or a triangle into a known ratio between two other geometrical figures – like in the just presented example, hence it does not become clear how he conceived of "all the lines". In other connections in *De dimensione parabolae*, however, he used "all", o m n e s, in the sense of a sum, thereby opening the way to the interpretation

$$O_F(\ell) = \sum_F \ell. \tag{5}$$

Combining (4) and (5) we get the understanding that the method of indivisibles was founded on the assumption

$$F = \sum_F \ell. \tag{2}$$

Whereas Torricelli undoubtedly is a main source for the idea $F = O_F(\ell)$, the interpretation of "all the lines" as a sum, expressed in (5), may as well have come from other sources which will be discussed in the next section (for more information on the discussions of Cavalieri's indivisibles, see Giusti 1982).

4. The interpretations of the method of indivisibles inherited by Leibniz

The fact that the method of indivisibles existed in two versions, the circcumstantial one by Cavalieri and the 'short cut' of Torricelli, was not the only reason why ideas concerning the method were mixed up. The meaning of "the method of indivisibles" was also blurred by some of Cavalieri's colleagues outside Italy, as for instance Gilles Personne de Roberval. He quite clearly presented the foundation of his own method of quadratures to be

$$F_1 : F_2 = (\Sigma \ell \Delta h) : (\Sigma \ell \Delta h),$$

which means that he employed a method of infinitesimals. The divisions of the figures were made so that the Δh's are constant, wherefore he obtained

$$F_1 : F_2 = (\sum_{F_1} \ell) : (\sum_{F_2} \ell). \tag{6}$$

When F_1 and F_2 are limited by simple algebraic curves, Roberval found the right hand side by an arithmetical calculation. For instance, when F_1 is a segment of a parabola and F_2 is its circumscribed parallelogram, he arrived at calculations which in modern terms can be described as

$$F_1 : F_2 = \lim_{n \to \infty} \left(\sum_{i=1}^{n} i^2 : \sum_{i=1}^{n} n^2 \right)$$

$$= \lim_{n \to \infty} \left(\left(\frac{n^3}{3} + \frac{n^2}{2} + \frac{n}{6} \right) : n^3 \right) = \frac{1}{3}.$$

Evidently, this approach is very different from Cavalieri's; the only similarity a modern reader can see between the procedures of the two mathematicians is that Roberval expressed his fundamental relation (6) as (I have introduced the symbols F_1 and F_2):

$F_1 : F_2$ = (toutes les lignes de F_1):(toutes les lignes de F_2)

and Cavalieri his fundamental relation (2) as

$F_1 : F_2$ = (omnes lineae figurae F_1): (omnes lineae figurae F_2).

Nevertheless, Roberval was of the opinion that his method was similar to Cavalieri's, which can be illustrated by the following story.

When Roberval developed his method he called it "a method of infinites". Later he became influenced by the fame of Cavalieri's indivisibles, took over the word indivisibles, and called his treatise on quadratures and cubatures *Traité des indivisibles*. He opened this with the words: "Pour tirer des conclusions par le moyen des indivisibles. . ." (Roberval 1730, p. 20), and then presented his infinitesimals. Still, he was very concerned about getting the acknowledgement that he had discovered his method independently of Cavalieri. In a letter to Torricelli, written in 1647, Roberval presented some arguments to prove this. Among the arguments is not the one which would seem obviously convincing today: that the two methods have different foundations and require very different procedures of calculations. Roberval only mentioned "a small difference" between the two methods (Torricelli 1919–1944, vol. 3, p. 489). Further he stated that some mathematicians who were envious of Cavalieri wrongly had claimed that Cavalieri really had thought that surfaces were composed of lines (ibid.). This is nonsense, said Roberval, of course Cavalieri by the indivisibles of a plane figure meant infinitesimal rectangles.

In interpreting Cavalieri's theory Roberval projected his own ideas into it; thus he introduced the idea that it was based on infinitesimals, and related to arithmetical methods; further he contributed to the idea that "all the lines" should be understood as a sum.

Roberval's ideas influenced the great master of arithmetical integration, Blaise Pascal. He revealed his ideas on the method of indivisibles in the *Lettre de A. Dettonville a Monsieur Carcacy* (1658), where he maintained that the indivisibles of a plane figure constitute an infinity of infinitesimal rectangles whose sum only differs from the figure by a quantity smaller than any given one (Pascal 1904–1914, vol. 8, p. 352). The terminology he used for sums connected to quadratures in his various treatises was summa linearum, la somme des lignes, or la somme des ordonnées. In the letter to Carcacy Pascal further stated that in his opinion it was only in a manner of speaking that the method of indivisibles differed from the ancient method of exhaustion. An opinion which survived in the later literature as we have seen in section 1.

The other great contributor to arithmetical integration, John Wallis, also compared his theory, the arithmetic of infinities, with the method of indivisibles and saw similarities between the two disciplines (Wallis 1972, p. 352). He admitted that he only knew the method of indivisibles through a study of Torricelli's work, as he had not been able to get access to Cavalieri's *Geometria* (ibid., preface).

Thus Wallis provides an example of how the method of indivisibles became known in Torricelli's version. Wallis's, Pascal's and Roberval's ideas concerning the method of indivisibles further illustrate how 17th century mathematicians did not pay much attention to the difference between the method of infinitesimals involving arithmetical calculations and the geometrical method of indivisibles. Indeed, there was a tendency to call all methods of integration which emerged during the period 1635–1665 methods of indivisibles. Therefore no sharp distinction was made between Cavalieri's use of the concept of omnes lineae and for instance Pascal's use of summa linearum. In particular it was not recognized that Cavalieri's collection of lines belonging to a given figure was a magnitude which was neither the area of the figure nor an approximation to it.

While working on quadratures and cubatures in the early 1670's G. W. Leibniz took over the mixture of names and concepts connected to quadratures, using the abbreviation omn. of omnes to signify a sum, and in October 1675 he only introduced $\int \ell$ as a further abbreviation of omn. ℓ. However, this step gave rise to a significant change in his thoughts and inspired him to investigations leading to the creation of the calculus.

Concluding Remarks

This paper has two aims: to give an impression of Cavalieri's theory of integration and to map some of the confusion concerning the "method of indivisibles". I hope that more clarity than confusion comes out of the preceding pages, and particularly that the following points have become clear. First, that the idea of distinguishing sharply between

$$F = \Sigma \ell \Delta h \qquad \text{and} \qquad F = \sum_{F} \ell$$

developed only some time after the creation of the calculus. Second, that Torricelli created his own method of indivisibles which seems to be based on the assumption $F = O_F(\ell)$. Third, that he and some of his French colleagues contributed to the idea that

$$O_F(\ell) = \sum_{F} \ell.$$

Fourth, that Cavalieri's theory of indivisibles is unique, and can only be seen in its proper perspective when collections of lines are conceived of as magnitudes. Thus conceptionally his theory was in several respects closer to Greek mathematics than to the 17th century method of quadratures and cubatures.

Literature

ANDERSEN, Kirsti, 1985: *Cavalieri's method of indivisibles*, in: *Archive for the History of Exact Sciences*, vol. 31, pp. 291–367.

BOYER, Carl B., 1968: *A History of Mathematics*, New York.

CAVALIERI, Bonaventura, 1647: *Exercitationes geometricae sex*, Bologna. (Reprinted Bologna 1980).

CAVALIERI, Bonaventura, 1653: *Geometria indivisibilibus continuorum nova quadam ratione promota*, Bologna. First edition Bologna 1635.

DIDEROT, D. & J. D'ALEMBERT (eds)., 1779: *Encyclopédie ou dictionnaire raisonné des sciences, des arts et des métiers*, vol. 18, Bern.

GALUZZI, M. & A. GUERRAGGIO: *Some Interpretations of the Method of Indivisibles*, forthcoming in *Jahrbuch über der Mathematik*.

GIUSTI, Enrico, 1980: *Bonaventura Cavalieri and the Theory of Indivisibles*, Bologna. Also as an Introduction to a reprint of Cavalieri 1647, made in Bologna 1980.

GIUSTI, Enrico, 1982: *Dopo Cavalieri. La discussione sugli indivisibili*, in: *Atti del convegno "La Storia delle Matematiche in Italia", Cagliari 29–30 settembre e 1 ottobre 1982.*

HARRIS, John, 1704: *Lexicon Technicum or an Universal English Dictionary of Arts and Sciences*, vol. 1, London (reprinted New York and London 1966).

MACLAURIN, Colin, 1742: *A Treatise on Fluxions*, Edinburgh. 2nd edition London 1801.

MONTUCLA, J. F., An VII (1799/1800): *Histoire des mathématiques*, 2nd edition, vol. 2, Paris. (Reprinted Paris 1968).

PASCAL, B., 1904–1914: *Oeuvres de Blaise Pascal*, 14 vols., Paris.

RENALDINUS, C., 1668: *De resolutione et compositione mathematica*, Padua.

ROBERVAL, Gilles P. de, 1730: *Traité des indivisibles*, in: *Mémoires de l'Académie Royale des Sciences depuis 1666 jusqu'à 1699*, vol. 6, Paris – which exists in two editions. *Traité des indivisibles* was first published in *Divers ouvrages de mathématique et de physique par messieurs de l'Académie royale des sciences*, Paris 1693.

STURM, J. C., 1700: *Mathesis enucleata: or the elements of mathematicks*, London. Translation of *Mathesis enucleata*, Nürnberg 1687.

TORRICELLI, E., 1919–1944: *Opere di Evangelista Torricelli* (ed. Gino LORIA & Giuseppe VASSURA), 4 vols., Faenza.

WALLIS, John, 1972: *Opera mathematica* (ed. C. J. SCRIBA), vol. 1, Hildesheim and New York. (Reprint of Oxford 1695).

ZEDLER, J. H. (ed.), 1735: *Grosses vollständiges Universal-Lexicon*, vol. 14, Leipzig and Halle.

Le problème des tangentes de Descartes à Leibniz

Par
ENRICO GIUSTI (FLORENCE)

1. Introduction

Bien qu'il s'agisse d'un problème classique en géométrie, c'est seulement avec Descartes que le problème des tangentes se pose dans les termes qui nous intéressent ici, grâce au bouleversement que la *Géométrie* cartésienne opère dans la notion même de courbe. Avant Descartes, on ne connaissait que des courbes nommées, c'est-à-dire des courbes particulières dont on pouvait donner une construction explicite au moyen d'opérations géométriques ou cinématiques; après Descartes on s'occupera de lignes tout à fait arbitraires, qui sont immédiatement décrites au moyen de leur équation. C'est là la révolution cartésienne en géométrie: la courbe cesse d'être définie par une construction (ce qui évidemment n'empêche pas qu'on puisse étudier les moyens de construire telle ou telle courbe particulière) pour être identifiée avec son expression algébrique: la courbe est l'équation, et c'est à partir de cette dernière qu'on étudiera ses propriétés, y compris sa construction, soit par les instruments traditionnels soit avec d'autres appareils conçus dans ce but[1]. Dans ce nouveau cadre, le problème des tangentes se pose lui-même sous une forme nouvelle: il ne s'agit plus comme auparavant de trouver la droite tangente à une courbe donnée, mais au contraire de chercher une méthode générale qui permette de tracer la tangente à n'importe quelle courbe géométrique.

Courbe géométrique, car Descartes exclut de sa théorie les courbes mécaniques,

1 «Or de cela seul qu'on sçait le rapport, qu'ont tous les poins d'vne ligne courbe a tous ceux d'vne ligne droite, en la façon que iay expliquée; il est aysé de trouver aussi le rapport qu'ils ont a tous les autres poins, & lignes données: &, en suite, en connoistre les diametres, les aissieux, les centres, & autres lignes ou poins a qui chasque ligne courbe aura quelque rapport plus particulier, ou plus simple, qu'aux autres; & ainsi, d'imaginer diuers moyens pour les decrire, & d'en choisir les plus faciles.» *Géométrie, Oeuvres de Descartes*, publiées par Ch. ADAM et P. TANNERY, Vol. VI, pages 412–3. En marge, Descartes écrit: «Que pour trouuer toutes les proprietes des lignes courbes, il suffit de sçavoir le rapport qu'ont tous leurs poins a ceux des lignes droites. & la façon de tirer d'autres lignes qui les couppent en tous ces points a angles droits». A la vérité, il y a quelque désaccord entre les historiens sur le rôle de l'équation dans la déscription des courbes. On peut voir à ce propos l'analyse de H. J. M. BOS (*On the representation of curves in Descartes' Géométrie*, dans: *Arch. Hist. Ex. Sci.* 24 (1981) 295–338) qui exprime des opinions différentes des nôtres. Il n'est pas possible de discuter ici cette question; je remarquerai seulement que notre interprétation coïncide avec celle des géomètres qui, dans la période qui nous interesse, ont étudié le problème des tangentes.

à savoir celles qui, contrairement aux premières, sont décrites par deux mouvements indépendants[2]; une définition encore imprécise[3] dans la *Géométrie*, mais qui sera immédiatement interpretée en identifiant les courbes géométriques avec celles que, d'après Leibniz, on appelle algébriques, et les mécaniques avec les transcendantes.

On remarquera à ce propos que cette délimitation que Descartes prétendait imposer au domaine de la géométrie, avec des prescriptions qui lui seront souvent reprochées et que lui-même n'observera pas, a néanmoins joué un rôle non secondaire dans l'affirmation de la théorie cartésienne. Car, dans une période où la notion de fonction était dans un stade très primitif, la classe des courbes algébriques représentait un excellent point d'équilibre entre la généralité et la précision. En effet, se borner, comme parfois Fermat[4], aux seules équations du second degré aurait signifié l'impossibilité de franchir les limites intellectuelles, sinon techniques, de la géométrie ancienne. Par contre, s'élancer dans le champ sans bornes des courbes totalement arbitraires, comme Cavalieri et les géométres italiens feront dans le domaine contigu des figures géométriques, aurait conduit à se fonder sur des notions aux contours indéfinis et donc échappant à l'analyse mathématiquement précise.

La notion de courbe géométrique, loin de représenter une limitation arbitraire, est au contraire un heureux point de rencontre: elle est en même temps suffisamment nette pour qu'elle puisse être mathématiquement utile, et assez étendue pour dépasser les bornes de la géometrie ancienne, en particulier en ce qui concerne le problème des tangentes qui nous intéresse ici. C'est surtout grâce à la clarté de la formulation cartésienne qu'il sera possible d'en reconnaître les limites, et donc de la soumettre à des tensions pour en franchir les bornes, et qui trouveront leur solution dans la *Nova Methodus* leibnizienne.

Dans cet exposé, j'essaierai de suivre le chemin qui mène de la *Géométrie* au calcul différentiel, en cherchant à individualiser les problèmes mathématiques qui se posent et à mettre au jour les nouveautés nécessaires pour leur solution.

2. Succès et limites de la théorie cartésienne

La méthode de Descartes est trop connue pour qu'il soit nécessaire de lui consacrer plus de quelques mots. Comme on sait, Descartes ne cherche pas la droite, mais le cercle tangent, dont le diamètre sera donc normal à la courbe. Ce cercle,

2 «La spirale, la Quadratice, & semblables, qui n'appartiennent veritablement qu'aux Mechaniques & ne sont point du nombre de celles que ie pense deuoir icy estre receues, a cause qu'on les imagine descrites par deux mouuemens separés & qui n'ont entre eux aucun raport qu'on puisse mesurer exactement». *Géométrie*, page 390.

3 Sur ce point on peut voir l'article de BOS cité dans la note 1.

4 *Ad locos planos et solidos Isagoge. Œuvres de Fermat*, publiées par les soins de MM. P. TANNERY et Ch. HENRY, Paris 1891, Tome I, pages 91–110.

dont le centre est pris sur l'un des axes[5], est déterminé par la condition qu'il ait une intersection double avec la courbe au point $C = (x_0, y_0)$ pour lequel it faut trouver la tangente. Dans le langage cartésien, le problème se réduit à déterminer les paramètres v et s (respectivement le centre et le rayon) dans l'équation du cercle:

$$x^2 + (y-v)^2 = s^2,$$

de fąçon que, une fois éliminée l'une des variables (par exemple x) entre l'équation du cercle et celle de la courbe, le polynôme P(y) qui en résulte ait une racine double en y_0[6].

Si l'équation de la courbe est de degré n, le polynôme P(y) sera en général de degré 2n, et pour avoir une racine double il devra nécessairement être de la forme

$$(y-y_0)^2\ Q(y)$$

où Q est un polynôme de degré 2n–2, renfermant donc 2n–1 constantes arbitraires qui seront déterminées, en même temps que les paramètres v et s, en comparant par ordre les coefficients des deux polynômes P(y) et $(y-y_0)^2\ Q(y)$, pour un total de 2n+1 équations à 2n+1 inconnues (les coefficients de Q, v et s).

Comme on voit, la méthode de Descartes est entièrement fondée sur la notion purement algébrique de racine double (ou de point d'intersection double), de façon qu'elle ne saurait s'appliquer qu'aux courbes algébriques, à savoir celles d'équation

$$F(x, y) = 0,$$

F étant un polynôme en x et y. De là l'identification de la notion cartésienne de courbe géométrique avec celle, plus précise, de courbe algébrique.

Ce caractère de l'analyse cartésienne demeurera constant même après les améliorations apportées par de Beaune et par Hudde. Le premier substitue au cercle de Descartes la droite tangente[7], de façon que le polynôme résultant de l'élimination soit maintenant de degré m comme celui de l'équation de la courbe. Comme la droite générique renferme deux constantes arbitraires, on pourra appliquer le même procédé avec un polynôme Q(y) de degré m–2.

Une simplication ultérieure est conséquence du théorème de Hudde sur les racines doubles d'une équation; un résultat qui permet de se passer complètement du polynôme auxiliaire Q(y), de sorte qu'il ne reste qu'à déterminer les deux constantes qui entrent dans l'équation de la tangente. La remarque de Hudde est que si y_0 est une racine double de P(y) = 0, alors on doit avoir encore $P'(y_0) = 0$, ou P'est un nouveau polynôme obtenu en rangeant les termes de P en ordre de puissances crois-

5 Cette condition peut être remplie, parce que le cercle tangent à une courbe n'est pas déterminé, et tout point de la normale est le centre d'un tel cercle.

6 *Géométrie*, pages 413–23. En marge: «Façon generale pour trouver des lignes droites qui couppent les courbes données, ou leurs contingentes, a angles droits.»

7 *Florimondi De Beaune in Geometriam Renati Des Cartes Notae Breves*; dans: *Geometria, à Renato Des Cartes Anno 1637 Gallicé edita*, Lugduni Batavorum, 1649, pages 147–8.

santes et en les multipliant par les termes d'une progression arithmétique arbitraire (par exemple, en multipliant chaque terme par son exposant)[8].

Tout cela est d'ailleurs bien connu, comme l'est aussi la méthode rivale établie par Fermat, dont nous parlerons brièvement par la suite. Nous nous bornerons ici à souligner quelques points qui nous aideront à mieux comprendre les développements successifs.

On a déjà remarqué que la méthode cartésienne est fondée sur la notion de point double d'intersection. On pourrait donc croire que ses limites soient constituées par les courbes transcendentes, c'est-à-dire celles dont l'équation

$$F(x, y) = 0,$$

serait exprimée par une fonction F transcendante, et que ce soit le désir de traiter ces dernières qui ait finalement conduit au calcul differentiel.

Cette reconstruction ne serait pas exacte. En effet, faute d'une notion explicite de fonction, la non-algébricité d'une courbe s'exprimait non par une équation transcendente, qui n'existait pas, mais plutôt par l'impossibilité de la réduire en équation; d'où la nécessité d'une construction par deux mouvements indépendents (courbes mécaniques: spirales, quadratice, cycloïde), ou d'une caractérisation à l'aide d'une équation (encore une fois algébrique) entre les coordonnées et la longueur de l'arc d'une autre courbe donnée.

Dans le premier cas nous sommes encore dans le domaine des courbes nommées, ou tout au plus dans les familles de courbes telles que les paraboles infinies dont Torricelli traces les tangentes[9]. D'ailleurs, sans la notion de fonction, la méthode cinématique envisagée par Torricelli et conçue dans sa généralité par Roberval[10] (des idées qui plus tard auraient amené à la réprésentation paramétrique d'une courbe) ne pouvait s'appliquer qu'à des courbes intéressantes mais tout à fait particulières.

La deuxième situation, celle des courbes définies par une relation entre les coordonnées et l'arc d'une ligne donnée, se présente d'abord sporadiquement (encore une fois, le cas le plus important est celui de la roulette), et n'est abordée que plus tard par Barrow et, plus généralement, par Tschirnhaus.

En réalité, la vrai limite entre les courbes assujetties au calcul et celles qui échappent à toute méthode ne se situe pas à la frontière entre les courbes algébri-

8 En termes modernes, $P(y_0) = P'(y_0) = 0$. On retrouvera cette dérivation formelle dans toutes les règles pour les tangentes. *Johannis Huddenii Epistula Secunda de Maximis et Minimis*; dans: *Geometria* . . . Amstelodami, 1659. La lettre de Hudde est datée 27 Janvier 1658.

9 Voir par exemple: *Opere di E. Torricelli,* a cura di G. LORIA e U. VASSURA, Faenza 1919, Vol. I, parte II, page 310. Le résultat de Torricelli n'est d'ailleurs qu'une généralisation d'une méthode que Galilée avait donnée pour la parabole (*Discorsi e dimostrazioni matematiche, Opere di G. Galilei*, a cura di A. FAVARO. Vol. VIII, pages 268–80).

10 *Divers Ouvrages de Mathematique et de Physique par Messieurs de l'Academie des Sciences*, Paris, 1693, pages 69–111. Sur Roberval on peut voir L. AUGER, *Un savant méconnu: Gilles Personne de Roberval (1602–1675)*, Paris, 1962, en particulier les pages 58–64.

ques et les transcendantes, mais plutôt à l'intérieur des courbes algébriques, et précisément entre celles obtenues en égalant à zéro un polynôme, et celles dont l'équation renferme un certain nombre de racines: bref, entre les courbes rationnelles et les irrationnelles.

On a ici une division artificielle, certes, car on sait très bien qu'il est toujours possible de réduire à une forme rationnelle toute équation renfermant des radicaux. Et cependant la division n'en est pas moins réelle, car cette équivalence n'était pas évidente pour tous[11], et en tout cas, exception faite des courbes les plus simples, la réduction effective de l'équation surpassait les forces des calculateurs les plus patients[12].

Il reste néanmoins le fait un peu paradoxal que des méthodes conçues pour les courbes algébriques se soient heurtées non pas à l'apparition de courbes transcendantes, mais à la difficulté de mettre explicitement sous forme rationnelle des équations qui dénotaient toutefois des courbes algébriques.

C'est dans cette difficulté (lire impossibilité) que réside la limite de toutes les méthodes de tangentes avant le calcul; de ce point de vue, Leibniz reprend le problème au point où Descartes l'avait laisse.

3. De la méthode à la regle: 1660–1682

Pour trouver des progrès il faut regarder ailleurs, et surtout dans deux directions: l'automatisation du calcul d'un côté, et de l'autre son extension jusqu'à comprendre quelques courbes transcendantes.

La première ligne de développement commence, comme on a vu, immédiatement après la parution de la *Géométrie*, et terminera avec la réduction du problème des tangents à un calcul purement algébrique, œuvre de Hudde et Sluse.

Il n'est pas facile de placer les différentes contributions dans un ordre cronologique, surtout si on veut établir la date les découvertes, qui souvent précède de plusieurs années celle de la publication. Nous chercherons plutôt à mettre au jour le processus de simplifications et de généralisations successives.

On a déjà décrit la méthode de Descartes, qui même après les améliorations de de Beaune et de Hudde reste assez incommode. On peut dire la même chose de celle de Fermat, que nous allons esquisser en quelques mots[13].

11 Une méthode générale pour l'élimination des racines est publiée dans les *Opera Varia* de FERMAT sous le titre: *Novus secundarum et ulterioris ordinis radicum in analyticis usus* (*Oeuvres de Fermat*, Tome I, pages 181–8).

12 Voir par exemple ce que Leibniz écrit à Huygens à propos de sa propre solution d'un problème de Descartes: «per methodos autem publicatas, quippe quibus irrationales tolli opus est, credo vix aliquot diebus inventum iri, et fortasse ne vix quidem.» *Oeuvres complètes de Ch. Huygens*, Tome VIII, page 270.

13 *Methodus ad disinquirendam maximam et minimam. Oeuvres de Fermat*, Tome I, pages 133–79.

Soit $F(x, y) = 0$ l'équation de la courbe dont on veut trouver la tangente au point $C = (x, y)$; et soit t la sous-tangente, c'est-à-dire la distance entre l'abscisse du point C et l'intersection de la tangente avec l'axe des x. Le point générique sur la tangente aura pour coordonnées $(x + z, y(1 + z/t))$. Comme la droite tangente reste d'un seul côté de la courbe[14], la restriction de F à la tangente aura toujours le même signe, et sera nulle au point C. Il s'ensuit que la fonction de z:

$$F(x + z, y(1 + z / t))$$

aura un minimum ou un maximum pour $z = 0$. Si l'on applique à cette fonction la méthode de maximis et minimis on trouvera une équation d'où l'on peut déduire la sous-tangente t.

Comme on voit, nous avons à faire à une méthode assez complexe, dont l'application comporte dans chaque cas particulier des calculs parfois très pénibles. On remarquera aussi l'apparition de la sous-tangente t comme paramètre pour individuer la tangente, un choix qui sera commun à toutes les méthodes suivantes.

Les idées de Fermat seront reprises surtout en Grande-Bretagne, où, vers 1670, Gregory[15], Barrow[16] et Wallis[17] publient des méthodes pour les tangentes qui font enregistrer quelques moindres progrès par rapport à celle de Fermat, à laquelle elles ressemblent fortement. C'est surtout le cas de Barrow, qui élimine quelques unes des longueurs dans le calcul des points stationnaires[18].

Quoique plus ou moins simplifiées, toutes les méthodes que nous avons mentionnées sont des prescriptions concernant les opérations à faire pour trouver la droite tangente. Pour avoir des règles, c'est-à-dire des procédés automatiques de calcul, il faudra attendre la lettre de Sluse à Oldemburg, publiée dans les *Philosophical Trans-*

14 Une «erreur» providentielle: la définition de la tangente comme la droite qui touche la courbe sans la traverser (On dit qu' une droite est tangente au cercle si elle le touche et même prolongée ne le coupe pas, EUCLIDE 3, Déf. 2) suggère une méthode dont la démonstration ne saurait pas s'appliquer au cas général. D'ailleurs, sauf en quelques points particuliers, les courbes algébriques ont toutes cette propriété.

15 *Geometriae pars universalis, inserviens Quantitatum curvarum transmutationi & mensurae,* Patavii 1668,.

16 *Lectiones Geometricae; in quibus (praesertim) Generalis Curvarum Linearum Symptomata Declarantur* Londinii, 1670 (réédités dans *The mathematical works of I. Barrow,* edited by W. WHEWELL, Cambridge 1869; réimpression anastatique G. Olms 1963).

17 *Epitome Binae Methodi Tangentium Doctoris J. Wallisii Geom. Prof. Saviliani Oxoniae*, dans: *Phil. Trans.* Vol. VI, n. 81, mars 1672.

18 «Inter computandum omnes objicio terminos, in quibus ipsarum a, vel e potestas habetur, vel in quibus ipsae ducantur in se (etenim isti termini nihil valebunt).

2. Post aequationem constitutam, omnes objicio terminos, literis constantes quantitates notas, seu determinatas designantibus; aut in quibus non habentur a, vel e (etenim illi termini semper, ad unam aequationis partem adducti, nihilum adaequabunt).

3. Pro a ipsam m (vel MP), pro e ipsam t (val PT) substituo. Hinc demum ipsius PT quantitas dignoscetur» *Lectiones geometricae*, pages 80–81. Les quantités a et e sont les accorissements infinitésimaux des variables x et m; l'équation est $F(x+a, m+e) = 0$.

action du 1672 et dans laquelle, pour la première fois, on trouve l'équivalent de la formule

$$t = - yF_y/F_x,$$

F_x, F_y représentant les dérivées partielles de F[19].

Cette règle, qu'à l'époque Newton connaisait deja[20]; avait été trouvée par Sluse depuis longtemps, comme en témoigne une lettre du chanoine de Liège à Huygens, datée de 1662[21]. D'ailleurs, elle avait été trouvé indépendamment par Hudde, qui pourtant l'avait communiquée seulement à Schooten et à Huygens en les priant de ne la transmettre à personne[22]. Une démonstration de la règle est lue par Huygens à l'Académie des Sciences en 1667, et publiée en 1693[23].

Une seconde ligne de développement consiste, comme on a mentionné plus haut, en l'extension de la méthode à quelques lignes transcendentes, notamment à celles qu'on peut exprimer par une équation (rationnelle) entre les coordonnées et la longueur de l'arc d'une autre courbe connue. Le cas le plus simple est encore celui de la la cycloïde qui est donnée par l'équation

$$y = x$$

19 Naturellement, Sluse n'écrit pas une pareille formule, mais s'exprime ainsi: «Ad inveniendam AC vel a, haec erit R e g u l a G e n e r a l i s:
1. Rejectis ab aequatione partibus, in quibus y vel v non invenitur, statuantur ab uno latere omnes in quibus est y, & ab altero illae in quibus habetur v, cum suis signis + vel –. Hoc, dextrum, illud, sinistrum latus, facilitatis causa, vocabimus.
2. In latere dextro, praefigatur singulis partibus exponens potestatis quam in illis obtinet v: seu, quod idem est, in illum ducantur partes.
3. Fiat idem in latere sinistro, praeponendo scil. unicuique illius parti Exponentem potestatis quam in illa habet y. Sed & hoc amplius: Unum y in singulis partibus vertatur in a. Aio, Aequationem sic reformatum modum ostendere ducendam tangentis ad punctum D datum.» Sluse dénote ici par a la sous-tangente, par y l'abscisse et par v l'ordonnée. Pour mieux expliquer le point 1. à la vérité un peu obscur, il ajoute que les termes qui renferment à la fois y et v doivent figurer soit à droite soit à gauche de l'équation.

20 Il l'avait communiquée à Collins dans une lettre, puis, traduite en latin par Oldenburg, envoyée à Sluse. Voir: *The correspondence of Isaac Newton*, edited by H. W. TURNBULL, Cambridge, 1959, Vol. I, page 247, et *The correspondance of Henry Oldenburg*, edited and translated by A. Rupert HALL & Marie BOAS HALL, Wisconsin, 1973, Vol. IX, page 427.

21 *Oeuvres complètes de Ch. Huygens*, Tome IV, page 207.

22 Dans sa lettre, Hudde prie Schooten «que ce que je vous envoie reste secret, et que vous ne disiez pas, même a qui que ce puisse être, qu'on a trouvé rien de semblable.» La lettre de Hudde à Schooten, publiée seulement en 1713 dans le *Journal Littéraire de La Haye*, est réproduite dans C. I. GERHARDT, *Der Briefwechsel von Gottfried Wilhelm Leibniz mit Mathematikern*, Berlin 1899 (réimpression anastatique G. Olms 1962), pages 234–5. Quant à Huygens, c'est lui-même qui écrit à Oldenburg: «C'est pourtant Monsieur Hudde, qui m'en a monstré la pratique, et j'en ay cherché du depuis l'origine et demonstration a ma façon.»

23 *Regula ad inveniendas tangentes linearum curvarum*, dans: *Divers Ouvrages de Mathematique et de Physique par Messieurs de l'Academie des Sciences. Oeuvres complètes de Ch. Huygens*, Tome XX, pages 242–55. La démonstration de Huygens date de 1663, comme on déduit d'une lettre de Huygens à J. de Witt (*Oeuvres*, Tome IV, pages 312–7).

où x est la longueur de l'arc AB du cercle générateur et y l'élévation sur ce cercle. Ces courbes transcendentes avaient été étudiées dans quelques cas particuliers; ce n'est qu'avec Barrow que nous trouvons une première ébauche d'une méthode dans la remarque que si dans le calcul il entre une partie infinitésimale d'une courbe quelconque il faut lui substituer la partie correspondante de la tangente[24].

La même observation est probablement à la base de la méthode publiée par Tschirnhaus une première fois dans le *Journal des Sçavans* de 1682 et puis dans les *Acta Eruditorum* de la même année[25]. Comme il s'agit d'une méthode assez singulière, et qui n'a pas été analysée par les historiens, j'en donnerai ici quelque détail.

Tschirnhaus étudie d'abord les courbes algébriques, et notamment celles d'équation

$$F(x,y) = y^3 + x^3 + xxy - xyy + a^3 - aay + aax - axx + ayy = 0$$

dans laquelle a est une quantité donnée. La règle de Tschirnhaus est équivalente à la formule

$$T = t - x = aF_a/F_x,$$

où F_a représente la dérivée de F par rapport à la constante a.

La règle paraît à première vue un peu bizarre; néanmoins elle est exacte[26], pourvu qu'on fasse attention au rôle de la constante a. En effet, l'univers mathématique de Tschirnhaus est celui de la *Géométrie*, et donc la lettre a ne dénote pas une constante arbitraire, mais plutôt l'unité, par laquelle il faut multiplier les différents termes de l'équation de façon à les rendre homogènes[27]. Pour souligner une telle dépendance de F de la constante a, nous écriverons l'équation de la courbe

$$F(x,y,a) = 0;$$

dans notre cas la fonction F est homogène de degré 3. Or la règle de Tschirnhaus donne

$$t = T + x = x + aF_a/F_x = (xF_x + aF_a)/F_x.$$

24 «Quod si calculum ingrediatur curvae cujuspiam indefinita particula; substituatur ejus loco tangentis particula rite sumpta; vel ei quavis (ob indefinitam curvae parvitatem) aequipollens recta.» *Lectiones Geometricae*, page 81.

25 *Nova methodus tangentes curvarum expedite determinandi*, dans: *Acta Eruditorum* 1682, pages 392–3.

26 Il est remarquable que cette méthode pour les tangentes soit le s e u l résultat exact que Tschirnhaus ait donné dans toute sa production mathématique.

27 Voir la *Géométrie*, page 371: «Il est aussy a remarquer que toutes les parties d'une mesme ligne, se doivent ordinairement exprimer par autant de dimensions l'une que l'autre, lorsque l'unité n'est pas déterminée en la question, . . mais que ce n'est pas le cas de mesme lorsque l'unité est déterminée, a cause qu'elle peut estre sousentendue par tout ou il y a trop ou trop peu de dimensions. . .».

D'autre part nous avons du fait de l'homogeneité de F:

$$xF_x + yF_y + aF_a = 3F = 0$$

sur la courbe, et donc

$$t = -y\, F_y/F_x$$

qui est la formule connue.

La même méthode, avec de plus la remarque de Barrow, donne la solution pour une famille de courbes transcendantes, à savoir celles décrites par une équation rationnelle entre la longueur de l'arc x d'une courbe connue et la hauteur y sur cette courbe.

Si on sait tracer la tangente AB en un point B de la première courbe, et si F(x,y,a) = 0 est l'équation de la seconde, la droite AC sera tangente à cette dernière au point C si on prend AB de longueur

$$t = x + aF_a/F_x.$$

L'article de Tschirnhaus ne comporte pas la démonstration, que dans son œuvre principale, la *Medicina Mentis*, il dira avoir communiquée à quelques amis[28]. Je n'ai pas trouvé trace de cette démonstration ni dans la correspondance de Leibniz ni dans celle de Huygens, et on peut penser que l'origine de la méthode réside comme autrefois dans des entretiens avec Leibniz[29].

En tout cas la formule de Tschirnhaus, pour bizarre qu'elle puisse paraître à cause de la dérivation par rapport à la constante a, donne néanmoins la règle la plus générale avant l'invention du calcul différentiel, qu'elle précède de moins de deux ans.

4. Le calcul différentiel

Au seuil de notre point d'arrivée, arrêtons-nous un moment pour résumer la situation comme elle se présente avant le mémoire de Leibniz. Nous avons des règles de calcul automatiques qui donnent la droite tangente par des simples manipulations algébriques sur l'équation de la courbe. Ces règles s'appliquent aux courbes rationnelles, ainsi qu'à certaines courbes transcendantes, notamment celles d'équation F(x, y) = 0, où F est un polynôme et x est une coordonnée curviligne. On a en-

28 «Unum quoddam horum in Actis Erudit. quae Lipsiae eduntur, Mense Novemb. A. 1682 p. 364, Dec. p. 391, publice exibui specimen, cujus etiam demonstrationem viris ingeniosis privatim communicavi.» *Medicina Mentis, sive Artis Inveniendi Praecepta Generalia*, Editio nova, Lipsiae, 1695, page 103.

29 Autrefois Leibniz écrivait à Huygens: «Je n'ay non plus que vous, Monsieur, raison d'estre trop content de Mr. D. T[schirnhaus] car il m'est arrivé plus d'une foy qu'il a oublié d'avoir vu aupres de moy des echantillons des choses qu'il a données par apres.». *Oeuvres complètes de Ch. Huygens*, Tome IX, page 518. Un aperçu de la méthode de Tschirnhaus pour les courbes transcendantes se trouve d'ailleur dans la *Nova Methodus*.

core des méthodes cinématiques, qui peuvent servir à traiter les courbes dont on connait explicitement la génération par composition de mouvements.

La limite commune de toutes ces méthodes est constituée par les courbes, algébriques elles-mêmes, dont l'équation renferme plusieurs radicaux qu'il faut faire disparaître avant qu'on puisse appliquer les formules connues. C'est exactement à ces courbes irrationnelles que Leibniz fait allusion quand il dit que sa nouvelle méthode ne s'arrête pas aux quantités irrationnelles.

J'insiste sur ce point qui me semble important: ce n'est pas le caractère qualitatif de la courbe (rationnelle, irrationnelle, transcendante) qui détermine l'applicabilité des méthodes, mais plutôt la complexité de l'équation. Plus précisement, celles qui échappent aux formules connues sont les courbes dont l'équation contient un certain nombre de radicaux. Ce qui manquait, c'était un procédé de séparation des difficultés, qui aurait permis de traiter les différents termes l'un après l'autre.

À la base de cette faiblesse commune, il y a le fait que l'objet des opérations n'est pas le polynôme (la fonction) $F(x, y)$, mais au contraire l'équation $F(x, y) = 0$ dans son ensemble. Si cela n'est pas évident chez Sluse et Tschirnhaus comme cela l'est chez Descartes, c'est parce qu'ils donnent des règles et non des méthodes; mais il suffit d'examiner la démonstration de Huygens pour en convenir[30].

Or, une propriété essentielle des équations est leur globalité: que la fonction F soit par exemple la somme de deux fonctions plus simples, $F = F_1 + F_2$, n'est d'aucune aide dans l'équation $F = 0$, car il n'y a aucune liaison visible entre cette dernière et les deux $F_1 = 0$ et $F_2 = 0$. Tout ce qu'on peut faire ici, c'est écrire $F_1 = -F_2$ à la place de $F = 0$; cela peut aider si F_1 et F_2 sont assez simples, mais c'est nettement insuffisant si elles renferment plusieurs radicaux et donc demanderaient elles-mêmes d'être décomposées en parties simples.

Pour éclaircir ce point, révenons un moment à la méthode de Fermat, et, plus précisement, au problème des points de maximum et de minimum. Le point de départ est la constatation que dans le voisinage d'un extrêmum a les variations sont insensibles; autrement dit, que pour E petit on a l'adéquation:

$$\frac{f(a+E) - f(a)}{E} \cong 0. \tag{A}$$

Si, après avoir simplifié la fraction, on pose $E = 0$, l'adéquation dévient une véritable équation:

$$\left.\frac{f(a+E) - f(a)}{E}\right|_{E=0} = 0, \tag{B}$$

qui donne les points de maximum et de minimum[31].

30 Une trace très forte de la prééminence de l'équation se trouve aussi dans la règle de Sluse, où la forme d'équation est présente même dans les passages intermediaires 1. et 2. (voir note 19) dans lesquels elle est complètement dépourvue de sens.

31 *Methodus ad disinquirendam maximam et minimam. Oeuvres de Fermat*, Tome I, pages 133–79.

On a par fois lu l'équation (B) comme si elle était équivalente à

$$f'(a) = 0. \tag{C}$$

En réalité, les deux équations (B) et (C) sont de natures différentes, et cela non seulement, ni même principalement, à cause du fait souvent surestimé que dans la dérivation il y a une notion de limite que Fermat n'avait pas. Ce qui rend (B) et (C) distinctes est que dans le passage de (A) à (C) il y a une marche intermédiaire qui manque dans (B): le calcul de la dérivée, autrement dit l'opération qui fait passer de la fonction f au premier membre de (B), ou si l'on préfère de (C). C'est justement ce passage intermédiaire qui manque à Fermat comme aux autres géomètres avant Leibniz; et c'est pour ça que leurs méthodes échouent quand la fonction f est une combinaison compliquée de radicaux.

Il faut avouer d'ailleurs qu' avant que ce passage puisse être accompli, il est nécessaire qu'on ait, même sous une forme primitive, une notion de fonction qui pour le moment semble étrangère à la pensée mathématique, et qui s'affirmera seulement durant le siècle suivant. Pour contourner cet obstacle, Leibniz commence son mémoire par les différences des variables, mais il n'introduite que plus tard l'équation de la courbe. De son côté, Newton aura recours à la notion intuitive de vitesse, en introduisant le temps comme une variable universelle cachée; une position à laquelle on reprochera souvent d'avoir mêlé la mécanique à la géométrie.

En résumé, ce qui fait défaut à toutes les méthodes pour les tangentes avant le calcul infinitésimal, c'est l'identification d'une opération (la différentiation chez Leibniz, le calcul de la fluxion chez Newton) qui agisse sur les expressions algébriques, plutôt que sur les équations.

Pour que cette opération émerge, il est encore nécessaire de surmonter une dernière difficulté, elle aussi provenant de l'origine géométrique du problème: le choix de la sous-tangente t comme paramètre pour décrire la droite tangente. Du point de vue géométrique, elle est le choix le plus naturel: comme la tangente doit déjà passer par un point donné sur la courbe, il suffira d'en déterminer le point d'intersection avec l'axe, donc la sous-tangente.

Mais pour simple qu'elle soit du point de vue géométrique, la sous-tangente ne l'est pas de celui de l'analyse. Ici le choix obligatoire est la différentielle (autrement dit la vitesse, la dérivée), car c'est seulement en prenant comme paramètres les différences infiniment petites des variables qu'on peut déceler ces simples règles de calcul que Leibniz donne au début de son mémoire et qui étaient inaccessibles à ceux qui, sous la conduite de l'intuition géométrique, réduisaient le problème des tangentes à la recherche de la sous-tangente.

Il est clair qu'il ne s'agit pas ici de se servir ou non de grandeurs infiniment petites, car elles étaient déjà employées par Barrow, Huygens et probablement par Fermat. Ce qui est en jeu, c'est le rôle de ces quantités. Pour ces derniers géomètres, elles étaient seulement des quantités auxilaires, qui permettaient de calculer la soustangente (et Huygens se sert d'une seule des variations infinitésimales, en exprimant l'autre au moyen de t). Pour Leibniz au contraire, ce sont les différentielles dx et dy qui ont la place principale et qui permettent de déduire les proprietés de la courbe, y compris la sous-tangente qui d'ailleurs n'est même pas dotée d'un symbole particulier.

C'est un choix simple mais pas facile, car il faut abandonner une grandeur géométrique bien definie pour des objets évanescents tels que les différentielles, ou pour des notions fuyantes comme les vélocités. Et pourtant, c'est Leibniz qui nous le dit[32], sans ce choix, il n'y aurait pas eu ce nouveau calcul dont les conséquences, à trois siècles de son invention, sont encore loin d'être épuisées.

32 «Editae vero hactenus methodi talem transitum non habent, adhibent enim plerumque rectam ut DX, vel alia hujusmodi, non vero rectam dy, quae ipsis DX, DY, dy est quarta proportionalis, quod omnia turbat; hinc praecipiunt, ut fractae et irrationales (quas indeterminatae ingredientur) prius tollatur» *Nova Methodus*, dans: *Acta Eruditorum*, 1684, pages 469–70.

La place de la «Nova Methodus» dans le système leibnizien ou «Nova Methodus pro maximis et minimis, itemque tangentibus, quae nec fractas nec irrationales quantitates moratur, et singulare pro illis calculi genus»

Par
YVON BELAVAL (PARIS)

La *Nova Methodus* est aujourd'hui tricentenaire. Un bel âge. Ce bel âge risque de la rejeter parmi les curiosités historiques, surtout dans une discipline dont Jean Dieudonné affirmait en 1979, que, sans exagération, il «s'est produit plus de mathématiques fondamentales depuis 1940 qu'il n'y en a eu entre Thalès et 1940» (*Penser les mathématiques*, Paris, 1982, p. 16). Pour maintes raisons dont on va rappeler quelques unes, l'article des *Acta* n'a pas eu aussitôt – ni plus tard – le succès digne de son invention. Cette invention, tous les mathématiciens la connaissent et la pratiquent. Mais combien, parmi eux, ont-ils lu le texte inaugural? Combien, a fortiori, parmi les leibniziens qui ne s'attachent pas à l'œuvre mathématique? De toute manière la *Nova Methodus* est un moment essentiel du leibnizianisme; pour mieux la situer qu'on la compare, par exemple, avec l'*Unicum opticae... principium*, finaliste, métaphysique, rapporté, lui aussi, de Paris (Ravier, nº 85).

En 1684 se détermine un algorithme dont la première idée s'était annoncée à l'auteur pendant qu'il travaillait au *De Arte combinatoria* (à Tschirnhaus 1679, GM IV, 482), et, désormais, l'Analyse leibnizienne peut suivre son cours. Ce nouveau calcul s'appuie sur des principes qui constituent sa «métaphysique» dans l'acception dix-huitiémiste où Lazare Carnot entend ses *Réflexions sur la Métaphysique du calcul infinitésimal* (1797). Au mathématicien d'expliquer la technique de ce calcul et d'en éclairer les principes. Mais un Leibniz ne se contente pas d'une «métaphysique» au sens réduit par le phénoménisme de Lumières. Il pense tout en philosophe classique, y compris les mathématiques. Selon Gilles Gaston Granger (*Philosophie et mathématiques leibniziennes,* dans: *Revue de Métaphysique et de Morale*, nº 1, 1981, p. 1), il nous présente même

> «l'un des très rares exemples d'une création mathématique qui, authentiquement novatrice sur bien des points, est associée dès son origine et tout au long de son histoire à des vues logiques et métaphysiques où elle trouve son impulsion initiale et l'orientation de son mouvement»;

et, pour conclure (p. 37), oui,

> «Pour une fois qu'au cours de son histoire moderne, la philosophie a pu directement et positivement pénétrer et féconder un génie mathématique, il valait peut-être la peine d'essayer d'en

porter témoignage, même s'il ne fait nul doute qu'en revanche on ne peut entendre la philosophie de Leibniz qu'en la mettant en contre-point de son œuvre de mathématicien».

*

* *

Le commentaire décisif de notre texte a été établi par le professeur H. J. M. Bos[1]. Nous en retenons la leçon et nous voulons en profiter pour situer notre texte dans le système leibnizien.

Nova Methodus... Nouvelle parce que dans la détermination des maxima, des minima et des tangentes, elle nous débarrasse des quantités fractionnaires ou irrationnelles, souvent si épineuses à résoudre; elle traite des courbes transcendantes dont l'algèbre cartésienne n'est pas capable; surtout elle nous offre, issu de la Charactéristique, un algorithme directement opératoire – bref, pour citer Lazare Carnot, il semble que «les routes scientifiques, jusqu'alors si difficiles à parcourir» soient «tout d'un coup aplanies et rendues accessibles à tout le monde» (*Réflexions*, chap. III, § 116); à la diversité des méthodes traditionnelles elle oppose la généralité de son propre calcul (Et singulare pro illis calculi genus).

Les premières règles de ce calcul enseignent comment les différentielles s'additionnent, se soustraient, se multiplient, se divisent, traitent les puissances et les racines; elles expliquent l'usage des signes positifs, négatifs, ambigus, avec le passage à zéro qui marque un maximum, un minimum, une tangente... Outre les differentiae (dv), on utilisera les differentiae differentiarum (ddv) que Huygens aura du mal à admettre.

Pour passer à l'application de ces règles, Leibniz propose d'entrée une transformation d'équations différentielles, exemple satis implicatum (p. 224), qui témoigne par ses difficultés mêmes de la possibilité d'accéder à un niveau supérieur. nunc praestat usum in exemplis intellectui magis obviis ostendere (ibid.). Ces exemples sont repris des travaux antérieurs de Leibniz. Ainsi revient-il sur l'*Unicum Opticae, Catoptricae et Dioptricae Principium*, où, après Fermat, il s'était un peu perdu (à Paris), alors que la *Nova Methodus* (p. 225) dissipe l'embarras en trois lignes. L'intéressant, ici, est de noter que l'*Unicum... principium* était un plaidoyer religieux (et métaphysique) en faveur de la finalité dont il n'est plus question dans notre texte réservé aux mathématiques; ce plaidoyer, nous le retrouverons quelque vingt ans plus tard (1693), sur le même sujet, dans le *Tentamen Anagogicum* où la voie la plus praticable (via omnium facillima) ne se définit plus quantitativement comme la plus courte, mais qualitativement comme la plus déterminée, l'unique. En guise d'Appendice le problème de de Beaune auquel Descartes n'était parvenu

1 *Differentials, Higher-Order Differentials and the Derivative in the Leibnizian Calculus.* Communicated by H. Freudenthal & J. R. Ravets. Dans: *Archive for History of exact Sciences*, ed. by C. TRUESDELL, 26 XI. 74.

2 Leibniz avait ramené de Paris cet article publié seulement en 1682.

qu'à donner une solution particulière, Leibniz se flatte de l'avoir résolu en juillet 1676 (Catalogue Rivaud).

*

* *

Connaissant l'importance du nouveau calcul, nous n'en sommes que plus étonnés de la quasi indifférence qui l'a accueilli. Le texte des *Acta* sur lequel ont peiné les Bernoulli à partir de 1687, trois ans après sa parution, était gâté, en particulier par la définition de différentielle, par des erreurs typographiques que Gerhardt n'a pas toutes corrigées (Bos, 64). L'article malheureusement défiguré, dit encore Jos E. Hofmann[3] par des fautes d'impression, «et intentionnellement (a b s i c h t l i c h) écrit d'une manière difficilement intelligible, dans lequel Leibniz développe les penséees fondamentales de son calcul différentiel, ne reçut pas l'applaudissement espéré». Ravier se plaint de son obscurité. C'est que Leibniz, à défaut de produire des Traités bien composés, s'adonne à des «articles insérés dans les journaux savants, courts essais dont la brièveté ne livrait pas tout le sens, et dont la dispersion et la rareté ne pouvaient que rendre plus difficile encore l'entière compréhension: dans la *Nova Methodus* il révélait «à mots couverts» sa méthode. Une équipe de jeunes chercheurs incrimine le texte «assez ésotérique, repris, remanié, complété au cours de toute son œuvre»[4]. Sans doute A. Rivaud est-il le plus précis:

«le célèbre mémoire des *Acta Eruditorum* d'octobre 1684. . . qui indique le principe de la méthode, est assez obscur et difficile, et les mémoires postérieurs n'ont réellement instruit que peu de lecteurs exceptionnellement doués, comme les frères Jacques et Jean Bernoulli et le marquis de l'Hospital. Un aussi puissant mathématicien que Christian Huygens n'arrivera jamais à comprendre pleinement la méthode dont Leibniz lui avait envoyé un court extrait dès 1680» (*Hist. de la Philos.* t. III, Paris 1950, p. 286).

Or Leibniz, admirant Huygens, aspirait à être reconnu par lui. Pas de chance. En automne 1675 il n'avait pas réussi à le convertir à l'illumination subite – O r i g o C a l c u l i d i f f e r e n t i a l i s – qu'il avait éprouvée devant le triangle caractéristique d'une figure de Pascal. En 1679 un extrait sur le problème inverse des tangentes ne réuissit pas mieux. En 1690 Christiaan Huygens tombe malade. Il ne pourra répondre que le 24 août: j'ai vu votre nouveau calcul «mais y trouvant de l'obscurité, je ne l'ai pas assez étudié pour l'entendre . . .» (GM II,45). Le 9 octobre 1690 (ibid. p. 47): «J'ai tâché. . . d'entendre votre calcul differentialis, et j'ay tant fait que j'entends maintenant, mais seulement depuis deux jours, les exemples que vous en avez donnés. . .»; cependant,

«par ma méthode, je trouve cette même construction, et toutes les autres dans les lignes qui se forment de même, sans que les quantités irrationnelles m'embarassent; et à tout cela je ne me sens d'aucun calcul extraordinaire ni de nouveaux signes. . .».

Huygens reste en dehors du projet leibnizien. Leibniz insiste: «Tout ce que je m'étais proposé – écrit-il le 1/11 octobre 1693 – en produisant le noveau calcul que vous

3 Cité par W. TOTOK et Carl HAASE, *Leibniz*, Hannover, 1966, p. 438.

4 Christian HOUZEL, Jean-Louis OVAERT, Pierre RAYMOND, Jean-Jacques SANSUC, *Philosophie et Calcul de l'infini*, Paris 1976, p. 78.

commencez, Monsieur, de trouver commode. . .» (GM II, p. 164). «Commode» ne suffit pas pour lever les incertitudes:

«M'y voilà maintenant médiocrement versé, si non que je n'entends encore rien aux ddx, et je voudrais bien savoir si vous avez rencontré de problèmes considérables où il a fallu les employer, afin que cela me donne envie de les étudier» (17 sept. 1693, GM II, p. 162).

Il peut même arriver, réplique Leibniz:

«qu'un problème descende aux différentielles du 2e, 3e, ou 4e degré, c'est-à-dire qu'il y aie non seulement x et y et dx, dy, mais encore ddx, ddy, d^3x, d^3y; alors par les séries la courbe ou la construction se trouve quelquefois aussi aisément, que si ce n'était qu'une équation ordinaire. . .» (12/22 juin 1694, GM II, p. 181).

Jusqu'à sa mort prochaine – juillet 1695 – Huygens demeure réticent.

En avril 1715, en plein dans les querelles avec Newton, Leibniz rappelle à la Comtesse de Kielmannsegg, qu'il avait gardé son calcul presque neuf ans (1675–1684) «sans se presser à le publier». Depuis 1665–1666 Newton avait attendu bien davantage. Faire attendre, être obscurs, se défier était alors de bonne guerre. Dans le cas de nos deux mathématiciens, il y a peut-être aussi une inquiétude: les calculs étaient sûrs, mais leurs fondements l'étaient-ils? Qu'est-ce qu'une infinitésimale? Leibniz mourra sans avoir pris parti entre l' incomparable et la fiction.

*
* *

Indiquons quelques points de l'itinéraire leibnizien vers la *Nova Methodus*. Ils dessinent une évolution continue et il ne pouvait en être autrement avec ce génie si encyclopédique qu'il n'oublie rien, qu'il n'abandonne rien; ce qu'il a appris il le reprend, le réapprend, le retravaille et, par transitions insensibles, les atomes dont l'imagination était si riante pour l'Academicus dans le bois de Rosenthal, s'animent en monades; cet encyclopédiste a horreur du vide et – par le Chevalier de Jaucourt, éditeur de la *Théodicée* en 1747, par Diderot, par d'Alembert – il enseignera au XVIIIe siècle l'antique leçon: «L'Univers, pour qui saurait l'embrasser d'un seul point de vue, ne serait s'il est permis de le dire qu'un fait unique et une grande vérité» (*Disc. prélim. Ecycl.*). Cette évolution continue surprend par sa rapidité: Leibniz n'attend même pas la fin de son séjour à Paris pour résoudre le problème inverse des tangentes, c'est-à-dire, à quatorze jours d'intervalle, le principe du calcul intégral (29. X. 75) et différentiel (11. XI. 75); et l'on ne lui avait confié que le 4 juin de la même année les Cahiers géométriques de Pascal, où il a l'illumination subite du triangle caractéristique.

Dans sa Lettre à Gabriel Wagner (fin 1696) Leibniz revient sur sa première étape, de la Nikolaischule au *De Arte combinatoria* (1665–1666). Cette Lettre illustre d'avance la fameuse formule des *Nouveaux Essais* (1703–1705): les mathématiques sont une promotion de la logique. Dès ses premières tentatives sur les Catégories, c'est en mathématicien sans le savoir qu'il se révèle: «car je ne savais pas en ce temps là que les démonstrations mathématiques étaient précisément ce que je désirais». Des arguments en forme. Sans les mathématiques il ne serait arrivé que difficilement à progresser dans l'art de raisonner. Qu'on ne s'y trompe pas:

«Au vrai, la mathématique pure (mathesis pura) n'est pas la logique (Vernunftlehre) en soi, mais une de ses premières nées, elle en représente en quelque sorte l'emploi avec la grandeur, c'est-à-dire le nombre, la figure, le poids. J'ai trouvé aussi que l'algèbre elle-même tire ses avantages d'un art bien supérieur, à savoir la vraie logique».

«La supériorité de mon calcul infinitésimal vient de la logique».

Sans jamais renier cette logique, Leibniz aspire à la perfectionner. L'élaboration du *De Arte combinatoria* l'oriente vers la Caractéristique. Et Léon Brunschvicg explique fort bien:

«La base historique du leibnizianisme doit être cherchée là où la caractéristique a immédiatement réussi à manifester sa vitalité et sa fécondité, c'est-à-dire dans l'établissement de l'algorithme différentiel» (*Les étapes de la philosophie mathématique*, p. 205).

Dietrich Mahnke, est encore plus précis:

«Et ici, maintenant, cette pensée de Caractéristique combinatoire devenait la source des idées leibniziennes vers la logification complète de la mathématique d'une part, et, d'autre part, vers la création d'une mathématique symbolique à côté de la mathématique formelle née de la logification»[5].

L'originalité profonde du calcul infinitésimal est sa soumission à un algorithme formel:

«C'est là – continue Couturat (*Log*, p. 85) – ce qui constitue le mérite essentiel de l'invention de Leibniz, et son principal avantage sur la méthode des fluxions de Newton. On peut donc dire que le Calcul infinitésimal n'est qu'un échantillon, le plus illustre et le plus réussi, de la Caractéristique universelle».

On pourrait distinguer deux phases durant le séjour à Paris (1672–1676). Dans la première (jusqu'en 1674). Leibniz se consacre au calcul des séries, dont à son arrivée il ne savait pas grand chose – Huygens le lui fait observer et le renvoie aux Anglais: Mercator, Wallis, etc. Il y fait assez vite une découverte qui l'enchante, celle de la série de Π/4. Le passionnant et harassant travail sur les séries éclaire des trésors comme la lampe d'Aladin: on découvre par ces séries des infinis de divers ordres, on les somme, on les multiplie, elles permettent des approximations exactes, elles assurent le lien entre la discontinuité (arithmétique) et la continuité (géométrique), elles nous arment dans la conquête des rectifications et des quadratures des courbes. En été 1674 Leibniz aborde enfin la *Géométrie* de Descartes (et de van Schooten le fils) sur les courbes algébriques; il suit les nouveautés de Mercator et de Wallis sur les séries; surtout, on lui confie les papiers inédits de Pascal et de Descartes. Le voici prêt pour la *Nova Methodus*.

*
* *

Il repérait un continent où aucun mathématicien n'avait osé s'aventurer, malgré la longue histoire de la méthode d'exhaustion: on n'avait cessé, au XVIIe siècle, de s'en rapprocher avec les indivisibles de Cavalieri (1635), les adégalisations de Fermat (1638), le problème proposé par de Beaune à Descartes, etc.; en

5 D. MAHNKE, *Neue Einblicke in die Entdeckungsgeschichte der höheren Analysis*, aus: *Abhandlungen der preussischen Akademie der Wissenschaften*, 1925, Phys. Math. Klasse n°1. Berlin 1926, p. 13.

1669, Newton prend enfin pied sur cette Amérique, mais loin de s'en vanter, comme fera Leibniz, il s'en cache plutôt jusqu'en 1685, traduisant en langage algébrique les solutions qu'il a d'abord dégagées par son algorithme des fluxions: en écrivant les *Principia*, confie-t-il à Des Maizeaux,

«j'ai fait grand usage de la méthode des fluxions, directe et inverse, mais je n'ai pas posé les calculs dans le livre lui-même parce que celui-ci était écrit selon la méthode de composition comme toute géométrie doit l'être (Dès lors que j'écrivis ce livre, j'ai oublié ce grâce à quoi je l'avais écrit)».

Ce même respect de la géométrie – «la belle formalité des Anciens – empêchera Huygens d'entrer dans les vues de Leibniz. Au total, la *Nova Methodus*, n'aurait, selon Montucla (t. 2, p. 358), converti, à sa publication, que trois mathématiciens. J. Bernoulli, de L'Hospital, Varignon.

D'où venait la difficulté? La *Préface* à l'*Analyse des infiniments petits* du marquis de L'Hospital (Paris, 1696, rééd. 1781) l'indique à sa première page:

«L'Analyse ordinaire ne traite que des grandeurs finies: celle-ci pénètre dans l'infini même. . . On peut même dire que cette Analyse s'étend au delà de l'infini: car elle ne se borne pas aux différences infiniment petites; mais elle découvre les rapports des différences de ces différences, ceux encore des différences troisièmes, quatrièmes, et ainsi de suite, sans trouver jamais de terme qui la puisse arrêter. De sorte qu'elle n'embrasse pas seulement l'infini, mais l'infini de l'infini, ou une infinité d'infinis».

Le rédacteur de cette *Préface* – Fontenelle? Malebranche? – semble alors secoué d'une réaction cartésienne et ajoute précipitament en note:

«Je ne sais si l'auteur avait une idée nette de tous ces infinis, quoi qu'il en soit, cette métaphysique est totalement inutile au calcul différentiel, qu'on peut établir sur des principes plus évidents».

C'est aussi ce que pensera Montucla (Op. cit. p. 354): la différence des divers ordres d'infinis et d'infiniment petits est «un édifice plus hardi que solide»; ce calcul (p. 358) «était une sorte de mystère pour la plupart des géomètres».

Le plus obscur de ce mystère concernait moins l'infiniment grand, qualitatif ou quantitatif, eu égard à l'espace et au temps (l' i m m e n s u m, l'éternité, l'immortalité, la progression du monde clos d'Aristote vers un univers sans limites), que l'infiniment petit. Qu'il ne s'agisse pas là d'un simple fantasme psychologique, le débat sur la possibilité de l'atome en témoigne: si nous avons été créés par Dieu et à son image, sa Grandeur nous doit être en quelque manière accessible (et Malebranche s'ingénie, à force de comparaisons avec la mer ou une montagne à nous convaincre qu'à défaut de la «comprendre», nous pouvons au moins la «connaître»). Il n'en résulte pas qu'en sens inverse nous soyons fondés à régresser, dans l'infiniment petit, jusqu'à un dernier indivisible, l'atome. Repartons de Leibniz. Dès le début de sa carrière il s'était attaché à «l'imagination riante des atomes», puis à celle, moins riante, de la philosophie corpusculaire, et il finira sa carrière avec «les véritables atomes de la Nature», les monades. Entre temps, à Paris, il a recopié et annoté un fragment de Pascal sur les deux infinis, que manifestement il utilise dans l'article prenier de son *Discours de Métaphysique* où le non-contradictoire s'impose comme le critère de l'idée vraie (= réelle) et, par conséquent, de l'idée du vrai infini. Du point de vue externe de l'atome de Démocrite au point de vue interne du Sujet, Leibniz n'a cessé de s'interroger sur l'un et le multiple dans tous les domaines, physique et métaphysique, au risque de s'aventurer dans les labyrinthes de l'infini. Il y fallait tout son savoir et sa flexibilité. Car enfin le critère du non-contradictoire pour décider du vrai ne suffisait pas pour le changement, les limites, etc.: le tiers n'est pas exclu dans les homogones comme il l'est dans les homogènes.

*
* *

L'infinitésimale embarrasse. L'on reprocha d'emblée à Leibniz – rappelle L. Carnot (Op. cit. p. 30) – 1° d'employer l'expression de quantité infiniment petite sans l'avoir au préalable définie, 2° de laisser douter en quelque sorte, s'il regardait son calcul absolument rigoureux, ou comme une simple méthode d'approximation». Varignon ne sait toujours pas en 1701 comment faire face aux ennemis de ce calcul, Rolle et l'abbé Galloys (GM IV, 89–90). Leibniz répond (p. 91)

«qu'on n'a point besoin de faire dépendre l'analyse des contròverses métaphysiques. . . C'est pourquoi à fin d'éviter ces subtilités, j'ai cru que pour rendre le raisonnement sensible à tout le monde, il suffisait ici d'expliquer l'infini par l'incomparable»,

et il en donne des exemples dont il multipliera le nombre en d'autres textes. On ne peut comparer la Terre avec un point, ni avec la distance des fixes; la boule d'un joueur ou un grain de sable avec un point en regard du semi-diamètre de notre globe; une parcelle de matière magnétique qui passe à travers du verre avec un grain de sable (GM IV, 91, 92, 97–98). Ou encore: «Ponamus in corpore nostro esse animalcula tanto minoris nobis quanto caput humanum est orbe terrarum . . . » (*Pacid. Phil.* 1676, C 617). Et dans la lettre à Pinson (ibid., 95) 29 août 1701:

«. . . On n'a pas besoin de prendre l'infini ici à la rigueur, mais seulement comme lors qu'on dit dans l'optique que les rayons du soleil viennent d'un point infiniment éloigné et ainsi sont estimés parallèles».

Ne nous attardons pas sur ces incomparables qui, selon d'Alembert, ruineraient «l'exactitude géométrique des calculs», ou, pour suivre Carnot, élève de Lagrange, réduiraient l'Analyse à «une méthode d'approximation» (Op. cit. t. I, p. 35). Retenons qu'ils ne sont «nullement fixes ou déterminés, et peuvent être pris aussi petits qu'on veut dans nos raisonnements Géométriques. . .» (GM IV, 92). Ce sont des auxilaires, des signes opérationnels, des expressions de relations mathématiques. Quant à l'imagerie du grain de sable et de la Terre, de la Terre et du firnament, etc., elle ne relève que très accessoirement d'une justification psychologiste; il s'agit chez Leibniz – et combien d'autres inventeurs! – de la révélation, longuement préparée, d'une «lumière subite» – le triangle caractéristique dans un brouillon de Pascal –, d'une découverte qui, non formulée en sa vraie langue, la langue des calculs, s'annonce par quelque figura philosphico-rhetorica (GM V. 385). Reste l'imagerie des incomparables soulevait plus d'objections qu'elle n'en dissipait. Il faudra plus d'un siècle pour les résoudre et passer de l'incomparable à la fonction (dont Leibniz a conçu l'ébauche) et à la dériv é e. Après Varignon[6], Euler[7], vient Lagrange; un de ses titres résume le siècle: *Théorie des fonctions analytiques contenant les principes du calcul différentiel, dégagés de toute considération d'infiniment petits, d'évanouissants, de limites, et réduits à l'analyse algébrique de quantités finies.*

*
* *

En tout cas le calcul infinitésimal révélait au mathématicien une manière de traiter l'infini dans le style d'Archimède, mais métamorphosé par un algorithme qui en abrègeait le discours, les circuits, et supposait toujours le principe de continuité. Le difficile semblait d'en traiter sans référence à quelque substantiel. Celui-ci ne devant pas être pris à la rigueur, les lois de la nature pouvaient en tenir lieu, exprimées par la mécanique, et, mieux, par la Dynamique leibnizienne qui substituait le mouvement-processus au mouvement local, le vectoriel à la succession de point en point. D'ailleurs, l'infinitésimale rend «tolérable» de faire du point une l i n e a i n f i n i t e p a r v a s e u e v a n e s c e n s, du repos un m o t u s e v a n e s c e n s, d'un cas spécial une limite de la loi générale (GM V, 385). Désormais les corps que l'on appelait alors durs, peuvent être conçus élastiques, et cela nous permet, par exemple, de critiquer et de rectifier les lois cartésiennes du choc en suivant par infinitésimales la déformation des billes qui se heurtent, se dépriment et rebondissent en reprenant leur forme primitive. A Huygens refusant d'admettre l'utilité des différentielles secondes, Leibniz répond, le 1/11 octobre 1693 (GM II, 116):

«Quant aux ddx, j'en ai eu souvent besoin. Elles sont aux dx comme les conatus de la pesanteur ou les sollicitations centrifuges sont à la vitesse. Mr Bernoulli marque dans les Actes de Leipzig de l'année passée, p. 202, de les avoir employées pour les lignes des voiles».

Matière, temps, mouvement, rien qui ne soit divisible à l'infini. Si le triangle «caractéristique» s'embryonne au point de tangence, n'est-ce pas déjà une image de l'emboîtement des germes, ou de la structure d'un organisme composé non point de roues et de leviers, mais sans cesse d'autres organismes? On se rappelle la formule de Pacidius Philalethi: «n e q u e i n m a t e r i a t o r p i d u m a t q u e u t d i c a m e x p e r s v i t a e» (C. 623).

Inuitle de multiplier les exemples. La *Nova Methodus* se contente d'une allusion à l'*Unicum Opticae Catoptricae et Dioptricae* . . . (1682). La destination naturelle de la connaissance mathématique est de s'achever dans une Physique, écrit il à Huygens dans une lettre du 11 septembre 1691 que commente G. G. Granger (loc. cit. p. 6) qui ajoute:

6 Cf. MONTUCLA, t. II, p. 362: Varignon «donna la véritable notion des différentielles et montra qu'elles n'étaient ni des zéros absolus, ni des incomparables, mais les dernières raisons des éléments de l'abscisse et de l'ordonnée lorsque décroissant continuellement ils s'anéantissent enfin».

7 CONDORCET, *Eloge de Euler*, p. 260: C'est Euler qui rend la méthode lumineuse, universelle, applicable à tout et très facile.

«La Physique, en s'appropriant les concepts de l'Analyse infinitésimale, leur restitue du reste leur sens expressif en introduisant l'image des êtres comme foyers dynamiques».

*
* *

«On peut dire, jugeait Couturat (*Log.* Cap. paragr. 2) que le calcul infinitésimal n'est qu'un échantillon, le plus illustre et le plus réussi, de la Caractéristique universelle».
Rien de plus juste. Mon propos n'est aucunement d'entrer, après les spécialistes, dans la technique. La Caracteristique est, chez Leibniz, le rêve de toute une vie – qui continue à être notre vie actuelle et sans doute future. Peut-être ne prend-on pas suffisamment garde en lisant les textes de Leibniz, de leur étroite parenté avec d'autres textes célèbres. Si l'on y prend garde, on se retrouve d'abord dans le cercle du *Quid sit idea* – jusqu'au terme de «scénographie» (GM V, 141) – ce qui signifie que l'algorithme infinitésimal est pour Leibniz une e x p r e s s i o n , une correspondance réglée entre le significant et le signifié: «I t a q u e o m n i o p e r a t i o - n i, q u a e f i t i n c h a r a c t e r i b u s, r e s p o n d e t e n u n t i a t i o q u a e - d a m i n r e b u s . . . » (GM V, 141). Poussons jusqu'a la *Théodicée*. Elle commence par une définition de la Raison, qui a surpris et un peu choqué les contemporains: non plus par une faculté mais par l'enchaînement de vérités, c'-est-à-dire de démonstrations (vérifiables). Puisque les mots du langage naturel sont vagues et volatils, la rigueur ne peut s'affirmer que dans un algorithme. Tout algorithme est un appel à la raison capable de fournir ses preuves. L'algorithme infinitésimal de Leibniz a la supériorité, semblet-il, même sur celui de Newton, de la simplicité et de l'élégance, dans l'abréviation de la démonstration (contre les Géomètres qui n'en finissent pas de commenter leurs figures, GM V, 142). Le signe n'est pas empirique; on le perçoit mais il n'est pas soumis au confus de la perception; écrit, dessiné ou sculpté, sa matière ne compte pas, il ne vaut que par les règles qu'il indique. Empruntons encore une fois à G. G. Granger (artic. cit. p. 8): «. . . les signes en tant qu'objets imaginés ne sont plus visés en eux-mêmes, mais seulement comme des points opaques, mais solides, d'un échafaudage transparent de relations». On reconnait en filigrane la définition de la Raison, enchaînement des vérités. Dépouillée du poids des choses et, le plus possible, des mots, la Combinatoire des signes devient une sorte de jeu où l'abstrait des combinaisons s'exprime et se soutient par la concrétude des signes.

*
* *

En publiant la *Nova Methodus* Leibniz a pour intention manifeste de faire valoir l'algorithme de son nouveau calcul et d'en prouver en même temps la supériorité sur la géométrie algébrique de Descartes auquel renvoient les exemples invoqués: les tangentes (mais aussi l'incapacité d'atteindre aux lignes transcendantes, p. 223), l'Optique (p. 225) et, en Appendice, le problème de de Beaune (p. 226). La publication de 1684 est le couronnement de recherches méthodologiques sur l'art d'inventer et de la certitude, dont le *De Arte Combinatoria* a été, selon l'auteur, un des premiers résultats. La Logique n'est pas immuable. Cet Organon doit toujours être perfectionné. Après l'algèbre, la Caractéristique universelle marque un progrès de plus.

Certes, «on n'a pas besoin de faire dépendre l'analyse Mathématique des controverses métaphysiques». Ces controverses, qui concernent la connaissance de Dieu et de l'âme, ne sauraient se conclure par un Calculemus et ne sont pas pleinement assurées parce que, sauf miracles, les expériences y sont impossibles et l'on n'y peut jamais substituer le mot ou, mieux, le Caractère, à la place de la chose inaccessible à l'imagination. Du *De Arte Combinatoria* à la *Nova Methodus* Leibniz a tracé dans son œuvre une ligne de réussite qui se prolongera. Les controverses métaphysiques (théologiques, juridiques, politiques) enchaînent des vérités d'un autre ordre, non mathématique, comme les imperfections de Descartes et de Spinoza en porrent témoignage; et ici la deuxième ligne de la progression leibnizienne s'établirait en gros de la *Nova Methodus discendae docendaeque jurisprudentiae* (1667) à la *Théodicée* dont le *Discours préliminaire sur la conformité de la foi et de la raison* constitue un véritable Discours de la certitude dans les controverses.

Mais attention. S'il n'est pas besoin «de faire dépendre l'analyse Mathématique des controverses métaphysiques», il n'en résulte pas qu'à l'inverse la *Nova Methodus* de 1684 n'apporte rien à la métaphysique. En 1686, au lendemain de l'exposition de son algorithme, Leibniz imagine que, supposé réduit par la Caractéristique, un raisonnement «de morale, ‹de physique, de médecine› ou de Métaphysique réduit à ces termes ou characteres, on pourra tellement à tout moment l'accompagner de l'épreuve de nombres, qu'il sera impossible de se tromper si on ne le veut bien» (C 178). Sur la fin de sa vie, en 1713, notre philosophe écrira à Wolff (GM V, 387):

«. . . et alioqui Canonum V e r a e M e t a p h y s i c a e (quae ultra vocabulorum nomenclaturas procedit) major est usus in Mathesi, in Analysi, et in ipsa Geometria, quam vulgo putatur».

Sur l'ensemble de la question, par delà la *Nova Methodus* de 1684, qu'on nous permette une dernière fois de renvoyer à l'étude de Gilles-Gaston Granger.

Sens et rôle philosophique de la Spécieuses (SP^3): La symbolique du calcul différentiel et intégral

Par
ANDRÉ ROBINET (PARIS/BRUXELLES)

L'architectonique de l'œuvre leibnizienne repose sur une disjonction et sur une tentative de dépassement de cette disjonction[1]. L'architectonique disjonctive est observable dans le conflit conscient et organisé entre deux interprétations de la définition logique de la substance: l'une se contente de faire appel à un concept de «substance simple» qui réflète en soi les expressions représentatives des autres substances simples (D^1); l'autre, afin d'établir un dialogue avec la contemporanéité, instruit des automates systémiques autour du concept de «substance composée», réhabilitant tour à tour la forme substantielle, l'entéléchie, la monade au sens composé, le lien substantiel (D^2). Dans le premier type d'écrits, plutôt arcaniques, on se trouve face à un vecteur monado-phénoméno-congruentiel qui se dispense de l'évocation du vocabulaire et du concept de la substance composée d'une forme et d'une matière; dans les autres écrits, on relève la constitution en être «per se» de ce composé substantiel.

Quoiqu'il en soit de la présence métaphysique réelle de (D^1) ou de (D^2), que ce soit pour le simple ou pour le composé, reste une zone du «corporel» dont la substance simple aussi bien que la substance composée perçoivent le phénomène, de manière congruente. Tel est le champ des forces dérivatives qui font l'objet de la physique mathématique. Or les travaux poursuivis pour la mathématisation du phénoménal ont pour horizon la «mathesis universalis» ($E^{\ddot{u}}$), que Leibniz croit avoir atteint chaque fois qu'il admet ou invente une nouvelle Spécieuse. La logicisation du substantiel exige que l'on instruise une «mathesis divina» qui met en branle, non plus des Spécieuses, mais des Caractéristiques applicables aux propositions existentielles, depourvues de tout terme necessaire dans l'identité logico-mathématique (E^d).

Il y a quatre Spécieuses. Celle du *De Arte combinatoria* est puisée dans les textes de Descartes édités et commentés par Schooten, de Beaune et Bartholin (SP^1); elle est en exercice jusqu'au moment où elle est supplantée par «la méthode de Cavalieri», (SP^2), la *Theoria motus abstracti* qui s'impose de 1668 à 1675. C'est en 1675 qu'elle fait l'objet de vives critiques qui en rendent les performances relatives et subordonnées à celles d'une nouvelle Spécieuse (SP^3) tirée de la mise au point du calcul différentiel et intégral (1675). En 1678, une Spécieuse (SP^4) tirée du cal-

1 Cf. notre ouvrage *Architectonique disjonctive, automates systémiques et idéalité transcendantale dans l'œuvre de Leibniz*, Paris, Vrin, 1986, 500 p.

cul des déterminants s'imposera au calcul de l'infini. Cette démarche vers une rationalité de plus haut degré formel repose sur le concept d'une mathématique universelle, fait appel à des fondements métaphysiques qui n'éprouvent aucun besoin du concept de substance, fondant les structures (D^0).

1. La *Nova methodus pro maximis et minimis, itemque tangentibus* ... est la première communication publique que Leibniz donne du calcul infinitésimal. L'article paraît dans les *Acta Eruditorum* d'octobre 1684 (les *Meditationes de Cognitione*. . . figurant dans la livraison de novembre), notamment pour couper court aux révélations que Tschirnhaus effectue pour son compte dans les mêmes *Acta* de décembre 1682 et de mars 1683. La feuille imprimée n'a pas été revue par Leibniz.

Partant du brouillon qui subsiste[2], nous nous sommes livré à son étude du point de vue philosophique. La paléographie révèle un travail ultime de recherche et de disposition graphique dont ni l'imprimé des *Acta* ni la publication de Gerhardt ne conservent l'esprit (GM V, 220–226).

Si l'on va d'abord au texte qui ne peut que retenir l'attention du philosophe, on s'aperçoit qu'il ne figure pas sur le brouillon, et qu'il a été rajouté sur la copie envoyée à Mencke:

«Et haec quidem initia sunt tantum Geometriae cuiusdam multo sublimioris, ad difficillima et pulcherrima quaeque etiam mistae Matheseos problemata pertingentis, quae sine calculo nostro differentiali, aut simili, non temere quisquam pari felicitate tractabit» (GM V, 226)[3].

Cette proposition termine l'exposé proprement dit en le situant dans un contexte plus large que celui de la seule révélation d'une nouvelle méthode de calcul. La *Nova Methodus* prend son éclairage proprement philosophique si on la considère comme découvrant les éléments liminaires («initia») d'une «Géométrie beaucoup plus élévée», qui aura pour but de traiter les problèmes mathématiques «les plus difficiles et les plus beaux». Cette pièce apparaît comme la base élémentaire d'un ensemble mathématique plus vaste et plus performant, aspiré par (D^0).

Cette préoccupation est renforcée par le fait que, sur le brouillon, la symbolique *dx*, *dv*, est soulignée pour appeler l'italique, ce qui n'a pas été suivi par l'impression, aucun des autres symboles ne recevant ce traitement de faveur. Il s'agit de centrer l'exposé sur ce qui s'appelle plus loin «algorithme» d'un calcul «quem voco differentialem» (222), dont c'est la définition publique.

Le plan d'ensemble est parfaitement structuré sur le brouillon, ce que perdent de vue les éditeurs. Un alinea précède «Jam Additio et subtractio...»,

2 On verra sur ce manuscrit et son contexte l'article de H. J. HESS.

3 Trad. P. MANSION, *Résumé du cours d'analyse infinitésimale*. . ., Paris, 1887: «Tels sont les commencements seulement d'une certaine Géométrie beaucoup plus sublime, présentant des problèmes très difficiles et très beaux, même relatifs à la mathématique mixte, problèmes que personne n'essaiera sans témérité de traiter avec la même facilité qu' avec notre calcul ou un calcul semblable» (p. 207).

puis «Multiplicatio. . .», puis «Porro Divisio. . .», avant que ne soient également renvoyés à la ligne le paragraphe «Potentiae. . .» et le paragraphe «Radices. . . .» (220 et 222). Puis viennent les quatre exemples. Cette préoccupation concernant l'algorithme est appuyée par «Quoad Signa hoc probe notandum. . .» et «Interdum autem adhibenda sunt Signa ambigua. . .». De plus un nouveau symbole est exposé ici pour la première fois, celui de la division par:, Leibniz notant: «Placet autem exemplum calculi proponere, ubi notetur, me divisionem hic designare hoc modo y:x, quod idem est ac x divis. per y seu x/y» (223).

2. Un tel plan concernant les opérations fondamentales qui permettent l'exploitation du nouvel algorithme est d'ordinaire la partie introductrice aux écrits qui traitent de «mathesis universalis». Que devient l'exploitation du paragraphe rajouté sur la «Geometria sublimior» lors des écrits qui intègrent le calcul des différences, puis celui des sommes, dans le tableau d'ensemble de la «mathesis universalis»?

La «Geometria sublimior» est abordée dans l'article *De la Chaînette* comme donnant une nouvelle forme à la Spécieuse, à une Spécieuse qui ne soit plus «ordinaire». La Spécieuse ordinaire est celle qui, auparavant, constituait l'essentiel de la Spécieuse: arithmétique (SP^1), calcul des indivisibles de Cavalieri (SP^2). C'est ce que Leibniz appelle

«l'Analyse des infinis qui est entièrement différente de la Géométrie des indivisibles de Cavalieri, et de l'Arithmétique des infinis de M. Wallis. Car cette Géométrie de Cavalieri, qui est très bornée d'ailleurs, est attachée aux figures, où elle cherche les sommes des ordonnées; et M. Wallis, pour faciliter cette recherche, nous donne par induction les sommes de certains rangs de nombres».

Ecartant le modèle précédant de la Spécieuse, le texte continue:

De la Chaînette. . . (*Journal des savants*, 31 mars 1692, GM V, 259): «. . au lieu que l'Analyse nouvelle des infinis ne regarde ni les figures, ni les nombres, mais les grandeurs en général, comme fait la Spécieuse ordinaire. Elle montre un algorithme nouveau, c'est-à-dire une nouvelle façon d'ajouter, de soustraire, de multiplier, de diviser, d'extraire, propre aux quantités incomparables, c'est-à-dire à celles qui sont infiniment grandes, ou infiniment petites en comparaison des autres. Elle emploie les équations tant finies qu'infinies, et dans les finies elle fait entrer les inconnues dans l'exposant des puissances, ou bien au lieu des puissances et des racines, elle se sert d'une nouvelle affection des grandeurs variables, qui est la variation même, marquée par certains caractères, et qui consiste dans les différences, ou dans les différences des différences de plusieurs degrés, auxquelles les sommes sont réciproques, comme les racines les sont aux puissances. . .»[4].

4 Nous suivons le texte paru dans le *Journal des Savants* du 31 mars 1692, pp. 147–153; GM V, pp. 258–263; *Giornale dei Letterati*, 1692, pp. 128–132. Alors que l'article parisien part des apports de Viète et de Descartes, l'article italien part de la reconnaissance que l'on doit à Cavalieri et à Galilée, mais en expose les limites, dont s'affranchit le nouveau calcul. Nous considérons cet article de combat comme très important: du côté italien c'est le premier article consacré au calcul de l'infini qui paraît dans la péninsule, cf. notre étude sur *Leibniz et les mathématiciens italiens*, Colloque de Cortona, dans: *Symposia methematica*, vol. 27 (1985) p. 101–121.

Puis vient la liste des publications qui témoignent de la féconde application de cet algorithme aux lignes isochrones ou loxodromiques, à la résistance des solides et des liquides, aux lois harmoniques de l'astronomie, comme ce fut fait dans le *Tentamen* pour ne pas rester en retrait des *Principia* de Newton.

La *Nova calculi differentialis applicatio*. . . (*Acta Eruditorum*, juillet 1694) parle de nouveau de «sublimior Geometria», de «Geometria superior» (GM V, 303–305). Les *Considérations sur la différence qu'il y a entre l'analyse ordinaire et le nouveau calcul des transcendantes* (*Journal des Sçavans*, 23 août 1694), insistent sur le fait que la symbolique choisie et les résultats atteints ne sont pas indifférents l'un à l'autre. Mais c'est maintenant l'occasion de creuser le fossé épistémologique:

«Il faut rendre cette justice à M. Newton. . . . qu'encore en ceci il a eu quelque chose de semblable de son chef, suivant ce qu'on en a su depuis. Il est vrai qu'il se sert d'autres caractères: mais comme la caractéristique même est, pour ainsi dire, une grande part de l'art d'inventer, je crois que les nôtres donnent plus d'ouverture».

De plus ce calcul

«sert non seulement aux différences, mais encore aux sommes, qui sont la réciproque des différences, à peu près comme le calcul ordinaire ne sert pas seulement aux puissances, mais encore aux racines, qui sont la réciproque des puissances».

Dans l'analyse ordinaire,

«on peut délivrer le calcul a vinculo et des racines par le moyen des puissances; dans l'analyse des transcendantes, on peut délivrer le calcul a vinculo et des sommes par le moyen des différences. . . Par le moyen des séries infinies, on peut toujours exprimer des grandeurs rompues comme en entiers, et des incommensurables en rationnelles, et des transcendantes en ordinaire. Et j'ai donné par là une voie générale, selon laquelle tous les problèmes, non seulement des différences ou sommes, mais encore des différentio-différentielles ou sommes des sommes et au-delà, se peuvent construire suffisamment pour la pratique. . . Enfin notre méthode étant proprement cette partie de la Mathématique générale, qui traite de l'infini, c'est ce qui fait qu'on en a fort besoin, en appliquant les Mathématiques à la Physique, parce que le caractère de l'Auteur infini entre ordinairement dans les opérations de la nature»[5].

Originalité de la symbolique, spécificité du calcul des courbes transcendantes, fécondité de ses opérations, tel est le message continu diffusé par Leibniz. Mais la dernière proposition citée aboutit à une imprécision, source de malentendus: la «nature» doit-elle être conçue analogiquement au processus de la «méthode» et, à supposer que l'auteur de la nature ait usé de ce modèle mathématico-physique, la métaphysique doit-elle, pour autant, conduire à une conception mathématique des «incomparables»?[6]

Le calcul des différences et des sommes marque sa supériorité sur l'algèbre en ce qu'il «ne regarde pas seulement au plus grand et au plus petit, mais généralement

5 *Considérations*. . . GM V, 308.

6 La réponse est instruite dans notre étude des idéalités mathématiques: la conclusion est que le modèle du calcul différentiel qui fonctionne sur un infini catégorématique se poursuit indéfiniment vers des infiniment petits de position ou de degré de plus en plus fins. Il n'en va pas de même de l'infini actuel, dont relève la connaissance des substances individuelles et indivisibles.

au plus déterminé et au plus simple». Et c'est en cela qu'il mérite d'être considéré comme «architectonique», comme ayant une valeur de savoir sur l'infinité comprise dans les phénomènes de la nature[7].

Le *Specimen novum Analyseos pro scientia infiniti circa summas et quadraturas* (*Acta Eruditorum*, mai 1702) creuse l'analogie entre algèbre et calcul de l'infini, en situant la *Nova methodus* dans ce contexte complexe de la science de l'infini:

Specimen novum. . ., mai 1702, GM V, 360: «Itaque distuleram editionem Methodi, donec in reductione irrationalium summandarum ad summandas rationales majores progressus facere liceret, totamque hanc doctrinam servabam Operi meo Scientiae infiniti. Sed cum viderem, hac mora differi progressum artis, neque dum satis de tempore meo statuere possem, malui publicae utilitati velificari, ea spe fretus, fore qui latius spargant semina novae doctrinae uberioresque fructus colligant. . .»

Remarques de M. Leibniz sur l'art. V des Nouvelles. . . (*Nouvelles de la République des lettres*, novembre 1706, GM V, 390): «Enfin, ne me voyant ni trop en état, ni assez en humeur, de travailler à l'Ouvrage de ma nouvelle Analyse, je pris la résolution, de peur qu'elle ne se perdît, d'en publier les Eléments en abrégé, c'est-à-dire l'Algorithme de ce calcul, qui en contient l'application à l'addition et soustraction, à la multiplication et division, et aux puissances et racines».

Cette série de textes a l'avantage de mettre en évidence le caractère initiatique de la *Nova Methodus*, simple élément en abrégé d'un plus vaste ensemble, cet ensemble prenant nom au passage: «partie de la mathématique générale qui traite de l'infini», nouvelle Spécieuse opposée à l'ancienne, géométrie supérieure et sublime opposée à la géométrie ordinaire. A chaque fois, la relation du calcul des différences et des sommes avec les six opérations fondamentales est rappelée, confirmant le massif rhétorico-démonstratif de l'article de 1684.

Or ces opérations fondamentales aussi bien que le calcul de l'infini se trouvent à leur tour assemblés comme partie intégrante d'un ensemble plus vaste, celui de la «mathesis universalis» (E^u). D'où une Nova Algebrae promotio qui rend «banale» («vulgaris») l'algèbre développée jusqu'ici, et qui la rend dépendante de cette «Speciosa generalior» qui n'est plus le seul calcul des ommes et des différences, mais qui devient le calcul formel sur les déterminants (GM VII, 159). Ce changement de niveau permet de dégager une Spécieuse d'un genre nouveau (SP^4), par laquelle nous entendons les tentatives techniques et opérationnelles de mise en calcul des déterminants par nombres fictifs, nouvelle «nova methodus» mise au point en 1678, selon les travaux et publications de E. Knobloch[8].

3. La science de l'infini, qui range les forces dérivatives sous le gouvernement de la sagesse créatrice de la nature, se range à son tour sous le gouvernement d'un

7 *Tentamen Anagogicum*, GP VII, 270.

8 Le thème du Symposium ne portant pas sur le calcul des déterminants, nous en signalons l'importance puisque cette Spécieuse (SP^4) a un effet rétroactif et rationalisateur sur la Spécieuse (SP^3), les opérations du calcul différentiel et intégral, comme des exemples le prouvent, tombant sous le coup de cette dernière Spécieuse plus performante et d'un degré de formalité plus élevé. Dans *Archtectonique disjonctive* . . ., nous présentons cette quatrième Spécieuse comme recevant à son tour l'appellation de «mathématique universelle».

calcul des formes, également susceptible d'intervenir dans le choix créationnel. Le terrain des Spécieuses relève de l'imaginaire fictif dans lequel se déploient les idéalités mathématiques en quête de continu. Le massif de la Combinatoire, qui domine les quatre Spécieuses, porte sa lumière sur l'ombre des fictions pour en mettre la performance, entachée d'imaginaire, sous le signe caractéristique de la pure raison. S'il y a une ligne de partage entre l'imaginaire et le rationnel dans le champ des mathématiques, elle réside dans le fossé qui sépare la Spécieuse de la Combinatoire, l'Analyse de la Synthèse. Si Combinatoire et Synthèse sont d'une autre essence que fictive, quel en est le type de rationalité? Comment la raison architectonique est-elle fondée?

4. La question de la relation interne entre mathématique et métaphysique est par là-même posée. «Science générale des choses»; «science générale des créatures»[9], la métaphysique est la science de ce qui n'a pas de limite, la mathématique est la science de ce qui a des limites, et elle est la science des limites quand elle s'universalise. Ce qui n'a pas de limite comporte le savoir sur Dieu et ses dépendances, l'hypercatégorématique. Ce qui a des limites, les créatures, le syncatégorématique, tombe sous la science de la quantité interprétée comme art d'évaluer les phénomènes, dépendant du nombre et de la valeur. L'analyse mathématique, ou logistique, concerne plus les exploits du calcul quantitatif, que la logique importée dans les mathématiques au nom de la Caractéristique universelle.

Les *Elementa nova matheseos universalis*[10], différenciant trois genres de Spécieuses, celle des anciens, celle de Viète et Descartes, celle d'aujourd'hui, en distinguent la «mathesis universalis» et posent le problème de la méthode: méthode pour déterminer les choses exactement par ce qui en tombe sous l'imagination («quae sub imaginationem cadunt»). Il s'agit d'une «logique de l'imagination» («sive ut ita dicam

9 *Mathesis universalis*, 1710 (?), GM VII, 53: «(1) Mathesis universalis est scientia de quantitate in universum, seu de ratione aestimandi, adeoque limites designandi, intra quos aliquid cadat. Et quoniam omnis creatura limites habet, hinc dici potest, ut Metaphysica est scientia rerum generalis, ita Mathesin universalem esse scientiam creaturarum generalem. Duasque habet partes: scientiam finiti (quae Algebrae nomine venit priorque exponetur), et scientiam infiniti, ubi interventu infiniti finitum determinatur. . . (3) Agitur autem tam de numero certo seu speciali quem tractat Arithmetica, quam de numero incerto et generali quem exponit Logistica, ut quidam vocant, quam aliqui Speciosam, alii denique Algebram appellant. Nam a, b, c, y, x, nihil aliud sunt in calculo quam Numeri, ut a+b=x significat 2+3=5 vel 1+7=8, vel aliquid simile. . . (6) . . . Et quemadmodum multi Logicam illustrare tentaverunt similitudine computi ipseque Aristoteles in Analyticis mathematico more locutus est, ita vicissim et multo quidem rectius Mathesis praesertim universalis, adeoque Arithmetica et Algebra tractari possunt per modum Logicae, tanquam si essent Logica Mathematica, ut ita in effectu coincidat Mathesis universalis sive Logistica et Logica Mathematicorum; unde et Logistica nostra nomine Analyseos Mathematicae passim venit.»

10 C 348.

Logicam imaginationis»). Cette logique de l'imagination ne concerne pas la métaphysique, rapportée aux choses purement intelligibles, la pensée, l'action.

L'imagination a deux versants, la qualité et la quantité, ou la forme et la grandeur, selon lesquelles les choses sont dites semblables ou différentes, égales ou inégales. Les concepts fondamentaux de la mathématique universelle sont des concepts relevant de l'imaginaire, de la logique de l'imagination.

La distance entre l'imaginaire et le rationnel est celle qui sépare la pratique d'idéalités mathématiques, appliquées à un projet réalistique, non pas des riens, mais quelque chose, qui désigne une source ontologique de l'action que la science des forces dérivatives ne connaît pas par elle-même, d'une pratique sur les idéalités mathématiques en provenance d'une autre source, d'un type de lumière entièrement dégagée de préoccupations réalistiques. Les mathématiques apparaissent à juste titre, sous la condition de cette structure architectonique, comme la science des choses imaginables, la métaphysique devenant la science des choses intellectuelles[11] : ce qui veut bien dire que l'imaginable est de l'intellectuel, mais de l'intellectuel immédiat, aux prises avec les schèmes phénoménaux de la sensibilité, alors que l'intellectuel dégage ses propres systèmes de signes dont le référant est la forme pure. L'imaginaire du fictif est conquis par les symboliques de la Spécieuse: mais nous avons vu, coup après coup, qu'une Spécieuse d'abord assimilée à (E^u) battait en retraite pour en laisser naître une autre, la mathématique universelle apparaissant comme un horizon dans la génération des caractéristiques appliquables à la science de l'infini des choses, pendant que la caractéristique combinatoire prend pour objet les signes de la Spécieuse pour les soumettre à sa propre symbolique.

5. La science générale, science du cogitable, l'«ars magna cogitandi», repose sur ces deux moments de la dialectique de l'invention: analyse et synthèse. L'analyse cherche à réduire l'imaginaire phénoménal à l'imaginaire symbolique par la recherche des éléments simples, par substitution du connu à l'inconnu, du théorème à l'hypothèse. L'analyse procède de l'effet à la cause, de la fin au moyen. Elle porte la plus grande attention à un petit nombre de choses, emprunte la plume de la seule imagination, comme ces peintres de miniatures que l'on prend pour des myopes et qui maîtrisent d'autant mieux l'infiniment petit. L'analyse n'est pas bien en cour chez La Ramée ni chez les ramistes, dont le propre consiste à ne reconnaître qu'une seule méthode, ou plutôt à ne reconnaître pour seule méthode que

11 C 556, mars 1683, *Idea libri cui titulus erit Elementa Nova Matheseos universalis* (C 348–351) prend l'analogic selon (SP^3) plus que selon (SP^4), puisque «plus differunt a Speciosa hactenus cognita, quam ipsa Speciosa Vietae aut Cartesii differt a Symbolica veterum». Dans cette pièce la mathématique universelle est la méthode pour déterminer avec exactitude ce qui tombe sous l'imagination, c'est la «logique de l'imagination». En sont exlus les objets de la métaphysique, purement intelligibles, comme la pensée et l'action. Et aussi les concepts de la «mathesis specialis»: nombres, situs, mouvement. Reste alors un objet qui est celui de l'imagination: qualité-forme, quantité-grandeur. La considération de la similitude doit convenir à la mathématique générale de même que l'égalité à la spéciale.

la procédure dialectique descendante du simple. On peut considérer comme une influence perdurable du ramisme sur Leibniz la subordination dans laquelle l'analyse est tenue par rapport à la synthèse.

Car la «loi de synthèse», progressant des simples et du plus universel au composé, assimilant plus connu, mieux connu et premier connu, procède des causes aux effets, des moyens à la fin, de la chose à l'usage de la chose. La loi de synthèse répond à la définition précise que La Ramée donnait de la méthode unique: des genres les plus élevés en universalité vers les genres moin élevés, vers les espèces et vers les choses individuelles, à partir des axiomes de la dialectique naturelle, soumettant les observations et les hypothèses aux théorèmes fondés dans les axiomes, procédant selon un ordre décroissant et suivi d'universalité[12]. La Combinatoire[13] n'est pas autre chose que la loi d'universalité descendante de La Ramée qui commande toute Spécieuse analytique par ses déterminants, sinon par ses déterminations formalistes universelles. La synthèse porte attention à toutes choses à la fois, part du Tout, comme le faisait déjà le *De Arte.* Le peintre de miniatures y est remplacé par le sculpteur presbyte dont l'art est de découper les formes dans le marbre brut en suivant les veines apparentes, mais en imposant son optique formelle. Que la Combinatoire s'expose, se mémorise et se transmette par des tableaux, selon la progression du simple au complexe, en imposant la procédure dichotomique, selon les schèmes des formes et des formules, rien là que de ramiste. Mais l'ampleur donnée au projet et la volonté de le réaliser par une écriture adéquate en l'appliquant à la métaphysique générale et à la théologie rationnelle, voilà qui devient hyperramiste.

Il va de soi que les recherches sur «la méthode de l'universalité» ainsi comprises se soient poursuivies pendant 50 ans, aboutissant aux projets de langue artificielle, universelle, rationnelle et philosophique.

12 C 159: «At Methodus scientifica, maxime perfecta, cujus gratia ista nunc scribo, incipiet non a posteribus natura atque compositis et specialibus, quae in sensus incurrunt, sed a notionibus et veritatibus maxime simplicibus ac generalibus, quae primum intellectui observantur, unde paulatim ad notiones speciales et compositas descendit. Legesque syntheseos sive combinatoriae artis sequitur, quae ostendit quomodo variae species ex summis generibus inter se compositis ordine exurgant et definitiones inter se et cum axiomatibus observationibus et hypothesibus jungendo theoremata oriantur. Hac Methodo Synthetica (si semel haberetur), nihil foret clarius et facilius. Sed antequam constituantur ejus Elementa, hoc est summa genera seu primae notiones, et simplicissima axiomata aliaeque primae veritates, opus est analysi difficili ac diuturna. . .»; C 97, 159, 162, 167–170, 525, 556, 562, 572–573.

13 *De Synthesi et Analysi universali*, GP VII, 297–298: «Ars combinatoria speciatim mihi illa est scientia (quae etiam generaliter Characteristica sive Speciosa dici posset), in qua tractatur de rerum formis sive formulis in universum, hoc est de q u a l i t a t e in genere, sive de simili et dissimili, prout aliae atque aliae formulae ex ipsis a, b, c, (sive quantitates sive aliud quoddam repraesentent), inter se combinatis oriuntur, et distinguitur ab Algebra quae agit de formulis ad quantitatem applicatis, sive de aequali et inaequali. Itaque Algebra subordinatur Combinatoriae. . .».

6. La tendance porteuse vers la mathématique universelle traverse toute l'œuvre, aussi bien dans sa diachronie profonde que dans ses niveaux. Elle se condense en 1715 dans les *Initia rerum mathematicarum metaphysica.* Mathématique et métaphysique sont étroitement associables puisque l'une fournit à l'autre des éléments fondateurs. La science de l'infini, les courbes transcendantes, se trouvent dans leur ensemble soumises au calcul déterminant des formes qui n'ont pas d'autre objet que l'idéalité mathématique constituée par l'équation infinitiste. Par là, l'analyse des transcendantes s'achemine vers un couronnement par l'analytique transcendantale. Quelle est la portée d'une pièce de ce genre, parfaitement expressive de (E^u), confirmée par une chaîne ininterrompue de textes de diverses époques[14]?

La réflexion part du constat: «existere simul», «existere prius», «existere posterius». Qu'est-ce qu'«existere simul», qu'est-ce que «quae sunt simul»? Ce sont dès le départ des idéalités saisies non pour leur portée réalistique (qu'est-ce qui existe, qu'est-ce que la chose qui...?), mais pour leur dénotation d'un référent relationnel «simul», «prius», «posterius». Le seul postulat est d'admettre les apparences de l'existence à l'état brut, dans leur état, que rien d'opposé ne vient contrarier, c'est-à-dire de postuler l'homogénéité de l'existence considérée phénonénalement et sa non-contradiction, bref de se reposer sur le «sens interne».

Qu'est-ce que «simul»? Cela peut s'appeler espace («spatium»), qui n'a rien à voir avec un présupposé réalistique, qui est un ordre: «ordo coexistendi», «ordo coexistendi inter quae sunt simul»; l'étendue («extensio») n'est elle-même qu'une grandeur, la quantité de cet espace («magnitudo spatii»), sa mesure, le point étant un espace de grandeur nulle. Tout espace peut être continué à l'infini, à la manière de toute infinité syncatégorématique.

Le temps («tempus») couvre de son ordre les choses qui n'existent pas ensemble, et qui sont considérées comme se présentant l'une après l'autre, choses dont il ne s'agit nullement de savoir ce qu'elles sont, mais quelle relation elles ont selon l'avant et l'après, ordre des existences qui ne sont pas ensemble, dont la durée («duratio») est la grandeur et dont tout moment n'est qu'une grandeur nulle. La durée n'est que le concept ordonné de ce qui dure. Comme l'espace, le temps peut être prolongé à l'infini, syncatégorématiquement.

La position («situs»), qui désigne déjà la «localitas partium» dans le *De Arte*, est le mode par excellence de la coexistence à partir de laquelle s'achemine toute complexion. Lié à l'existence simultanée par la coexistence, la position peut prendre acte des modifications temporelles. Un tel ordre enveloppe à la fois la

14 Nous avons montré dans (SP^1) que la préoccupation du quantitatif-qualitatif est déjà lucidement exposée, ainsi qu'entre quantité exposée et quantité non exposée. Ces remarques se nouent durant la forte poussée combinatoire de 1678–1679: *Characteristica geometrica*, 10 août 1679, GM V, 144; lecture de l'*Euclidis Prôta*, GM V 183; *Analysin Geometricam propriam*, ibid., 172 sq.; GM VII, sur la «mathesis universalis», 18, 30–31, 35, 77, 263, 273–275.

quantité et la qualité, l'égal et le semblable[15]. Dépendants de l'espace et du temps, considérés comme plus universels et premiers, les concepts fondateurs de la mathématique universelle partent de là.

La quantité ou grandeur («quantitas», «magnitudo»), définie dès le *De Arte* comme «numerus partium», fait l'objet de la mesure quand elle exprime ce qu'il y a dans le perçu par un nombre déterminé des parties qui la composent, la chose n'étant plus définie que par sa «compraesentia», sa relation dans le simultané. Le concept-clé de la mensuration quantitative se définit dans cette déduction par l' égal, ce qui est de même grandeur avec soi-même ou avec autre chose, ce qui peut être substitué à autre chose selon le critère de la «même grandeur». Fondée sur la répétition, la mesure fonde l'analyse de la grandeur selon l'ordre des coextensions et des diffusions. Quelqu'ait été le devenir du signe = dans les travaux mathématiques, il est réservé au symbole du concept d'égalité quantitative, et entre en combinaison graphique avec les symboles suivants.

Les semblables («similia») font paire avec les égaux[15]; mais la similitude dépend de la disposition des choses recensées: avec elle, on entre dans le domaine de la qualité, des formes, des «intensions». La véritable «analysis situs» se fonde sur elle. Son champ est celui de ce qui est connu sans la coprésence, sans la coexistence, qui se réfère au «singulatim» dont traite toute logique de l'intension: deux formes qui ne peuvent être distinguées que si elles sont saisies séparément, en elles-mêmes. La similitude permet l'expression des degrés des qualités, de l'action, de la valeur, de la vraisemblance, de la probabilité, des perfections inétendues de la dynamique et, à haut terme, de la métaphysique mathématique des formes originelles radicales de l'existence. Quand les formes semblables sont multiples, elles ne peuvent être que référées à leur «situs» dans un ensemble de coordonnées qui dépendent de leurs positions relatives à la position des autres données. Le signe de la similitude est $\sim$.

Le congruent est ce qui est à la fois égal et semblable: d'où le symbole $\simeq$ composé du signe = et du signe $\sim$: le calcul des congruences permet l'évaluation de ce qui peut être mis en coïncidence (signe $\asymp$), de sorte que sans changement de forme, les lieux se substituent l'un à l'autre.

Grâce à ces trois concepts fondateurs du qualitatif, similitude, congruence et coïncidence, la recherche des déterminants ou celle du calcul des positions peut être résolue. Les mathématiques subordonnées à la Spécieuse tombent sous la détermination de cette caractéristique formelle.

Comme le calcul des déterminants dont nous sommes partis, l' analyse des positions est étroitement référée aux concepts métaphysiques fondamentaux qui donnent leur pleine rationalité aux mathématiques. Ce calcul n'est pas celui des grandeurs, mais celui du complexe similitude-congruence-coïncidence. La doctrine

15 à Tschirnhaus, mai 1678, A, II, I, 412: «Multiplicandi autem ars ex scientia generali de quantitate, quam nonnulli Algebram vocant, descendit, verum mihi aliud longe est ars Combinatoria scilicet: scientia de formis seu de simili et dissimili, quemadmodum algebra est scientia de magnitudine seu de aequali et inaequali».

du «situs» a son propre axiome: «Si la similitude, la congruence, la coïncidence se trouvent dans les déterminants, elles se trouvent aussi dans les déterminés, et inversement, si elles se trouvent dans les déterminants, elles se trouveront aussi dans les déterminants les plus simples»[16]. La remarque est valable pour les droites, les points. Le calcul s'instaure à partir d'une symbolique qui prend appui sur les signes des trois concepts invoqués. BA signifie le site du point B par rapport au point A; Y est l'indéterminé à rechercher en faisant intervenir un point C de manière à situer obliquement les positions de A et B. On voit que les lettres, comme les nombres, deviennent fictives par rapport au sens plein qui leur était accordé. Comme l'algèbre, la géométrie entre sous la juridiction des déterminants.

La théorie des déplacements est amorcée avec l'étude de la «mutatio situs»[17]. La «via» est le lieu successif de la chose mobile, homogène à l'étendue; le «vestigium» est le lieu momentané du mobile. Dans cette consécution de la «via», la ligne devient la «via puncti», la superficie une «via lineae», le solide une «via superficiae».

Poussant au fonds l'exploitation de ces *Initia*, . . . , la correspondance avec Clarke comporte nombre d'occurrences d'«idéal» en rapport avec les concepts fondateurs de (E^u). Les parties du lieu ou du temps, en elles-mêmes, sont «choses idéales» (V, § 27), ce qui les rend aussi parfaitement «ressemblantes» que deux «unités abstraites», opposées à des «uns concrets», des temps «effectifs», des espaces «remplis», «c'est-à-dire véritablement actuels». Ces «choses idéales», ontologiquement distinctes des «concrets» et des «actuels», constituent la vérité des mathématiques qui répondent à des «raisons supérieures», opposées «aux imaginations des Philosophes à notions incomplètes qui se font de l'espace une réalité absolue» et aux «simples mathématiciens qui ne s'occupent que de jeux de l'imagination», qui les traitent de «fictions» (§§ 29, 31, p. 136). «L'espace en soi est une chose idéale comme le temps», c'est l'espace hors du monde qui est «imaginaire» (§ 33, p. 137), ou l'abstraction (§ 35, p. 139). L'espace «ne saurait être qu'idéal, contenant un certain ordre où l'esprit conçoit l'application des rapports. .. étant ni substance ni accident, cela doit être une chose purement idéale, dont la considération ne laisse pas d'être utile. . . Je remarque enfin que les traces des mobiles qu'ils laissent quelquefois dans les immobiles sur lesquels ils exercent leur mouvement, ont donné à l'imagination des hommes l'occasion de se former cette idée, comme s'il restait encore quelque trace, lors même qu'il n'y a aucune chose immobile, mais cela n'est qu'idéal

16 *De Calculo situum*, C 548–556; *De Analysis situ*, GM V, 179: «Et similitudinem seu formarum consideratio latius patet quam mathesis, et ex Metaphysica repetitur, sed tamen in Mathesi quoque multiplicem usum habet, inque ipso calculo algebraico prodest, sed omnium maxime similitudo spectatur in sitibus seu figuris Geometriae. Itaque Analysis vere geometrica non tantum aequalitates spectat et proportionalitates, quae revera ad aequalitates reducunter, sed similitudines etiam, et ex aequalitate aut similitudine conjunctis natas congruentias adhibere debet».

17 GM V, 145; GM VII, 20–21, 30, 35–36, 77, 275.

et porte seulement que s'il y avait là quelque immobile, on l'y pourrait désigner. Et c'est cette Analogie qui fait qu'on s'imagine des places, des traces, des espaces, quoique ces choses ne consistent que dans la vérité des rapports et nullement dans quelque réalité absolue» (§ 47, pp. 144–145). «Le seul principe du besoin de raison suffisante, fait disparaître tous ces spectres d'imagination. Les hommes se font aisément des fictions, faute de bien employer ce grand principe» (§ 48, p. 146). «Du temps n'existent jamais que des instants, et l'instant n'est pas même une partie du temps. Quiconque considérera ces observations comprendra bien que le temps ne saurait être qu'une chose idéale. Et l'analogie du temps et de l'espace fera bien juger que l'un est aussi idéal que l'autre» (§ 49, pp. 146–147). «Le temps sans les choses n'est autre chose qu'une simple possibilité idéale» (§ 55, p. 151).

«Je ne dis point donc que l'espace est un ordre ou situation, mais un ordre des situations, ou selon lequel les situations sont rangées; et que l'espace abstrait est cet ordre des situations conçues comme possibles. Ainsi c'est quelque chose d'idéal» (§ 104, p. 171).

7. La tension générale qui rend les Spécieuses successives asymptotiques au concept plein de «mathesis universalis» en satisfont l'exigence opératoire dans le moment et sur le plan adopté. Elles sont tributaires en chaîne de ce passage d'une première ficticité du nombre considéré comme modèle relationnel très universel à la ficticité de sa manipulation dans le maniement des formules combinatoires. Le nombre devient un plein algorithme sans limitation quantitative puisqu'installé sur le niveau du combinatoire pur, du qualitatif radical.

Cet accomplissement est possible parce que, en raison, quatre lois universelles régentent (SP^4) et apparaissent comme les lois de l'universel mathématique (E^u). Les textes que nous avons avancés mentionnent ces lois, surtout au niveau de (SP^4), là où l'installation dans la ficticité du nombre fait de l'objet de la mathématique universelle une idéalité formelle.

a) La loi de combinaison des formes et de leurs exposants («lex combinationis formarum») est la plus constamment et la plus anciennement exprimée. Cette loi exige, selon les préceptes du *De Arte combinatoria* qu'un ordre relie les rapports internes au qualitatif que le quantitatif ne prend pas en compte. Qu'est-ce que la forme: «une quantité formée de plusieurs dimensions» (GM VII, 88). Une forme de degré 1 est a, de degré 2 est a^2 ou ab, de degré 3 est a^3, ou a^2b, ou abc. . . . . C'est le principe architectonique de la nécessité du choix, dont le contraire implique imperfection, qui en commande la détermination, et non plus le principe géométrique de la contradiction qui impose une nécessité absolue[18].

18 GM V, 348–349; GM VII, 88. Sur les concepts de forme, de formule, de calcul des formes, cf. E. KNOBLOCH, *Die mathematischen Studien von G. W. Leibniz zur Kombinatorik*, Wiesbaden 1973, et idem, *Textband*, Wiesbaden, 1976, dans *Studia leibnitiana supplementa*, XVI (sur les manuscrits d'Hanovre, selon les normes de A. *Tentamen anagogicum*, GP VII, 278–279; GP VII, 245: «Cum Speciosa generalis nihil aliud sit quam combinationum per notas repraesentatio atque tractatio variaeque sint combinandi leges excogitabiles, hunc fit ut varii oriantur modi computandi».

b) La l o i d ' h o m o g é n é i t é d e s f o r m e s («lex homogeneorum transcendentalis»), introduite par Viète, suscite un nouveau genre de caractéristique dans le domaine du calcul des différences et des sommes, mais surtout dans le calcul des déterminants qui ordonne le précédent de l'intérieur. Les homogènes sont égaux et semblables entre eux ou réductibles à des semblables. Ce qui est mis en rapport par la loi d'homogénéité doit avoir le même nombre de dimensions: «quae comparentur ac sibi adduntur vel auferentur, debent habere eundem numerum dimensionum». Sont homogènes x+y, x^2+y^2, xx+2xy, 2xx+3yy, addx à dxdx (le carré d'une différence du premier degré est homogène avec le rectangle de la différence prise du second degré avec la quantité ordinaire). La loi assemble ces éléments de même degré et les transforme en fonction de la présence de formes d'autres degrés[19].

8. Cet ensemble des concepts et des lois de (E^u) est considéré comme le fondement métaphysique des choses mathématiques («initia metaphysica»). Revenant sur la question dans l'*Epistola ad Wolfium*[20], Leibniz voit dans ce type d'invention, d'argumentation et de calcul quelque chose de plus métaphysique que de mathématique. Mais n'est-ce pas là le «Canon de la V r a i e M é t a p h y s i q u e» («Canonum V e r a e M e t a p h y s i c a e») (souligné et avec majuscules), dont l'usage est central en mathématique, dans l'analyse, en géométrie. Durant l'initiation de Johann Bernoulli à la dynamique, il est question en un sens relatif, et en un sens plus absolu des «m e t a p h u s i k ô t e r a»: les sujets plus métaphysiques.

A propos des relations difficiles avec de Volder, qui passent par Johann Bernoulli, Leibniz est amené à faire pour ce dernier une mise au point sur les problèmes de métaphysique en (août) 1698, GM III, 535–537), à laquelle Bernoulli répond aussitôt (s.d.) (540). A ce propos vient l'expression «Venio nunc ad ea quae in Epistola Tua novissima sunt m e t a p h u s i k ô t e r a. . .» Il s'agit d'un comparatif, la lettre de Bernoulli exposant d'autres questions qui ne sont pas métaphysiques. Leibniz répond aux choses qui sont plus métaphysiques que d'autres (541 sq.) et termine par: «. . . et fortasse aliquando non minus probabis haec m e t a p h y s i k ô t e r a, quam illa d y n a m i c a». (542). Ce plus métaphysique et cette dynamique, Bernoulli ne les récuse en rien (545), mais les trouve laconiques, plutôt des définitions que des explications. Le 18 nov. 1698, Leibniz revient sur les m e t a p h y s i k ô t e r a (551). Reprenant le terme le 6 déc. 1698, Bernoulli fait une longue intervention sûr le métaphysique (555–557), rapidement relevée par Leibniz 17 déc.

19 GM V, 381–382; GM VII, 24–25, 65–66, 87, 192, 274, 283–284.

20 *Acta Eruditorum*, 1713, GM V, 287. GP IV, 292, 1678: «Je ne chérissais les mathématiques que parce que j'y trouvais les traces de l'art d' i n v e n t e r en général. . . Je viens à la Métaphysique, et je puis dire que c'est pour l'amour d'Elle que j'ai passé par tous ces degrés; car j'ai reconnu que la vraie Métaphysique n'est guères différente de la vraie Logique, c'est-à-dire de l'art d'inventer en général» (A II, I, 434, en fait une lettre à Elisabeth, et donne «la Métaphysique», au lieu de «la vraie Métaphysique»). Cette occurrence de ‚vraie Métaphysique' renforce notre conclusion.

(560). Puis la discussion s'enlise et se réveille sous l'effet de la correspondance de Volder. Bernoulli transmet le 25 octobre 1700 (642–643), la Lettre de de Volder pour Leibniz du 18 oct. (GP II, 214–219). Leibniz répond à Bernoulli le 31 déc. 1700 (644) en lui joignant la lettre pour de Volder de même date (GP II, 219–222): «Gaudeo etiam illas ratiocinationes meas metaphysicôterous ex primis actionibus deductas de aestimatione actionis motricis non tantum Tibi jam probari, sed etiam a Te illustrari».

Pour Bernoulli la considération des choses plus métaphysiques partait de la considération de la suite infinie: «Si omnes termini hujus progressionis 1/2, 1/4, 1/8, 1/16, ... etc. ... actu existunt, etiam existere infinitesimum, et qui eum sequuntur» (GM III, 541). Ce qui nous ramène au problème de la relation entre l'idéalité ou non de l'infini mathématique et de l'infinité de la nature, d'où l'introduction par ces considérations mathématiques à des choses plus métaphysiques. Les considérations plus métaphysiques partent pour de Volder de la démonstration «a priori» par des lettres, mise au point à Rome–Florence, d'où se prouvent la loi de la conservation de la force et celle de la conservation de l'action.

Ces remarques convergent pour rendre la «Vraie Métaphysique» homogène au champ de la mathématique universelle. C'est exactement le niveau du «métagéométrique» de Caramuel (GM IV, 219) lors des réponses à Grandi, qui n'est pas sans rappeler le «métamathématique» de La Ramée. Cette vraie métaphysique (D^0) se définit par (E^u).

9. Pourquoi invoquer un état (D^0) de l'architectonique?

La tendance vers (E^u) appelle des commencements métaphysiques qui fondent la mathématique universelle. Quelle est cette racine relevant de la «vraie métaphysique»?

– Premier constat: c'est dans un concept, celui de l'ordre des simultanéités et des successions que la mathématique universelle prend sa source métaphysique, ce qui n'a rien à voir avec l'existence en tant que présupposé réalistique substantiel: elle ne concerne que l'ordre des existences, c'est-à-dire l'harmonie des phénomènes, tels qu'ils nous sont immédiatement donnés, sans s'occuper de l'origine ni de la nature du don. Nous n'avons à aucun moment besoin d'une métaphysique de la réalité, ni du concept de corps, ni du concept de substance, dont le lexique n'intervient jamais dans les développements variées de (E^u). La mathématique universelle se déploie au-delà du concept de substance, ce qui élimine aussi bien (D^1) que (D^2): à ce niveau, il n'y a pas place pour la disjonction architectonique majeure, faute de substance, ou simple ou composée. (E^u) n'a que faire des linéaments réalistiques: elle se satisfait des idéalités transcendentales et confère à leur ordre constaté un ordre formalisé. (E^u) se déploie dans un champ purement rationnel ne touchant jamais aux concepts substantialistes: elle n'atteint que l'ordre phénoménalement constaté puis élaboré par les Spécieuses, constituant ainsi un universel rationnel pur, majeur et simplicissime. Cette «vraie métaphysique» est une métaphysique de vérité, ce n'est pas une métaphysique de réalité.

– Second constat: si c'est sur les courbes transcendantes, c'est-à-dire sur l'organisation de l'ordre donné par la Spécieuse analytique que porte (E^u), on peut l'appeler transcendantale, au sens précis que Leibniz donne aux tableaux des relations transcendantales qu'il a fréquemment établis. La mathématique universelle commence en effet par poser les concepts d'espace et de temps, les définit par l'ordre qu'ils instaurent entre les existences, sans que pour autant l'espace et le temps soient de nature strictement intelligible (d'entendement) puisque l'harmonie des phénomènes est une donnée immédiate du «sens interne», dont il s'agit de trouver l'authentique garantie. Les concepts suivants sont ceux de quantité, de qualité et de relation, qui s'imposent comme des catégories de l'imaginaire et non de l'entendement, dans la mesure où ils supportent la formalisation que leur impose, du point de vue supérieur de la raison combinatoire, l'ordre des formules surprêmes. Sans chercher de rapprochements transhistoriques, on constate seulement la présence de niveaux de la raison critique, (syn-kategorein), où des concepts engagés dans le phénoménal, puis bardés des signes de la Spécieuse, puis rationalisés par la formalisation caractéristique, instruisent le donné existentiel. Sont précisément transcendantales pour Leibniz, ces relations conceptuelles qui aident à déchiffrer le concret par le langage épuré des tableaux de définition. La philosophie critique leibnizienne naît dans l'ajustement de (D^0) à un nouveau type formel de saisie de l'existence qui prend nom analytique ou synthétique transcendantale.

– Troisième constat: ce qui est appelé «existence» au point de départ des «initia metaphysica» de la mathématique universelle, c'est ce que nous avons rencontré comme fondement de la science du corps et de l'esprit: «exister c'est être harmonique». Etre harmonique, c'est porter en soi les préceptes de l'ordre dont les deux premières manifestations imaginaires sont l'espace et le temps. Ainsi (E^u) se satisfait de l'hypothèse phénoméno-congruentielle, comme le faisait la première philosophie en voie d'organisation à Mayence ou à Paris, sans que le concept de substance composée ou de substance corporelle vienne interférer avec l'effort constitutif de la réforme. Il n'y aurait pas plus à évoquer le concept de substance simple, dont le traitement, au nom de l'idéalité des concepts mathématiques relève d'un autre domaine.

Ainsi se creuse au niveau architectonique une autre rupture entre (D^0) et (D^1) ou (D^2). Au moment où il rédige ces «initia metaphysica», Leibniz vient de prendre connaissance du *Treatise* de Berkeley: lequel va de soi pour tout ce qui concerne l'«esse est percipi». La «vraie métaphysique» trouverait dans les cadres de l'espace et du temps son point de départ, pas dans le concept de substance, dans le «sens interne» comme source de l'imaginaire intelligible.

Il n'empêche qu'il y a un concept de substance, simple ou composée, qu'il a été largement instruit dans l'œuvre, et que sitôt salué l'«esse est percipi» de Berkeley, s'énonce le regret de n'y pas trouver une métaphysique de la substance. La vraie métaphysique s'achève aux confins de l'applicabilité des concepts de (E^u), des performances des Spécieuses, et de l'exploitation des idéalités mathématiques au champ des forces dérivatives: l'œuvre a du moins l'avantage de délivrer ce message de critique transcendantale puisque le savoir de la physique des forces dérivatives ne se pose plus en termes de substance [21].

21 Sur la Spécieuse de Cavalieri (SP^1), nous avons fait paraître un article, appuyé sur les données de notre livre sur l'*Architectonique* . . . , ***Destin de la Spécieuse inspirée de Cavalieri dans l'architectonique leibnizienne,*** dans ***Annali***, Università di Bologna, 4, 1982–1983, pp. 233–248. D'une manière plus précise que dans l'article mentionné ci-dessus, note 4, on trouvera les relations de Leibniz avec les mathématiciens italiens reprises en détail dans notre ouvrage, en voie d'achèvement ***Leibniz: Iter Italicum***, à paraître. Nous y mentionnons également le travail fait en Italie, en 1689, pour Bodenhausen, sur la *Nova methodus*. Leibniz en revoit alors le texte et laisse à son ami des corrections importantes pour le devenir des calculs mentionnés. Cette réfection, en vue d'une publication qui n'a pas eu lieu, ne touche pas le texte que nous commentons, qui est présenté en fonction de la „phorométrie", partie de la *Dynamica* qui comporte l'application du calcul infinitésimal au mouvement.

Zur Vorgeschichte der „Nova Methodus" (1676–1684)

Von
HEINZ-JÜRGEN HESS (HANNOVER)

„Was mein Hochg. Patron sonst an curieusen inventis hat, wil ich erwarten, undt in den Actis willigst publiciren, alß die dadurch bey frembden umb so viel angenehmer seyn." Mit diesen Worten beschließt Otto Mencke, der Herausgeber der *Acta Eruditorum,* seinen Brief[1] an Leibniz vom 26. Juli 1684. Solcherart hatten er und sein für Mathematik und Naturwissenschaften zuständiger Mitarbeiter, Christoph Pfautz, Leibniz schon des öfteren gebeten, seine Forschungsergebnisse in der erst zwei Jahre alten, den Vorbildern *Journal des sçavans* und *Philosophical Transactions* nachgebildeten deutschen Zeitschrift zu veröffentlichen. Und Leibniz war diesen Bitten auch bereits sechsmal nachgekommen, beginnend mit den Beiträgen zur Flächenbestimmung des Viertelkreises[2] sowie zum Fèrmatschen Prinzip der „via facillima" in der geometrischen Optik[3] im Gründungsjahr bis hin zu den Mitteilungen zur Inhaltsbestimmung geometrischer Flächen und Körper[4] und zur Bruchfestigkeit fester Körper[5] im laufenden Jahr 1684. Entsprechend geht Leibniz in seinem etwa einen Monat später übersandten Antwortbrief[6] auch nur im letzten Satz auf die geäußerte Bitte ein: „Hierbey schicke m. h. Hn. eine Methodum de maximis et minimis, welche treflichen usum in der ganzen Mathesi hat." Erst nach etwa zwei Monaten erwähnt[7] Mencke noch einmal kurz die genannte Beilage: „Das Schediasma de methodo Tangentium etc. wird M. h. Herr im Octobri finden, undt hat der buchdrücker deßwegen einige characteres in Holtz schneiden lassen müssen. Obs so wol gerathen, verlange ich zu vernehmen."

So beiläufig und routinemäßig wird also von Leibniz' mathematischer Abhandlung[8] *Nova methodus pro maximis et minimis, itemque tangentibus, quae nec*

1 A I,4; S. 475–476. – Im folgenden verwenden wir außer den im Band ausgewiesenen die folgenden Abkürzungen: AE für *Acta eruditorum,* GE für C. I. GERHARDT, *Die Entdeckung der Differentialrechnung durch Leibniz.* 1848; GG für C. I. GERHARDT, *Die Geschichte der höheren Analysis. Erste Abtheilung. Die Entdeckung der höheren Analysis.* 1855; HO für *Oeuvres complètes de Christiaan Huygens.* 1888 ff. und LBG für *Der Briefwechsel von G. W. Leibniz mit Mathematikern,* hrsg. C. I. Gerhardt. 1899.

2 *De vera proportione circuli ad quadratum circumscriptum in numeris rationalibus* (AE 1682, S. 41–46).

3 *Unicum opticae, catoptricae et dioptricae principium* (AE 1682, S. 185–190).

4 *De dimensionibus figurarum inveniendis* (AE 1684, S. 233–236).

5 *Demonstrationes novae de resistentia solidorum* (AE 1684, S. 319–325).

6 A I,4; S. 476–477.

7 A I,4; S. 483.

8 AE 1684, S. 466–473.

fractas, nec irrationales quantitates moratur, et singulare pro illis calculi genus gesprochen, als handele es sich, einmal abgesehen von einigen Satzschwierigkeiten, um einen von vielen Zeitschriftenartikeln, die auch damals schon Monat für Monat die wissenschaftlichen Periodika füllten. Und dennoch beginnt mit ihrer Veröffentlichung die Geschichte der modernen Analysis. Zwar waren, wie E. Guisti auf S. 26 ff. dieses Bandes ausführlich darlegt, schon Dezennien vor 1684 Verfahrensregeln mit unterschiedlichen Geltungsbereichen zur Bestimmung von Tangenten und Extremwerten bekannt, es gab aber bis zur Leibnizschen Entdeckung der Differentialrechnung (und der Newtonschen der Fluxionsrechnung) keine universell anwendbare Methode, die auf direktem Wege und ohne mathematische Kunstgriffe bei allen bekannten Kurven zum Erfolg führte. Erst mit einer solchen Methode konnte der Grundstein zu einer mathematischen Theorie gelegt werden, deren historisch erstes Ziel es war, eine umfassende Untersuchung der Eigenschaften aller (reellen) Funktionen (einer Veränderlichen) zu gewährleisten. Obwohl ihm die Grundzüge dieser Methode bereits seit den beiden letzten Jahren seines Parisaufenthaltes bekannt waren[9], hatte Leibniz bis 1684 nur Einzelergebnisse (wie die erwähnte Kreisquadratur) und unnachvollziehbare, bewußt allgemein gehaltene Aussagen (wie die Darlegungen zum Fermatschen Prinzips) veröffentlicht.

Der Leibnizsche Beitrag[10] im Oktoberheft der AE 1684 mußte in Form und Inhalt für die damalige Zeit ungewöhnlich abstrakt und damit schwer verständlich erscheinen. Erschwerend wirkten sich nicht nur grundlegende Fehler (Definition des Differentials, Quotientenregel, Differentiation der quadratischen Wurzelfunktion), sondern nicht zuletzt auch zahlreiche Flüchtigkeits- und Druckfehler aus. Die Bezeichnungen waren zudem nicht immer sorgfältig gewählt.

Die Abhandlung beginnt mit der (falschen) Definition des (modern gesagt) Differentials einer (von x abhängigen) Veränderlichen v unter Verwendung der Subtangente t mittels der Proportion:

(d) $dv : dx = v : \sqrt{v^2 + t^2}$

(richtig wäre $|dv| : dx = v : t$),

der sich „regulae calculi" anschließen:

(1) $a = \text{const.} \longrightarrow da = 0$

(2) $a = \text{const.} \longrightarrow d(ax) = adx$

(3) $y = v \longrightarrow dy = dv$

9 Vgl. z.B. die Abhandlungen ***Analysis tetragonistica ex centrobarycis*** von Anfang November 1675 (LBG, S. 147–160) und ***Methodi tangentium inversae exempla*** vom 21. November 1675 (LBG, S. 161–167). Weitere wichtige Texte aus dieser Zeit finden sich in den Beilagen zu GE. Umfassende Informationen über Leibniz' mathematischen Werdegang während seines Parisaufenthaltes enthalten J. E. HOFMANN, *Leibniz in Paris 1672–1676*, (Cambridge 1974) und A III,1.

10 Zu den Einzelheiten der handschriftlichen und gedruckten Fassungen der *Nova methodus* vgl. den Anhang dieses Beitrags (S. 76 ff.) und die dortigen Fußnoten.

(4) $$d(z - y + w + x) = dz - dy + dw + dx$$

(5) $$d(xv) = xdv + vdx$$

(6) $$d\frac{v}{y} = \frac{\pm vdy \mp ydv}{yy}$$

Dabei werden die Regeln (1) bis (3) nicht begründet, obwohl die definierende Proportion (d) bei a = const. versagt[11], Regel (2) bereits die Vorzeichenfrage implizit löst und Regel (3), wie Leibniz beim Umkehrungsversuch in der Handschrift (und bei den Erläuterungen zur „multiplicatio") bemerkt, keinesfalls problemlos ist[12]. Zur Erklärung der Regeln (4) bis (6) wird die Substitutionsregel (3) herangezogen und die Vorzeichenfrage angesprochen. Eine zufriedenstellende, algebraisch formulierte Vorzeichenregel gelingt Leibniz trotz „signa ambigua" (die zudem bei der Quotientenregel (6) vertauscht sind) nicht, wie er selbst (spätestens 1690) erkannte, als er für den Nachdruck alle „signa ambigua" nebst dazugehörigem Textabsatz streichen ließ[13].

In dem den Regeln folgenden Abschnitt der *Nova methodus* geht Leibniz zunächst (entsprechend einer früheren Variante der Handschrift) auf den Spezialfall d(–z) = –dz ein und beruft sich zur Begründung auf die Regel (4). Dann fährt er fort: „sed quando ad exegesin valorum venitur, seu cum consideratur ipsius z relatio ad x, tunc apparere, an valor ipsius dz sit quantitas affirmativa, an . . . negativa". Gemeint ist offensichtlich (obwohl Leibniz auch hier wie in einer Variante der Handschrift irrtümlich mit der Abszisse x anstatt mit der Subtangente rechnet) der Wert des Vorzeichens des (modern gesagt) Differentialquotienten, der, wie Leibniz weiter ausführt, davon abhängt, ob sich die Tangente gegen die Achsenseite steigender respektive fallender x-Werte neigt. Eine solche verbale, auf geometrische Anschaulichkeit rekurrierende Bestimmung des Vorzeichens ist zwangsläufige Folge der lediglich betragsmäßigen Definition (d), in der nur (ungerichtete) Strecken verwandt werden.

11 Es kann nicht eingewandt werden, daß Leibniz dv „differentia ipsarum v" n e n n t, denn dies ist für den unvoreingenommenen Leser zunächst lediglich eine Benennung. Aufschlußreich ist auch, daß keine Beziehung zwischen da = 0 und der Extremwertbedingung dv = 0 hergestellt wird. Erst bei der Charakterisierung der Kurvenkrümmung setzt Leibniz die „differentia dv" den „incrementa" bzw. den „decrementa" gleich (vgl. Fußnote 14).

12 Hier taucht erstmals in der *Nova methodus* das Adjektiv „differentialis" auf. Die ursprünglich vorgesehene Einführung dieses Worts sollte erst nach der Vorstellung der regulae calculi erfolgen. Daher sind die davor liegenden Verwendungen ausnahmslos aus in der Handschrift ergänzten Passagen. Es kommen in der *Nova methodus* folgende Kombinationen vor: aequatio d., algorithmus (calculus) d., (distantia) d., (litera) d. und quantitas d., wobei die erst- und letztgenannten Kombinationen die häufigsten sind. Der Gebrauch von „differentia" einerseits und „(quantitas) differentialis" andererseits für das (modern gesagt) Differential ist schwankend.

13 Vgl. Anhang, Fußnote 11.

Im Zusammenhang mit dem wechselnden Vorzeichen des Differentials wird der Extremwert als Punkt mit achsenparalleler Tangente erklärt, „quo momento ipsae ν neque crescunt neque decrescunt, sed in statu sunt, adeoque fit dν aequ. 0". Leibniz benutzt hier vorwiegend geometrische Betrachtungen, da seine Definition (d) in diesem Spezialfall nicht anwendbar ist[14]. Die geometrischen Darlegungen sind – wie sich an Stufungen der Handschrift und aus dem Vergleich mit der gedruckten Fassung ergibt, sukzessive ausgeweitet worden: zunächst wurden Konvexität und Konkavität sowie Wendepunkte hinzugenommen und schließlich noch die senkrechte[15] und ‚halbsenkrechte' Tangentenlage. Dabei führt Leibniz auch (modern gesagt) Differentiale zweiter Ordnung als „differentiae differentiarum" ein. Ist dv positiv und zugleich ddv positiv, so liegt Konvexität[16], ist dv negativ und ddv ebenfalls negativ, so liegt Konkavität vor. Nehmen die „incrementa" oder „decrementa" ein Maximum (oder Minimum) an, dann hat die Kurve einen „punctum flexus contrarii", für den ddv = 0 gilt[17]. Die Analogie der Charakterisierungen von Wendepunkten und Extremwerten wird, auch ohne den (falschen) Vergleich der Mehrfachnullstellen, deutlich.

Nach diesen anschaulich-differentialgeometrischen Ausführungen und einem Einschub über die Bedeutung der „signa ambigua" setzt Leibniz die „regulae calculi" fort[18]:

(7) $$d(x^a) = ax^{a-1}dx$$

(8) $$d(\sqrt[b]{x^a}) = \frac{a}{b}\sqrt[b]{x^{a-b}}$$

(9) $$d\left(\frac{1}{\sqrt[b]{x^a}}\right) = \frac{-bdx}{a\sqrt[b]{x^{b-a}}}$$

und bemerkt beiläufig, daß die Regel (7) für ganzzahlige a ausreichend gewesen wäre, da sich die beiden anderen Regeln daraus leicht herleiten lassen, indem man a durch a/b bzw. durch –a ersetzt.

Der solcherart konstituierte „algorithmus differentialis", dessen Beweis leicht ist für jeden „in his rebus versato", wenn er nur die Proportionalität[19] der dv zu den

14 Zugleich setzt er ein analoges Verhalten der dv und der Differenzen der v-Werte voraus (vgl. Fußnote 11 und 19).

15 Hierbei scheut sich Leibniz nicht, von einer relatio „infinita" zu sprechen: „Si dν sit infinita respectu ipsius dx . . .".

16 Leibniz vertauscht die beiden Begriffe.

17 Die Leibnizsche Zusatzbedingung ($v \neq 0$ und $dv \neq 0$ ist falsch, wie er an der kubischen Parabel leicht hätte verifizieren können.

18 Die Regel (9) enthält zwei Flüchtigkeitsfehler, die möglicherweise auf Analogiebetrachtung (statt Rechnung) beruhen.

19 Hier wird die eingangs eingeführte Benennung der dv als „differentia ipsarum v" um eine inhaltliche Bestimmung (Proportionalität zwischen den dv und den Differenzen der v-Werte) bereichert. Dies ändert zwar angesichts der definierenden Proportion (d) nicht das Ergebnis, kennzeichnet aber doch das unzulängliche methodische Vorgehen Leibnizens.

„differentiae" der v, d.i. zu den momentanen „incrementa" respektive „decrementa" beachtet, gestattet es, alle anderen „aequationes differentiales" und damit alle Extremwerte und Tangenten „per calculum communem" zu finden, ohne daß wie bisher Brüche oder Irrationalitäten beseitigt werden müßten. Es folgt die Beschreibung eines allgemeinen Verfahrens zur Gewinnung der „aequationes differentiales" aus einer beliebigen Ausgangsgleichung: Man ersetze „simpliciter" alle additiven „membri" durch ihre „quantitates membri differentiales" und die nicht-additiven Größen „non quidem simpliciter, sed secundum Algorithmum (differentialem)" durch die „quantitates differentiales", welche diese nicht-additiven Größen zu der „quantitas differentialis" des entsprechenden additiven Glieds beitragen. Als besonderer Vorteil dieses Algorithmus gegenüber seinen Vorgängern wird (neben seiner Unabhängigkeit von Brüchen und Irrationalitäten) hervorgehoben, daß er die Tangentenbestimmung auch an „curvae transcendentes", die einer algebraischen Rechnung nicht zugänglich sind, da sie keiner Gleichung bestimmten Grades genügen, ermöglicht; und dies, wie Leibniz in der Handschrift ergänzend betont, „universallissimo modo" und „sine ullis suppositionibus particularibus". Bevor Leibniz als Beleg die Tangentenbestimmung bei der Zykloide erläutert, verdeutlicht er noch den Begriff einer Tangente[20]. Darunter versteht er eine Gerade durch zwei Kurvenpunkte mit einer „distantia infinite parva" bzw. eine Seite eines „polygonum infinitangulum", welches „nobis curvae aequivalet". Die genannte „distantia infinite parva" kann immer „per aliquam differentialem notam, ut dν" oder durch eine „relatio ad ipsam" ausgedrückt werden, z.B. durch das Verhältnis zu einer bereits bekannten Tangente. So erhält man das Differential der Zykloidenordinate aus dem Differential der Ordinate des erzeugenden Kreises[21] (Substitutionsmethode).

Zur Exemplifizierung der angeführten Regeln und des Verfahrens zur Herleitung der „aequatio differentialis" bildet Leibniz (auf der Suche nach der Tangente einer implizit gegebenen Funktion) das (modern gesagt) vollständige Differential der „aequatio prima" genannten Gleichung:

$$\frac{x}{y} + \frac{(a + bx)(c - xx)}{(ex + fxx)^2} + ax\sqrt{gg + yy} + \frac{yy}{\sqrt{hh + lx + mxx}} = 0$$

mit den gegebenen Konstanten a, b, c, e, f, g, h, l und m. Aus dieser „aequatio prima" leitet er zunächst „compendii causa" eine „aequatio secunda" her, indem er eine Anzahl von Substitutionen vornimmt:

$$\frac{x}{y} + \frac{(n)(p)}{(qq)} + ax\sqrt{r} + \frac{yy}{\sqrt{s}} = 0$$

20 Diese Ausführungen, die durch die Erwähnung des „infinite parvum" und des „polygonum infinitangulum" erstmals (in der *Nova methodus*) die Verbindung zur Approximations- und Exhaustionsmethode herstellen, sind in der Handschrift nachträglich ergänzt.

21 Ist y die Ordinate der Zykloide, a der Radius des erzeugenden Kreises, so verhalten sich Zykloidensteigung zu Kreissteigung wie (y – a) zu y. Dies hatte Leibniz bereits aus HUYGENS' *Horologium oscillatorium* von 1673 (HO XVIII, S. 153) entnehmen können.

Alsdann erfolgt die (vollständige) Differentiation, was zur „aequatio tertia“[22] und nach Ersetzung der Differentiale der Substitutionsgrößen (Kettenregel) zur „aequatio quarta“ führt. Da in dieser Gleichung die Größen dx und dy nur linear auftreten, läßt sich die Tangentensteigung als dy : dx leicht daraus bestimmen. – Dieser mehr formalen Übung folgen drei „exempla intellectui magis obvia“.

Das erste Beispiel entstammt der Dioptrik. Es bestimmt die „via facillima“ des Lichts bei der Brechung (Fermatsches Prinzip) und liefert den Beweis für das Brechungsgesetz, den Leibniz in seiner AE-Abhandlung 1682 bewußt zurückgestellt hatte[23]. Er setzt den Lichtweg ω gleich dem Produkt aus Brechungsindex und zurückgelegter Strecke, also $\omega = h\sqrt{l} + r\sqrt{m}$, wenn h und r die Brechungsindizes bezeichnen. Nennt man die Abschnitte auf der Trennlinie beider Medien x bzw. p–x und bezeichnet die Lote von Einfalls- und Ausfallspunkt auf diese Trennlinie mit c bzw. e, so gilt für den Lichtweg:

$$\omega = h\sqrt{c^2 + (p-x)^2} + r\sqrt{e^2 + x^2}.$$

Damit dieser Ausdruck ein Minimum wird, muß $d\omega = 0$ gelten[24]. Setzt man noch gleiche Länge von einfallendem und gebrochenem Strahl voraus, so erhält man die Proportion h : r :: x : (p – x). Sie besagt, daß die Brechungsindizes umgekehrt proportional zu den Sinus des Einfalls- bzw. des Brechungswinkels sind.

Einen der größten Vorteile seines Kalküls, nämlich die Herleitung der Ergebnisse „tribus lineis“, demonstriert Leibniz an seinem zweiten Beispiel, das er in ähnlicher Form bereits am 5. Februar 1680 Christiaan Huygens mitgeteilt hatte[25]. Auf dessen Bitte[26], durch „un petit exemple“ die Überlegenheit der Leibnizschen Tangentenmethode nachzuweisen, schickt ihm Leibniz die gewünschte Aufgabe[27] mit den Worten: „j'ay pris le premier qui me paraissoit egalement curieux et embarassé d'irrationelles“. Die Aufgabenstellung der *Nova methodus* lautet: Gesucht ist die Tangente an diejenige Kurve, deren Punkte von sechs auf der Abszissenachse fest aber beliebig vorgegebenen Punkten eine konstante Abstandssumme haben. Bezeichnet man den Abstand des Kurvenpunktes P(x, y) von dem $P_\mu(x_\mu, 0)$ auf der Achse mit e_μ und die Abstandssumme mit c, so lautet die Bestimmungsgleichung der Kurve

$$\sum_\mu e_\mu = c \quad \text{bzw.} \quad \sum_\mu \sqrt{(x - x_\mu)^2 + y^2} = c.$$

22 Zu den auftretenden Fehlern vgl. Anhang, S. 82f.

23 Er führt dort den Gedankengang bis zur Bestimmung des Lichtweges und leitet die Mitteilung der Bedingung, unter welcher dieser Weg ein Minimum ist, ein mit den Worten: „Ex mea methodo de maximis et minimis, quae super omnes hactenus notas calculum mirifice contrahit, primo statim obtutu, sine ullo propemodum calculo patet . . .“ (AE 1682, S. 186)

24 Bei der Differentiation unterlaufen Leibniz zwei Fehler, die sich aber auf das Ergebnis nicht auswirken (vgl. Anhang, S. 84).

25 Vgl. HO VIII, S. 267–271.

26 HO VIII, S. 257.

27 Gesucht ist die Tangente an diejenige Kurve, deren Punkte von vier auf der Abszissenachse fest aber beliebig vorgegebenen Punkten Abstände d_1, d_2, d_3 und d_4 haben, so daß $\sum_\mu d_\mu^{-1}$ konstant ist.

Daraus folgt nach Übergang zur „aequatio differentialis" für die Tangentenbestimmung:

$$t : y :: \sum_{\mu} \frac{y}{e_\mu} : \sum_{\mu} \frac{-(x - x_\mu)}{e_\mu} ,$$

eine Verhältnisgleichung, die, wie Leibniz betont, für zehn und mehr Punkte die gleiche Form hat[28].

Als drittes und letztes Beispiel („appendicis loco") wählt Leibniz das berühmte Debeaunesche Problem[29]; nämlich die Kurve zu bestimmen, deren Subtangente gleich der Konstanten a ist. Zur Lösung nimmt er seinen Ausgang von der Proportion

$$w : a :: dw : dx,$$

setzt dann dx gleich einer beliebigen Konstante b und erhält

$$w = \frac{a}{b}\, dw,$$

eine Kurve[30], deren Umkehrung die Logarithmica ist.

Zusammenfassend betrachtet gibt Leibniz in der *Nova methodus* (fast)[31] alle Differentiationsregeln an und demonstriert ihre Anwendbarkeit zur Bestimmung von Tangenten, zur Lösung von Extremwertaufgaben und zur Behandlung von inversen Tangentenproblemen (Differentialgleichungen). Zugleich bemüht er sich um eine geometrische Interpretation des Kalküls und deutet erste Grundzüge einer Kurvendiskussion mit Hilfe der Differentialrechnung an. Die mathematische Grundlegung (Beweis der Regeln) unterbleibt, die methodische Aufbereitung der Darstellung und die rechnerische Exaktheit lassen Wünsche offen.

Vergleicht man nun den mathematischen Gehalt dieser ersten Veröffentlichung auf dem Gebiet der modernen Analysis mit (damals) unveröffentlichten Aufzeichnungen aus dem Nachlaß, wie dem *Calculus Tangentium differentialis* von November 1676, der *Methode nouvelle des Tangentes* von Ende Juli 1677 oder den undatierten *Elementa calculi novi*[32] sowie mit dem (für eine eingeschränkte Öffentlichkeit

28 Leibniz erwähnt noch weitere verwandte Problemstellungen, die alle zu annähernd gleichen Rechnungen führen (vgl. auch Anhang, S. 84 f.).

29 Vgl. hierzu die Erl. in A III,1; S. 584.

30 Hier umgeht Leibniz den Bezug auf $\int \frac{dw}{w}$, indem er sich auf Betrachtungen aus der Differenzenrechnung bezieht: da die w eine geometrische Folge bilden, falls die x eine arithmetische darstellen, verhalten sich w und x wie numeri und logarithmi.

31 Formal betrachtet fehlt das Differential der Umkehrfunktion; es läßt sich aber leicht mit Hilfe der von Leibniz benutzten Kettenregel bestimmen. – Bewußt ausgelassen sind die Differentiale der transzendenten Funktionen, obwohl das dritte (ergänzte) Beispiel implizit ein solches Differential enthält.

32 Die erste Handschrift dokumentiert den Stand der Leibnizschen mathematischen Erkenntnisse am Ende der Pariser Epoche. Die zweite Handschrift entstand wenige Wochen nach

bestimmten) Antwortbrief[33] auf Newtons *Epistola posterior* vom 1. VII. 1677, so lassen sich einige Gemeinsamkeiten, vor allem aber deutliche Unterschiede feststellen. Gemeinsam ist fast allen Aufzeichnungen der thematische Umfang[34] der Regeln zur Differentialrechnung – insbesondere werden in keinem der genannten Texte Regeln für die Ableitung der Umkehrfunktion oder der transzendenten Funktionen[35] behandelt – und die methodische Nähe zum Sluseschen Verfahren[36] der Tangentenbestimmung. Bei der Einführung des Begriffs einer „quantitas differentialis"[37] zeigen sich aber bereits wichtige Abweichungen; denn während die *Methode* und die *Nova methodus* sich dabei ausschließlich auf die Proportion dy : dx :: y : t stützen, stellen die *Elementa* die Analogien zur Differenzenrechnung und die grundlegenden Näherungsverfahren heraus. Die deutlichsten Unterschiede indessen liegen auf den Gebieten Integralrechnung, geometrische Anwendungen der Infinitesimalrechnung und Differentialgleichungen. Die *Nova methodus* und die *Methode* beschränken ihre Darlegungen strikt auf die Differentialrechnung. Die Aufzeichnungen *Calculus* und *Elementa* beziehen die analogen Rechenregeln für die Integralrechnung[38] formelmäßig explizit mit ein. In dem genannten Brief für Newton wird der Zusammenhang zwischen Differentialrechnung und Flächenberechnung sowie Kurvenrektifikation allerdings nur umschreibend zum Ausdruck gebracht. Ausführliche Erörterungen geometrischer Anwendungen der Infinitesimalrechnung finden sich nur in der *Nova methodus* (Bestimmung der ausgezeichneten Punkte einer Kurve[39]) und in den *Elementa* (Bestimmung von Flächen, Schwerpunkten, Bogenlängen, Volumen und Oberflächen von Rotationskörpern). Der *Calculus* und der Leibnizsche Brief enthalten lediglich vage Andeutungen zu diesem Themenkreis. Inverse Tangentenprobleme schließlich werden in der *Methode* und in den *Elementa* nicht, und in der *Nova*

dem Brief an Oldenburg für Newton vom 1. VII. 1677 und war vermutlich als Beitrag für eine wissenschaftliche Zeitschrift (*Journal des sçavans*) gedacht. Die dritte Handschrift stellt eine Einführung in die Leibnizsche Differential- und Integralrechnung dar. Da ihre Zwecksetzung mit dem Erscheinen der *Nova methodus* aber größtenteils überholt war, muß sie vor September 1684 angefertigt worden sein. – Wir drucken die genannten drei Stücke im Anhang, wo sich auch weitere Angaben zu ihren Handschriften und Drucken finden.

33 Vgl. A III,2; S. 166–182.

34 Die *Methode* enthält keine Substitutionen, die *Elementa* behandeln keine implizit gegebenen Funktionen. Entsprechend dem Charakter einer für den persönlichen Gebrauch bestimmten Notiz sind die Differentiationsregeln für arithmetische Verknüpfungen im *Calculus* nicht angegeben.

35 Dennoch betont Leibniz in fast allen Texten die Anwendbarkeit seiner Infinitesimalrechnung auf transzendente Funktionen. Allerdings beweisen Randnoten (A III,2; S. 179) im Konzept seines Briefes für Newton, daß er im Sommer 1677 die Differentiation der Funktion $y = x^x$ noch nicht beherrschte.

36 Die mathematikgeschichtlichen Ausführungen sind unterschiedlich stark vertreten; in der *Methode* am stärksten, in der *Nova methodus* am schwächsten.

37 Fehlt im *Calculus*; vgl. dazu Fußnote 34.

38 Im *Calculus* finden sich sogar Ansätze zur Mehrfachintegration.

39 Interessant sind auch die Ausführungen zu schiefwinkligen Koordinatensystemen im *Calculus* und im Brief vom 1. VII. 1677.

methodus sowie im Brief vom 1. VII. 1677 lediglich beispielhaft bzw. in der Form allgemeiner Aussagen erwähnt. Im *Calculus* hingegen untersucht Leibniz ausführlich die beiden Differentialgleichungstypen $y + yy' = z(x, y)$ und $y^2 + y^2 y'^2 = z^2(x, y)$, zu denen auch die bekannten Subtangenten- und Bogenlängenprobleme gehören. Dabei stößt er bis zur Frage nach dem Wert der Differentialausdrücke dy^2 und $dxdy$ vor[40].

Dieser Vergleich macht deutlich, daß Leibniz bereits 8 Jahre vor der Veröffentlichung der *Nova methodus* über ein breites Wissen auf dem gesamten Gebiet der Infinitesimalrechnung und der Differentialgleichungen verfügte, in das er – wenn auch vielfach nur andeutungsweise – bereits 1677 seine englischen Briefpartner einweihte. Die drei in der Folgezeit für Zeitschriftenpublikationen vorgesehenen Bearbeitungen des Stoffes zeigen indessen deutlich, wie unentschlossen er hinsichtlich des Ausmaßes einer anstehenden Information der Öffentlichkeit war. Für die *Methode* zog er die Grenzen sehr eng, für die *Elementa* verhältnismäßig weit. Die *Nova methodus* nimmt eine mittlere Position zwischen diesen Extremen ein.

Vor dem Hintergrund solcher Überlegungen stellt sich unabweislich die Frage, warum Leibniz gerade zu diesem Zeitpunkt diesen begrenzten Teil seiner mathematischen Forschungsergebnisse veröffentlicht hat. Hier seine eigenen Worte aus dem Jahre 1686:

„Cum tamen schediasma Octobr. 83 sit a Dn. D. T. schediasma vero Maji 84 a me sit profectum: qui partim eandem methodum et mihi asserebam, ne aliquando rei alienae usurpatae accusarer, partim ab usu quem ei tribuebat Dn. D. T. amice dissentiebam"[41]

und 14 Jahre später:

„... cum aliqua edidi anno 1684, ..., id fere tunc agentem, ut amicis meis Actorum Lipsiensium curatoribus satisfacerem, qui aliquid a me subinde postulabant: rei famam casus deinde potius dedit, quam ratio aut studium meum"[42].

Aus diesen Zitaten wird deutlich, daß (mindestens) zwei Gründe Zeitpunkt und Inhalt der *Nova methodus* bestimmt haben: die voreiligen Publikationen seines langjährigen Freundes Ehrenfried Walther von Tschirnhaus einerseits und Leibniz' kontinuierliche und sachbezogene Mitarbeit an den von ihm mitgetragenen *Acta Eruditorum* andererseits. Der erstgenannte Grund ist der bekanntere und er wird auch für den genauen Zeitpunkt (August 1684) und damit für die Umstände, unter denen die Druckvorlage entstand, von besonderer Bedeutung gewesen sein. Es ist aber unzweifelhaft, daß sich durch die regelmäßige Folge Leibnizscher Beiträge für die *Acta Eruditorum* seit 1682 eine Eigendynamik entwickelt hatte, die Leibniz in der Gestaltung seiner Artikel gewisse Zwänge auferlegte.

40 Nicht uninteressant ist es, die angeführten Beispiele zu untersuchen. Abgesehen vom genannten Brief sind der *Calculus* und die *Methode* besonders arm, die *Nova methodus* dagegen besonders reich an Beispielen. Tangentenkonstruktionen werden insgesamt für folgende spezielle Kurven besprochen: Hyperbel, Verallgemeinerte Ellipse, Zykloide und Konchoide.

41 *De geometria recondita et analysi indivisibilium atque infinitorum,* AE 1686, S. 292–300; hier S. 293 (GM V, S. 227).

42 *Responsio ad Dn. Nic. Fatii Duillierii imputationes,* AE 1700, S. 198–208; hier S. 202 (GM V, S. 344).

Leibniz hatte Tschirnhaus 1675 in Paris kennen und schätzen gelernt. In vielen Gesprächen hatte er ihm seine mathematischen Entdeckungen erläutert und ihn ermuntert, seine eigenen Forschungen voranzutreiben. Nach beider Abreise aus Paris verband sie über Jahre ein umfangreicher Briefwechsel[43], in welchem die Freunde einander freimütig ihre wissenschaftlichen Fortschritte zur Beurteilung vorlegten. Anfang 1682 kehrte Tschirnhaus nach Paris zurück, um dort seine Aufnahme in die Académie des Sciences und damit verbunden eine Pension des Königs zu erwirken. Auf diese Weise hoffte er, der Verwaltung seiner Güter enthoben, sich ganz seinen Studien widmen zu können. Zur Beförderung seines Vorhabens, veröffentlichte er, von Leibniz des öfteren vor möglichen Fehlern und Unausgereiftheiten gewarnt, eine Folge von Zeitschriftenartikeln, die zwangsläufig auch Themen gemeinsamen Interesses berühren mußte. So erschienen u.a. im Dezember 1682 die *Nova methodus tangentes curvarum expedite determinandi*[44], im März 1683 die *Nova methodus determinandi maxima et minima*[45] und im Oktober 1683 die *Methodus datae figurae . . ., aut quadraturam, aut impossibilitatem ejusdem quadraturae determinandi*[46]. Insbesondere diese letzte Arbeit enthielt nach Leibniz' Auffassung Ergebnisse seiner Infinitesimalrechnung und war zudem fehlerhaft. Deshalb sah er sich im Frühjahr 1684, nachdem sein vorangegangener Brief[47] an Tschirnhaus unbeantwortet geblieben war, genötigt, seinen Anspruch auf Urheberschaft öffentlich zu dokumentieren und zugleich den Fehler des Freundes zu berichtigen. Sein Beitrag *De dimensionibus figurarum inveniendis* erschien im Mai 1684 und bewirkte ein weitläufiges Rechtfertigungsschreiben[48] Tschirnhausens an Mencke, der jedoch eine Übernahme des Textes in die *Acta eruditorum* ablehnte. Leibniz' *Annotatiunculae*[49] zu diesem Rechtfertigungsversuch wurden in wesentlich abgewandelter Form und mit Billigung Tschirnhausens als *Additio ad Schedam . . . de dimensionibus curvilineorum*[50] im Dezemberheft des Jahrgangs 1684 abgedruckt.

Nun hatte sich Leibniz in *De dimensionibus figurarum inveniendis* nur andeutungsweise und vorwiegend geometrisch-anschaulich zu den beiden Grundaufgaben seiner neuen Methode, nämlich zu einer gegebenen Kurve die „Quadranda", d. i. die erste Ableitung, bzw. die „Quadratrix", d. i. die Stammfunktion, zu bestimmen, geäußert, um sich dann unmittelbar der Frage der Urheberschaft der Methode und der Berichtigung des Tschirnhausenschen Fehlers zuzuwenden. Eine inhaltliche Ausfüllung seines urheberrechtlichen Anspruchs auf diese Methode stand somit noch aus. Sie erfolgte erst fünf Monate später mit der *Nova methodus*. Während

43 Vgl. A III,2 und III,3 oder LBG, S. 327–524.
44 AE 1682, S. 391–393.
45 AE 1683, S. 122–124.
46 AE 1683, S. 433–437.
47 Dieser Brief ist nicht erhalten. Er wird erschlossen aus Leibniz' Brief von Ende August 1684 (LBG, S. 456–457).
48 Vgl. LBG, S. 466–468.
49 LBG, S. 468–473.
50 AE 1684, S. 585–587.

man also Leibniz' Artikel vom Mai 1684 vorwiegend als eine Reaktion auf die Tschirnhausensche Publikation zur Möglichkeit von Quadraturen ansehen kann, ist die *Nova methodus* vom Oktober 1684, welche die Thematik der Quadraturen vollständig beiseite läßt, nur noch mittelbar durch das Vorgehen seines Freundes E. W. v. Tschirnhaus bestimmt. Zugleich dürfte die gegenüber den Herausgebern in Leipzig eingegangene Verpflichtung, den *Acta eruditorum* durch regelmäßige und qualitativ hochstehende Beiträge zu internationalem Ansehen zu verhelfen, wesentlich zum Entstehen dieser Veröffentlichung beigetragen haben. Solche Überlegungen werden gestützt durch die Ereignisse des Jahres 1677, als es anläßlich des Antwortschreibens auf Newtons *Epistola posterior* zwar zu Vorbereitungen für eine Veröffentlichung nicht aber zur Durchführung derselben kam. Daß die *Nova methodus* schließlich nur einen eng begrenzten Einblick in die Leibnizsche Infinitesimalrechnung gewährte, dürfte abgesehen von Leibniz' allgemeiner Abneigung gegen eine zu umfassende Information der Öffentlichkeit, wohl nicht zuletzt dem Mangel an Zeit und Muße zuzuschreiben sein, der 1684 insbesondere durch häufige Verpflichtungen im Harz (aufgrund seiner auf die Verbesserung des Bergbaus zielenden Projekte) bedingt war.

Falls Leibniz erwartet haben sollte, daß die Veröffentlichung eines ersten Teils seiner Infinitesimalrechnung, die diesem Gegenstand gebührende Beachtung finden würde, so mußte er sich bald getäuscht sehen. Die Gründe für die geringe Resonanz dürften vielfältig sein. C. I. Gerhardt[51] sieht sie vor allem in der fachdidaktisch ungeschickten, überwiegend abstrakt deduktiven Form der Darstellung. G. Eneström[52] weist mit Nachdruck auf die sinnentstellenden Druckfehler der Originalfassung hin, deren schwerwiegendste auch in der wenige Monate später erschienenen Errata-Liste[53] nicht korrigiert wurden. J. E. Hofmann[54] unterstellt Leibniz geradezu eine vorsätzliche rezeptionshemmende Absicht, wenn er schreibt: „Sie [die *Nova methodus*] war absichtlich so knapp gefaßt, daß ein ahnungsloser Leser nur mühsam, wenn überhaupt, zu den Grundgedanken des Symbolismus vordringen konnte."

Die ersten uns bekannten Spuren einer (öffentlichen) Rezeption fanden sich allerdings bereits ein Jahr später in J. Craigs Buch *Methodus figurarum lineis rectis et curvis comprehensarum quadraturas determinandi.* Dort[55] berief sich der Autor bei der Tangentenbestimmung an eine Kurve, deren Gleichung irrationale Ausdrücke enthält, auf Leibniz' Abhandlung von 1684, ohne daß seine Anwendung der Leibnizschen Methode in dem vorgelegten Beispiel jedoch den Eindruck vermitteln konnte, daß Craig tiefer in die Differentialrechnung eingedrungen war. Auch Leibniz selbst trug in der Folgezeit durch ergänzende Mitteilungen zum Bekanntwerden

51 GM V, S. 218 f.

52 *Über die erste Aufnahme der Leibnizschen Differentialrechnung.* In: *Bibliotheca mathematica.* 3,9 (1908/09), S. 309–320.

53 Vgl. die Ausführungen im Anhang, S. 76 f.

54 *Vom öffentlichen Bekanntwerden der Leibnizschen Infinitesimalmathematik.* In: *Sitzungsberichte d. Österr. Akad. d. Wiss.* Math.-naturwiss. Kl. Abt. 2, Bd 175 (1966), S. 209–254. Zitat: S. 219.

55 S. 27 f.

und zum besseren Verständnis seiner Infinitesimalrechnung bei. Nach der oben erwähnten *Additio* vom Dezember 1684 war es vor allem die aus Anlaß seiner Stellungnahme zu Craigs Buch verfaßte Abhandlung *De geometria recondita* vom Juni 1686 (die bezeichnenderweise den Untertitel *Addenda his quae dicta sunt in Actis a. 1684, Maji p. 233; Octob. p. 264; Decemb. p. 586* führte), die im Hinblick auf die Integralrechnung und die Analysis nicht algebraischer Kurven deutlich über das bisher Veröffentlichte hinausging. Wir können hier jedoch auf die weiteren Abschnitte der Wirkungsgeschichte, die gekennzeichnet waren von den Auseinandersetzungen um die Descartessche Dynamik und von der Rezeption der Infinitesimalrechnung durch die Brüder Bernoulli, nicht mehr eingehen[56]. Wir möchten aber nicht schließen, ohne daran erinnert zu haben, daß Leibniz die *Nova methodus* auch ein halbes Jahrzehnt nach ihrer Veröffentlichung noch für wichtig genug hielt, ihren im wesentlichen unveränderten Wiederabdruck im Anhang seines geplanten *Tractatus dynamicus* vorzusehen[57].

56 Man konsultiere hierzu u.a. die soeben genannte Schrift von J. E. Hofmann.
57 Vgl. die Ausführungen im Anhang, S. 76 f.

Anhang

Texte zur Geschichte der „Nova Methodus"

Für die frühe Geschichte des Textes der *Nova methodus* sind die folgenden Handschriften und Drucke von Bedeutung:

L Konzept von Leibniz' Hand: LH 35 V,25; Bl. 3–4.
E Druck: *Acta Eruditorum* 1684, S. 466–473.
C_1 Konzept der 1. Corrigenda von Leibniz' Hand: LBr 636, Bl. 28 r°.
C_2 Druck von C_1: *Acta Eruditorum* 1685, S. 142.
A_1 1. Abschrift und Zeichnungen (mit späteren Änderungen) von Bodenhausens Hand: LBr 79 II, Beilage 2, Bl. 71.72.77.80.78 r°.
C_3 Konzept weiterer Corrigenda von Leibniz' Hand: LBr 79 II, Beilage 2, Bl. 79 r°.
C_4 Änderungsvorschläge Bodenhausens: LBr 79 II, Beilage 2, Bl. 78 v°[1].
C_5 Ergänzungsvorschläge von Leibniz' Hand: LBr 79 II, Beilage 2, Bl. 79 v°.
A_2 2. Abschrift Bodenhausens: LBr 79 II, Beilage 2, Bl. 73–76.
C_6 Druck weiterer Corrigenda: *Indices generales . . . Actorum Eruditorum.* 1693 (Schluß des unpaginierten Bandes).

Das Konzept L kann aufgrund der sprachlichen Ausgestaltung als Erstfassung des Textes der *Nova methodus* angesehen werden. Es ist wahrscheinlich kurze Zeit vor der (vermutlich bei Mencke verbliebenen und somit) nicht erhaltenen Druckvorlage vom August 1684 niedergeschrieben worden. Die ersten Korrekturen (C_1) dürften um die Jahreswende an Mencke gesandt worden sein. Sie erschienen im Märzheft des folgenden Jahres (C_2). Aufgrund ihrer Dürftigkeit zeugen sie von einer nur flüchtigen Durchsicht der gedruckten Fassung E.

Fünf Jahre später setzte sich Leibniz wieder intensiver mit dem gedruckten Text der *Nova methodus* auseinander, weil er eine erneute Veröffentlichung plante. Zu diesem Zweck hatte R. Ch. v. Bodenhausen vermutlich im Dezember 1689 eine Abschrift (A_1) des Druckes E angefertigt. Leibniz sah[2] den Text der *Nova methodus* kritisch durch und notierte Korrekturwünsche (C_3), die in A_1 eingetragen wurden. Auch Bodenhausen formulierte[3] Änderungswünsche (C_4), die allerdings nur teilweise in A_1 vermerkt sind. Schließlich entwarf Leibniz noch einen neuen Titel sowie einen auf die Dynamik bezogenen einleitenden Abschnitt (C_5) und Bodenhausen fertigte eine Reinschrift (A_2) an, die vermutlich als Druckvorlage für die nicht zustande gekommene Veröffentlichung gedacht war.

1 Auf Bl. 78 v° findet sich quer zum Text die Datumsangabe: „ADi. Dicembre 1689". Diese Datierung bezieht sich vermutlich auf A_1, da Bodenhausen Leibniz bereits im Brief vom 21. I. 1690 mitteilt, daß er alle Stücke für die 7. Sektion (Miscellanea) des *Tractatus dynamicus* aus den *Actis* abgeschrieben habe.

2 Die genaue Durchsicht fand vermutlich zwischen dem 11. und 18. III. 1690 statt; denn im Brief vom 11. III. 1690 schreibt Leibniz an Bodenhausen, daß er „das Schediasma Methodi Tangentium ex Actis eruditorum examiniren und die fehler corrigiren" wolle (LBr 79, Bl. 32–33). Ob C_3 und C_5 gleichzeitig entstanden sind, ist ungeklärt; offensichtlich übersendet Leibniz aber den Einleitungsabschnitt zusammen mit Korrekturen als Beilage zu seinem Schreiben vom 18. III. 1690 (LBr 79, Bl. 18–19): „In scheda adjecta posui correctiones mutationesque Schediasmatis ex Actis, quo calculi mei differentialis Algorithmum expono. Mutavi etiam titulum Schediasmatis, ut magis appareat connexio eius cum praesenti tractatione, et quia pertinet quodammodo ad Aestimationem in universum quoties illa per gradus continue variatos procedit, . . .".

3 Die Entstehung von C_4 dürfte nach dem 4. III. 1690 liegen, da Bodenhausen in einem Brief dieses Datums Leibniz mitteilt, daß in E viele Fehler seien, „welche ich noch nicht examiniret, ob ich capable sey sie zu corrigiren, . . ." (LBr 79, B. 14–15).

Erwartungsgemäß finden sich die umfangreichsten sprachlichen und inhaltlichen Abweichungen in den Fassungen L und E. Sie betreffen im wesentlichen die Vorzeichenfrage bei der Differentiation, die Beschreibung ausgezeichneter Tangentenlagen, die Potenzen mit negativen Hochzahlen, die Formulierung des zweiten Beispiels (verallgemeinerte Ellipsen) und die Andeutung zur „geometria multo sublimior". Darüber hinaus gibt es erste Änderungen der mathematischen, im wesentlichen formelmäßigen Aussagen. Solche Änderungen finden sich dann ausnahmslos in C_1 und in überwiegendem Maße in C_3 und C_4. Ab C_3 verzichtete Leibniz auf alle „signa ambigua" sowie auf den darauf bezogenen Text. Ebenfalls in C_3 wurde der Bezug auf das *Unicum opticae . . . principium* umformuliert. C_4 enthält neben Änderungsvorschlägen für die mathematischen Formeln auch einen Erweiterungsvorschlag (Differentiation von $x^a y^e$), der aber in der Reinschrift A_2 nicht berücksichtigt wurde. Davon abgesehen übernahm A_2 die meisten Korrekturvorschläge aus C_3 und C_4 sowie den Ergänzungsvorschlag C_5.

Wir drucken (erstmals) die Fassung L und verweisen in den Fußnoten auf die wesentlichen Varianten sowie auf die wichtigsten Änderungen aus C_1, C_3 und C_4. An den Druck von L schließt sich der Erstdruck des Einleitungsabschnitts C_5 an.

Die wichtigsten Drucke der *Nova methodus* sind:

1715 Raphson, Joseph: *Historia fluxionum, sive tractatus originem et progressum peregregiae istius methodi brevissimo compendio.* S. 19–26

1740 *Opuscula omnia Actis Eruditorum Lipsiensibus inserta, quae ad universam mathesim . . . pertinent.* (Venedig) Bd. I, S. 270–275

1768 Leibniz, G. W.: *Opera omnia.* Hrsg. v. L. Dutens. Bd. III, S. 167–172

1858 Leibniz, G. W.: *Mathematische Schriften.* Hrsg. v. C. I. Gerhardt. Bd. V, S. 220–226

1884 Giesel, F[ranz]: *G. G. Leibnitii Nova methodus pro maximis et minimis.* In: *Festschrift zur fünfzigjährigen Gedenkfeier der . . . Eröffnung der städtischen Realschule* (zu Leipzig). S. 17–21.

Der erste Nachdruck der *Nova methodus* erfolgte trotz des Scheiterns einer Veröffentlichung des *Tractatus dynamicus* von 1690 noch zu Leibniz' Lebzeiten, wenn auch von einem Vertreter der Newtonianer. Die vollständige Textwiedergabe mit zahlreichen Lese- und Druckfehlern weist drei Fußnoten auf, von denen die zweite erkennen läßt, daß J. Raphson das Oktoberheft der AE 1684 bei der Schlußredaktion wohl nicht in Händen hatte. Wesentlich sorgfältiger arbeitete L. Dutens, der in seinem Druck von 1768 sogar drei der vier Korrekturanweisungen aus den AE vom März 1685, nicht jedoch C_6 berücksichtigte. Der Druck von 1740 wertet zwar C_6 aus, übergeht aber C_2. Der 1858 veröffentlichte Text weicht dadurch gravierend von der Vorlage ab, daß Gerhardt stillschweigend die meisten Rechen- und Bezeichnungsfehler des Leibnizschen Textes korrigiert. Nur in einem Falle vermerkt er eine vermutete Verwechslung als Fußnote. F. Giesel führt schließlich zusätzlich noch eine leichte Modernisierung der Formeln durch Verwendung von Klammern ein. – So läßt sich an dieser Druckgeschichte deutlich eine fortschreitende Lösung vom historischen Dokument und eine Hinwendung zum mathematischen Inhalt in möglichst systematischer Form nachweisen.

Übersetzungen (Auswahl):

Deutsch

1908 Kowalewski, Gerhard: *Leibniz über die Analysis des Unendlichen.* S. 3–11.

Englisch

1715 Raphson, Joseph: *The history of fluxions.* S. 19–27.

1959 Smith, David Eugene: *A source book in mathematics.* S. 620–623 (Teilübersetzung).

1969 Struik, Dirk Jan: *A source book in mathematics, 1200–1800.* S. 272–280.

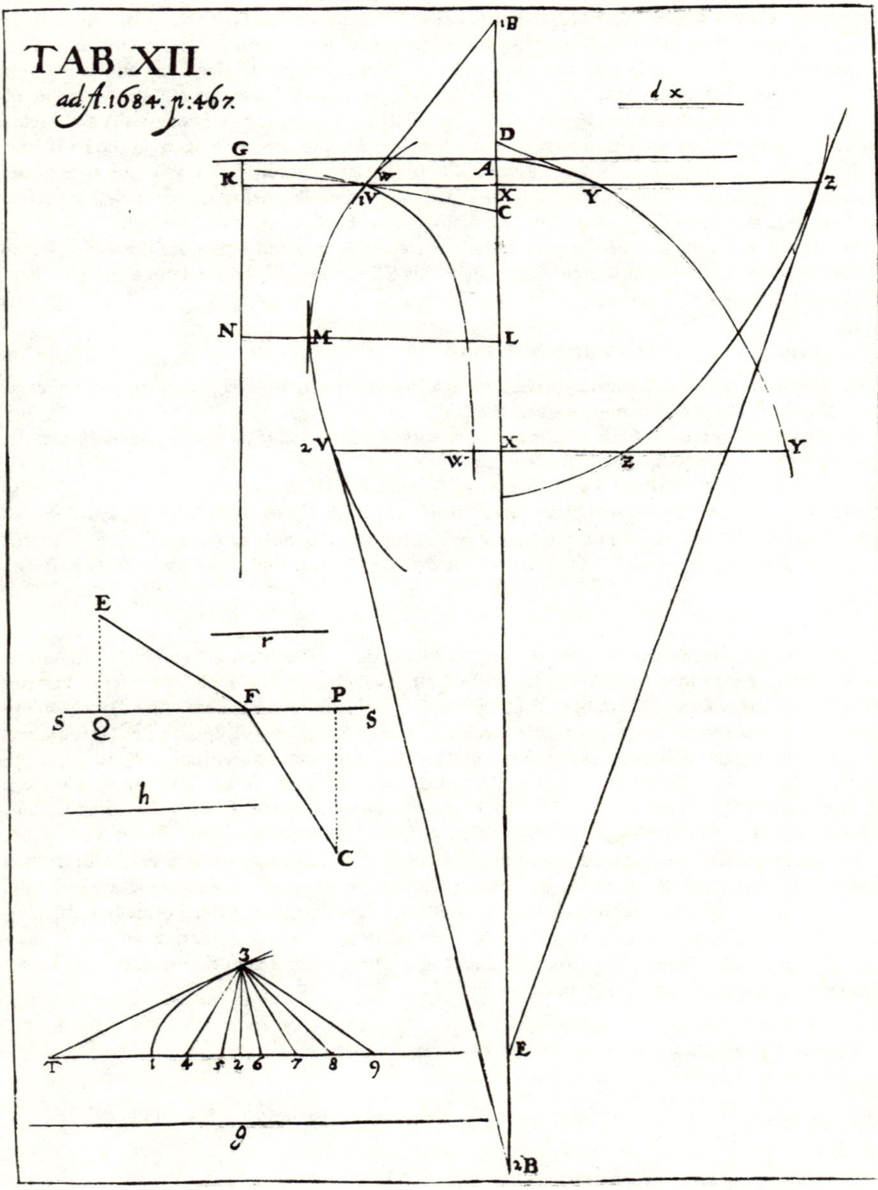
TAB. XII.
ad A. 1684. p: 467.
dx
r
h
1B
D
G
A
K
W
1V
X
Y
Z
C
N
M
L
2V
W
X
Y
Z
E
F
P
S
Q
S
C
3
T
1
4
5
2
6
7
8
9
E
2B

Französisch

1884 Mansion, Paul: *Mathesis*. Bd. IV. S. 177–185.

1887 Mansion, Paul: *Résumé du cours d'analyse infinitésimale de l'Université de Gand*. S. 199–208 (Nachdruck der vorangegangenen Übers.) – Sonderdruck des Anhangs des *Résumés* u. d. T.: *Esquisse de l'histoire du calcul infinitésimal*. (S. 7–16).

Italienisch

1927 Carruccio, Ettore: *Periodico di matematiche*. IV,7. S. 289–301.

1938 Castelnuovo, Guido: *Le origini del calcolo infinitesimale nell'èra moderna*. S. 147–160 (Nachdruck der vorangegangenen Übers.) – Nachdruck 1962. (S. 163–177).

1983 Dupont, Pascal; Roero, Clara Silvia: *Quaderno di matematica*. N. 56, dicembre 1983 (Università di Torino). (Satzweise Übersetzung mit Kommentierung).

Russisch

1948 Juškevič, Adolf Pavlovič: *Žurnal uspechi matematičeskich nauk*. Bd. 3. S. 166–173.

Slovakisch

1956 Šebestík, Ján: *G. W. Leibniz. O reforme vied*. S. 94–102.

Spanisch

1972 Babini, José: *El calculo infinitesimal*. S. 41–51.

Nova Methodus (Konzept L)

Nova Methodus pro Maximis et Minimis, itemque tangentibus, quae nec fractas nec irrationales quantitates moratur, et singulare pro illis calculi genus[4].

Sit Axis AXX, et curvae plures, ut VV, WW, YY, ZZ quarum ordinatae ad axem normales, VX, WX, YX, ZX, quae vocentur ν, w, y, z et ipa AX abscissa ab axe vocetur x, tangentes sint VB, WC, YD, ZE axi occurrentes respective in punctis B, C, D, E. Jam[5] recta aliqua pro arbitrio assumta vocetur dx, et recta quae sit ad dx ut ν (w, y, z) est ad VB (WC, YD, ZE) vocetur: dν (dw, dy, dz) sive differentia ipsarum ν (vel ipsarum w, aut y, aut z). His positis calculi regulae erunt tales:

Sit a quantitas data constans, erit da aequalis 0 et d,ax aequ. adx. Et si sit y aeq. ν (seu ordinata quaevis curvae VV cum quavis ordinata respondente curvae YY) erit dy aequ. dν.[6] A d d i t i o e t S u b t r a c t i o. Si z – y + w + x aequ. ν

4 Da L keine Zeichnung enthält, reproduzieren wir die Zeichnungen aus E.

5 Die erste Fassung dieses Satzes in L hieß: „Jam recta aliqua constans data vocetur dx, et recta quae sit ad dx ut ν ad x vocetur dν ...". C_3 berichtigt erstmals die falschen Größen VB etc. in XB etc., was in A_1 und A_2 übernommen wurde. Die Drucke von 1715 und 1768 übernehmen die Originalfassung der AE, die Drucke von 1740, 1858 und 1884 berichtigen.

6 Dieser Satz wurde ursprünglich in L weitergeführt und zwar in drei gestrichenen Stufungen. Erste Stufe: „et contra si dy aequ. dν erit y". Zweite Stufe: „Sed si esset – w aeq. y foret – dw aeq. dy ob rationem dictam." Dritte Stufe: „Tantum notandum mutari signa et praefigi – in illas quae crescente x decrescunt unde scribitur + dx et scribitur – dw, nam et tangens WC ducitur non versus A (ut VD) sed in partem aversam." In der dritten Stufe muß statt VD YD gemeint sein.

erit + dz – dy + dw + dx aequ. dν (ob rationem dictam) itemque est in pluribus terminis eodemquemodo pro dν ponendo $d\overline{z - y + w + x}$, hoc ipsum erit aequ. dz – dy + dw + dx. M u l t i p l i c a t i o: Si xν aequ. y erit: xdν + νdx aequ. dy. Et notetur semel in universum, x et dx eodem modo tractari, ut y et dy, vel aliam literam cum sua differentia respondente. Item si pro dy scribamus $d\overline{x\nu}$ erit $d\overline{x\nu}$ aequ. xdν + νdx. Ita ut in arbitrio sit vel formulam aliquam, vel compendio pro ea literam adhibere. Notandum[7] etiam non dari semper regressum a differentiali aequatione nisi cum quadam cautione de quo alibi. D i v i s i o $d\frac{\nu}{y}$ vel (posito z aequ. $\frac{\nu}{y}$) dz aequ. $\frac{\pm \nu dy \mp y d\nu}{yy}$.[8]

Quoad S i g n a hoc probe notandum, a nobis cum in calculo pro litera substituitur simpliciter eius differentialis, servari quidem eadem signa, et pro + z scribi + dz, pro – z vero – dz, ut ex additione et subtractione paulo ante posita apparet, sed quando ad exegesin valorum venitur, seu cum consideratur ipsius z relatio ad x tunc apparere an valor ipsius dz sit quantitas affirmativa an nihilo minor seu negativa, quod posterius cum fit tunc tangens ZE ducitur a puncto Z non versus A, sed in partes contrarias, seu infra X, id est tunc cum ipsae ordinatae z decrescunt crescentibus x. Et quia ipsae ν ordinatae modo crescunt modo decrescunt crescentibus x erit dz modo affirmativa modo negativa quantitas, et priore casu 1V1B tangens ducitur versus A, posteriore 2V2B in partes aversas, neutrum autem fit in medio circa M, quo momento ipsae ν neque crescunt neque decrescunt sed in statu sunt, adeoque fit dν aequ. 0, ubi nihil refert sit ne quantitas affirmativa an negativa, nam + 0 aequ. – 0, eoque in loco ipsa ν, nempe ordinata LM est m a x i m a (vel si convexitatem axi AX obverteret m i n i m a), et tangens curvae in M nec ad partes ipsius A tendit et supra X axi propinquat neque infra X ad partes contrarias, sed est axi parallela[9]. Si crescentibus ordinatis crescunt ipsa earum incrementa vel differentiae dν (seu si positis dν affirmativis, etiam ddν differentiae differentiarum sunt affirmativae, et negativis negativae), curva axi obvertit c o n c a v i t a t e m alias convexitatem[10]; ubi vero est maximum vel minimum incrementum, vel ubi incrementa ex decrescentibus fiunt crescentia aut contra, ibi est punctum flexus contrarii, et concavitas atque convexitas inter se permutantur, modo non et ordinatae ibi ex crescentibus fiant decrescentes vel contra, tunc enim concavitas aut convexitas maneret, ut autem crementa continuent crescere aut decrescere ordinatae vero ex

7 Dieser Satz wurde in L ergänzt.

8 Die Quotientenregel wurde erstmals in C_3 berichtigt (jedoch ohne daß Leibniz an die Konsequenzen dieses Fehlers für den nachfolgenden Text dachte) und entsprechend in A_1 und A_2 übernommen. Alle Drucke geben eine falsche Formel wieder. Entsprechendes gilt für die erste Verwendung der Regel im übernächsten Absatz der *Nova methodus*.

9 Nach „parallela." ergänzt E zwei Sätze über ausgezeichnete Tangentenlagen. Der Text von „Si crescentibus" bis zum Absatzende wurde in L später ergänzt.

10 In A_1 taucht erstmals die (richtige) Vertauschung von „concavitas" und „convexitas" auf, die dann in A_2, nicht jedoch in C_6, übernommen wurde. Von den Drucken vertauscht nur Giesel; Gerhardt weist auf den (vermuteten) Fehler in einer Fußnote hin.

crescentibus fiant decrescentes vel contra, fieri non potest. Itaque punctum flexus contrarii locum habet, quando neque ν neque $d\nu$ existente 0, tamen $dd\nu$ est 0 unde etiam problema flexus contrarii non duas ut problema maximae, sed tres habet radices aequales. Atque haec omnia quidem pendent a recto usu signorum.

Interdum[11] autem adhibentur signa ambigua ut nuper in divisione antequam constet, quomodo explicari debeant et quidem si crescentibus x crescunt (decrescunt) $\frac{\nu}{y}$ debent signa ambigua in $d\frac{\nu}{y}$ seu in $\frac{\pm \nu dy \mp yd\nu}{yy}$ ita explicari, ut haec fractio fiat quantitas affirmativa (negativa). Significat autem $\mp$ contrarium ipsius [$\pm$, ut][12] si hoc sit + illud sit – vel contra. [Possunt] et in eodem calculo occurrere plures ambig[uitates,] quas distinguo parenthesibus, exempli gratia si esset $\frac{\nu}{y} + \frac{y}{z} + \frac{x}{\nu}$ aequ. w foret $\frac{\pm \nu dy \mp yd\nu}{yy} + \frac{(\pm)\, ydz\, (\mp)\, zdy}{zz} + \frac{((\pm))\, xd\nu\, ((\mp))\, \nu dx}{\nu\nu}$ aequ. dw alioqui ambiguitates ex diversis capitibus ortae confunderentur. Ubi notandum signum ambiguum in se ipsum ductum dare +, in suum contrarium dare –, in aliud ambiguum, formare novam ambiguitatem ex ambabus dependentem.

Potentiae: $d\overline{x^a}$ aequ. $a \cdot x^{a-1}dx$ (exempl. gr. $d\overline{x^3}$ aequ. $3x^2$ si a sit 3). $d(\frac{1}{x^a})$ aequ. $-\frac{adx}{x^{a+1}}$ (exempl. gratia si w sit aequ. $\frac{1}{x^3}$ fiet dw aequ. $-\frac{3dx}{x^4}$).

Radices $d(\sqrt[b]{x^a})$ aequ.[13] $\frac{a}{b}\sqrt[b]{x^{a-b}}$ (Hinc $d\sqrt[2]{y}$ aequ. $\frac{dy}{2\sqrt[2]{y}}$ nam eo casu a aequ. 1 et b aequ. 2 ergo $\frac{a}{b}\sqrt[b]{y^{a-b}}$ aequ. $\frac{1}{2}\sqrt[2]{y^{1-2}}$ seu $\frac{1}{2}\sqrt[2]{y^{-1}}$ jam y^{-1} idem est quod $\frac{1}{y}$ ex natura exponentium progressionis Geometricae, ergo[14] $\sqrt[2]{y^{-1}}$ aequ. $\frac{1}{\sqrt[2]{y}}$) $d\frac{1}{(\sqrt[b]{x^a})}$ aequ. $\frac{-bdx}{a\sqrt[b]{x^{b-a}}}$.[15]

11 Zum folgenden Absatz äußert Leibniz in C_3: „Omittantur omnia quae dicuntur de signis ambiguis a verbis: interdum autem ... ad verba: ambabus depedentem paginae sequentis. Nam si quis caeteris considerationibus utatur, potest haec signa hoc loco evitare." Folglich fehlt dieser Absatz in A_2 und wegen eines entsprechenden Hinweises in C_6 auch im Druck von 1740.

12 Hier ist der obere Rand der Handschrift L zerstört. Die eckigen Klammern schließen den vom Hrsg. nach E ergänzten Text ein.

13 Das fehlende dx wurde erstmals in C_1 korrigiert, dann in C_4. In A_1 und A_2 ist es ergänzt, so auch in allen Drucken bis auf den von 1740.

14 In C_3 macht Leibniz den (irrigen) Korrekturvorschlag: „pro $\sqrt[2]{\frac{1}{y}}$ est $\frac{1}{\sqrt[2]{y}}$ ponatur d, $\sqrt[2]{\frac{1}{y}}$ est aequ. $\frac{1}{\sqrt[2]{y}}$ ", der in A_1 eingetragen, aber in A_2 nicht berücksichtigt wurde.

15 Obwohl Bodenhausen die beiden Fehler in diesem Ausdruck entdeckt hat, findet seine Richtigstellung in C_4 keinen Eingang in A_2. In C_6 ist nur ein Fehler korrigiert. Die Drucke von 1715 und 1768 lassen die Originalfassung bestehen, die beiden folgenden Drucke korrigieren die Fehler. Der Druck von 1740 lehnt sich an C_6 an. – Im Anschluß hieran ergänzt E einen Satz über das Rechnen mit negativen und gebrochenen Potenzen.

Ex cognito hoc velut Algorithmo calculi huius (quem voco Differentialem) omnes aliae aequationes differentiales inveniri possunt per calculum communem, maximaeque et minimae itemque tangentes haberi, ita ut opus non sit tolli fractas aut irrationales, aut alia vincula, quod tamen faciendum fuit secundum methodos hactenus editas. Demonstratio omnium facilis erit in his rebus versato, et hoc unum hactenus non satis expensum consideranti, ipsas dx, dy, dν, dw, dz, ut ipsarum x, y, ν, w, z (cuiusque in sua serie) differentiis, sive incrementis vel decrementis momentaneis proportionales haberi posse. Unde fit ut proposita quacunque aequatione scribi possit eius aequatio differentialis, quod fit, pro quolibet m e m b r o (id est parte quae sola additione vel subtractione ad aequationem constituendam concurrit) substituendo quantitatem membri differentialem; pro alia vero quantitate (quae non ipsa est membrum aequationis, sed ad membrum formandum concurrit) eius quantitatem differentialem ad formandam quantitatem differentialem ipsius Membri adhibendo secundum Algorithmum differentialium hactenus praescriptum. Editae hactenus Methodi talem transitum non indicant, adhibent enim plerumque rectam ut DX, vel aliam huiusmodi non vero rectam dy quae ipsis DX, XY, dx est quarta proportionalis. Hinc praecipiunt ut fractae et irrationales quas quantitates indeterminatae ingrediuntur prius tollantur, quod apud nos necessarium non est. Patet etiam Methodum nostram porrigi ad curvas Transcendentes quae ad calculum Algebraicum revocari non possunt, seu quae nullius sunt certi gradus, idque[16] universalissimo modo sine ullis suppositionibus particularibus non semper succedentibus, modo teneatur in genere tangentem invenire esse rectam ducere, quae duo curvae puncta distantiam infinite parvam habentia jungat, seu esse latus productum polygoni infinitanguli, quod nobis curvae aequivalet. Distantia autem illa infinite parva semper per aliquam Differentialem notam, ut dν, vel relationem ad ipsam, exprimi potest, hoc est per notam quandam tangentem. Speciatim si y esset quantitas transcendens exempli causa ordinata cycloeidis, eaque calculum ingrederetur cuius ope ipsa z ordinata alterius curvae esset determinata, et quaereretur dz, seu per eam tangens curvae posterioris, utique determinanda esset dz per dy, haberetur autem dy quia habetur tangens cycloeidis. Ipsa autem tangens cycloeidis (si nondum haberi fingeretur) similiter calculo inveniri posset ex data proprietate tangentium circuli.

Placet autem exemplum Calculi proponere, ubi notetur me aliquando divisionem significare hoc modo: x : y, quod idem est ac x divis. per y seu $\frac{x}{y}$. Sit aequatio prima: $x : y + \overline{a + bx}\,\overline{c - xx} :$ quadr. $\overline{ex + fxx} + ax\sqrt{gg + yy} + yy : \sqrt{hh + lx + mxx}$ aequ. 0 exprimens relationem inter x et y seu inter AX et XY quaeritur modus ex Y puncto dato educendi YD, quae curvam tangat seu ratio rectae DX ad rectam XY datam. Compendii causa, pro a + bx scribamus n, pro c – xx, p; pro ex + fxx, q; pro gg + yy, r; pro hh + lx + mxx, s fiet $x : y + np : qq + ax\sqrt{r} + yy : \sqrt{s}$ aequ. 0 quae sit Aequatio Secunda. Jam ex calculo nostro constat $d\frac{x}{y}$ seu d,x : y esse[17]

16 Der Text ab „idque" bis „quandam tangentem" wurde in L ergänzt.

17 Die falsche Ableitung aller drei Quotienten ist die Konsequenz der falschen Quotientenregel

$\pm$ xdy $\mp$ ydx, : yy et similiter d,np : qq esse ($\pm$) 2npdq ($\mp$) $\overline{\text{qndp + qpdn}}$, : q^3 et d,xa$\sqrt{r}$ esse $-$ $\overline{\text{xadr : 2}\sqrt{r}}$ + dxa$\sqrt{r}$, et d,yy : $\sqrt{s}$ esse (($\pm$)) yyds (($\mp$)) 4ysdy, : 2s$\sqrt{s}$ quae omnes quantitates differentiales, a d,x : y usque ad d,yy : $\sqrt{s}$ in unum additae, facient 0 et dabunt Aequationem 3tiam, dum pro membris secundae aequationis substituuntur quantitates eorum differentiales. Jam dn est bdx et dp est $-$ 2xdx et dq est edx + 2fxdx et dr est 2ydy et ds est ldx + 2mxdx, quibus valoribus in aequatione 3tia substitutis habebitur Aequatio quarta; ubi quantitates differentiales quae solae supersunt, nempe dx et dy semper reperiuntur extra[18] vincula et unum quodque membrum afficitur vel per dx vel per dy, servata semper lege homogeneorum, quoad has duas quantitates, quomodocunque implicatus sit calculus; unde semper haberi potest valor ipsius dx : dy seu rationis dx ad dy, hoc est DX quaesitae ad XY datam, quae ratio in hoc nostro calculo (mutando aequationem quartam in Analogiam) erit[19] ut $\pm$ x : y + axy : $\sqrt{r}$ (($\pm$)) 2y : $\sqrt{s}$ est ad $\mp$ 1 : y ($\pm$) 2np $\overline{\text{e + 2fx}}$: q^3 ($\mp$) $\overline{-\text{ 2nx + pb}}$: qq + a$\sqrt{r}$ (($\pm$)) yy $\overline{\text{1 + 2mx}}$: 2s$\sqrt{s}$. Dantur autem x et y ex dato curvae cuius tangens qvaeritur puncto Y, dantur et valores literarum n, p, q, r, s supra scripti per x et y, habetur ergo quaesitum. Atque hoc exemplum satis implicatum ideo tantum ascripsimus, ut modus superioribus regulis, in calculo etiam difficiliore utendi appareret. Nunc praestat usum in exemplis intellectui magis obviis ostendere.

Data sint duo puncta C et E et recta SS in eodem cum ipsis plano, quaeritur punctum F in rectum S ita sumendum, ut junctis CF, FE, sit aggregatum rectangulorum CF in datam h, et FE in datam r omnium possibilium minimum; hoc est si SS sit mediorum separatrix, et h repraesentet densitatem medii ut aquae a parte C, et r densitatem medii ut aeris a parte E, quaeritur punctum F tale, ut via a C ad E per F sit omnium possibilium facillima. Ponamus omnia ista rectangulorum aggregata

am Ende des zweiten Absatzes der *Nova methodus*. Zur Behebung des Fehlers gibt Leibniz in C_3 die (sich auf S. 471 der AE beziehende) mißverständliche Anweisung: „in hac pagina pro $\pm$ vel ($\pm$) vel (($\pm$)) ponatur $-$ et pro $\mp$ vel ($\mp$) vel (($\mp$)) ponatur +“. A_1 korrigiert die ersten sechs Vorzeichen entsprechend dieser Anweisung (vgl. aber Fußnote 19). Entsprechend verfährt A_2, verbessert aber zugleich das Vorzeichen von axdr : 2$\sqrt{r}$, vermutlich in Anwendung eines gleichlautenden Verbesserungsvorschlags aus C_4. Alle Drucke (mit Ausnahme des Drucks von 1740) belassen die falsche Quotientendifferentiation, den letztgenannten Fehler korrigieren C_6, der Druck von 1740, Gerhardt und Giesel. – Bei den Formeln muß auf das Komma vor dem Teilungsdoppelpunkt geachtet werden, da es als schließende Klammer (die Eröffnungsklammer setzt Leibniz nur in Zweifelsfällen) fungiert.

18 Die Fassung L hatte in erster Stufe „extra vincula et fractiones“, daher ergänzt E zu „extra nominatores et vincula“.

19 Das Vorzeichen beim ersten Summanden (dem zusätzlich im Nenner ein y fehlt, was Bodenhausen in C_4 vermerkt, aber erst in A_2 ändert) ist in E $\pm$, was Leibniz bei seiner Generalanweisung in C_3 nicht berücksichtigt hat. Die Fehler aus der Quotientenregel sowie der in Fußnote 17 genannte Fehler haben sich fortgepflanzt. Bodenhausen verfährt in A_1 klugerweise nicht schematisch nach Leibniz' Korrekturanweisung, sondern ändert die Vorzeichen nur bei der dritten Proportionale. Darüber hinaus vermeidet er (entsprechend seinem Korrekturvorschlag in C_4) den genannten Vorzeichenfehler aus E. In A_2 ist die Formel allerdings (wie auch in allen Drucken) mit mehreren Fehlern behaftet.

possibilia, vel omnes viarum possibilium difficultates, repraesentari per ipsas KV curvae VV ordinatas ad rectam GK normales, quas vocabimus ω, quaerique minimam NM. Quia dantur puncta C et E dabuntur et perpendiculares ad SS, nempe CP (quam vocabimus c) et EQ (quam e) et praeterea PQ (quam p) ipsam autem QF quae sit aequalis ipsi GN (vel AX) vocabimus x et CF, f; et EF, g fiet FP, p – x et f aequ. $\sqrt{cc + pp - 2px + xx}$ et g aequ. $\sqrt{ee + xx}$, seu f aequ. $\sqrt{l}$ et g aequ. $\sqrt{m}$, fiet ω aequ. $h\sqrt{l} + r\sqrt{m}$. Ergo erit $d\omega$ aequ.[20] $- hdl : 2\sqrt{l} - rdm : 2\sqrt{m}$ per regulas calculi nostri: jam dl seu $d\overline{cc + pp - 2px + xx}$ est[21] $- 2pdx + 2xdx$, et dm seu $d\overline{ee + xx}$ est $2xdx$. Et quia in casu minimae est $d\omega$ aequ. 0 fit: $+ hp - hx : f$ aequ. $rx : m$[22], quod si jam haec accommodentur ad dioptricam et ponantur f et m seu CF et FE aequales, quia eadem manet refractio in F, quantacunque ponatur longitudo rectae CF fiet $h\,\overline{p - x}$ aequ. rx seu h : r :: x : p – x seu h ad r ut QF ad FP, hoc est sinus angulorum incidentiae et refractionis FP et QF erunt reciproce ut densitates mediorum r et h, in quibus fit incidentia et refractio[23] et habetur demonstratio calculi alibi[24] a nobis in his ipsis Actis exhibiti quando generale opticae catoptricae et dioptricae principium exponebamus, cum alii multis ambagibus venati sint, quod huius calculi peritus tribus lineis imposterum praestabit. Quod alio adhuc exemplo docebo.

Sit curva 133 talis naturae, ut a puncto eius quocunque ut 3, ductae ad sex puncta fixa 4, 5, 6, 7, 8, 9 in axe posita, sex rectae 34, 35, 36, 37, 38, 39 simul additae sint tripla rectae datae g aequales, sit axis T14526789 et 12 sit abscissa, 23 ordinata, quaeritur tangens 3T, dico fore T2 ad 23 ut

$$\frac{23}{34} + \frac{23}{35} + \frac{23}{36} + \frac{23}{37} + \frac{23}{38} + \frac{23}{39} \text{ est ad } - \frac{24}{34} - \frac{25}{35} + \frac{26}{36} + \frac{27}{37} + \frac{28}{38} + \frac{29}{39}.$$ [25]

20 Hier unterläuft Leibniz der gleiche Vorzeichenfehler bei der Differentiation der Wurzel wie oben. Interessant ist eine gestrichene Ergänzung in L: „(ubi ipsi dm praefigitur signum +, ipsi dl signum –, quia crescentibus x crescunt ipsae $\sqrt{m}$ seu EF, at decrescunt ipsae $\sqrt{l}$ seu CF)", die das „+rdm" der ersten Stufe erklären sollte. Bodenhausen schlägt in C_4 $+ hdl : 2\sqrt{l} + rdm : 2\sqrt{m}$ vor und übernimmt diese Version in A_2. Auch die Drucke von 1858 und 1884 korrigieren entsprechend.

21 In E Vorzeichenfehler, der auf Bodenhausens Veranlassung (C_4) in beiden Abschriften korrigiert ist.

22 Bezeichnungsfehler (m statt g), so auch wenige Worte später, die bereits in C_1 vermerkt und in allen Fassungen und Drucken (mit Ausnahme von Dutens und dem Druck von 1740) korrigiert worden sind.

23 In E folgt ein erläuternder Satz zur „densitas".

24 In C_3 schlägt Leibniz für den Nachdruck die folgende (in beiden Bodenhausenschen Abschriften übernommene) Umformulierung des von „alibi" bis „exponebamus" reichenden Satzteiles vor: „quo dioptricae fundamentum demonstratur, quod anguli refractionis in eodem medio eandem habeant sinuum proportionem, ex generali opticae principio alibi a nobis declarato, quod radius omnis directus, reflexus, vel refractus, semper via facillima procedat."

25 Auf dem Rande von L befindet sich ohne präzise Zuordnung folgender Satz: „Hoc ita geometrice enuntiari postest, quaerantur duodecim rectae, quae sint ad assumtam quandam constantem quamcunque, ut g, a quidem ut 23 ad 34, b vero ut 23 ad 35, c ut 23 ad 36, d ut 23 ad 37, e ut 23 ad 38, f ut 23 ad 39, h vero ut 24 ad 34, k ut 25 ad 35, l ut 26 ad 36,

Eademque erit regula, continuatis tantum terminis, si non sex sed decem vel plura puncta fixa supponerentur, idemque[26] foret calculus si rectae ad puncta fixa ductae non simpliciter sed prius in data ratione multiplicatae in unum essent aggregandae, qualia secundum Methodos Tangentium editas calculo praestare sublatis irrationalibus taediosissimae, et aliquando insuperabilis operae foret; ut si rectangula plana vel solida secundum omnes combinationes possibiles ex rectis illis composita datae quantati aequari deberent; in quibus omnibus nostra methodo eadem est facilitas.[27]

Appendicis[28] loco placet adjicere solutionem problematis, quod Cartesius a Beaunio sibi propositum tentavit sed non solvit Tom. 3 Epistolarum, lineam invenire WW, talis naturae, ut ducta ad axem tangente WC sit XC semper aequalis eidem rectae a. Jam XW seu w ad XC seu a, ut dw ad dx, ergo si dx (quae assumi potest pro arbitrio) assumatur constans seu semper eadem, seu si ipsae AX seu x crescant uniformiter, erunt ipsae w ordinatae ipsis dw suis incrementis sive differentiis proportionales, hoc est si x sint progressionis arithmeticae, erunt w progressionis Geometricae, seu si w sint numeri x erunt logarithmi, curva ergo WW Logarithmica est.

Nova Methodus (Ergänzung C_5)

Specimen pro A n a l y s i i n f i n i t o r u m
seu singulare calculi genus pro aestimatione incrementorum
ac decrementorum continuorum in rebus, atque inde nascente
inventione Tangentium, Maximorumque ac minimorum, viaeque facillimae
qua natura effectus suos praestare solet.

Calculus incrementalis vel differentialis locum habet ubicunque mutationi locus est. Omnis autem mutatio in natura continua est, ac per gradus fit non per saltum, adeoque transitus fiunt per quantitates inassignabiles seu indefinite parvas, quarum infinita multitudine opus est ad quantitates communes constituendas. Quamvis autem variatio per minima in omnibus rebus quantitatis capacibus intelligi possit, et in remissione atque intensione formarum, gradibusque qualitatum conspicua sit, maxime tamen apparet in gradibus velocitatum; elementisque temporum et spatiorum, quem admodum ex phorometricis nostris intelligi potest; sed omnium optime repraesentatur per figuras, nullum enim crescendi decrescendique genus fingi potest,

m ut 27 ad 37, n ut 28 ad 38, p ut 29 ad 39, et fiet T2 ad 23 ut a + b + c + d + e + f ad – h – k + l + m + n + p."

26 Der Satzteil „idemque foret . . . aggregandae" wurde in L ergänzt und ist in E (vielleicht versehentlich) ausgelassen worden.

27 Hieran schließt sich in E die Andeutung, daß die in der *Nova methodus* mitgeteilten Entdeckungen nur die „initia . . . Geometriae cujusdam multo sublimioris" sind.

28 Dieser Schlußabschnitt wurde in L ohne Anbindung an den vorhergehenden Text auf den Rand der ersten Seite des Manuskripts geschrieben; dürfte also nachträglich beigefügt worden sein.

quod non commodissime figuris exhibeatur, ordinatas habentibus, quae eadem proportione varientur.

Calculus Tangentium differentialis[29].

Handschriftensignatur:	LH 35 V,12; Bl. 3–4.
Art der Aufzeichnung:	Konzept mit mehreren Randbemerkungen.
Teildrucke:	1. GE, S. 56–59; 2. GG, S. 140–142; 3. LBG, S. 229–231.
Datierung:	November 1676.

Novembr. 1676

$$d\overline{x} \sqcap 1 \qquad d\overline{x^2} \sqcap 2x \qquad d\overline{x^3} \sqcap 3x^2 \qquad \text{etc.}$$

$$d\overline{\frac{1}{x}} \sqcap -\frac{1}{x^2} \qquad d\overline{\frac{1}{x^2}} \sqcap -\frac{2}{x^3} \qquad d\overline{\frac{1}{x^3}} \sqcap -\frac{3}{x^2} \qquad \text{etc.}$$

$$d\sqrt{x} \sqcap \frac{1}{\sqrt{x}} \qquad \text{etc.}$$

Ex his colligitur regula generalis haec pro differentiis ac summis simplicium potestatum

$$d\overline{x^e} \sqcap ex^{e-1} \quad \text{et contra} \int \overline{x^e} \sqcap \frac{x^{e+1}}{e+1}.$$

Unde $d\overline{\frac{1}{x^2}}$ seu $d\overline{x^{-2}}$ erit $-2x^{-3}$ seu $\frac{-2}{x^3}$

et $d\sqrt{x}$ seu $d\overline{x^{\frac{1}{2}}}$ erit $-\frac{1}{2}x^{-\frac{1}{2}}$ seu $-\frac{1}{2}\sqrt{\frac{1}{x}}$.

Sit $y \sqcap x^2$, et erit[30] $d\overline{y} \sqcap 2xd\overline{x}$, ergo $\frac{d\overline{y}}{d\overline{x}} \sqcap 2x$.[31] Quae ratiocinatio est generalis, nec refert quae sit progressio ipsarum x. Eodemque modo generalis regula ita stabit: $\frac{d\overline{x^e}}{d\overline{x}} \sqcap ex^{e-1}$ et vicissim $\int \overline{x^e d\overline{x}} \sqcap \frac{x^{e+1}}{e+1}$.

29 Der Titel, der nachträglich hinzugefügt wurde, wurde später um folgende Worte ergänzt: „adjecta sub finem Machina construendi aequationes per Logarithmicam". Den damit angesprochenen Teil der Handschrift auf Bl.4 v° drucken wir nicht ab.

30 Wie sich aus den Streichungen ersehen läßt, rechnet Leibniz durch Einsetzen von y + dy anstelle von y bzw. von x + dx anstelle von x, wobei er dx^2 streicht.

31 Auf dem Rand der Handschrift befindet sich ohne präzise Zuordnung folgender Text: „Praeclara haec observatio est ad calculum meum differentiarum, si sit b, $\overline{ydx + xdy}$ + etc. $\sqcap$ 0 fore $b\overline{yx}$ + $\int\overline{etc.} \sqcap$ 0 et ita de caeteris. Videndum quid de h^3 faciendum. Ad istos calculos melius faciendos poterit aequatio $ay^2 + byx + cx^2$ + etc. transmutari in aliam alia curvae relatione, et comparabitur proveniens, alio differentiarum calculo, cum eo quod per istum prodiit."

Sit aequatio quaelibet, v. g. $ay^2 + byx + cx^2 + f^2x + g^2y + h^3 \sqcap 0$ et pro y scribendo[32] $y + d\bar{y}$, ac pro x similiter $x + d\bar{x}$, fiet omissis omittendis alia aequatio:

$$\begin{array}{l} ay^2 + byx + cx^2 + f^2x + g^2y + h^3 \sqcap 0 \\ \hline \left.\begin{array}{l} a2d\bar{y}y + byd\bar{x} + 2cxd\bar{x} + f^2d\bar{x} + g^2d\bar{y} \\ \quad + bxd\bar{y} \end{array}\right. \qquad \sqcap 0 \\ \hline ad\bar{y}^2 + bd\bar{x}d\bar{y} + cd\bar{x}^2 \sqcap 0. \end{array}$$

Quae est regulae a Slusio publicatae origo. Eam vero ita in infinitum amplificabimus: Sint literae quotcunque, et ex iis composita formula, verbi gratia ex literis tribus sit formula:

$$ay^2 \quad bx^2 \quad cz^2 \quad fyx \quad gyz \quad hxz \quad ly \quad mx \quad nz \quad p \sqcap 0.$$

Unde fiet alia aequatio[33]:

$$\begin{array}{llllllll} ay^2 & bx^2 & cz^2 & fyx & \ldots & ly & mx & \ldots\ p \\ \hline 2ad\bar{y}y & 2bd\bar{x}x & 2cd\bar{z}z & fyd\bar{x} & \ldots & ld\bar{y} & md\bar{x} & \ldots \\ & & & fxd\bar{y} & \ldots & & & \\ \hline ad\bar{y}^2 & bd\bar{x}^2 & cd\bar{z}^2 & fd\bar{x}d\bar{y} & \ldots & & & \end{array}$$

Unde patet eadem methodo haberi tangentia superficierum plana, et alioqui nihil referre an non ipsae literae x, y, z aliquam habeant cognitam relationem, ea enim postea substitui potest.

Hinc praeclare serviet eadem methodus, etsi compositae fractiones aut irrationales calculum ingrediantur, nec opus est earum tollendarum causa caetera exalteri, cum potius ipsarum differentiae separatim inveniri ac substitui possint; deinde cum methodus tangentium publicata non nisi tunc procedat, cum ordinatae parallelae sunt, ista et ad convergentes et alias quascunque, imo illas quoque relationes accommodari potest, quae sunt ordinatarum ad curvarum portiones aut in quibus angulus ordinatarum certa lege mutatur.[34] Caeterum speciatim operae pretium erit rem ad irrationales ac fractiones compositas accommodare ut $d\sqrt[2]{a + bz + cz^2}$, ponatur $a + bz + cz^2 \sqcap x$ et $\frac{d\sqrt[2]{x}}{d\bar{x}} \sqcap -\frac{1}{2\sqrt{x}}$, jam $\frac{d\bar{x}}{d\bar{z}} \sqcap b + 2cz$ ergo[35] $d\sqrt[2]{a + bz + cz^2}$ $\sqcap -\frac{b + 2cz}{2d\bar{z}\sqrt{a + bz + z^2}}$.

32 Auf dem Rand der Handschrift befindet sich ohne präzise Zuordnung folgender Text: „Alterutra ex his $d\bar{x}$ vel $d\bar{y}$ pro arbitrio explicari potest, adhibita aequatione nova, et alterutra harum $d\bar{x}$ vel $d\bar{y}$ sublata et x scilicet vel y aliter per quantitates explicando. Verum non puto id esse, quia catalogus omnium curvarum quadrabilium prodire debet, alterutram sumendo constantem."

33 Anstelle der von uns gesetzten „. . ." setzt Leibniz „similiter".

34 Hier folgte der gestrichene Satz: „Unde nihil generalius vel fingi potest."

35 Ursprünglich setzte Leibniz auf der linken Seite der Gleichung ein dz in den Nenner, das er

Sumta aequatione duarum literarum x, y pro curva, et determinata aequatione ad tangentes, tolli potest alterutra ipsarum x et y ita ut restet altera tantum una cum $d\bar{x}$ et $d\bar{y}$, quod per omnes casus calculari operae pretium est.

Datis tribus literis, ut x, y, z, et valore ipsius $d\bar{z}$ ope ipsius x vel y (vel etiam utriusque) expresso, habebitur denique aequatio tangentium, in qua erit etiam tantum alterutra harum x et y et duae $d\bar{y}$, $d\bar{x}$.[36] Hoc etiam per omnes casus assumti valoris ipsius $d\bar{z}$ deduci potest, eodem modo plures adhuc literae assumi possunt. Et conjunctis in unum calculis universalibus omnibus, universalissimus ex ipsis fiet. Caeterum assumtio plurimarum literarum usum habere potest ad methodi tangentium inversae problemata ope quadraturarum solvenda ut si propositum sit problema

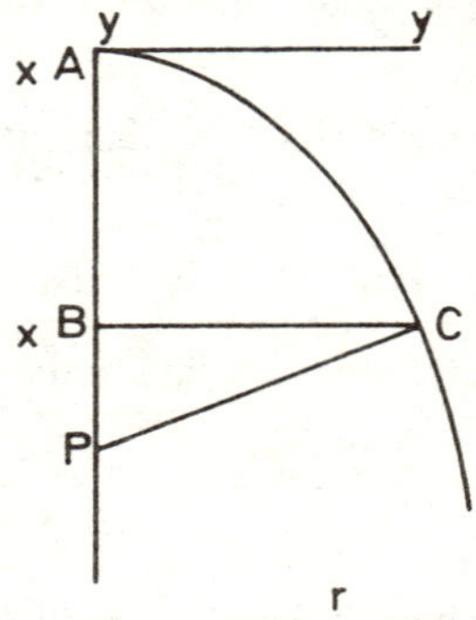

solvere, in quo summa rectarum CB, BP sit data seu $y + \frac{y\,d\bar{y}}{d\bar{x}} \sqcap xy$, fiet $d\bar{x} + d\bar{y} \sqcap x\,d\bar{x}$ seu $x + y \sqcap \frac{x^2}{2}$. Ita habemus curvam in qua summa earum CB + BP (in constantem r) aequatur rectangulo ABC.[37]

$$y\,d\bar{y} + y\,d\bar{x} \sqcap \frac{y\,d\bar{x}}{1+y},\ d\bar{y} + d\bar{x} \sqcap \frac{1}{1+y}\,d\bar{x} \text{ seu } y + x \sqcap \int \overline{\frac{1}{1+y}\,d\bar{x}} \text{ sive } x \sqcap \int \overline{\frac{1}{1+y}\,d\bar{x}}.^{38}$$

$$\frac{d\bar{y}}{d\bar{x}} + 1 \sqcap \frac{1}{1+y} \text{ seu}^{39} \int \overline{\frac{1}{d\bar{x}}} \sqcap \int \overline{\frac{1}{1+y}} - y,\ \frac{d\bar{x}}{d\bar{y}} \sqcap \frac{1}{\frac{1}{1+y} - 1} \sqcap \frac{1+y}{-y} \text{ seu } -x \sqcap \int \overline{\frac{1}{y}} + y.$$

später fortstrich. – Die Verwendung der (modern gesagt) Differentiale der unabhängigen Veränderlichen ist noch recht unsystematisch. – Zum Vorzeichenfehler vgl. Fußnote 17.

36 Zwischen den Zeilen wurde nachträglich „aliquando et ipsa z non poterit tolli" ergänzt.

37 Die (aus Homogenitätsgründen eingeführte) Größe r hat Leibniz 1 gesetzt. – Die folgenden Rechnungen behandeln Verallgemeinerungen der soeben gelösten Differentialgleichung ydx + ydy = xydx.

38 Hier bricht die Rechnung ab; auf dem Rand wird sie neu aufgenommen. Wir drucken diese Randnotiz (die bis zum Absatzende reicht) unmittelbar anschließend im laufenden Text.

39 Rechenfehler mit folgendem Neusansatz.

Sit $y d\bar{y} + y d\bar{x} \sqcap z d\bar{x}$ fiet $y d\bar{y} \sqcap z d\bar{x} - y d\bar{x}$ vel fiet $\frac{y d\bar{y}}{z - y} \sqcap d\bar{x}$ vel $x \sqcap \int \frac{y d\bar{y}}{z - y}$. Et pro z posito eius valore ex dato y, reductum erit problema ad quadraturas. Sed si sit z data ex data x tunc ex datis quadraturis dabitur $\overline{z d\bar{x}}$. Ergo fiet $\frac{y^2}{2} + \int \overline{y d\bar{x}} \sqcap \int \overline{z d\bar{x}}$. Nota si curva explicaretur hoc modo, ut non certa aliqua detur vel ordinatae vel abscissae natura differentiarum, sed ut fiat semper differentia huius aequalis differentia alterius proximae, fiet $2y \sqcap$ dato z.

$d\bar{x}^2 y^2 + y^2 d\bar{y}^2 \sqcap z^2 d\bar{x}^2$ fiet $y \sqcap \frac{z d\bar{x}}{\sqrt{d\bar{x}^2 + d\bar{y}^2}}$, ubi posito z dari. $\sqrt{d\bar{x}^2 + d\bar{y}^2} \sqcap \frac{z d\bar{x}}{a}$ fiet $d\bar{x}^2 + d\bar{y}^2 \sqcap \frac{z^2}{a^2} d\bar{x}^2$ ponendo z dari ex data x. Scribe $2 d\bar{x} d\bar{y} + d\bar{x}^2 + d\bar{y}^2 \sqcap \frac{z^2}{a^2} d\bar{x}^2 + 2 d\bar{x} d\bar{y}$ seu $d\bar{y} + d\bar{x} \sqcap \sqrt{\frac{z^2}{a^2} d\bar{x}^2 + 2 d\bar{x} d\bar{y}}$[40].

$d\bar{x} \sqcap \frac{d\bar{y}}{\sqrt{1 - \frac{z^2}{a^2}}}$ et sumendo[41] z dari ex data y habetur solutio ex quadraturis, sed si z datur ex data x tunc ita procedendum $d\bar{y} \sqcap d\bar{x} \sqrt{1 - \frac{z^2}{a^2}}$. Nam priore modo ponendo y esse arithmeticae progressionis fiet: $x \sqcap \frac{1}{\sqrt{1 - \frac{z^2}{a^2}}}$, posteriore ponendo x arithmeticam, fiet y aequ. $\sqrt{1 - \frac{z^2}{a^2}}$. Solutum est ergo problema reperiendi curvam datorum elementorum ex datis scilicet quadraturis.

Videtur male proposita quaestio, neque talis esse aequatio: $\sqrt{d\bar{x}^2 + d\bar{y}^2} \sqcap z d\bar{x}$ vel $\sqcap z d\bar{y}$, sed $\sqcap$ z. Fiet $d\bar{x}^2 + d\bar{y}^2 \sqcap z^2$ et si z datur ex data y, fiet $x \sqcap \int \sqrt{z^2 - 1}$ vel si datur z ex x, fiet $y \sqcap \int \sqrt{z^2 - 1}$. Itaque ad quadrandam parabolam per extensionem curvae in rectam opus est quadratura Hyperbolae, aliunde autem quadratura Hyperbolae inveniri potest per curvam parabolae, ergo per *curvam parabolae inveniri potest quadratura* parabolae, sed non contra. Resumatur[42] aequatio: $x \sqcap \int \sqrt{z^2 - dy^2}$, et ponatur neutrius esse progressionis arith-

40 Hier bricht die Rechnung ab; auf dem Rand wird sie neu aufgenommen. Wir drucken diese Randnotiz (die bis „extensione in rectam" reicht) unmittelbar anschließend im laufenden Text. – Zu den genannten Beispielen Parabel und Hyperbel vgl. S. 99; zu den Rechnungen vgl. die Fußnote in A III,2; S. 176.

41 Zu dieser Annahme findet sich zwischen dem Text von Bl. 3 r° ein weiteres Beispiel; nämlich $dx \sqcap dy \sqrt{\frac{1}{y^2} - 1}$. Leibniz versucht die Integration mittels der Substituion $y \sqcap \frac{2z}{z^2 + 1}$. Die Rechnung bricht ohne Ergebnis ab.

42 Zu dieser Stelle findet sich auf der ersten Seite der Handschrift folgende Bemerkung: „Pag. 3 signum # est optima methodus pro spatiis ad curvas reducendis.

meticae, scilicet neque y, neque x, sed ponatur tam z quam y explicari ex alia data quae sit eiusmodi, ut formula $\sqrt{z^2 - d\bar{y}^2}$ sit quadrabilis et habebitur quadratura figurae ex data curvae extensione in rectam.

Ut ista tractari possint ubi $d\bar{x}^2$, vel $d\bar{y}^2$ et similia, ut $d\bar{x}d\bar{y}$, quoniam illa ex simplici inventione differentiarum duci non possunt, fieri possunt variae aequationes simplices differentiales eaeque multiplicatae per $d\bar{x}$ vel $d\bar{y}$ aut eorum potentias componi inter se ad inveniendas aequationes novas.

Poterunt eiusmodi excitari aequationes ope theorematis Huddeniani[43], quo nihil refert quae adhibeatur arithmetica progressio, ita aequatio multiplicari secundum unam progressionem poterit in aliam duci secundum aliam, nec ideo multiplicatur numerus radicum problematis, quia una alteri aequivalet, inprimis si semel in eam ducitur, et ei addatur, ex his compositionibus credibile est varia formari posse, apta solvendis methodi Tangentium inversae problematis.

$\sqrt{BC^2 + BP^2} \sqcap z$, seu $y^2 + \dfrac{y^2 d\bar{y}^2}{d\bar{x}^2} \sqcap z^2$ pone z dari ex data y. Fiet $d\bar{x} \sqcap \dfrac{y}{\sqrt{z^2 - y^2}}$ unde dabitur problema. Sin detur z ex data x, difficilis solutio est. Ponamus x arithmethicam fietque[44]: $y\sqrt{1 - d\bar{y}^2} \sqcap z$ seu $\int y\sqrt{1 - d\bar{y}^2} \sqcap \int \bar{z}$. Datur autem summa z, ex hypothesi quadraturarum. Tantum ergo huius modi summa quaeritur, haberi poterit per series infinitas.

Videndi, si sit $y d\bar{y} d\bar{x} \sqcap x^2$, liceatne ponendo $d\bar{x}$ ut constantem seu x ut arithmeticam inde facere, $y d\bar{y} \sqcap x^2$, seu $\dfrac{y^2}{2} \sqcap \dfrac{x^3}{3}$ ita puto.[45]

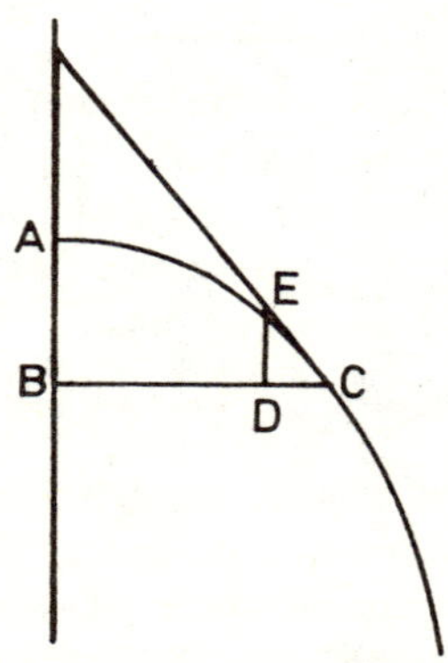

Paucis AB $\sqcap$ x, BC $\sqcap$ y, DE $\sqcap$ $d\bar{x}$, DC $\sqcap$ $d\bar{y}$, EC $\sqcap$ z, $z \sqcap \sqrt{d\bar{x}^2 + d\bar{y}^2}$. Ergo $x \sqcap \int\sqrt{z^2 - d\bar{y}^2}$, $y \sqcap \int\sqrt{z^2 - d\bar{x}^2}$. Datur autem relatio ipsarum z ad x vel ad y. Ergo valore ipsius x vel y pro arbitrio ad alium relato quaeri potest modus inveniendi x ex y vel y ex x."

43 Vgl. J. HUDDE, *De maximis et minimis*, in: R. DESCARTES, *Geometria*, 1659, I, S. 507/16 sowie weiter unten S. 93.

44 Vorzeichenfehler.

45 Hier unterläßt Leibniz die zweite Integration.

Maximi foret momenti ad perfectionem Geometriae curvas invenire figuris proportionales.

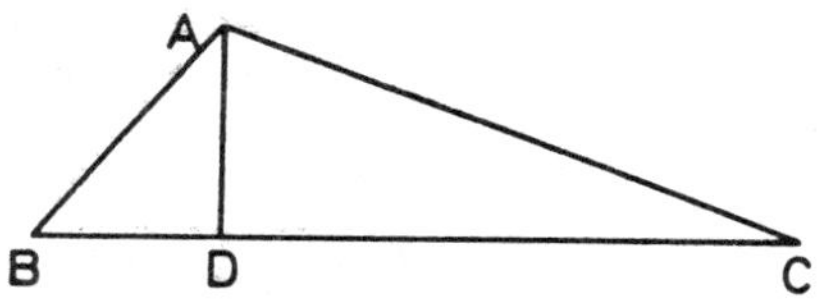

$AB \sqcap e$. $BC \sqcap c$. $AD \sqcap ef$. $BD \sqcap e\sqrt{1-f^2}$ et $DC \sqcap c - e\sqrt{1-f^2}$ et[46]
$AC \sqcap c^2 - 2ce\sqrt{1-f^2} + e^2$.

Ergo $AC^2 \sqcap AB^2 + BC^2 \pm 2CBD$. Sit $e \sqcap d\bar{x}$ et $c \sqcap d\bar{y}$, et angulus expressus per f, fiet $AC \sqcap$ elemento curvae: $\sqcap d\bar{y}^2 + d\bar{x}^2 - 2d\bar{x}d\bar{y}\sqrt{1-f^2} \sqcap z^2$. Pone z dari ex data x, fiet[47] $d\bar{y}^2 - 2d\bar{y}\sqrt{1-f^2} + 1 - f^2 \sqcap - f^2 + z^2$ et fiet $\pm d\bar{y} \mp \sqrt{1-f^2} \sqcap \sqrt{z^2 - f^2}$ seu $\pm y \mp x\sqrt{1-f^2} \sqcap \int \sqrt{z^2 - f^2}$.
Nam si y arithmetica tunc fit res ita[48]

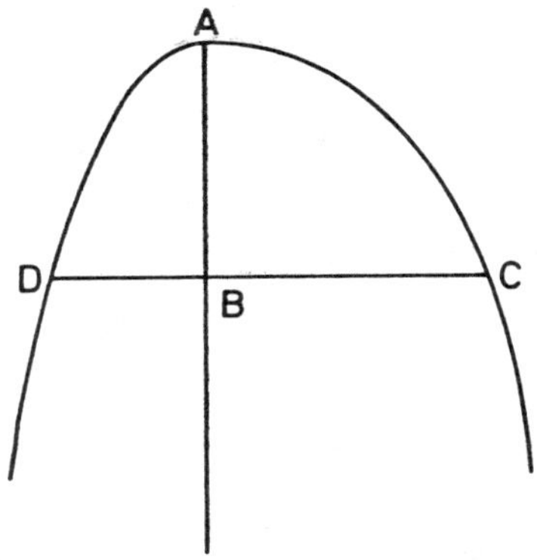

Curva AC spatio ABDA proportionalis. Sin aliter explicetur y scilicet rursus per aliam tunc fiet ex. gr. curva AC proportionalis spatio EFGE, vel aliter adhuc res fieri potest, ut fiat curva AC proportionalis spatio HLM posito DM esse certam curvam ex dato quolibet puncto D describendam, et curvae HM occurrentem. Unde amplissimus patet curvarum spatia ad lineas revocandi.

46 Es müßte AC^2 heißen.
47 Hier setzt Leibniz $dx = 1$.
48 Hier bricht der Gedankengang ab.

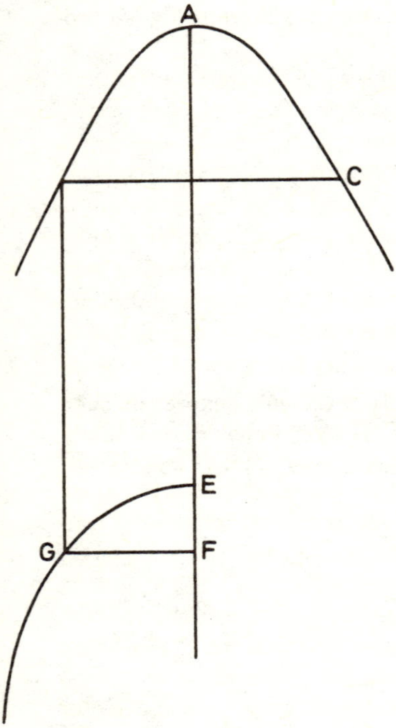

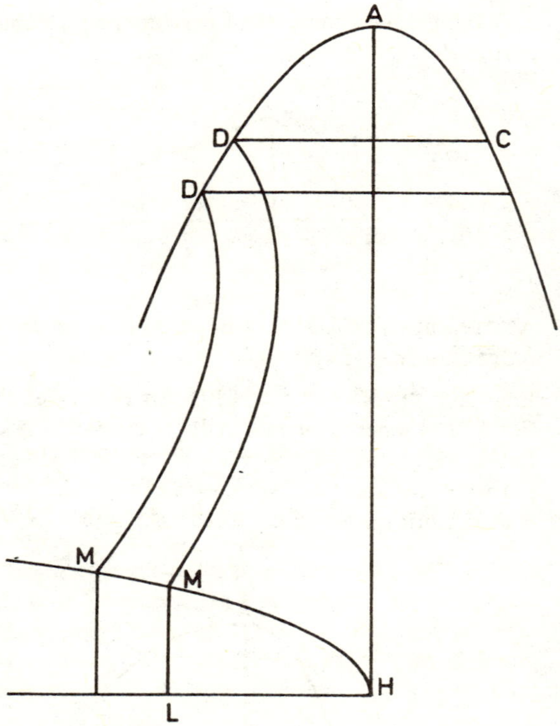

Methode nouvelle des Tangentes

Handschriftensignatur:	LH 35 V,16; Bl. 1–2.
Art der Aufzeichnung:	Reinschrift mit Fortsetzung in Konzeptform.
Teildruck:	1. GE, S. 62–65; 2. GG, S. 145–148.
Vorform:	Methode generale pour mener les touchantes des Lignes Courbes, 11. Juli 1677 (LH 35 V,16; Bl. 3). Teildruck in: 1. GE, S. 59–61; 2. GG, S. 143–145)[49].
Datierung:	nach 20. Juli 1677 (vgl. Datierung der Vorform).

49 Gerhardt druckt den Haupttext, läßt aber eine längere Randnotiz fort. Der Titel hat den Zusatz: „sans calcul, et sans reduction des quantités irrationelles et rompües". Die Ausführungen sind in weitgehender Analogie zum Verfahren von Sluse gestaltet, thematisch sehr begrenzt und eher skizzenhaft.

Methode nouvelle des Tangentes, ou De Maximis et Minimis[50].

Monsieur de Fermat Conseiller au Parlement de Tolouse a trouvé le premier un moyen general de donner les Touchantes de toutes les lignes Courbes Analytiques, c'est à dire dont la nature peut estre expliquée par une equation. Mons. des Cartes par apres a fait le même effect par une autre voye, en faisant voir que les Equations qui servent à trouver les tangentes, ont deux racines égales. Mais le calcul dont il se sert est trop prolixe et trop embarassé pour estre mis en usage. Monsieur Hudde, dont les deux lettres adjontées à la fin de la Geometrie de Schoten passent sans contredit, tout ce qu'on avoit écrit auparavant en Analyse, a trouvé un abregé admirable, en multipliant les termes d'une equation par les termes d'une progression arithmetique. Il est vray que ce qu'il dit ne regarde que les Equations d'une seule inconnue, il avoit neantmoins la methode de faire le même sur les equations de deux indeterminées; quoyqu'il ne l'ait pas publiée. C'est donc à Mons. Slusius que le public en est obligé, et apres cela plusieurs ont crû que cette matière estoit épuisée. Mais comme Messieurs Fermat, des Cartes et Slusius ont supposé que la nature de la courbe soit exprimée par une equation purgée des grandeurs rompues et irrationelles, il est aisé de juger que pour les oster il faut que le calcul grossisse quelques fois horriblement, et que l'on monte à des dimensions tres hautes, dont la depression par apres est tres difficile, mais absolument necessaire, puisque je feray voir par une autre voye, qu'on n'avoit pas besoin de monter si haut. J'ay donc trouvé le moyen d'eviter toute cette reduction inutile des fractions et grandeurs irrationelles, et j'ay découverte une Methode generale pour mener les touchantes des lignes Courbes Analytiques ou autres qui a autant d'avantage sur toutes celles qui ont esté publiées jusqu'icy, que celle de Mons. Slusius a sur la methode de Messieurs Fermat et des Cartes, et je trouve à propos de la publier à cause de la grande étendue de cette matiere, que Mons. Des Cartes luy même a jugé estre l a p l u s u t i l e p a r t i e d e l a g e o m e t r i e , e t d o n t i l a s o u h a i t t é l e p l u s d e v e n i r à b o u t . Mais pour m'expliquer nettement et succinctement je suis obligé d'introduire de n o u v e a u x c a r a c t e r e s , et de leur donner un a l g o r i t h m e n o u v e a u x , c'est à dire des regles toutes particulieres pour leur addition, soustraction, multiplication, division, extraction des racines et solution des equations. Que j'expliqueray icy aussi clairement qu'il me sera possible de faire en peu de mots[51].

E x p l i c a t i o n d e s c a r a c t e r e s . Soyent plusieurs courbes comme CD, FE, HI, rapportées à un même Axe AB par les ordonnées à un même point B, sçavoir BC, BF, BH. Les touchantes des courbes CT, FL, HM, coupant l'axe dans les points T, L, M. Le point A dans l'Axe est fixe, le point B change avec les ordonnées.

50 Der Titel wurde später um folgende lateinische Worte ergänzt: „ita ut non sit opus tollere irrationalitates".

51 Ende der Reinschrift. Es folgt eine Umarbeitung des Einleitungsabschnittes, ohne daß die erste Fassung gestrichen wäre. Wir drucken diese Umarbeitung (vgl. GE und GG) nicht ab.

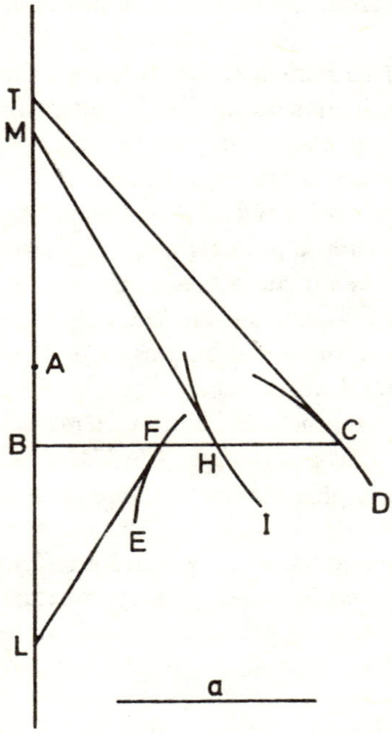

Appellons AB, x; BC, y; BF, ω; BH, ν; et la raison TB à BC soit appellée $d\bar{x}$ à $d\bar{y}$ et la raison LB à BF sera $d\bar{x}$ à $d\bar{\omega}$ et la raison MB à BH sera $d\bar{x}$ à $d\bar{\nu}$. Si y valoit $\nu\omega$ par exemple, nous dirions $d\overline{\nu\omega}$ au lieu de $d\bar{y}$, et ainsi dans tous les autres exemples. Soit a une droite constante, alors si y valoit a, c'est à dire si la ligne CD estoit une droite parallele à AB, $d\bar{y}$ ou $d\bar{a}$ seroit 0, ou égal à rien.[52] Si la grandeur $\frac{d\bar{x}}{d\bar{\omega}}$ se trouvoit negative, alors FL au lieu d'estre menée vers A, au dessus de B, sera menée en sens contraire au dessous de B.

Addition et Soustraction. Soit y egale à $\nu \pm \omega\ (\pm)\ a$, $d\bar{y}$ sera égal à $d\bar{\nu} \pm d\bar{\omega}\ (\pm)\ 0$.

Multiplication. Soit y egale à $a\nu\omega$, $d\bar{y}$ ou $d\overline{a\nu\omega}$ ou $ad\overline{\nu\omega}$ sera $a\nu d\bar{\omega} + a\omega d\bar{\nu}$.

Division. Soit y egale à $\frac{\nu}{a\omega}$, dy ou $d\,\overline{\frac{\nu}{a\omega}}$, ou $\frac{1}{a}\,d\,\overline{\frac{\nu}{\omega}}$ sera $\frac{\omega d\bar{\nu} - \nu d\bar{\omega}}{a\omega^2}$.

La regle des puissances et racines n'est qu'une meme en effect.

Puissances. y égale à ω^z (supposant z un certain nombre), et $d\bar{y}$ sera $z,\omega^{z-1},d\bar{\omega}$.

Racines ou extractions. $y \sqcap \sqrt[z]{\omega}$, et $d\bar{y}$ sera $\frac{d\bar{\omega}}{z\sqrt{\frac{z-1}{z}}\ \omega}$.[53]

52 Der Folgesatz wurde ergänzt.

53 Hier wie in der Vorform falsche Ableitung der Wurzelfunktion. Es folgte der gestrichene Satz: „Quoque en effect les regles des puissances et des racines ne soyent que la même."

E q u a t i o n s concües en termes rationaux et entiers[54]. Soit $a + b\nu + cy + t\nu y + e\nu^2 + fy^2 + g\nu^2 y + h\nu y^2 + k\nu^3 + ly^3 + m\nu^2 y^2 + n\nu^3 y + p\nu y^3 + q\nu^4 + ry^4 \sqcap 0$, supposant a, b, c, t, e, etc. grandeurs connues et determinées. Et nous aurons

$$\begin{array}{l} 0 \sqcap bd\bar{\nu} + cd\bar{y} + t\nu d\bar{y} + 2e\nu d\bar{\nu} + 2fyd\bar{y} + g\nu^2 d\bar{y} + hy^2 d\bar{\nu} + 3k\nu^2 d\bar{\nu} \\ \qquad\qquad\qquad tyd\bar{\nu} \qquad\qquad\qquad\qquad + 2g\nu yd\bar{\nu} + 2h\nu yd\bar{y} \\ + 3ly^2 d\bar{y} + 2m\nu^2 yd\bar{y} + n\nu^3 d\bar{y} + py^3 d\bar{\nu} + 4q\nu^3 d\bar{\nu} + 4ry^3 d\bar{y}. \\ \qquad + 2m\nu y^2 d\bar{\nu} + 3n\nu^2 yd\bar{\nu} + 3p\nu y^2 d\bar{y} \end{array}$$

Cette regle se peut demonstrer et continuer à l'infini par les regles precedentes, car si $a + b\nu + cy + t\nu y + e\nu^2 + fy^2 + g\nu^2 y$ etc. $\sqcap 0$ $d\bar{a} + d\overline{b\nu} + d\overline{cy} + td\overline{\nu y} + ed\overline{\nu^2} + fd\overline{y^2} + gd\overline{\nu^2 y}$ sera aussi $\sqcap 0$. Or $d\bar{a} \sqcap 0$, $d\overline{b\nu} \sqcap bd\bar{\nu}$, $d\overline{cy} \sqcap cd\bar{y}$, $d\overline{\nu y} \sqcap \nu d\bar{y} + yd\bar{\nu}$, et $d\overline{\nu^2} \sqcap 2\nu d\bar{\nu}$, parce que $d\overline{\nu^z}$ egal à $z,\nu^{z-1},d\bar{\nu}$, c'est à dire (au lieu de z substituant 2) $2\nu d\bar{\nu}$ et $d\overline{\nu^2 y} \sqcap \nu^2\, d\bar{y} + 2\nu yd\bar{\nu}$. Car posons $\omega \sqcap \nu^2$, et $d\overline{\nu^2 y}$ sera $d\overline{\omega y}$. Or $d\overline{\omega y} \sqcap yd\bar{\omega} + \omega d\bar{y}$ et $d\bar{\omega}$ ou $d\overline{\nu^2} \sqcap 2\nu d\bar{\nu}$, donc dans la valeur de $d\overline{\omega y}$ substituant au lieu de ω, et $d\bar{\omega}$ leur valeur trouvée nous aurons $d\overline{\omega y} \sqcap \nu^2 d\bar{y} + 2\nu yd\bar{\nu}$ comme auparavant. Cela suffit pour aller à l'infini. Si dans l'equation donnée $a + b\nu + cy$ etc. $\sqcap 0$ la grandeur ν estoit égale à x, c'est à dire si la ligne IH estoit une droite, la quelle continuée tomboit dans le point A à angle demydroit, alors l'equation provenante changée en analogie donneroit la regle de la Methode des Tangentes publiée par Mons. Slusius, la quelle par consequent n'est qu'un cas ou corollaire de la methode generale.

Les E q u a t i o n s e m b a r a s s é e s d e q u e l l e m a n i e r e q u e l ' o n v o u d r a p a r d e s f r a c t i o n s e t i r r a t i o n e l l e s, pourront estre traitées de même sans aucun calcul en supposant le nominateur de la fraction ou la grandeur dont il faut tirer la racine egale à une grandeur ou lettre, que l'on traitera selon les regles susdites. Et quant il y a des grandeurs qui doivent estre multipliées l'une par l'autre, on n'a pas besoin de faire cette multiplication effectivement, ce qui épargne encor beaucoup de travail. Un seul exemple suffira[55] :

54 Der nicht gesperrte Satzteil wurde ergänzt.

55 Es folgt der gestrichene (abbrechende) Satzteil: „L'Equation expliquant la nature". Möglicherweise sollte an dieser Stelle das Beispiel der Tangentenbestimmung an eine Konchoide eingefügt werden; denn auf den Blatträndern von Bl. 1 v° findet man folgende Aufzeichnungen:

$$\frac{1}{y} \sqcap \frac{x}{\overline{a + x, \sqrt{a^2 - x^2}}}$$

Constructio tangentis Conchoidis transferatur ψC in BM et addatur MT cuius dimidia sit ad BC in duplicata ratione AB ad Bψ.

$$\frac{CB}{B\psi} \sqcap \frac{\bar{\omega}B}{AB}$$

$$\frac{\dfrac{x \frown a + x}{\sqrt{a^2 - x^2}}}{y \sqcap \dfrac{a + x}{x}\, \sqrt{a^2 - x^2}} \sqcap \frac{x^2}{a^2 - x^2}$$

Au reste cette methode sert aussi lors que les Courbes ne sont pas purement analytiques, et même que leur nature n'est pas expliquée par des telles ordonnées, et de plus elle donne une facilité merveilleuse pour les constructions geometriques. La veritable raison d'un abregé si admirable, et qui nous fait eviter toutes les reductions des fractions et irrationelles est que l'on peut tousjours obtenir par les regles precedentes que les lettres $d\bar{y}$, $d\bar{\nu}$, $d\bar{\omega}$, et semblables se trouvent hors du nominateur de la fraction, et hors du vincule de la racine.

[Fortsetzung von Fußnote 55]

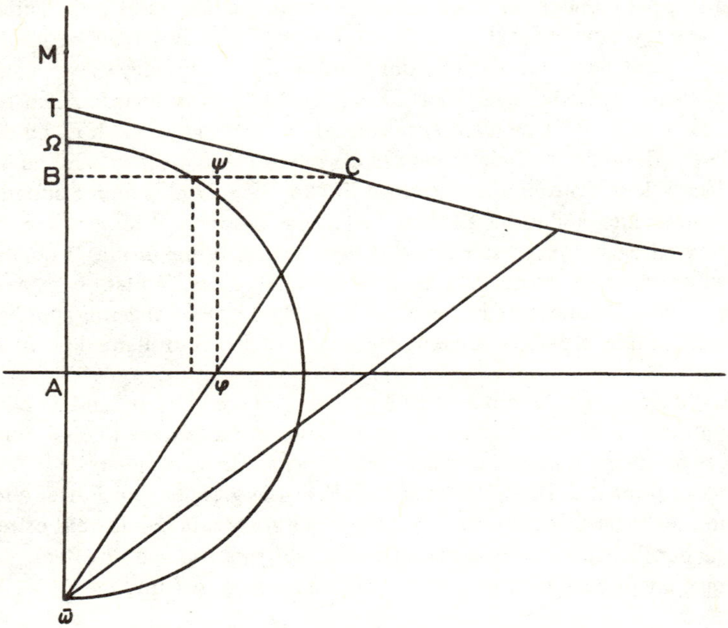

$$\overline{\bar{\omega}B}^2 \quad + \overline{BC}^2 \sqcap \overline{\bar{\omega}C}^2 .\ C\varphi \sqcap \bar{\omega}A \sqcap A\Omega.$$

$$\overline{a+x}^2 \qquad y^2$$

$$\frac{C\varphi \sqcap a}{\psi\varphi \sqcap x} \sqcap \frac{\bar{\omega}C}{a+x}, \text{ or } \bar{\omega}C \sqcap \frac{a \cap a+x}{x}.$$

$$\text{Ergo } \overline{a+x}^2 + y^2 \sqcap \frac{a^2,\overline{a+x}^2}{x^2}.\ \text{Ergo } 2,\overline{a+x},\, d\bar{x} + 2yd\bar{y} \sqcap a^2 \frac{d\bar{x}}{x} \cap \overline{2\frac{\overline{a+x}}{x} - \frac{2,\overline{a+x}^2}{x^2}}.$$

$$y^2 \sqcap \left.\frac{\overline{a+x}}{x}\right|^2 \cap a^2 - x^2 \quad \text{et} \quad y \sqcap \frac{a+x}{x}\sqrt{a^2-x^2} \quad \text{et} \quad xd\bar{y} + yd\bar{x} \sqcap$$

$$\overline{a+x} \cap \frac{-2xd\bar{x}}{\sqrt{a^2-x^2}} + \sqrt{a^2-x^2} \cap d\bar{x}.\ \frac{d\bar{y}}{d\bar{x}} \sqcap \frac{-2x,\overline{a+x}}{\sqrt{a^2-x^2}} \mp \sqrt{a^2-x^2} - y, \cup x.$$

Diese Aufzeichnungen sind sehr fehlerhaft. Bereits die Zeichnung ist falsch; da bei Leibniz ψ auf der Peripherie des Halbkreises um A und T oberhalb von M liegt. Die falsche Konstruktionsvorschrift für die Tangente beruht wahrscheinlich auf der falschen Gleichung für die Ableitung, in der vermutlich das letzte Glied später ergänzt worden ist.

Elementa calculi novi

Handschriftensignatur: LH 35 V,25; Bl. 1–2.
Art der Aufzeichnung: Konzept.
Drucke: 1. G. W. Leibniz: *Historia*[56], 1846. S. 32–38; 2. GG, S. 149–155.
Datierung: vor September 1684.

Elementa calculi novi pro differentiis et summis, tangentibus et quadraturis, maximis et minimis, dimensionibus linearum, superficierum solidorum, aliisque communem calculum transcendentibus[57].

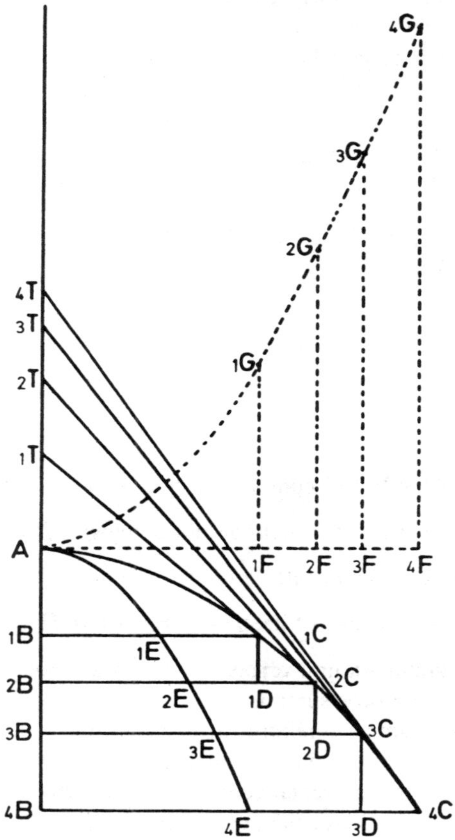

[Fortsetzung von Fußnote 55]

Die zweite Proportionale der ersten Proportion muß Cψ (nicht Bψ) lauten. Die zweite Proportion bestimmt MT. Bei der zweiten Durchführung der Ableitung ist der Faktor 2 irrtümlich stehen geblieben.

Zur Thematik vgl. die Aufzeichnung *Tangens conchoidis* vom 20. VII. 1677 (LH 35 VIII,30; Bl. 111) und die Erläuterungen in A III,2; S. 238.

56 Der vollständige Titel lautet: *Historia et origo calculi differentialis a G. G. Leibnitio conscripta*, hrsg. v. C. I. Gerhardt.

57 Die beiden letzten Zeilen des Titels wurden ergänzt.

Sit linea CC cuius axis AB, ordinatae ad axem normales BC quae vocentur y, abscissae ex axe AB quae vocentur x. Jam CD Differentiae abscissarum vocentur dx quales sunt 1C1D, 2C2D, 3C3D, etc. At vero rectae 1D2C, 2D3C, 3D4C (differentiae scilicet ordinatarum BD) vocentur dy. Si jam ponuntur ipsae istae dx et dy infinite parvae, seu quando puncta curvae distantiam habere intelliguntur quavis data minorem, id[58] est si istae 1D2C, 2D3C etc. considerentur ut incrementa momentanea lineae BC inter descendendum per AB continue crescentis, tunc patet rectam duo illa puncta jungentem, ut 2C1C, (quae est elementum curvae, seu latus polygoni infinitanguli quod pro curva habemus) productam donec axi occurrat in 1T fore ipsam curvae tangentem, et erit 1T1B (intervallum inter ordinatam et tangentem in axe sumtum) ad 1B1C ordinatam, ut 1C1D ad 1D2C, seu si 1T1B, vel 2T2B, etc. generaliter vocetur t, erit t : y :: dx : dy. Itaque invenire differentias serierum est invenire tangentes.[59]

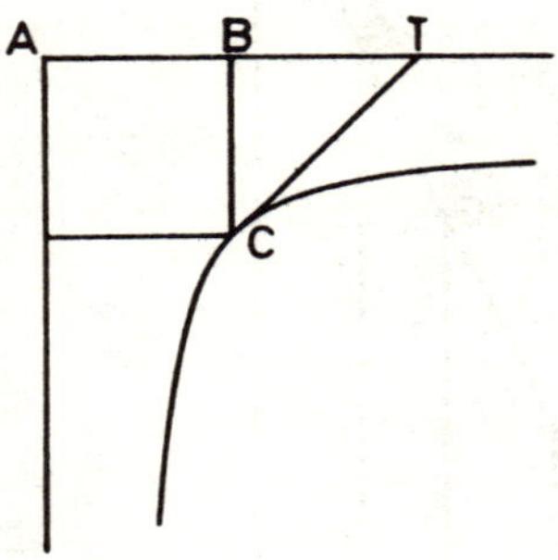

Ex. gr. quaeritur tangens Hyperbolae, cum sit y aequ. $\frac{aa}{x}$ (posita (in fig. 2) x seu AB abscissa ex asymptota, et a latere potentiae seu rectanguli ABC), erit dy aequ. $-\frac{aa}{xx}dx$ ut mox patebit cum modum calculandi ostendemus, ergo dx : dy seu t : y erit :: $-xx : aa :: -x : \frac{aa}{x} :: -x : y$. Ergo t aequ. $-x$. Hoc est in Hyperbola (in fig. 2) erit BT aequ. AB, sed ob signum $-x$ non versus A sed in contrarias partes sumenda.

Porro differentiae sunt reciprocae summis, ita ordinatae sunt suarum differentiarum summae, sic 4B4C est summa omnium differentiarum, ut 3D4C, 2D3C, etc. usque ad A, etiamsi numero essent infinitae, quod ita designo $\int dy$ aequ. y. Aream autem figurae designo per summam rectangulorum ex ordinatis in differentias abscissarum, ut 1B1D + 2B2D + 3B3D etc. Nam exigua triangula 1C1D2C, 2C2D3C, etc. cum sint infinite parva respectu dictorum rectangulorum, omitti possunt impune,

58 Der Teilsatz ab „id est" bis „crescentis" wurde ergänzt.

59 Die drei folgenden Sätze und die dazugehörige Zeichnung wurden ergänzt. – Das Beispiel der Tangente an die Hyperbel findet sich auch in der Vorform zur *Methode nouvelle des Tangentes* vom 21. VII. 1677 (vgl. S. 92).

itaque aream figurae calculo meo ita designo $\int ydx$, seu[60] summam ex rectangulis cuiusque y ducti in respondens sibi dx, ubi si dx ponantur inter se aequales habetur Methodus indivisibilium Cavalerii. Nos autem altius assurgentes aream figurae inveniemus, si inveniamus figuram eius summatricem sive quadratricem, cuius scilicet ordinatae sint ad ordinatas figurae datae ut summae ad differentias. Exempli causa sit figurae quadrandae datae curva[61] EE, eiusque ordinatae EB, quas vocabimus e, sint differentiis ordinatarum BC, seu ipsis dy proportionales, seu sit 1B1E : 2B2E :: 1D2C : 2D3C, et ita porro, vel sit ut T1B ad 1B1C, sive ut 1C1D ad 1D2C, sive ut dx ad dy, ita constans seu semper permanens recta a ad 1B1E sive e, fiet dx : dy :: a : e seu edx aequ. ady. Ergo $\int edx$ aequ. $\int ady$. Est vero edx idem quod e in dx respondentem, ut rectang. 3B4E, quod fit ex 3B3E in 3B4B, ergo $\int edx$ erit summa talium rectangulorum 3B4E + 2B3E + 1B2E etc., quae summa est ipsa area figurae A4B4EA positis ipsis dx, seu ordinatarum e, sive BE, intervallis infinite parvis, porro ady est rectang. ex dy ut 3D4C in constantem a, et summa horum rectangulorum, nempe $\int ady$, sive 3D4C in a + 2D3C in a + 1D2C in a etc. idem est quod 3D4C + 2D3C + 1D2C etc. in a, hoc est idem quod 4B4C in a, ergo $\int ady$ aequ. $a\int dy$ seu ay. Habemus ergo $\int edx$ aequ. ay, hoc est area A4B4EA aequabitur rectangulo sub ipsa 4B4C et constante a, et generaliter area ABEA aequ. BC in a. Tantum ergo ad quadraturas opus est data linea EE, invenire lineam CC summatricem, et quidem semper calculo inveniri potest, an talis linea haberi possit communi Geometria, an vero sit Transcendens, quae calculo Algebraico exprimi non potest, de quo alibi. Ex his autem jam infinita pulchra theoremata partim ab aliis maxime[62] Anglis Batavisque inventa partim non inventa duci possent et quidem solo calculo, nullo propemodum imaginationis labore. Triangulum autem ad lineam quale est 1C1D2C voco Characteristicum lineae, quia eius ope potissima inveniri possunt circa lineam theoremata, quae videntur admirabilia, ut[63] eius dimensio, area figurae, superficies, solidaque rotatione genita, centra gravitatis, quia 1C2C aequ. $\sqrt{dx.dx + dy.dy}$. Hinc statim habetur modus inveniendi curvae dimensionem ope alicuius quadraturae, ex. gr. in parabola, si sit y aequ. $\frac{xx}{2a}$, erit dy aequ. $\frac{xdx}{a}$. Unde 1C2C erit $\frac{dx}{a}\sqrt{aa + xx}$, est ergo 1C2C ad dx ut ordinata Hyperbolae $\sqrt{aa + xx}$ ad constantem a, seu $\frac{1}{a}\int \overline{dx\sqrt{aa + xx}}$ recta aequalis curvae parabolae pendet ex quadratura Hyperbolae, ut jam ab aliis inventum habetur[64]. Et ita calculo exprimuntur inventa pulcherrima Hugenii, Wallisii, Heuratii et Neilii.

60 Der Satzschluß ab „seu“ wurde ergänzt. Der ursprüngliche Beginn des Folgesatzes „Itaque aream“ wurde entsprechend in „Nos autem . . . aream“ geändert.

61 Da in der Handschrift die Kurve EE eingezeichnet, jedoch ohne Bezeichnungen geblieben ist, haben wir die Bezeichnungen (zum besseren Verständnis) nachgetragen. Die Konstante a hat Homogenisierungsfunktion.

62 „maxime Anglis Batavisque“ wurde ergänzt.

63 Die Aufzählung wurde ergänzt. Der ursprüngliche Folgesatz behandelte nur die „curvae dimensio“.

64 Der Folgesatz wurde ergänzt. Danach sollte der gestrichene Satz „Haec in lineis eleganter enuntiari possunt per generalia quaedam theoremata, sed hoc cuivis relinquo unum tantum exemplum ascribam“ folgen.

Supra dixi esse: t : y :: dx : dy. Ergo erit tdy aequ. ydx. Ergo $\int$ tdy aequ. $\int$ ydx. Haec aequatio in lineis enuntiata dat theorema elegans Gregorii, nempe sit[65] angulus BAF rectus, et sint AF aequales ipsis BC, et FG parallelae ipsi AB, et aequales ipsis BT, nempe $_1F_1G$ ipsi $_1B_1T$, erit $\int$tdy seu summa rectangulorum ex t, verb. g. $_4F_4G$ (seu $_4B_4T$) in dy seu $_3F_4F$ (seu $_3D_4C$) hoc est rectang. $_4F_3G + {}_3F_2G + {}_2F_1G$ etc. seu area figurae A_4F_4GA aequalis ipsi $\int$ydx seu figurae A_4B_4CA et generaliter AFGA aequ. ABCA. Vicissim alia, quae ex figurae inspectione statim patent, ex calculo etiam facile ducuntur, ex. gr. quod in trilineo ut ABCA figura ABCA cum figura complementali AFCA aequatur rectangulo ABCF, nam calculus mox ostendet quod $\int$ydx + $\int$xdy aequ. xy. Si quis quaerit solidum rotatione circa axem factum, tantum quaerere potest $\int \overline{yydx}$; pro solido circa basin $\int \overline{xxdy}$; pro momento ex vertice $\int \overline{yxdx}$, quae serviunt ad invenienda centra gravitatis figurarum et[66] exprimunt ungulam Gregorii a S. Vincentio et quae deinde Pascalius, Wallisius, Lalovera aliique circa haec invenere. Nam et si quis quaerat centra linearum, et superficies earum rotatione generatas, ex. gr. superficiem lineae AÇ circa AB rotatae, tantum quaerere debet $\int y\sqrt{dxdx + dydy}$ seu[67] summam omnium PC ad axem applicatarum in punctis respondentibus B, ita $_2P_2C$ applicabitur axi AB normaliter ad $_2B$, unde fit figura cuius area est illa ipsa summa. Itaque res statim reducet ad quadraturam figurae alicuius planae, si pro y et dy substituat valorem ex natura ordinatarum et tangentium curvae. Ita pro parabola sit y aequ. $\sqrt{2ax}$, erit dy aequ. $\frac{adx}{y}$ ut mox patebit. Ergo prodibit $\int \cdot y\sqrt{dxdx + \frac{aa}{yy}dxdx}$ seu $\int \overline{dx\sqrt{yy + aa}}$ seu $\int \overline{dx\sqrt{2ax + aa}}$ quod pendet ex quadratura parabolae (est[68] enim omnium $\sqrt{2ax + aa}$ seu PC locus ad parabolam posito AC esse parabolam, AB eius axem, licet tum deberet figura immutari et curva axi concavitatem obvertere), quae cum habeatur ex communi Geometria, habebitur et circulus superficiei conoeidis parabolici aequalis; quae prolixe deducere non est huius loci. Haec autem quae magna videri possunt, sunt tantum facillima calculi huius corollaria. Multa enim majora hinc sequuntur, nec ullum facile problema sive in Geometria pura, sive ad Mechanicen applicata occurret, quod eius vim plane effugiat.

Jam ipsius calculi Elementa exponamus.

Fundamentum Calculi: Differentiae et summae sibi reciprocae sunt, hoc est summa differentiarum seriei est seriei terminus, et differentia summarum seriei est ipse seriei terminus, quorum illud ita enuntio: $\int$dx aequ. x, hoc ita: d$\int$x aequ. x.

65 Da in der Zeichnung der Handschrift die Kurve t(y) nebst den dazugehörigen Punkten nicht eingetragen ist, haben wir beides (zum besseren Verständnis) gestrichelt ergänzt.

66 Der Satzschluß wurde ergänzt.

67 Der Satzschluß wurde ergänzt.

68 Der in Klammern stehende Text wurde ergänzt.

Sit series differentiae		1	2	3	4	5	dx
series ipsa	0	1	3	6	10	15	x
seriei summae		0	1	4	10	20	35 $\int x$

Jam Termini seriei sunt summae differentiarum seu x aequ. $\int dx$, ita 3 aequ. 1 + 2, et 6 aequ. 1 + 2 + 3, etc. Contra differentiae summarum seriei sunt ipsi seriei termini, seu $d\int x$ aequ. x, ita 3 est differentia inter 1 et 4, et 6 inter 4 et 10.

da aequ.[69] 0, posito a esse quantitatem constantem quia a – a est 0.

A d d i t i o e t s u b t r a c t i o. Differentia vel summa seriei cuius terminus est conflatus per additionem vel subtractionem terminorum aliarum serierum, eodem modo ex harum serierum differentiis vel summis conflatur. Seu $x + y - \nu$ aequ. $\int \overline{dx + dy - d\nu}$ vel contra $\int \overline{x + y - \nu}$ aequ. $\int x + \int y - \int \nu$. Res patet inspicienti, si quis tres series et cuiusque summas et differentias exponat, et tali modo respondentes respondentibus inter se jungat. M u l t i p l i c a t i o s i m p l e x $d\overline{xy}$ aequu.[70] $xdx + ydy$ seu xy aequ. $\int \overline{xdx} + \int \overline{ydy}$. Est id ipsum quod supra diximus figuram cum suo complemento aequari rectangulo circumscripto. Ex calculo ita demonstratur: $d\overline{xy}$ idem est quod differentia duorum xy sibi propinquorum, quorum unum esto xy, alterum x + dx in y + dy, fiet: $d\overline{xy}$ aequ. $\overline{x + dx}$ in $\overline{y + dy}$ – xy seu + xdy + ydx + dxdy et omissa quantitate dxdy, quae infinite parva est respectu reliquorum, posito dx et dy esse infinite parvas (cum[71] scilicet per seriei terminum lineae continue per minima crescentes vel decrescentes intelliguntur) prodibit xdy + ydx. Signa tamen variantur, prout x et y simul crescunt, vel uno crescente alterum decrescit, quod notandum. D i v i s i o s i m p l e x. $d\frac{y}{x}$ aequ. $\frac{xdy - ydx}{xx}$, nam $d\frac{y}{x}$ aequ. $\frac{y + dy}{x + dx} - \frac{y}{x}$ seu $\frac{xdy - ydx}{xx + xdx}$, ubi pro xx + xdx scribendo xx quia omitti potest xdx tanquam infinite parvum respectu ipsius xx fit: $\frac{xdy - ydx}{xx}$, et quidem si esset y aequ. aa foret dy aequ. 0, unde fieret $-\frac{aadx}{xx}$, quo valore paulo ante pro Tangente Hyperbolae usi sumus. Ex his jam facile quivis calculo ducere poterit M u l t i p l i c a t i o n e m aut D i v i s i o n e m c o m p o s i t a m. Ita $d\overline{xy\nu}$ erit $xyd\nu + x\nu dy + y\nu dx$, ita $d\frac{y}{\nu z}$ erit[72] $\frac{x\nu dy - y\nu dz - yzd\nu}{\nu\nu zz}$, quod demonstratur ex praecedenti, nam $d\frac{y}{x}$ aequ. $\frac{xdy - ydx}{xx}$, ubi pro x ponendo $z\nu$, et pro dx seu $d\overline{z\nu}$ ponendo[73] $xd\nu + zdx$ per superiora, habebitur quod diximus. Sequuntur P o t e n t i a e: dx^2 aequ. 2xdx et dx^3 aequ. 3xxdx. Nam ponendo y aequ. x, et ν aequ. x, pro $d\overline{xx}$ poterit scribi $d\overline{xy}$ hoc est (per superiora) xdy + ydx seu (si x aequ. y, et per consequens dx aequ. dy) 2xdx. Similiter pro dx^3 scribetur $d\overline{xy\nu}$, hoc est (per superiora) $xyd\nu + x\nu dy + y\nu dx$

69 Dieser Satz wurde ergänzt.
70 Flüchtigkeitsfehler.
71 Der in Klammern stehende Text wurde ergänzt.
72 Flüchtigkeitsfehler (x statt z).
73 Flüchtigkeitsfehler.

seu (y et ν ponendo x, et pro dy et $d\nu$ ponendo dx) $3xxdx$. Q.E.D. Eodem modo in genere dx^e erit aequ. $ex^{e-1}dx$, quemadmodum ex dictis non difficulter demonstratur. Hinc porro $d\,\frac{1}{x^h}$ aequ. $-\frac{hdx}{x^{h+1}}$. Nam si $\frac{1}{x^h}$ aequ. x^e erit e aequ. $-h$, x^{e-1} aequ. $\frac{1}{x^{h+1}}$, ut notum est naturas exponentium in progressione geometrica intelligenti. Atque hoc pro F r a c t i s. Idem procedit pro irrationalibus seu R a d i c i b u s. $d\sqrt[r]{x^h}$ aequ. $dx^{h:r}$ (per $h:r$ intelligo $\frac{h}{r}$ seu h divis. per r) seu dx^e (posito e aequ. $\frac{h}{r}$) seu $ex^{e-1}dx$ per supra dicta seu (pro e reddendo $h:r$ et pro $e-1$ ponendo $\overline{h-r}:r$) $\frac{h}{r}x^{\overline{h-r}:r}dx$ quod proinde erit aequ. $d\sqrt[r]{x^h}$. Ex[74] his vicissim fiet $\int x^e dx$ aequ. $\frac{x^{e+1}}{e+1}$ et $\int \frac{1}{x^e}dx$ aequ. $-\frac{1}{\overline{e-1}x^{e-1}}$ et $\int \sqrt[r]{x^h}dx$ aequ.[75] $\frac{r}{h+r}\sqrt[r]{x^{\overline{h+r}:r}}$. Atque haec sunt calculi differentialis vel summatorii Elementa, secundum quem etiam formulae maxime compositae tractari possunt, tantum pro fracta vel irrationali quantitate, vel alia quavis, modo eam indefinita, hoc est x vel y, vel alia terminum alicuius seriei in genere exprimens, ingrediatur.

74 Eine erste Fassung des Satzanfanges lautete: „In his non tantum omnium paraboloeidum et Hyperboloeidum tangentes et quadraturae continentur, sed et alia omnia".

75 Flüchtigkeitsfehler.

Fundamental Concepts of the Leibnizian Calculus

By
H. J. M. BOS (UTRECHT)

We celebrate the appearance, 300 years ago, of the first article on the calculus[1]. That article was in many senses unclear and even misleading[2]. Still, by 1684 the calculus had reached a definite form in Leibniz' own mind. I use the term "Leibnizian calculus" to denote this definite form. Leibniz' "invention" or "discovery" of the calculus dates from 1675[3], but the concepts and ideas he then for the first time wrote down changed considerably during the nine years before the first publication. Through later articles by Leibniz himself, the Bernoulli's, l'Hôpital and others, the Leibnizian calculus became known; it was rapidly extended and applied to a great variety of problems. But from 1684 till about 1720 the fundamental concepts of the Leibnizian calculus underwent little change[4]. In the present article I shall deal with these fundamental concepts[5].

My aim will be to make clear the special character of the Leibnizian calculus. I shall try to do so by studying in particular the differences between the Leibnizian calculus and the modern calculus.

I shall discuss conceptual and technical issues rather than foundational ones. In other words, I shall not be interested in what the Leibnizian differentials and sums were, but in how Leibniz and the early practitioners of his calculus saw and used them. I think that certain aspects of the Leibnizian calculus which are too often overlooked, may become clear in that way.

Leibniz repeatedly stated that the key to understanding his calculus was to conceive a curve as an infinitangular polygon. In 1684, for instance, he wrote about certain methods in geometry:

1 [LEIBNIZ 1684].

2 See the contribution of H.-J. HESS to the present volume. See also the extensive and very useful notes in the recent Italian edition of the *Methodus* by Dupont and Roero [DUPONT and ROERO 1984].

3 See [HOFMANN 1949] pp. 118–130, [HOFMANN, 1974] pp. 187–201, [BARON and BOS, 1974], pp. 35–46 and [BOS, 1980], pp. 60–70.

4 The most important fundamental change in the Leibnizian calculus in the early period concerned the extension of the methods from one-dimensional problem situations (curves in particular) to two-dimensional ones (families of curves, variables with two degrees of freedom, surfaces); see S. B. Engelsman's contribution to the present volume and his book [ENGELSMAN, 1984].

5 I have dealt with these questions in greater detail in my [1974]; my present article summarises parts of that study, notably Ch. II, pp. 12–35.

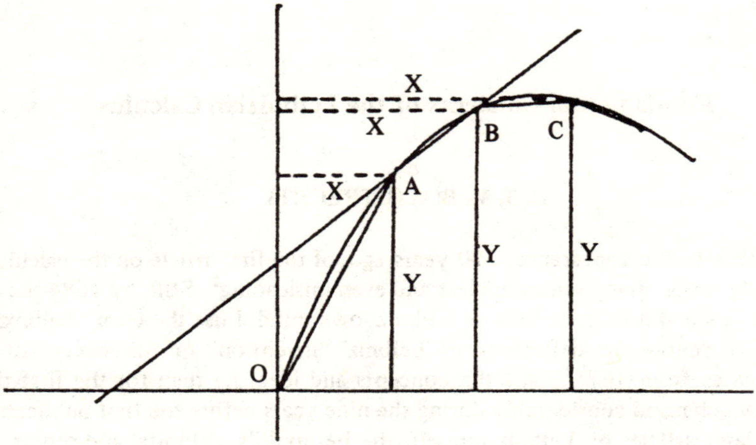

Figure 1

"they can all be deduced from a general principle which I use in measuring curvilinear figures: that a curvilinear figure must be considered to be the same as a polygon with infinitely many sides."[6]

In order to explain the conception of a curve as an infinitangular polygon, I shall first consider the case (see Figure 1) that a curve is approximated by a finite polygon OABC. Let us suppose that the vertices of the polygon are on the curve. In each of these vertices we consider the ordinate y, the abscissa x, the arclength s measured form the origin, the area A between the curve, the axis and the ordinate, and in general any variable that may be defined in connection with the curve. Thus the approximating polygon gives rise to s e q u e n c e s of variables. Already in his early studies on curves Leibniz took a special interest in the role of these sequences with respect to the two central problems concerning curves: quadratures and tangents. He realized that quadratures are related to sums of the induced sequences, and that tangents are related to their differences. To be explicit: if the polygon is chosen such that the difference of successive x-values is always equal to 1, then the sum of the ordinates provides an approximation of the quadrature, and the differences of successive ordinates are approximations of the slope of the tangents at the corresponding points of the curve. In the case of arbitrary approximating polygons the relation of sums and differences to quadratures and tangents is somewhat more subtle but still useful.

6 "... omnes deduci posse ex generali quodam meo dimetiendorum curvilineorum principio, quod figura curvilinea censenda sit aequipollere Polygono infinitorum laterum." ([LEIBNIZ, *Math. Schr.*] vol. 5, p. 126). The quotation is from an article published in the *Acta Eruditorum* of December 1684; Leibniz referred in particular to an infinitesimal method which J. Chr. Sturm had published in the March 1684 issue of the same journal.

In early studies on number sequences Leibniz had considered summing and taking differences as operations which to a given sequence adjust new sequences of sums and differences respectively:

sequence:

$a_1, a_2, a_3, a_4, \ldots$

sum sequence:	difference sequence:
$s_1, s_2, s_3, s_4, \ldots$	$d_1, d_2, d_3, d_4, \ldots$
with $s_1 = a_1$,	with $d_1 = a_2 - a_1$,
$s_2 = a_1 + a_2$,	$d_2 = a_3 - a_2$,
$s_3 = a_1 + a_2 + a_3$,	$d_3 = a_4 - a_3$,
$s_4 = a_1 + a_2 + a_3 + a_4$,	$d_4 = a_5 - a_4$,
etc.	etc.

He had also noticed that these operations are *reciprocal* if we take the successive differences of the sum sequence we obtain the original sequence, and similarly, if we take the successive sums of the difference sequence we regain the terms of the original sequence (diminished with a_1, to be precise).

From considering these correspondences between the study of curves and that of sequences Leibniz gained two important insights. These were:

- The study of tangents and quadratures of curves concerns sequences of ordinates, abscissae etc.; tangents correspond to differences, quadratures to sums. Because taking sum sequences and taking difference sequences are reciprocal operations, the problems of tangents and quadratures are also in a reciprocal relationship.
- If a curve is approximated by a finite polygon, the induced sequences provide approximations of the quadratures and the tangents. These approximations become better if we take the difference of the terms smaller. They will become exact if the differences are taken infinitely small (or the successive terms infinitely near), that is, if the curve is considered to be an infinitangular polygon.

These insights, however vague, combine into a programme which Leibniz consciously formulated already around 1675 and which he carried out successfully in the subsequent years. The outline of that programme is as follows:

- The aim is to create a calculus for quadratures, tangents and related problems concerning curves; that is, a method proceeding by formulas and rules of calculation.
- This calculus involves sequences (of ordinates, abscissae and other variables) with infinitely small differences.
- The calculus also involves operations on these sequences, namely an operation (with symbol d) relating to a sequence its difference sequence, and an operation

(symbol ∫) relating to a sequence its sum sequence. The first operation will be used for determining tangents, the second for quadratures.

– The operations d and ∫ are reciprocal.

Some quotations may illustrate how Leibniz formulated these early programmatic ideas. In 1697 he wrote to Wallis:

"The consideration of differences and sums in number sequences had given me my first insight, when I realized that differences correspond to tangents and sums to quadratures."[7]

Elsewhere Leibniz wrote:

"Foundation of the calculus: Differences and sums are reciprocal to each other, that is, the sum of the differences of a sequence is the term of the sequence, and the difference of the sums of a sequence is also the term of the sequence. The former I denote thus: $\int dx = x$; the latter thus $d\int x = x$."[8]

The Leibnizian calculus was the implementation of the programme sketched above. I want to elucidate that calculus by discussing some of the conceptual and technical problems which Leibniz encountered in working out his programme. To do so, let us consider, with Leibniz, what happens when a finite polygon, approximating a curve, becomes an infinitangular polygon, coinciding with the curve. When we visualize this as a limit process (see Figure 2), we are not much helped, the differences between the terms of the sequences of ordinates etc., become zero, the ordinates fill the whole area betweeen the curve and the axis, nothing is left of the polygon.

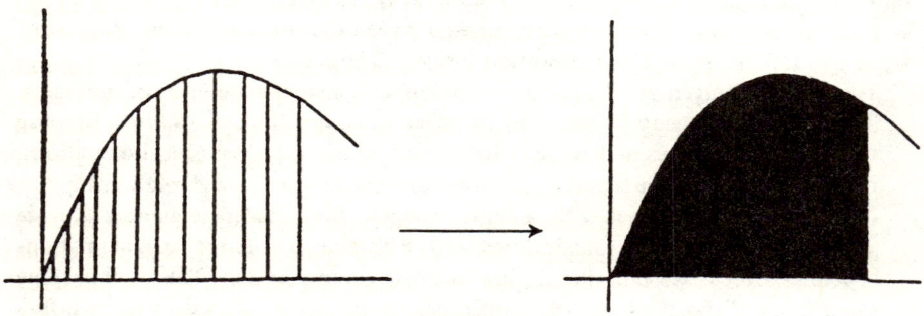

Figure 2

7 "Mihi consideratio differentiarum et summarum in seriebus numerorum primam lucem affuderat, cum animadverterem differentias tangentibus, et summas quadraturis respondere." (Leibniz to Wallis 28–5–1697, [LEIBNIZ, *Math. Schr.*] vol. 4, p. 25).

8 "Fundamentum calculi: Differentiae et summae sibi reciprocae sunt, hoc est summa differentiarum seriei est seriei terminus, et differentia summarum seriei est ipse seriei terminus, quorum illud ita enuntio: $\int dx$ aequ. x; hoc ita; $d\int x$ aeq. x." (from Leibniz' manuscript *Elementa calculi novi pro differentiis et summis, tangentibus et quadraturis, (–)*, published in [GERHARDT, 1855] pp. 149–155; here p. 153).

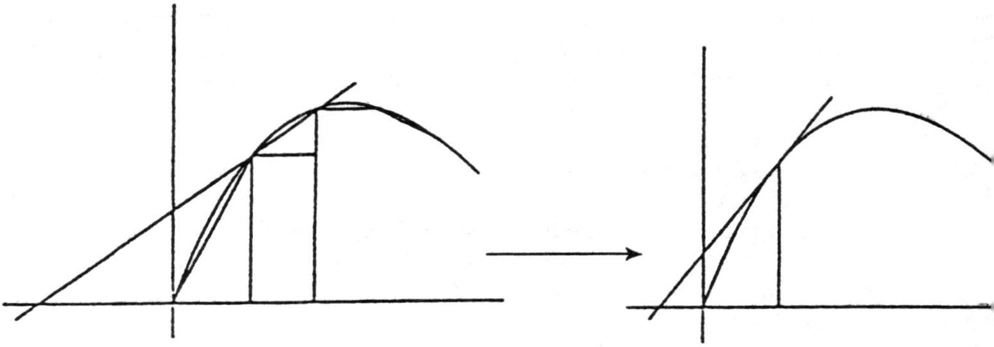

Figure 3

One way out of this problem is to consider the limit process locally (cf. Figure 3). At each point of the curve the secant (as prolongation of the side of the polygon) becomes a tangent, and the height of the area strip determined by one side of the polygon becomes equal to the ordinate. These local limit processes are easily visualised and useful; indeed they are central in modern infinitesimal calculus, in which the derivative is defined by means of this local limit process.

However, Leibniz did *not* adopt the local approach; he chose a global one. He did not conceive the transition of the finite to the infinitangular polygon as a limit process. In that case the sides and angles of the polygon would disappear and the limit process, as explained above could only be interpreted locally. Rather, Leibniz saw the transition as a *direct extrapolation* of the finite case to the infinite. Thus the elements of the polygon, such as its sides, angles, and the induced sequences, remain. A global study of the curve is still possible, only the terms of the sequences become infinitely near.

Of course it is difficult to visualise an infinitangular polygon and the induced sequences; the problem of collapse illustrated in Figure 2 is still present. Leibniz solved, or perhaps rather circumvented, this conceptual problem by not primarily looking at what happens with the differences and sums themselves. They become infinitesimals, but Leibniz tended to avoid a discussion on the nature of the infinitesimals in his calculus. Rather he studied what happens with the *operations* of taking sum sequences and difference sequences after extrapolation to the infinite case. This is a daring approach and I find it characteristic of Leibniz' style in mathematics, in particular for his power of abstraction.

Let us study the process of direct extrapolation and ask in particular how the sequences, induced by the finite polygon, are transformed. When we consider such a polygon, we in fact single out a finite number of values for the variables, namely those connected with the vertices of the polygon. That is, we consider each variable as ranging over a finite sequence of values. Extrapolated to the case of the infinitangular polygon this implies that the variable is conceived to range over an infinite sequence of infinitely near values. And because the infinitangular polygon now coincides with the curve, no other values of the variable are considered than those of the sequence. Hence the concepts of sequence and of variable now coincide; the variable *is* the sequence along which it ranges.

Now consider the operations of adjusting, in the finite case, to a sequence of values of a variable the sequences of their differences and their sums. Extrapolated to the infinite case, these operations, denoted by the symbols d and ∫ respectively, adjust infinite sequences to infinite sequences. But because these sequences now coincide with the variables themselves, d and ∫ are effectively operations between variables. Thus d adjusts to variables such as x, y, s, A, etc., new variables, called their differentials, denoted by dx, dy, ds, dA, etc. These differentials are *variables*, they are infinitely small and they range over the sequence of infinitely small differences of the corresponding sequence of the x's, y's, s's and A's. Similarly, the operation ∫ adjusts to the variables x, y, s, A, etc., new variables ∫x, ∫y, ∫s, ∫A, that are infinitely large.

The conception of the variables as ranging over infinite sequences of infinitely near values, and consequently the conception of the differentials and sums as new variables, is crucial to the understanding of the Leibnizian calculus. It marks, for instance, the contrast with Newton's fluxional calculus, which was based on a fundamentally different conception of the variables, namely as flowing along a continuum of values, rather than ranging over a sequence.

Because the differentials are variables and because the operation d acts upon variables, it can be applied to differentials as well. This leads to the higher-order differentials:

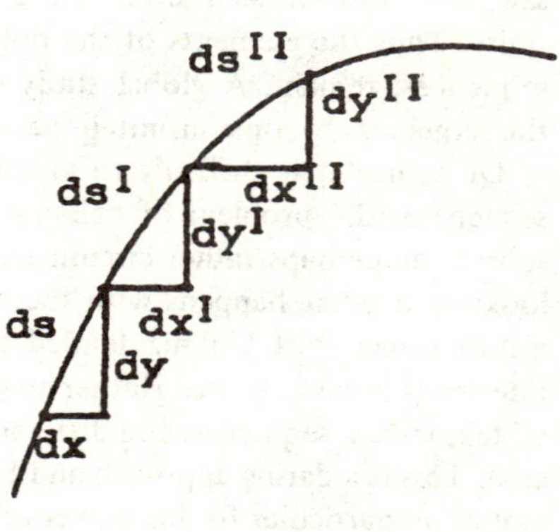

Figure 4

$$dx \xrightarrow{d} ddx$$
$$ds \xrightarrow{d} dds$$

etc.

These higher-order differentials are defined as the difference sequences of the first order differences:

$$ddx = dx^{I} - dx$$

(see figure 4) where dx and dx^{I} are successive terms of the sequence of dx's. Again, the second-order differentials are variables; they are infinitely smaller than the first order differentials.

Similarly, the operation $\int$ can be applied repeatedly, which leads to the higher-order sums $\int\int x$, $\int\int y$, etc. [In the practice of the Leibnizian calculus these infinitely large sums and repeated sums occur rather seldom, because the operation $\int$ is applied mostly to variables which are themselves infinitely small.]

I shall not discuss here the rules for the operation d (d(x+y) = dx + dy, etc.). Rather, I shall turn to a particular problem related to the conceptions of variables, differentials and infinitangular polygons explained above.

In working out his programme Leibniz was confronted with a special difficulty, namely the *indeterminacy* of the *differentials*. I can best explain this difficulty by posing the question:

Are all the sides of an infinitangular polygon equal?

Obviously, we cannot find the answer by looking at an infinitangular polygon, that is, at a curve. We must (see Figure 5) consider the finite polygon and then extrapolate. When we do so, it appears that the question cannot be answered. Poly-

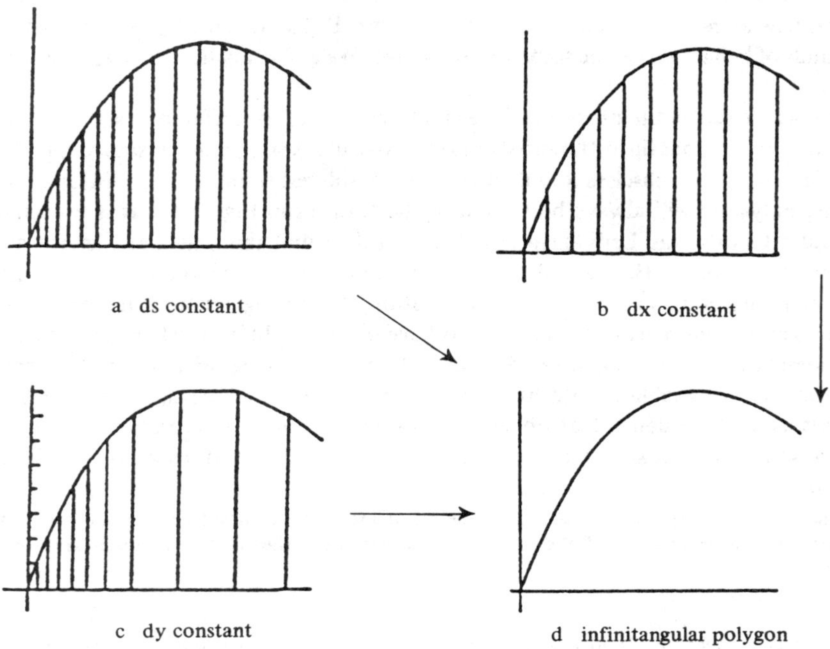

Figure 5

gons approximating a curve may have equal sides (as in Figure 5a), but not necessarily so; other possibilities are, for instance, that the projections of the sides on the X or Y axis are equal (Figure 5b and 5c), and obviously there are many more possibilities to form approximating polygons with unequal sides. This means that the concept "infinitangular polygon" involves an indeterminacy; we do not know a priori from which kind of finite polygon the infinitangular one is an extrapolation, hence we do not know how the differentials vary along the curve. It may be that all ds are equal, in which case all dds are equal to zero, the dx and dy are variable, and consequently the ddx and ddy are unequal to zero (assuming that the curve is not a straight line). But it may also be that all dx are equal, in which case dds $\neq 0$ and ddx $= 0$ etc.

Thus in the Leibnizian calculus the behaviour of the differentials as variables along the curve depends on two things:

– the nature of the curve, and
– the nature of the infinitangular polygon

Unless the nature of the infinitangular polygon is further specified, the behaviour of the differentials is undetermined. The infinitangular polygon depends on what Leibniz called the "progression of the variables", a well chosen expression, because if, for instance, dx is kept constant, the variables progress or range along their sequences of values in a different way than if, say, ds is taken constant.

Of course the aim of the Leibnizian calculus is to determine the behaviour of the differentials as related to the nature of the curve. But that can only be done if the two kinds of behaviour can be somehow separated. We will study how this was done.

One way to solve the problem of the indeterminacy of the differentials is to agree, once and for all, that the differentials of one particular variable, for instance the differentials dx of the abscissa x, will always be considered equal. That is, the approximating polygons will always be chosen in the form as in Figure 5b. It is essential for understanding the Leibnizian calculus to realize that this way out was not acceptable for Leibniz. He wanted to keep the freedom of choice in the nature of the approximating polygons, or rather in the nature of the progression of the variables. The choice of one particular variable to have constant differentials implies an arbitrariness; there is nothing in the geometrical figure that suggests that x rather than y or any other variable should have this privileged role. Leibniz did not make his calculus as a whole dependent on such an arbitrary choice. A quotation may illustrate how Leibniz spoke about the possibility to chose different progressions of the variables:

"To take sums it is quite unnecessary that the dx or the dy be constant and the ddx $= 0$, but one assumes the progression of the x or y (whichever one wishes to take as abscissa) as one likes it."[9]

9 "Es ist ganz nicht nöthig ad summandum dass die dx oder dy constantes und die ddx $= 0$ seyen, sondern man assumiret die progression der x oder y (welches man pro abscissa hal-

So Leibniz did not want from the outset to give one of the variables a special role, he did not want to consider the other variables always in their relation to one special variable. In other words he did not consider the variables as functions of one independent variable.

The fact that the variables in the Leibnizian calculus are not functions, should be stressed; it is one of the main aspects in which that calculus differs from the forms of the infinitesimal calculus developed later. Indeed, when later the concept of function acquired a central place in the calculus, the problem of the indeterminacy of the differentials vanished[10].

Leibniz solved the problem of the indeterminacy of the differentials in another way. He developed a technical and notational method to handle the indeterminacy and to separate the two kinds of variability of the differentials, the one special to the curve, the other induced by the progression of the variables. That technique, the notation, and the conceptions behind it – the infinitangular polygon – were understood and used by the early practitioners of the Leibnizian calculus. They were later forgotten; the calculus, one may say, replaced the techniques, reinterpreted the notation and lost the concepts. But these aspects are essential for understanding the Leibnizian calculus and therefore I want to explain them here and illustrate them by some examples.

Example 1. The parabola

Let us consider a parabola with equation

$$ay = x^2$$

The relations between the first-order and higher-order differentials of the variables x and y along the curve are described by differential equations. These equations have different forms according to the progression of the variables. For instance, if dx is considered constant the differential equations are:

$$\begin{aligned} ady &= 2xdx \\ addy &= 2(dx)^2 \\ ad^3y &= 0 \\ ad^4y &= 0 \\ &\text{etc.} \end{aligned}$$

However, if dy is supposed constant, the equations are different:

$$\begin{aligned} ady &= 2xdx \\ 0 &= 2(dx)^2 + 2xddx \\ 0 &= 6dxddx + 2xd^3x \\ 0 &= 6(ddx)^2 + 8dxd^3x + 2xd^4x \\ &\text{etc.} \end{aligned}$$

ten will) wie man es gut findet." (Leibniz to von Bodenhausen, [LEIBNIZ, *Math. Schr.*] vol. 7, p. 387).

10 Cf. my [1974] pp. 5–6 and 66–77.

And for other choices of the progression of the variables (as for instance ds constant or ydx constant) other sets of differential equations arise. However, it is also possible to give relations between the differentials that apply for all progressions of the variables. In the case of the coordinates x and y of the parabola these relations are:

$$\begin{aligned} ady &= 2xdx \\ addy &= 2(dx)^2 + 2xddx \\ ad^3y &= 6dxddx + 2xd^3x \\ ad^4y &= 6(ddx)^2 + 8dxd^3x + 2xd^4x \\ &\text{etc.} \end{aligned}$$

We note that first-order differential equations are not dependent on the progression of the variables, but higher-order differential equations are. The example shows that an appropriate choice of the progression may considerably simplify the higher-order equations. This was indeed one of the advantages of the free choice of the progression of the variables, and the early practitioners of the Leibnizian calculus used this possibility of simplifying formulas with skill.

Example 2. The radius of curvature

My second example[11] concerns the radius of curvature. Consider (Figure 6) a curve C and two points P and P′ on it near to each other. Let R be the intersection of the normals to the curve at P and P′. The radius of curvature at P is the limit of PR for P′ → P. (In Leibnizian terms: take PP′ infinitely small and consider the intersection R of the normals at P and P′; RP is the radius of curvature.)

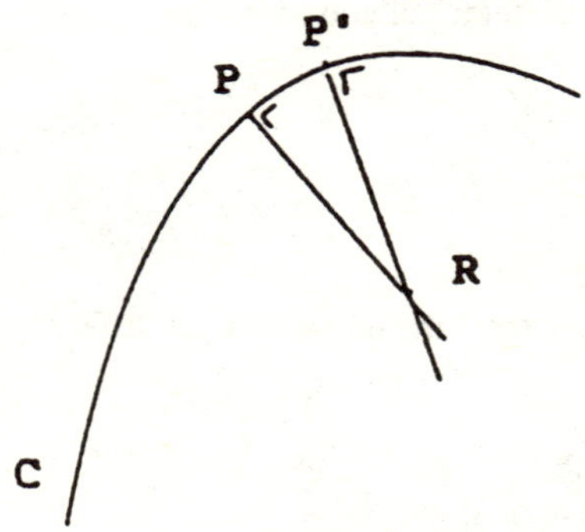

Figure 6

11 Cf. ibid. pp. 35–42.

The Leibnizian calculus provides formulas for the radius of curvature. These formulas involve higher-order differentials, they therefore depend on the progression of the variables. They are (for the usual progressions):

$$r = ds^3/(dxddy) \qquad \text{for dx constant,}$$
$$r = ds^3/(dyddx) \qquad \text{for dy constant}$$
$$r = (dxds)/ddy \qquad \text{for ds constant.}$$

Also in this case there is a formula which is valid for all progressions, namely:

$$r = (dyds^2)/(dsddx - dxdds).$$

These formulas are no longer in use; they may even seem rather strange to mathematicians used to present-day calculus. They have, however, their own elegance, especially if compared with the modern formula for the radius of curvature r of the graph of the function y = f(x) at the point (x,y):

$$r = \frac{[1+(f'(x))^2]^{3/2}}{f''(x)}$$

Example 3. The formula d^2y/dx^2

The formula

$$d^2y/dx^2$$

is known in present-day calculus as the formula for the second derivative; if y = f(x), we denote the derivatives as

$$f'(x) = dy/dx,$$
$$f''(x) = d^2y/dx^2,$$
$$\dots$$
$$f^{(n)}(x) = d^ny/dx^n.$$

The formulas for the second and higher-order derivatives are virtually the only ones in which the old Leibnizian notation d^2, d^3 etc. for higher order differentials is preserved. However, in the Leibnizian calculus the formulas as we use them now are undetermined; their interpretation depends on the progression of the variables. Only if the dx's are taken constant does the interpretation of the formulas in the Leibnizian calculus coincide with the modern interpretation; for all other progressions of the variables the Leibnizian mathematician would read the formulas in a different way than his modern colleague. For instance, if we are dealing with the parabola, i.e.

$$y = f(x) = x^2/a$$

we have

$$d^2y/dx^2 = 2/a = f''(x) \qquad \text{for dx constant,}$$
$$d^2y/dx^2 = 0 \qquad \text{for dy constant,}$$
$$d^2y/dx^2 = 2a/[a^2 + 4x^2] \qquad \text{for ds constant,}$$

(I omit the calculation). This dependence of formulas on the progression of the variables no longer belongs to the standard knowledge in mathematics, as is apparent from the fact that we do not indicate the progression of the variables (dx constant) when we write down the formula d^2y/dx^2 for the second derivative. Thus we have kept the formula but lost the original Leibnizian interpretation.

Example 4. Differential proportionalities

In connection with the formulas of Example 2 I remarked that the first-order differential equations are the same for all progressions of the variables. This is a general feature of the Leibnizian calculus: equations in which all the differentials are of the first order do not depend on the progression of the variables. However, if relations between first-order differentials are expressed by other means than equations, they may also depend on the progression of the variables. This happens for instance in the case of differential proportionalities[12]. An example is:

$$dv :: v.$$

This formula describes motion within a resisting medium of a certain kind, and it states that the loss of velocity dv is proportional to the velocity itself. The formula can only be interpreted if we add information about how this loss of velocity is to be considered, whether as occurring in equal (infinitely small) intervals of time, or in equal intervals of space traversed, or otherwise. These specifications amount to determining what Leibniz called the progression of the variables; and indeed the interpretation of the formula strongly depends on the progression that is considered. For instance if dt is taken constant, that is, if the dv's during equal infinitesimal intervals of time are proportional to the velocity, the motion is described by

$$v = ce^t,$$

for some constant c. But if the dv's are considered during equal intervals of the space traversed, that is, if we consider a progression of the variables in which ds is constant (or, equivalently, vdt constant, because ds = vdt), then the motion is described by

$$v = c/t.$$

12 Cf. ibid. pp. 47–53.

The dependence of differential proportionalities on the progression of the variables played an important role in a discussion between Huygens and Leibniz which occurred around 1690. The discussion concerned motion in resisting media and it started with a misunderstanding between the two scholars that was caused by a failure to indicate the progression of the variables with respect to which the differential proportionalities describing the particular types of resistance were considered.

After these examples it may seem that the dependence of formulas on the progression of the variables was merely a nuisance and a burden. But it was not, indeed it had advantages. The early practitioners of the Leibnizian calculus showed a real skill in using the dependence on the progression of the variables profitably. For instance, in dealing with higher-order differential equations they knew how to chose the progression of the variables in such a way as to simplify the formulas (cf. Example 1). Also in deriving higher-order differential equations for mechanical problems (such as the form of elastic beams under tension, or the motion of bodies in resisting media) the indeterminacy of the differentials could be useful. Such derivations require figures in which the first and second-order differentials are marked, and often these figures can be considerably simplified by chosing the progression of the variables in an appropriate way.

The notations, concepts and techniques which I have been describing are no longer in use; they were lost during the eighteenth and nineteenth centuries. I shall not here discuss the reasons for their disappearence; I shall only mention that it had to do with a certain dissatisfaction with the indeterminacy of the differentials – this especially in Euler's case – and with the emergence of the concept of function[13].

But I want to stress that, looking back on this development, one cannot say that it was a case of throwing away the wrong and ugly parts of a theory. The techniques were certainly not wrong and, I think, not ugly either. Only they did not fit well in the later conceptual development of the subject and therefore they fell out.

Not only the techniques and the concepts around the indeterminacy of the differentials vanished in the later development of the calculus, much of the further conceptual setting of the Leibnizian calculus vanished as well, or changed drastically, mostly in connection with the later predominance of the concept of function.

I have used the indeterminacy of the differentials as strongest illustration of the great difference between the Leibnizian and the modern calculus. I think that, to sum up, I should now make an explicit comparison between the two theories[14].

13 Cf. ibid. pp. 66–77.

14 For a more detailed comparison see [BARON and BOS, 1974] pp. 54–57, [BOS, 1974] pp. 34–35 and [BOS, 1980] pp. 92–93.

The comparison (see Figure 7) is as follows.

LEIBNIZIAN CALCULUS	MODERN CALCULUS
Fundamental concept	
Variable	Function
Operations	
Differatiation:	Derivation:
variable → → infinitely smaller variable	function → function
$x \to dx$ $dy \to ddy$	$f \to f'$
Summation	Integration
variable → → infinitely larger variable	function → function
$x \to \int x$ $ydx \to \int ydx$	$f \to F$ (with $F(x) = \int_a^x f(t)dt$)
Indeterminacy	
Indeterminacy of differentials handled by specifying the progression of the variables	No indeterminacy because of function concept

Figure 7

First of all the two theories differ because their fundamental concepts, the objects they deal with, are different. The Leibnizian calculus concerns variables, conceived as ranging over an infinite sequence of infinitely near values. These variables, as explained above, are not functions, because no independent variable is chosen at the outset. Modern calculus, however, deals with functions.

Secondly, the fundamental operations differ. The Leibnizian differentiation adjusts to a variable a new, infinitely small variable, namely its differential. The modern derivation adjusts to a function a new function, namely its derivative, which is defined by means of limits. The Leibnizian operation $\int$ (for which I use Leibniz' term "summation", although very quickly this term was replaced by the term "integration" introduced by the Bernoulli's) adjusts to a variable a new, infinitely larger variable. The modern integration adjusts to a function a function, namely the integral.

Finally, the conception of variables in the Leibnizian calculus implies the indeterminacy of the differentials, which then is dealt with by specification of the progression of the variables. The problem of the indeterminacy of the differentials does not arise in modern calculus because that calculus concerns functions of explicitly specified independent variables.

The comparison shows that in a certain sense the modern calculus has straightened out a number of complications involved in the Leibnizian calculus. There are no longer the infinitely small and infinitely large quantities; all the functions are finite. Also the indeterminacy of the differentials and the dependence of formulas on the progression of the variables is removed. But I want to stress once more that the aspects of the Leibnizian calculus that were in this way removed from mathematics were not wrong or ugly. I hope indeed to have shown that they gave to the Leibnizian calculus a richness of structure and even a certain beauty.

In this short presentation I have had to leave out many details. I have also been rather technical in my presentation. I hope that these technicalities have not blocked the general understanding of the main points I wanted to make, namely:

– The Leibnizian calculus was in many aspects fundamentally different from the modern theory.
– But the Leibnizian calculus was a coherent, effective and beautiful theory in itself.
– That coherence, effectiveness and beauty can only be seen if one studies and judges the theory as much as possible in its own terms, and not in terms of what came afterwards.

I have stressed the special nature of the Leibnizian calculus and its difference from modern calculus. But one might ask: does that need so much emphasis? After all, the modern calculus was made by the moderns, and of course Leibniz created a different calculus – he was much too original a thinker to invent a theory made by others, even if these others came after him.

Bibliography

BARON, M. and BOS, H. J. M. [1974] = *Newton and Leibniz* (Unit C3 of the Open University course AM 289 *History of mathematics – origins and development of the calculus*), Milton Keynes (Open University Press), 1974.

BOS, H. J. M. [1974] = *Differentials, higher-order differentials and the derivative in the Leibnizian calculus*, in: *Arch. Hist. Ex. Sci.* 14 (1974), pp. 1–90.

BOS, H. J. M. [1980] = *Newton, Leibniz and the Leibnizian tradition*, (Ch. II in:) *From calculus to set theory, an introductory history* (ed. I. GRATTAN GUINNESS, London, 1980), pp. 49–93.

DUPONT, P. and ROERO, C. S. [1984] = *Leibniz 1684*, Torino (Fac. Sci. Mat. Fis. Nat., Univ. Torino; Series *Quaderni di Matematica* # 56), 1984.

ENGELSMAN, S. B. [1984] = *Families of curves and the origins of partial differentiation*, Amsterdam etc. (North-Holland Publ. C.), 1984.

GERHARDT, C. I. [1855] = *Die Geschichte der höheren Analysis, erste Abteilung, die Entdeckung der höheren Analysis*, Halle, 1855.

HOFMANN, J. E. [1949] = *Die Entwicklungsgeschichte der Leibnizschen Mathematik während des Aufenthaltes in Paris (1672–1676)*, München, 1949.

HOFMANN, J. E. [1974] = *Leibniz in Paris 1672–1676* (Translation of [HOFMANN 1949]), Cambridge, 1974.

LEIBNIZ, G. W. [Math. Schr.] = *Mathematische Schriften* (7 vols., ed. C. I. GERHARDT), Berlin and Halle, 1849–1853 (reprint Hildesheim 1961–1962).

LEIBNIZ, G. W. [1684] = *Nova methodus pro maximis et minimis, itemque tangentibus, quae nec fractas, nec irrationales quantitates moratur, et singulare pro illis calculi genus*, in: *Acta Eruditorum* Oct. 1684, pp. 467–473; also in [LEIBNIZ, *Math. Schr.*] vol. 5, pp. 220–226.

Leibniz' Einführung des Transzendenten

Von
HERBERT BREGER (HANNOVER)

Der Begriff „transzendent" wurde von Leibniz in die Mathematik eingeführt[1]. Das Wort findet sich zum ersten Mal in einer Handschrift aus dem Jahre 1675 und tritt dann ab 1682 in verschiedenen Aufsätzen in den *Acta Eruditorum* im Druck auf[2]. Ein Aufsatz im *Journal des Sçavans*[3] von 1692 ist ausschließlich der Einführung des Transzendenten gewidmet. Die besondere Bedeutung, die Leibniz dem Transzendenten beimaß, wird schon daraus deutlich, daß er seine Differential- und Integralrechnung als „verum Algebrae supplementum pro transcendentibus"[4] oder sogar schlechthin als „le nouveau calcul des transcendantes"[5] bezeichnet. Im folgenden sollen einige Probleme und Motive bei der Einführung des Transzendenten dargelegt werden. Vom wissenschaftstheoretischen Standpunkt ist die Einführung des Transzendenten vor allem deshalb interessant, weil Leibniz damit den zulässigen mathematischen Objektbereich erweitert und die traditionellen Anforderungen an mathematische Exaktheit und Konstruierbarkeit abschwächt. Leibniz hat als erster explizit die bis dahin gültige Cartesische Definition der Grenzen der Mathematik kritisiert und eine erweiterte Definition von Mathematik gegeben.

In der Terminologie der modernen Mathematik gesprochen ist natürlich klar, daß sich in einem metrischen Raum nur dann sinnvoll Analysis treiben läßt, wenn dieser Raum vollständig ist. Insofern ist offensichtlich, daß die Einführung des Transzendenten eine entscheidende Voraussetzung der Differential- und Integralrechnung ist. In einem nicht vollständigen metrischen Raum ist das Problem, für jede Cauchy-Folge einen Grenzwert zu finden, unlösbar. Man kann dieses Problem dann dadurch lösbar machen, daß man (bis auf Äquivalenz) die Cauchy-Folgen ohne Grenzwert dem Raum als neue Punkte hinzufügt. Im Grund genommen ist dies auch das Verfahren, dessen sich Leibniz bedient, – freilich nur, wenn man mit den Worten „im Grund genommen" großzügig umgeht.

Den Ausgangspunkt der Problemstellung bei Leibniz bildet natürlich die Descarttessche *Géométrie*[6]. Descartes hatte die Beschränkung der antiken Geometrie auf

1 Die bisherige Sekundärliteratur zum Transzendenten bei Leibniz ist E. TURRIERE, *La notion de transcendance géométrique chez Descartes et Leibniz*, in: *Isis* 2 (1919), S. 106–124, sowie J. E. HOFMANN, *Leibniz in Paris*, Cambridge 1974, S. 128.

2 GM V, S. 120, S. 124, S. 223, S. 228.

3 GM V, S. 278–79.

4 GM V, S. 232. Vgl. auch GM V, S. 259 und A I,7, S. 399.

5 GM V, S. 306–308. Ähnlich äußert sich Leibniz in GM IV, S. 92.

6 Eine gute Untersuchung der *Géométrie* unter dem hier relevanten Gesichtspunkt bietet

das mit Zirkel und Lineal Konstruierbare kritisiert. Er führt neue Konstruktionsgeräte (z.B. ein System gegeneinander drehbarer und verschiebbarer Lineale) ein; damit sind dann in der Cartesischen Mathematik nicht nur Ellipse, Hyperbel und Parabel, sondern sämtliche algebraische Kurven konstruierbare und legitime Objekte. Diese Kurven nennt Descartes daher „geometrisch". In Übereinstimmung mit der Tradition schließt Descartes jedoch die nicht-algebraischen Kurven aus der Mathematik aus und verweist sie in die Mechanik. Solche Kurven können nämlich nur durch zwei getrennte Bewegungen beschrieben werden, die untereinander in keiner exakt meßbaren Proportion stehen[7]. Exaktheit und Algebraizität sind also für Descartes identisch und in der Tat hat er, solange man an der Beziehung von Exaktheit und Konstruierbarkeit festhält, gute Gründe für seine Auffassung[8].

Nicht-algebraische Methoden und Ergebnisse sind infolgedessen für den Cartesianer stets nur Näherungsmethoden. Sie gelten selbst dann nicht im strengen Sinne als exakt, wenn sie in unserem heutigen Sinne exakt sind. Ein Beispiel dafür ist die Rektifikation der logarithmischen Spirale. Descartes wußte durchaus, daß die Bogenlänge der logarithmischen Spirale proportional zum Radiusvektor ist; weil diese Kurve aber nur mechanisch definierbar ist, handelt es sich für Descartes um kein exaktes Resultat[9].

Wie so oft in der Geschichte der Mathematik wurde auch hier die Entwicklung durch die Debatte über die Lösbarkeit eines bestimmten Problems vorangetrieben. 1668 legte James Gregory ingeniöse Reihenentwicklungen zur Bestimmung der Fläche von Kreis und Hyperbel vor; er führte den Begriff der Konvergenz von Reihen ein, und er folgerte aus seinen Reihenentwicklungen, daß das Verhältnis von Kreisfläche und Radiusquadrat keine algebraische Zahl ist. Diese Folgerung war voreilig; es lohnt jedoch, Gregorys Sicht der Problemlage näher zu betrachten. Gregory stimmt mit Descartes darin überein, daß nur das Algebraische mathematisch zulässig ist; während aber Descartes eine geometrische Definition des Zulässigen gegeben hatte, finden wir bei Gregory eine algebraische Definition. Nach Gregory können nur kommensurable Proportionen vollständig vom menschlichen Geist verstanden werden; inkommensurable Proportionen werden von den Mathematikern nur insoweit akzeptiert, als sie durch Wurzelziehung und Addition oder Subtraktion von Wurzeln aus kommensurablen entstehen[10]. Solcherart gebildete

H. J. M. BOS, *On the Representation of Curves in Descartes' Géométrie*, in: *Archive for History of Exact Sciences* 24 (1981), S. 295–338.

7 DESCARTES, *Oeuvres*, Hrsg.: ADAM/TANNERY, Bd. VI, S. 390.

8 Dies muß betont werden, weil Descartes' Argumente oft zu leicht genommen worden sind. So bemerkt HOFMANN (aaO. S. 50), der Ausschluß der mechanischen Kurven „always appeared to Leibniz as a highly rewarding narrowing of the field which he however tried to reverse as soon as he was able". Descartes hat das Feld nicht verengt (sondern erweitert), und so war für Leibniz auch nichts rückgängig zu machen. Wenn man Descartes' Position als eine wenig begründete Merkwürdigkeit beiseite schiebt, dann bleiben Leibniz' Probleme bei der Einführung des Transzendenten unverständlich.

9 DESCARTES, aaO. Bd. II, S. 360 und Bd. VI, S. 412.

10 James GREGORY, *Vera circuli et hyperbolae quadratura*, 1668, S. 28.

Ausdrücke bezeichnet Gregory als „analytisch". Nach Gregory kann also die Kreisfläche mit Hilfe seiner unendlichen Reihen beliebig gut durch analytische Ausdrücke approximiert werden, eine exakte Bestimmung durch einen analytischen Ausdruck ist aber unmöglich. Gregory stößt hier auf die Unvollständigkeit des Raums der algebraischen Zahlen, und er empfindet durchaus nicht das Bedürfnis nach einer vollständigen Erweiterung.

Bekanntlich gab Gregorys Buch Anlaß zu einer Polemik zwischen ihm und Huygens im *Journal des Sçavans* und in den *Philosophical Transactions*[11] über die Möglichkeit einer exakten Kreisquadratur. Hier interessiert an dieser Polemik nur, daß sich beide Kontrahenten über die zulässigen Mittel völlig einig waren: Auch Huygens geht es um eine Kreisquadratur mit den Mitteln „qu'on reçoit en Geometrie"[12]. Wie wohl jeder Mathematiker zu dieser Zeit betrachtet auch Huygens ganze Zahlen, gebrochene Zahlen und irrationale Wurzeln als in der Mathematik zulässig; die irrationalen Wurzeln gelten dabei nicht im strengen Sinne als Zahlen, weil sie nicht in Ziffern ausdrückbar sind, sondern nur als geometrische Linien[13].

Zur Illustrierung der historischen Situation mag noch kurz eine Polemik über die Cartesische Mathematik zwischen zwei Mathematikern, mit denen Leibniz in Kontakt stand, erwähnt werden: die Polemik zwischen Collins und Tschirnhaus im Jahre 1676. Während Tschirnhaus die Leistungen von Descartes stark betont und seinen Nachfolgern nur eine untergeordnete Rolle zubilligt, gibt Collins den englischen Mathematikern, die schleichend und unausgesprochen die Cartesische Mathematik unterminiert hatten, eine höhere Bewertung. Auch Collins hält daran fest, daß die Cartesische Unterscheidung von geometrischen und mechanischen Problemen wohlbegründet ist; er fügt jedoch hinzu, daß man seit Descartes mit Hilfe der unendlichen Reihen wichtige Fortschritte beim Studium mechanischer Probleme erzielt hat. Collins vertritt also die pragmatische Haltung, die für die englische Mathematik jener Zeit so charakteristisch ist. Tschirnhaus wiederholt in seiner Antwort die Cartesische Position: Nur durch die Beschränkung auf das rein Algebraische ist die Strenge und Klarheit der Mathematik möglich. Die Resultate von Gregory und Newton über unendliche Reihen seien zweifellos höchst lobenswert; aber es handle sich dabei eben nicht um exakte Lösungen, die in die Geometrie gehören, sondern um bloße Näherungslösungen, die der Mechanik zuzuordnen sind[14].

Der junge Leibniz ist vermutlich Ende Dezember 1673 von Huygens auf Gregorys Buch aufmerksam gemacht worden[15]; Huygens hat ihm sogar Gregorys Buch

11 Vgl. dazu DIJKSTERHUIS, *James Gregory and Christiaan Huygens*, in: GREGORY, *Tercentenary Memorial Volume*, Hrsg.: TURNBULL, London 1939, S. 478–486.

12 *Journal des Sçavans*, 12. Nov. 1668, Amsterdamer Ausgabe S. 439.

13 HUYGENS, *Oeuvres complètes*, Bd. XX, Den Haag 1940, S. 370.

14 HOFMANN, aaO. S. 202–210.

15 HOFMANN, aaO. S. 63–64 sowie HOFMANNS Einleitung in A III,1, S. LIV-LVI. – Für eine spätere Beschäftigung von Leibniz mit Gregorys Buch vgl. die Aufzeichnung *Paralogismus Jac. Gregorii cum circuli algebraice quadrari posse negat* (LH 35, XIII,1, Bl. 118).

geliehen, und Leibniz hat es exzerpiert. Leibniz überzeugte sich, daß Gregorys Beweis unvollständig ist, aber er war (nach Hofmann) schon davon überzeugt, daß die Kreisquadratur algebraisch unmöglich ist.

Ein Jahr später faßt Leibniz eine Erweiterung der in der Geometrie zulässigen Klasse von Kurven ins Auge. In einer Aufzeichnung[16] über quadrierbare Kurven vom Januar 1675 definiert Leibniz solche Kurven als analytisch, für die die Beziehung zwischen Ordinate und Abszisse durch eine Gleichung ausgedrückt werden kann. Da mit „Gleichung" selbstverständlich „algebraische Gleichung" gemeint ist, sind die analytischen Kurven mithin die algebraischen Kurven. Der Bezeichnung „geometrisch" gibt Leibniz nun einen gegenüber Descartes erweiterten Sinn: Es gebe keinen Hinderungsgrund, die Zykloide als geometrische Kurve zu betrachten, weil sie mit einer ziemlich einfachen stetigen Bewegung beschrieben werden kann und weil sie wunderbare Eigenschaften hat. Weder gibt Leibniz eine neue präzise Definition für „geometrisch" noch setzt er sich mit dem entscheidenden Argument von Descartes – das für die Definition der Zykloide wesentliche Verhältnis von Radius und Kreisumfang ist nur näherungsweise bekannt – auseinander. Leibniz' Motiv für seine tentativen Neubestimmungen der Begriffe wird aber unmittelbar darauf in derselben Aufzeichnung erkennbar: Leibniz konstatiert, daß Kreis und Hyperbel keine analytische Quadratrix haben; die Quadratur von Kreis und Hyperbel ist also unmöglich; es gibt demnach umgekehrte Tangenten-Probleme, die nicht lösbar sind. Leibniz stand demnach vor der unausgesprochenen Alternative, entweder auf eine mathematische Lösung zu verzichten oder den Begriff „mathematische Lösung" neu zu definieren[17].

Diese Aufzeichnung vom Januar 1675 ist deshalb interessant, weil sie der Sache nach die Einbeziehung des Transzendenten in die Geometrie behandelt, ohne daß das Wort „transzendent" auftritt. Dieses Wort erscheint dann aber im Konzept eines Briefes[18] an Oldenburg von Anfang März 1675, – Leibniz muß das Wort demnach zwischen Januar und Anfang März 1675 geprägt haben. Im Konzept des Briefes an Oldenburg steht das Wort „transzendent" im Zusammenhang mit Quadraturproblemen und unmittelbar danach wird die Polemik zwischen Gregory und Huygens erwähnt. In der endgültigen Fassung des Briefes an Oldenburg taucht das Wort „transzendent" freilich nicht mehr auf, offenbar hielt Leibniz die Sache noch nicht für mitteilungsreif. Der erste, dem Leibniz den neuen Begriff mitgeteilt hat, ist dann vermutlich Tschirnhaus[19] gewesen. Die Einführung dieses neuen Begriffs ist deshalb erforderlich, weil das die mathematische Illegitimität zum Ausdruck bringende Wort „mechanisch" eliminiert werden soll. Parallel zur Einführung des

16 LH 35, II,1, Bl. 282–283.

17 Vgl. die Wiederholung des Gedankengangs in GM V, S. 228–229.

18 A III,1, S. 204.

19 Vgl. HOFMANN, *Leibniz als Mathematiker*, in: *Leibniz*. Hrsg.: TOTOK/HAASE, Hannover 1966, S. 450, Anmerkung 157 sowie LEIBNIZ, *Briefwechsel mit Mathematikern*, Hrsg.: GERHARDT, Berlin 1899, S. 376.

Wortes „transzendent" führt Leibniz für die von Descartes als geometrisch bezeichneten Kurven den Ausdruck „algebraisch" ein[20], damit das Legitimation verleihende Wort „geometrisch" nun in einem breiteren Sinne gebraucht werden kann.

Im Konzept des Briefes an Oldenburg ist Leibniz sich über die Richtung, in der die Neubestimmung der Grenzen der Mathematik zu suchen wäre, noch im Unklaren. Dies wird besonders an seiner Bemerkung deutlich, daß es analytische Ausdrücke gebe, die weder im Sinne der antiken noch im Sinne der Cartesischen Geometrie konstruierbar sind, und daß es umgekehrt geometrische Konstruktionen von Kurven gebe, die durch keinen analytischen Wert ausgedrückt werden können[21]. Mit der Überschreitung der Cartesischen Grenzen steht Leibniz nun vor dem Problem, daß das in einer Gleichung Ausdrückbare und das Konstruierbare nicht mehr identisch sind. In den folgenden Jahren wird dann immer deutlicher, daß Leibniz der Gleichung als Entscheidungskriterium den Vorrang gibt[22]; sein Interesse an neuen Konstruktionsgeräten, mit deren Hilfe das geometrisch Zulässige definiert werden kann, bleibt relativ gering[23].

Im Zusammenhang mit der nun beginnenden mathematischen Descartes-Kritik führt Leibniz gelegentlich zwei prinzipielle Argumente an. Das erste Argument richtet sich gegen Descartes' Behauptung, alle geometrischen Probleme ließen sich auf Gleichungen reduzieren[24]. Leibniz bemerkt dazu, dies sei ganz falsch, auch Huygens, Hudde und andere hätten – offenbar in mündlichen Unterredungen – die Falschheit dieser Behauptung zugegeben[25]. Dies Argument setzt als selbstverständlich voraus, daß „Gleichung" nur „algebraische Gleichung" bedeutet. Da aber Leibniz auch transzendente Gleichungen einführen will, handelt es sich hier um ein Argument, das sozusagen noch mit einem Bein in der Cartesischen Mathematik steht.

Etwas ähnliches gilt für das zweite prinzipielle Argument: Descartes habe lediglich eine Geometrie des Geradlinigen geboten[26], es komme nun darauf an, eine Geometrie der gekrümmten Linien zu entwickeln. Descartes zeige, wie man eine gerade Linie finden kann, deren Beziehung zu anderen geraden Linien gegeben ist.

20 Z.B. LEIBNIZ, *Briefwechsel mit Mathematikern*, aaO. S. 409. – Der Terminus „algebraisch" tritt im Konzept des Briefes an Oldenburg noch nicht auf.

21 A III,1, S. 205. – Vgl. auch GM V, S. 103 (ca. 1678–1679 geschrieben) über Logarithmus und Zykloide als einfachste transzendente Kurven für Analysis bzw. Konstruktion.

22 Für Descartes' Haltung dazu vgl. BOS, aaO. S. 297, S. 322–323, S. 331. – Leibniz hat an Descartes gerade die Verwendung von Gleichungen gelobt (GM VII,213).

23 Leibniz hat gelegentlich mit dem Gedanken gespielt, mittels der Evoluten, der Kettenlinie und sogar der Beziehung zwischen Logarithmus und Reibung neue Konstruktionsmittel zu gewinnen (GM V, S. 229, S. 243–244, S. 265, S. 295).

24 DESCARTES, *Oeuvres*, Bd. VI, S. 475.

25 A I,3, S. 347 (dieselbe Stelle auch gedruckt A II,1, S. 508). Offenbar ist dabei vor allem an die umgekehrten Tangentenprobleme gedacht.

26 A III,1, S. 139; GM I, S. 184; GM VII, S. 360 sowie die vermutlich Ende der 70er Jahre entstandene Aufzeichnung LH 35, XIII,3, Bl. 225–226. – Zu Descartes vgl. auch BOS, aaO. S. 314.

Aber gerade die schwierigsten, die schönsten und die für die physikalische Anwendung[27] wichtigsten Probleme sind nicht von dieser Art: Die Schwerpunktsbestimmungen, die Flächenbestimmungen und die Rektifikationen – kurz gesagt, die Probleme, in denen die Größe einer krummen Linie oder die Größe einer krummlinig begrenzten Fläche vorausgesetzt oder gesucht werden – führen in der Regel ins Transzendente. Wie das Beispiel der Zykloide oder anderer Evoluten zeigt, war die „admensuratio curvarum ad rectas"[28] ein beliebtes Mittel zur Erzeugung transzendenter Kurven. Leibniz hat gelegentlich sogar daran gedacht, ob man nicht alle transzendenten Kurven systematisch als Evoluten erzeugen könne[29]. Natürlich setzt die Charakterisierung der Cartesischen Geometrie als einer Geometrie des Geradlinigen voraus, daß auf der geraden Linie nur die algebraischen Punkte berücksichtigt werden. Wenn man auch die transzendenten Punkte auf den Koordinatenachsen als legitim ansieht, dann verschwindet der angegebene Unterschied zwischen der Geometrie des Geraden und der Geometrie des Krummen. Auch für dieses zweite prinzipielle Argument gegen die Cartesische Mathematik gilt also, daß es teilweise noch auf dem Boden der Cartesischen Mathematik steht.

Die Charakterisierung der Cartesischen Geometrie als Geometrie des Geradlinigen läßt sich auch mit Hinblick auf das verwendete Koordinatensystem erläutern: Descartes verwendet geradlinige Koordinaten, die Verwendung krummliniger Koordinaten würde voraussetzen, daß das entsprechende Rektifikationsproblem gelöst ist oder zumindest als lösbar betrachtet wird, – aber eben das Rektifikationsproblem hatte Descartes ja als unlösbar bezeichnet[30]. Über die Frage, ob krummlinige Koordinaten schon bei Leibniz oder erst bei Gauß vorkommen, ist es zu einer Kontroverse zwischen Moritz Cantor und Eneström gekommen[31]. Wo Cantor durch Leibniz' Worte krummlinige Koordinaten bezeichnet fand, wollte Eneström lediglich eine Kurvenschar sehen. Daß Cantors Interpretation der Leibnizschen Intention letzten Endes besser gerecht wird, zeigt sich, wenn man den Zusammenhang der zur Debatte stehenden Stelle mit einbezieht. Leibniz spricht dort von den Tschirnhausschen Brennlinien und anderen Evoluten; mit derselben Thematik befaßt er sich in einem Brief an Tschirnhaus aus dem Jahre 1682[32] und dort steht

27 Die Wichtigkeit des Transzendenten für die Physik betont Leibniz u.a. auch GM II, S. 219 und GM VII, S. 10.

28 GM V, S. 295.

29 LEIBNIZ, *Opuscules et fragments inédits*, Hrsg.: COUTURAT, Paris 1903, S. 164.

30 DESCARTES, *Oeuvres*, Bd. VI, S. 412.

31 Moritz CANTOR, *Vorlesungen zur Geschichte der Mathematik*, New York und Stuttgart 1965 (Nachdruck der 2. Auflage von 1901), Bd. III, S. 211 und ENESTRÖM, *Über das angebliche Vorkommen krummliniger Koordinaten bei Leibniz*, in: *Bibliotheca Mathematica*, 3. Folge, Bd. 10, 1909–1910, S. 43–47. Der Streit ging um die Interpretation von GM V, S. 267.

32 GM IV, S. 492, S. 493. Die letztgenannte Stelle ist durch einen Druckfehler in der Gerhardt-Ausgabe unverständlich (statt BC muß es BE heißen).

zweifelsfrei fest, daß Leibniz krummlinige Koordinaten verwendet. Vielleicht ist er dazu durch Tschirnhaus angeregt worden[33], aber die Verwendung krummliniger Koordinaten liegt durchaus in der Konsequenz seiner Descartes-Kritik im Zusammenhang mit der Einführung des Transzendenten.

In den ersten Hannoveraner Jahren kennt Leibniz drei verschiedene Rechnungsarten[34] für die Behandlung transzendenter Probleme. Da ist erstens der Kalkül der unendlichkleinen Größen; in der Regel wird es sich dabei um eine Differentialgleichung zur Lösung eines Quadraturproblems handeln. Die zweite Rechnungsart sind die unendlichen Reihen. Vermutlich ist Leibniz besonders durch die Betrachtung trigonometrischer Reihen zur Bildung des Begriffs „transzendent" motiviert worden. Das Problem der Teilung eines Winkels in einem gegebenen Verhältnis läßt sich nicht auf eine Gleichung reduzieren, deren Grad unabhängig von dem gegebenen Verhältnis wäre; folglich kann auch die Beziehung zwischen Kreisbogen und Sinus nicht durch eine Gleichung von einem bestimmten Grad ausgedrückt werden[35]. Die Darstellung des Sinus durch eine unendliche Potenzreihe macht unmittelbar anschaulich, daß das allgemeine Problem der Winkelteilung jeden Grad einer algebraischen Gleichung übersteigt, mithin „transzendent" (übersteigend) ist. Entsprechend diesem Ursprung des Begriffs „transzendent" hat der junge Leibniz gelegentlich transzendente Gleichungen als Gleichungen von unendlichem Grad angesehen[36]. Später hat Leibniz transzendente Gleichungen als Gleichungen, die keinen Grad oder alle Grade gleichzeitig haben, betrachtet[37]. Mitunter sagt Leibniz auch, daß transzendente Gleichungen einen unbestimmten Grad haben oder einen Grad, den man erst nach der Lösung der Gleichung kennt[38]. Bei diesen beiden letzten Formulierungen denkt Leibniz bereits an seine dritte Rechnungsart zur Behandlung transzendenter Probleme, nämlich an Gleichungen, bei denen die Unbekannte bzw. die Variable im Exponenten auftritt.

Buchstaben im Exponenten hatten schon Sluse[39], Wallis (1657) und Newton (1676) verwendet[40]; Leibniz scheint aber der erste gewesen zu sein, bei dem die

33 GM IV, S. 490. Ob krummlinige Koordinaten bereits in den Gesprächen zwischen Leibniz und Tschirnhaus in Paris und Hannover vorkamen, ist bisher nicht zu entscheiden.

34 GM IV, S. 480, S. 507.

35 Vgl. GM V, S. 97–98.

36 A III,1, S. 139. – Wegen dieses Ursprungs von „transzendent" steht auch fest, daß der philosophische Begriff von Transzendenz (dessen Gegensatz Immanenz ist) keine Rolle bei der Entstehung des mathematischen Begriffs der Transzendenz gespielt hat.

37 GP VII, S. 19; A II,1, N. 227 sowie Leibniz an Clüver 10. IX. 1680 (London, Royal Society, Guardbook, EL, L_5, N. 106).

38 GM IV, S. 28; GM VII, S. 215, S. 360; LEIBNIZ, *Briefwechsel mit Mathematikern*, aaO. S. 409 sowie außerdem eine vermutlich Ende der 70er Jahre entstandene Aufzeichnung LH 35, XIII,3, Bl. 226 v°.

39 So jedenfalls nach Leibniz' Aufzeichnung LH 35, VIII,30, Bl. 2 (diese Aufzeichnung ist ein Konzept zu GM V, S. 278–279).

40 Florian CAJORI, *A history of mathematical notations*, La Salle /Illinois 1928, S. 355.

Unbekannte bzw. die Variable im Exponenten auftritt[41]. Ein solcher Exponentialausdruck ist nach Leibniz die beste Darstellungsform des Transzendenten[42]; wenn man nämlich zu dieser Darstellung gelangt ist, dann ist das Problem gelöst, während man bei den beiden anderen Darstellungsformen erst noch eine Differentialgleichung lösen oder eine Reihensumme berechnen muß. Bei der Betrachtung solcher Exponentialgleichungen im Zusammenhang mit Quadraturproblemen, so berichtet Leibniz, „nova mihi lux oborta est, coepique agnoscere praeter vulgarem analysin dari aliam quandam Transcendentem a me appellatam, quia aequationibus utitur quae omnes gradus transcendant“[43].

Leibniz hat sich in den ersten Hannoveraner Jahren intensiv mit der Behandlung von Exponentialgleichungen befaßt. Die Briefwechsel mit Huygens[44] und Tschirnhaus[45] sowie die Gespräche mit Ferguson[46] im Frühjahr 1680 belegen dies ebenso wie aus dieser Zeit stammende Aufzeichnungen[47]. In der Aufzeichnung *Aequationes transcendentes exponentiales* (LH 35, V, 13, Bl. 1–2) vom Februar 1677 bemerkt Leibniz, nichts in der gesamten Analysis sei schwieriger als die Lösung von Gleichungen, in denen die Unbekannte im Exponenten auftritt. Der einzige ihm bis jetzt bekannte Lösungsweg sei der mittels unendlicher Reihen. Damit ist folgendes gemeint: Der Ausdruck $2^x = (1 + 1)^x$ läßt sich durch Anwendung der Binomialentwicklung in einen Ausdruck umformen, in dem x nicht mehr im Exponenten vorkommt. Entsprechend kann man durch mehrfache Anwendung der Binomialentwicklung für jede ganze Zahl a den Ausdruck a^x so umschreiben, daß x nicht mehr im Exponenten erscheint. Aussichtsreich scheint dieser Lösungsweg freilich nicht. Dennoch wiederholt Leibniz diesen Gedanken in der Aufzeichnung *Pulcherrimum novi calculi principium, quo spes est ad quadraturas et transcendentes veniri posse* (LH 35, V, 18, Bl. 1–6) vom 5.(15.) Oktober 1680; er wendet sich dann aber einer anderen Überlegung zu: Er sucht nach Doppelwurzeln von Gleichungen der Form $a^z + b\,z^2 + c\ \ z + d = 0$ und glaubt dadurch zu Tangentenbestimmungen und Quadraturen transzendenter Kurven gelangen zu können. Insgesamt scheint für Leibniz' Beschäftigung mit den Exponentialgleichungen das zu gelten, was er als letzten Satz einer undatierten Aufzeichnung (LH 35, XIII, 1, Bl. 182) zu diesem

41 Diesen Prioritätsanspruch hat Leibniz in vorsichtiger Form selbst erhoben, vgl. GM V, S. 324 und GM IV, S. 27. Er beruft sich dabei auf GM V, S. 120 als das erste Auftreten einer solchen Exponentialgleichung im Druck.

42 GM III, S. 319 und GM IV, S. 27, S. 507.

43 LEIBNIZ, *Briefwechsel mit Mathematikern*, aaO. S. 409. Eine ähnliche Formulierung findet sich LH 35, XIII,3, Bl. 225 v°.

44 GM II, S. 18, S. 28 (= Huygens' Antwort), S. 31.

45 GM IV, S. 457, S. 480, S. 485, S. 493.

46 LH 35, XII,2, Bl. 54 und LH 35, IV,4, Bl. 20.

47 Vgl. *Videndum an liceat definire quadratices analyticarum transcendentes ope Exponentium non-rationalium* (LH 35, XIII,3, Bl. 111–112) vom 30. III. (9. IV.) 1679 und *De Logarithmicae aequationibus et calculo curvarum transcendenter expressarum differentiali* (LH 35, V, 14, Bl. 1–6) vom 28. IX. (8. X.) 1680.

Thema notiert: „ergo nil lucrati sumus." Wir werden sehen, daß eben dieses negative Ergebnis letztlich doch von Bedeutung war.

Wie schon mehrfach angedeutet, steht das Transzendente bei Leibniz meist im Zusammenhang mit Quadraturproblemen. In dem *Acta-Eruditorum*-Aufsatz von 1686, in dem das erste Integralzeichen im Druck erscheint, setzt Leibniz sich das Ziel, „den Ursprung der transzendenten Größen aufzudecken"[48], und er bemerkt ausdrücklich, daß der größte Teil der Geometrie des Transzendenten in der umgekehrten Tangentenmethode enthalten sei[49]. Das ist nicht verwunderlich: Die Tangenten an algebraische Kurven lassen sich algebraisch berechnen, für die Quadraturen algebraischer Kurven ist dies jedoch oft nicht der Fall. Die dadurch entstehenden Schwierigkeiten für die Formulierung des Integralkalküls sind das Hauptmotiv für Leibniz' so umfassendes Interesse an den Problemen des Transzendenten. Einige Jahre vor seinen Veröffentlichungen in den *Acta Eruditorum* äußert er sich 1678 gegenüber Tschirnhaus zu den Schwierigkeiten eines Integralkalküls[50]. Um alle Quadraturen zu finden oder die Unmöglichkeit einer (algebraischen) Quadratur zu beweisen sehe ich – so schreibt Leibniz – keinen anderen Weg als die Lösung von Gleichungen, bei denen die Variable auch im Exponenten auftritt. Wer solche Gleichungen lösen oder in gewöhnliche Gleichungen umwandeln oder die Unmöglichkeit einer solchen Umwandlung beweisen kann, der kann alle Quadraturen finden bzw. die Unmöglichkeit einer (algebraischen) Quadratur beweisen, „quia omnes quadraturae per hujusmodi aequationes transcendentes exprimi possunt"[51]. Mit der Vollendung dieser transzendenten Rechnungsart werde also alles gelöst sein, was man für die Quadraturprobleme wünschen kann.

Die Reduktion der transzendenten Probleme auf Exponentialgleichungen war offenbar das Leibnizsche Maximalprogramm. Es hätte den wichtigen Vorteil gehabt, den Bruch mit der Cartesischen Mathematik nicht allzu groß erscheinen zu lassen: Statt konstanter Exponenten würde man nun eben auch variable Exponenten in der Geometrie zulassen. Aber Leibniz erzielte bei seiner intensiven Beschäftigung mit Exponentialgleichungen keine brauchbaren Ergebnisse. Wenn trotzdem ein Kalkül für die Quadraturprobleme aufgebaut werden sollte, dann blieb nur noch, den Stier bei den Hörnern zu packen und die mathematischen Schwierigkeiten durch eine klare philosophische Entscheidung zu beheben: Leibniz verschiebt die Grenzen zwischen Mechanik und Mathematik, indem er die algebraisch unlösbaren Probleme als neue legitime Objekte einführt. Die Legitimität der neuen Objekte wird nicht mit einer Zusatzüberlegung – wie z.B. Konstruierbarkeit mit gewissen Hilfsmitteln oder Darstellbarkeit durch eine Gleichung von bestimmter Form – begründet; die Legitimität dieser Objekte ergibt sich vielmehr allein daraus, daß sie aus einem algebraisch unlösbaren Problem entstehen. „So wie die Unmöglichkeit der Wurzel-

48 GM V, S. 228.
49 GM V, S. 229.
50 GM IV, S. 456–458.
51 GM IV, S. 457.

ziehung im Rationalen zu irrationalen Größen führt, so führt die Unmöglichkeit der Integration algebraischer Ausdrücke zu transzendenten Größen"[52]. Und an anderer Stelle schreibt Leibniz: „Wenn ich ein problema Transcendens dahin reduciret, daß es a logarithmis vel arcubus circuli, und also Tabulis Canonicis, oder quod eodem redit, quadratura Circuli et Hyperbolae dependiret, so halte ich es pro absoluto, und kan ein mehreres darinn nicht geschehen"[53]. Wenn ein Problem durch den Logarithmus oder eine Kreisfunktion gelöst wurde, so war es in der Zeit zwischen Descartes und Leibniz üblich, davon zu sprechen, daß das Problem auf das Problem der Hyperbelquadratur bzw. der Kreisquadratur reduziert sei. Damit war zum Ausdruck gebracht, daß Kreis- und Hyperbelquadratur nach wie vor als ungelöst galten. Daß diese Quadraturen durch Logarithmus oder Sinus beschrieben werden konnten, galt als zweitrangig, weil die Algebraizität dieser Kurven zumindest sehr zweifelhaft war. Leibniz befreit nun diese Kurven vom Odium des Minderwertigen und Unselbständigen. Tatsächlich kommt seit der zweiten Hälfte der 80er Jahre die Sprechweise, ein Problem sei auf die Quadratur der Hyperbel reduziert, allmählich außer Gebrauch; stattdessen sagt man, das Problem werde durch den Logarithmus gelöst[54]. Für uns Heutige sind Logarithmus und Sinus so vertraut und selbstverständlich, daß wir dazu neigen, das in der Leibnizschen Einführung des Transzendenten liegende Neue zu unterschätzen. Daß es sich um einen Schritt ins Neuland handelte, wird besser verständlich, wenn man daran denkt, daß die meisten transzendenten Kurven lediglich in der Form $\int f(x)dx$ gegeben waren und in dieser Darstellungsform natürlich große Schwierigkeiten in der Behandlung boten[55]. Noch 1730 definiert Johann Bernoulli den Begriff der transzendenten Funktion als das Integral einer algebraischen Funktion[56].

Zur Illustrierung des eben Gesagten sei auf Leibniz' Aufsatz im *Journal des Sçavans* von 1692 verwiesen, –den einzigen Aufsatz, der ausschließlich der Einführung des Transzendenten gewidmet ist. Der mathematische Gehalt dieses Aufsatzes im technischen Sinne ist ausgesprochen trivial: Leibniz zeigt, daß die Gleichung $c^x = a\,b^{x-1}$ die Lösung $x = \dfrac{\log a - \log b}{\log c - \log b}$ hat[57]. Für dieses Resultat bedurfte es im Jahre 1692 wirklich keiner Veröffentlichung. Aber der eigentliche mathematische Gehalt dieses Aufsatzes liegt eben nicht auf der technischen Ebene, es geht Leibniz vielmehr um die Legitimation transzendenter Ausdrücke.

52 GM V, S. 377.

53 GM VII, S. 360. Vgl. auch die ähnliche Äußerung A III,2, S. 235.

54 Die so entstandene selbständige Rolle von Logarithmus, Sinus usw. dürfte auch einen Beitrag zur Entwicklung des Funktionsbegriffs geleistet haben.

55 Vgl. dazu Steven ENGELSMAN, *Families of curves and the origins of partial differentiation*, 1984, besonders § 1.6 und § 3.

56 Johann BERNOULLI, *Opera omnia*, Lausanne und Genf 1742 (Reprint Hildesheim 1968), Bd. III, S. 174.

57 GM V, S. 278–279.

Schwieriger zu beurteilen ist ein anderes Beispiel: das 2. Debeaunesche Problem. Für Leibniz ist dieses Problem, von dem er sagt[58], daß Descartes es nicht lösen konnte, ein Musterbeispiel für die Überlegenheit seines Kalküls gegenüber der Cartesischen Geometrie. In der *Nova Methodus* von 1684 zeigt Leibniz, daß die gesuchte Kurve durch die Zuordnung einer arithmetischen zu einer geometrischen Folge charakterisiert wird, und er fügt dann nur noch die Folgerung hinzu, daß es sich um die logarithmische Kurve handle. Nun war aber schon Descartes bis zu der Zuordnung einer arithmetischen zu einer geometrischen Folge gelangt[59] und die Kenntnis, daß dadurch der Logarithmus charakterisiert wird, war zu Descartes' Zeit verbreitet[60]. Vielleicht hat Descartes es einfach übersehen, daß die gesuchte Lösungskurve unter dem Namen Logarithmus bekannt ist. Wahrscheinlicher ist jedoch, daß er dies nur deshalb nicht ausdrücklich bemerkte, weil diese bloße Nennung eines Namens in der Cartesischen Mathematik nichts zur Lösung des Problems beiträgt: die wesentliche Frage war nur, ob diese Kurve algebraisch ist oder nicht. Gewiß ist Leibniz' Lösung kürzer als die Descartes', aber der entscheidende Unterschied zwischen der Descartesschen und der Leibnizschen Behandlung des 2. Debeauneschen Probems scheint doch darin zu liegen, daß Leibniz den Logarithmus als legitime Lösung betrachtet.

Es ist bemerkenswert, daß sich Leibniz auch nach seiner Einführung des Transzendenten noch für das Ziel interessiert hat, die transzendenten Kurven möglichst weitgehend auf traditionelle Art zu erzeugen. Leibniz nannte solche Kurven, von denen sich mit Hilfe einer einzigen transzendenten Größe beliebig viele Punkte auf traditionelle Weise konstruieren[61] lassen, „perkurrent"[62]. Der Nachweis, daß alle transzendenten Kurven in diesem Sinne perkurrent sind, ist für Leibniz „ex meis desideratis unum"[63], – ja, er wäre sogar der Höhepunkt der Geometrie des Transzendenten[64]. Man könnte in diesem Wunsch sozusagen ein letztes Stück Cartesischen Denkens bei Leibniz sehen; die weitere Entwicklung der Mathematik führte jedenfalls zur uneingeschränkten und vorbehaltlosen Akzeptierung des Transzendenten[65].

58 LEIBNIZ, *Briefwechsel mit Mathematikern*, aaO. S. 202–203 und GM V, S. 226.

59 DESCARTES, *Oeuvres* II, S. 514–517 (diese Stelle war Leibniz bekannt) und SCRIBA, *Zur Lösung des 2. Debeauneschen Problems durch Descartes*, in: *Archive for History of Exact Sciences* 1 (1960–1962), S. 416.

60 SCRIBA, aaO. S. 416–417.

61 Vgl. GM V, S. 244, S. 255, S. 264–265, S. 311–312. Vgl. dazu auch Jakob BERNOULLI in *Acta Eruditorum* Juni 1694, S. 271.

62 Diese Bezeichnung entstand durch ein Mißverständnis (GM III, S. 201, S. 223, S. 319) der Terminologie von Johann Bernoulli (GM III, S. 139, S. 144).

63 GM III, S. 207.

64 GM III, S. 217.

65 Noch 1727 ist bei FONTENELLE etwas von der philosophischen Resignation gegenüber dem praktischen Erfolg spürbar: Die irrationalen Zahlen wurden in der antiken Mathematik abgelehnt, gelten aber heute als legitim. „Ce n'est pas qu'on les connoisse mieux, mais on s'est familiarisé avec eux à force d'en recontrer, ils ont vaincu par leur foule, et par leur

Durch die Einführung des Transzendenten wird zum ersten Mal in der Geschichte der Mathematik das Kontinuum zum legitimen Objekt. Bis dahin hatte das Kontinuum – so etwa bei Aristoteles – zur Physik gehört; nun wird das Kontinuum in die Mathematik hineingenommen, weil die meisten physikalischen Probleme auf transzendente Ausdrücke führen[66]. Euklid und Descartes hatten jede benötigte irrationale Größe gesondert konstruiert, jetzt schwächt man die Kriterien für mathematische Exaktheit und Konstruierbarkeit ab, und man geht – in moderner Terminologie gesprochen – von einem abzählbaren zu einem überabzählbaren Objektbereich über. Dennoch hat Leibniz – im Unterschied zur Cantor folgenden, heutigen Mathematik – nicht mit einem aktual-unendlichen überabzählbaren Kontinuum operiert, das Kontinuum ist für ihn nur ein Bereich von Möglichkeiten und niemals können alle Möglichkeiten gleichzeitig realisiert werden[67].

Da erst die transzendenten Größen den mathematischen Objektbereich kontinuierlich machen, bestehen enge Beziehungen zwischen den transzendenten und den inassignablen oder unendlichkleinen Größen[68]. Im kontinuierlichen Objektbereich werden die traditionellen Unterschiede zwischen den Objekten, d.h. das vieldiskutierte Problem der Inkommensurabilität, nun relativ unwichtig. In diesem Sinne schreibt Leibniz, daß man die infinitesimale Größe als fiktive Einheit auffassen könne, wodurch dann alle Größen (einschließlich der transzendenten) miteinander kommensurabel werden[69]. Die Beziehung zwischen dem Kontinuum und dem Transzendenten hat Leibniz zu dem Gedanken geführt, eine Logik des Transzendenten zu entwickeln[70]. Die transzendenten Sätze dieser Logik wären durch den Einfluß des Unendlichen bedingt. Als Beispiel führt Leibniz an, daß es im gewöhnlichen Sinne keinen größten Kreis gebe, wohl aber im transzendenten Sinne: Der größte Kreis ist der, dessen Mittelpunkt unendlichweit von der Peripherie entfernt ist, und das ist die gerade Linie. Ebenfalls im Sinne der transzendenten Logik könne man die Parabel als Spezialfall der Ellipse und die Ruhe als Spezialfall der Bewegung betrachten. In dieser unmittelbar an das Kontinuitätsprinzip erinnernden Formulierung gebraucht Leibniz das Wort „transzendent“ nicht mehr im Sinne von „jeden Grad einer algebraischen Gleichung übersteigend“, sondern im Sinne von „den Grenzwert einbeziehend“.

Der Vollständigkeit halber sei erwähnt, daß Leibniz den Begriff „transzendent“ nicht ganz im heutigen Sinne verwendet. Außer den transzendenten Gleichungen kennt Leibniz nämlich auch „interszendente“, deren Grad zwischen den Graden

opiniâtré à se présenter presque par tout.“ (*Elemens de la Geometrie de l'Infini*, Paris 1727, Bl. a 1 r°).

66 GM VII, S. 323.

67 Vgl. BREGER, *Leibniz, Weyl und das Kontinuum*, in: *Beiträge zur Wirkungs- und Rezeptionsgeschichte von Gottfried Wilhelm Leibniz* (= *Studia Leibnitiana Supplementa 26*), Hrsg.: HEINEKAMP, Stuttgart 1986, S. 316–330.

68 GM VII, S. 68.

69 GM VII, S. 39.

70 Vgl. die Aufzeichnung *Logica transcendentium* (LH 35, XIII,1, Bl. 121).

algebraischer Gleichungen liegt[71] wie z.B. $x^{\sqrt{2}} = y$. Freilich hat das Interszendente schon bei Leibniz selbst kaum eine Rolle gespielt.

Nicht nur transzendente Kurven und transzendente Größen, sondern auch transzendente Zahlen[72] hat Leibniz in die Mathematik eingeführt. In seinem Aufsatz von 1682 zur arithmetischen Kreisquadratur besteht Leibniz darauf, daß die Reihe $1 - \frac{1}{3} + \frac{1}{5} - \frac{1}{7} + - \ldots$ keine bloße Approximation für die Fläche des Viertelkreises mit Radius 1 ist, sondern diesen Wert exakt zum Ausdruck bringt. Dennoch gesteht Leibniz zu, daß es für diesen Wert keine Zahl gibt[73]. Er befindet sich damit ganz im Denken der Tradition, Wallis beispielsweise hatte π als „numerus ille impossibilis“[74] bezeichnet. Leibniz fügt erläuternd hinzu, daß das Gleiche auch für irrationale Wurzelausdrücke gelte: auch für das Verhältnis von Diagonale und Seite eines Quadrats gebe es keine Zahl. Von dieser traditionellen Auffassung beginnt Leibniz sich in einer Aufzeichnung, die kurze Zeit später entstanden sein könnte, zu entfernen: Er definiert die Zahl als das, was zur Einheit homogen ist, und folgert dann, daß $\sqrt{2}$ durchaus eine Zahl ist[75]. Von transzendenten Zahlen spricht Leibniz dann in einer Aufzeichnung, die zwischen November 1685 und Juni 1686 entstanden sein dürfte[76].

Abschließend möchte ich einige Bemerkungen zur Rezeption des Wortes „transzendent“ anfügen. Newton hat in den *Principia*[77] eine konkurrierende Terminologie eingeführt: Die algebraischen Kurven nennt er geometrisch rational, die transzendenten Kurven nennt er geometrisch irrational. Newton führt diese Terminologie eher beiläufig ein, weder diskutiert er die Beziehung zur Cartesischen Mathematik noch die Frage der Legitimität nicht-algebraischer Kurven[78]. Ebenso wie bei der Bezeichnungsweise für die Differential- und Integralrechnung hat sich auch hier die Leibnizsche Terminologie gegenüber der Newtonschen durchgesetzt.

Als erster[79] scheint John Craig[80] in seinen Büchern von 1685 und 1693 den neu-

71 GM IV, S. 28 und GM V, S. 361. – Auch der Begriff „transzendent vom 2. Grad“ sei nur der Vollständigkeit halber erwähnt (vgl. GM II, S. 159 und GM V, S. 343).

72 M. KLINE (*Mathematical Thought from Ancient to Modern Times*, New York 1972, S. 594) schreibt diese Leistung Euler zu.

73 GM V, S. 120.

74 John WALLIS, *Opera Mathematica*, 1695, S. 359.

75 GM VII, S. 31–32.

76 GM VII, S. 208. Die Datierung ergibt sich aus GM VII, S. 216 in Verbindung mit A I,4, N. 455 und *Acta Eruditorum* Juni 1686, S. 283–289. Auch in GM VII, S. 24 spricht Leibniz von transzendenten Zahlen.

77 Liber 1, sectio VI, Korollar zu Lemma 28.

78 Eine solche Diskussion findet sich in Isaac NEWTON, *Arithmetica Universalis*, Cambridge 1707, S. 279–283.

79 Natürlich abgesehen von Tschirnhaus, der das Wort gelegentlich im Briefwechsel mit Leibniz verwendet (GM IV, S. 487, S. 498).

80 *Methodus figurarum lineis rectis et curvis comprehensarum quadraturas determinandi*, London 1685, S. 26 sowie *Tractatus mathematicus de figurarum curvilinearum quadraturis*, London 1693, S. 1, S. 2 usw.

en Begriff übernommen zu haben. 1689 verwendet auch Johann Christoph Sturm das Wort „transzendent"[81], – freilich ohne die Problematik wirklich verstanden zu haben, denn Sturm glaubt, daß eine unendliche Summe rationaler Zahlen wieder rational sein müsse[82]. Huygens nimmt die neue Terminologie entsprechend seiner skeptischen Haltung zur Infinitesimalrechnung mit einer gewissen Ironie auf: Bei Gelegenheit der Diskussion einer Exponentialkurve bemerkt er 1690 in einem Brief an Leibniz, daß es sich hier wohl um eine supertranszendente Kurve handle; diese Kurve scheine ihm so obskur, daß er sie nicht in die Geometrie einführen möchte, zumindest solange nicht, als Leibniz keinen besonderen Nutzen dafür angeben könne[83]. David Gregory[84] benutzt 1694 und L'Hopital[85] 1696 das Wort „transzendent". Johann Bernoulli verwendet das Wort im Briefwechsel mit Leibniz[86] und beispielsweise in Aufsätzen von 1697 und 1724 in den *Acta Eruditorum*[87]. Entscheidend für die endgültige Durchsetzung des Worts dürfte auch in diesem Falle die Übernahme durch Euler gewesen sein[88]. Daß es transzendente Zahlen wirklich gibt, wurde freilich erst 1844 von Liouville bewiesen, einen zweiten Beweis gab G. Cantor 1873. Ebenfalls 1873 bewies Hermite, daß e transzendent ist, und 1882 zeigte Lindemann die Transzendenz von π.

81 *Mathesis enucleata*, Nürnberg 1689, S. 321.

82 AaO. S. 182–183.

83 GM II, S. 56. – Vgl. auch Leibniz' Antwort GM II, S. 61–62.

84 Vgl. NEWTON, *Correspondence* III, Hrsg.: TURNBULL, Cambridge 1961, S. 386.

85 *Analyse des infiniments petits*, 1696, Bl. e I r^{o}.

86 GM III, S. 201, S. 213, S. 223 usw.

87 Johann BERNOULLI, *Opera omnia*, aaO., Bd. 1, S. 180 und Bd. 2, S. 591. Vgl. auch oben Anmerkung 56.

88 Leonhard EULER, *Opera omnia* I,9 (= *Introductio in analysin infinitorum* II), Genf 1945, S. 13, S. 287. – Übrigens erwähnt Euler auch den Leibnizschen Terminus „interszendent" (aaO. S. 288).

The Application of the Infinitesimal Calculus to some Physical Problems by Leibniz and his Friends

By
ERIC J. AITON (MANCHESTER)

Leibniz made the decisive steps leading to the invention of his new calculus during a few days in October 1675. Since 1673 he had been preoccupied with infinitesimal problems, including the determination of centres of gravity, quadratures and rectifications of curves besides the inverse problem of tangents, which he recognized to be reducible to quadratures. The new algebraic symbolism provided for Leibniz a general viewpoint for the consideration of infinitesimal problems and greatly facilitated their solution.

Leibniz's own perception of his recent achievements in the solution of infinitesimal problems may be gleaned from remarks he made in letters to Jean Gallois and Henry Oldenburg at this time. In his letter to Gallois[1] Leibniz described his arithmetical quadrature of the circle, which gave the true and exact ratio of the area of the circle to that of the circumscribed square, in so far as this could be expressed in rational numbers. This concept of a quantity defined by a converging infinite series, he claimed, represented a considerable advance in the analytic mode of investigation of the properties of curvilinear figures. The reason for his success, he told Gallois, was his employment of infinitesimal triangles besides the traditional rectangles in the resolution of figures. By this means be had been led to his transmutation theorem[2], a result of great generality and unifying power, permitting, for example, the proof by a single demonstration of all the quadratures that Wallis had only been able to find by induction, besides a number of others he had found himself. It was methods rather than particular results, he emphasized to Oldenburg[3], that he prized the most.

When the *Acta Eruditorum* was founded at the beginning of 1682, Leibniz contributed his arithmetical quadrature of the circle and then, in June, a paper entitled, *Unicum opticae, catoptricae et dioptricae principium*[4]. The unifying principle is that light travels along the path of least resistance. From this principle he deduced

1 A III, 1, pp. 355–361.

2 J. E. HOFMANN, *Leibniz in Paris 1672–1676*, trans. by A. PRAG and D. T. WHITESIDE (Cambridge, 1974), pp. 54–55.

3 A III, 1 p. 120.

4 *Acta Eruditorum*, 1682 (June), pp. 185–190. See also J. A. LOHNE, *Fermat, Newton, Leibniz und das anaklastische Problem*, in: *Nordisk Matematisk Tidskrift*, 14 (1966), 5–25, pp. 19–24.

the laws of reflection and refraction, using the still unpublished method of maxima and minima. Many years after the publication of his *Nova methodus pro maximis et minimis* in 1684, Leibniz remarked to his friend the Countess of Kielmansegg that he had been led to reveal his method of differences after keeping it secret for nine years by the appearance of some papers by Tschirnhaus[5].

In 1689 Leibniz contributed to the *Acta Eruditorum* a short paper on optics and two papers containing applications of the differential calculus to the problems of planetary motion and the motion of a body in a resisting medium. These were written after he had read a review of Newton's *Principia* but before he had seen the work itself. It seems that his intention was to claim some credit for his own investigations on some of the principal themes treated by Newton before it would be too late. Leibniz composed the three papers in the autumn of 1688. At the time, he had reached Vienna in the course of a journey to Italy in search of historical documents for the history of the House of Brunswick. Describing the circumstances to Otto Mencke, the editor of the *Acta Eruditorum*, he explained that, having left Hannover in the autumn of 1687, he had long been out of touch with learned publications when he was delighted to receive from a friend some issues of the journal, in one of which he came across a review of Newton's *Principia*. Three topics especially caught his attention. These were optic lines, motion in a resisting medium and the causes of planetary motion. Concerning optic lines, he claimed to have long been in possession of elegant methods of his own, while he had contributed some propositions on resisting media to the Académie Royale des Sciences in Paris twelve years before[6]. He also claimed to have investigated the causes of the planetary motions, though other occupations, he remarked, had prevented him from making the careful comparison of theory and observation he had planned. Far away from his notes, he had hastily drafted three papers on these topics, as he explained to Mencke, which he was sending for publication in the *Acta Eruditorum*. They were published in January and February 1689.

In his paper on the causes of planetary motion, *Tentamen de motuum coelestium causis*[7], Leibniz attributed the motion to the combined effect of three forces. While a fluid vortex or harmonic circulation varied the trans-radial speed of the planet in accordance with Kepler's area law, the radial motion (that is, motion along the rotating radius vector) was determined by the joint action of the gravitation (described as a solicitation so to speak) towards the sun and the centrifugal

5 Dutens, 3, p. 458.

6 Among Leibniz's papers there are two manuscripts in French on this theme dating from 1675: *De la retardation du mouvement par le frottement*, LH 35, IX, 11, Bl. 5–14, dated May 1675, and *Du frottement*, LH 35, IX, 11, Bl. 1–4, dated Autumn 1675. The latter has been published by H. J. HESS in *Studia Leibnitiana, Supplementa* 17 (1978), 206–210.

7 *Acta Eruditorum*, 1689 (February), pp. 82–96. For a detailed interpretation of Leibniz's planetary theory, see E. J. AITON, *The mathematical basis of Leibniz's theory of planetary motion*, in: *Studia Leibnitiana, Sonderheft* 13 (1984), 209–225.

force engendered by the circulation[8]. He approximated the curve by a polygon with first-order infinitesimal sides and represented the action of the centripetal force (solicitation of gravity) by a sequence of impulses acting at the vertices of the polygon and deflecting the planet instantaneously from one infinitesimal chord into the next. Newton, on the other hand, represented the action of the centripetal force (in an infinitesimal element of time) as a continuous deflection from the tangent to the infinitesimal arc. Leibniz, in his calculation of the centrifugal force engendered by his harmonic circulation, made a bizarre mistake, the result of mixing the two models for representing motion in a curve. For he represented the effect of the centrifugal force in each element of time as an instantaneous deflection from the tangent into the chord joining the point of contact to the other end of the infinitesimal arc traversed by the body. Apart from this error in the calculation of the centrifugal force, which he later corrected, the mathematics of Leibniz's analysis of planetary motion is sound. In particular, it contains no evidence of the lack of understanding of second differentials alleged by Newton and it includes an element of originality in the form of an expression for the acceleration of the planet along the rotating radius-vector. Moreover, as Leibniz himself remarked at the beginning of his demonstration of the inverse-square law for the centripetal force in the case of motion in an ellipse with force directed towards a focus, the paper provided an excellent example of the application of his new analysis.

Leibniz reported in a letter to Huygens[9] that he first saw Newton's *Principia* in Rome, where he arrived on 14 April 1689. The annotations he made in his own copy, which came to light in 1969[10], show that he interpreted Newton's propositions on the motion of a body in a curve under a centripetal force in terms of the model he had himself employed in his erroneous calculation of the centrifugal force engendered by motion in a circle[11]. In his annotations to Newton's proposition on motion in an ellipse under a centripetal force directed towards a focus, there is a hint of his concern to introduce the concept of his harmonic circulation into the interpretation[12]. From the time of his earliest manuscripts on resisting media in

8 Apart from the substitution of inertial mechanics for Kepler's Aristotelian dynamics, Leibniz's analysis of planetary motion reflects the conceptual framework of Kepler's theory. For Kepler explained the trans-radial motion (in a circular arc) by the action of a rotating immaterial species and the radial motion by a magnetic attraction and repulsion. See E. J. AITON, *The vortex theory of planetary motion* (London and New York, 1972), p. 128.

9 *Oeuvres completes de Christiaan Huygens* (La Haye, 1888–1950), vol. 9, p. 523.

10 It was discovered in a Swiss Library by Dr E. A. Fellmann.

11 See the annotations on Book I, propositions 6 and 10, in E. A. FELLMANN (ed.), G. W. LEIBNIZ, *Marginalia in Newtoni Principia Mathematica* (Paris, 1973), pp. 31–33 and 55–56. Thus in propositions 6 and 10, he regarded the deflection QR from the tangent to the curve as the result of an instantaneous impulse acting at P, so that in the infinitesimal element of time, QR was traversed with uniform velocity. Newton supposed the force to act continuously over the infinitesimal element of time, so that QR was traversed with uniform acceleration, like a body falling from rest.

12 Ibid. See the annotations on Book I, proposition 11, pp. 50 and 58, and Fellmann's commentary, p. 79.

1675, Leibniz distinguished two types of resistance, which he called absolute and respective[13]. Absolute resistance arises from the rubbing of the fluid against the solid and is similar to the friction between solid surfaces. A particle of fluid has the same effect whether it rubs the body quickly or slowly and this effect is therefore independent of the velocity. But the decrement of velocity caused by the rubbing of a stream of particles is proportional to the number of particles encountered and hence to the element of distance traversed, so that, taking equal elements of time, it is proportional to the velocity. Leibniz's absolute resistance (considered in its mathematical aspect) is thus formally equivalent to what Newton and Huygens regarded as resistance in proportion to the velocity. Respective resistance arises from the impact of the fluid on the body and is taken by Leibniz to be proportional to the velocity. Again, however, the decrement of velocity caused by it is also proportional to the number of particles encountered, which in turn is proportional to the velocity. Consequently, Leibniz's respective resistance is formally equivalent to what Newton and Huygens regarded as resistance in proportion to the square of the velocity. Although he supposed absolute resistance to have relation to the surface of the body and respective resistance to the volume, these physical properties were never introduced into the mathematical treatment, so that, in effect, the body was treated as if it were a particle and the two types of resistance were represented in equations of motion by av and bv^2, where a and b were numerical coefficients. Again, although Leibniz supposed that the two types of resistance acted together, he avoided a treatment of the two combined because of the mathematical complexity. Newton also claimed to have opened the way for a treatment of a body resisted partly as the velocity and partly as the square of the velocity, but then, as he remarked, he hastened to other things.

The paper published by Leibniz in 1689, *Schediasma de resistentia media, & motu projectorum gravium in medio resistente*[14], develops the theory of both absolute and respective resistance and its application to ballistics. To be of practical use, he explains, any theory of ballistics must take account of the resistance of the medium. Lacking the necessary mathematical techniques, Leibniz remarked, Galileo and his followers had neglected this important aspect, but since then, the differential calculus had provided an invaluable aid in the building of such a theory. Only the results are given in the published paper, though the detailed derivations, employing the principles and notation of the differential calculus, exist in manuscript[15].

13 For example, the definitions are given in the manuscript, *De la retardation du mouvement par le frottement*, Bl. 12v. (See footnote 6). This manuscript consists of a collection of drafts and notes in preparation for more systematic essays. The manuscript *Du frottement* is such an essay, setting out some mathematical theorems on absolute resistance, with a promise of applications and a similar treatment of respective resistance in a further essay. Bl. 4r.

14 *Acta Eruditorum*, 1689 (January), pp. 38–47. The manuscript version of the printed text is located in LH 35, IX, 5, Bl. 12r–13v.

15 For a detailed account of this paper, with a reconstruction of the mathematical argument

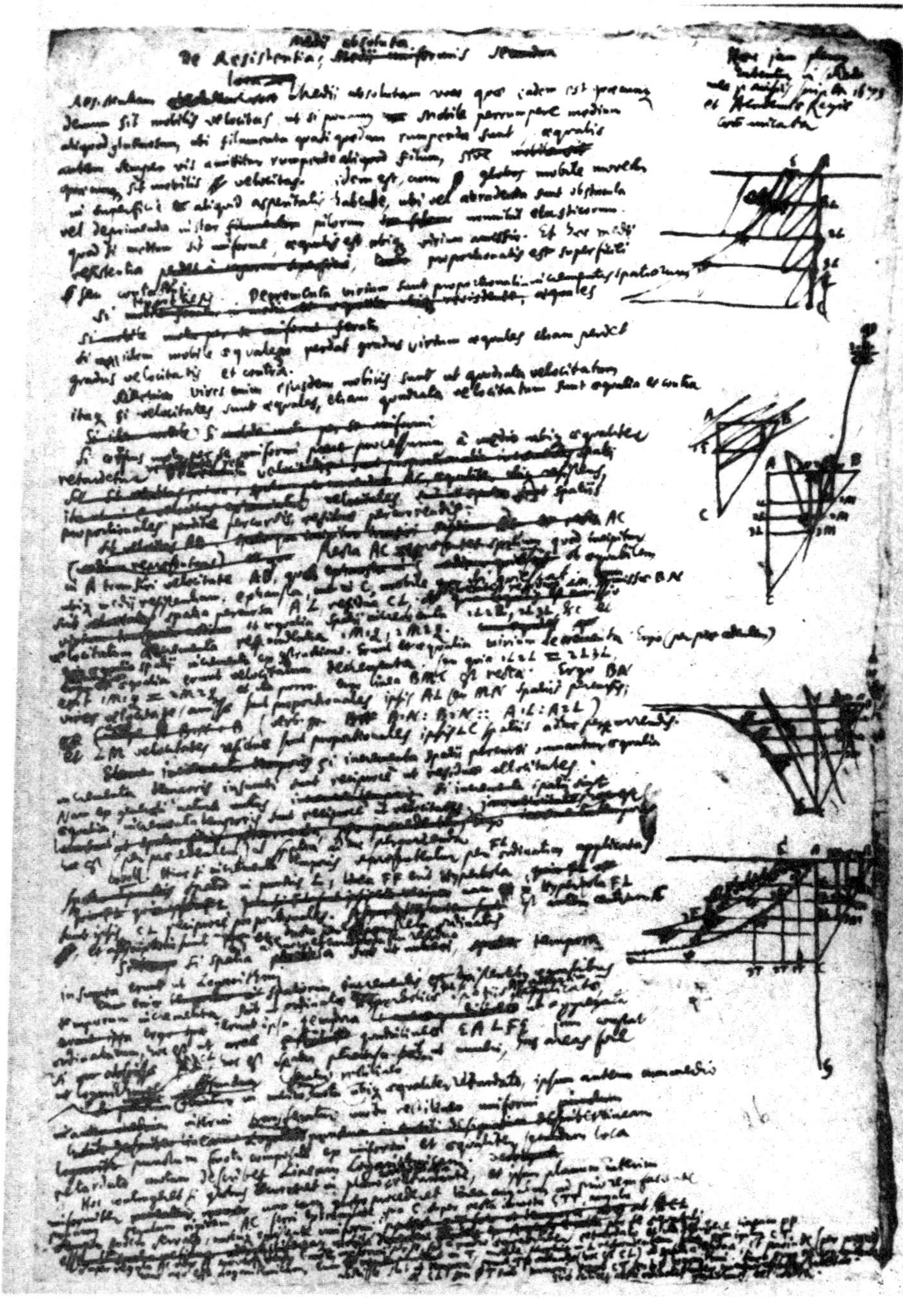

Fig. 1. LH 35, IX, 5, Bl. 26r.
By courtesy of the Niedersächsische Landesbibliothek, Hannover.

In a marginal note at the beginning of his manuscript draft[16] of the section on absolute resistance – in effect, resistance in proportion to the velocity – (see fig. 1), Leibniz remarks that most of the propositions in this section were communicated to the Académie Royale des Sciences in Paris in 1675[17]. First, he derived the differential equations, in the case of resistance in proportion to the velocity, for motion uniform in itself (that is, horizontal motion or motion in the absence of gravity) and for motion accelerated by gravity (that is, vertical motion). Then, applying these results to the components of motion of a projectile in the line of projection (considered uniform in itself) and in the vertical, he eliminated the time to arrive at the differential equation for the trajectory. At this time he did not have a general formula for the solution of a first-order linear differential equation[18], so he had to seek a solution by another route. This he found by solving separately the equations for the two components of motion and then eliminating the time to find the equation of the trajectory. The manuscript containing Leibniz's derivation of the equation of the trajectory is shown in figure 2[19]. Although he had solved the problem, Leibniz proceeded to derive another form of the equation of the trajectory but made a mistake which he was unable to locate[20]. Perhaps it was on account of this unresolved problem that he suppressed the mathematics from the published paper.

While Leibniz's derivation of the equation of the trajectory in the case of resistance in proportion to the velocity was original and probably dates from 1675[21], the result was also known to Newton and Huygens. Indeed Huygens had obtained an elegant geometrical construction of the trajectory in 1668, which he published in 1690[22].

from the manuscript drafts, see E. J. AITON, *Leibniz on motion in a resisting medium*, in: *Archive for history of exact sciences*, 9 (1972), 257–274.

16 LH 35, IX, 5, Bl. 26r–27v.

17 See E. J. AITON (loc. cit. in footnote 15), p. 258, note 9.

18 He had a solution by the end of 1694 when he told L'Hospital about it. GM II, p. 257. See also E. J. AITON (loc. cit. in footnote 15), p. 265, note 32.

19 The mathematical argument is reconstructed in E. J. AITON (loc. cit. in footnote 15), pp. 265–266. Apart from trivial differences of notation (adopted for reasons of clarity), all the equations given in the paraphrase of Leibniz's text are to be found in the same connected sequence in the manuscript.

20 Ibid., pp. 266–267.

21 The statement in E. J. AITON (loc. cit. in footnote 7) that the propositions on absolute resistance published by Leibniz are contained in the manuscript *Du frottement*, is an unfortunate mistake. Only the mathematical theorems concerning motion uniform in itself but retarded in proportion to the velocity are contained in this manuscript. There is no mention of vertical motion or projectiles.

22 See *Oeuvres completes de Christiaan Huygens*, vol. 19, pp. 112–119 and C. HUYGENS, *Discours sur la cause de la pesanteur* (Leyde, 1690), pp. 168–176. NEWTON's derivation of the trajectory was first given in *De motu*, composed in 1684 (*The correspondence of Isaac Newton*, Cambridge, 1959–1977, vol. 2, pp. 456–462) and published in *Principia*, Book II, proposition 4.

Fig. 2. LH 35, IX, 5, Bl. 27v.
By courtesy of the Niedersächsische Landesbibliothek, Hannover.

Leibniz's manuscript draft of the section on respective resistance (in effect resistance in proportion to the square of the velocity) is dated 1688[23]. Although the manuscripts of 1675 do not contain any theorems on respective resistance, the remark in *Du frottement*[24], where he promised another essay on this theme, that the laws of respective resistance also involve logarithms but in a different way from that in which they enter into the theory of absolute resistance, serves as an indication that he had already obtained some results for motion in a medium resisting as the square of the velocity. While his derivations for this case also of the equations of motion for a body moving horizontally or vertically were original, the results were again already known to Huygens and Newton[25]. Leibniz, however, committed a blunder in supposing that the composition of motions could be used in this case to derive the equation of the trajectory of a projectile. For, in modern terms, while velocities add vectorially, their squares do not. Huygens did not even attempt to determine the trajectory in the case of resistance as the square of the velocity. The problem, he remarked, was very difficult, if perhaps not impossible to resolve[26]. On learning the nature of his mistake from Huygens, Leibniz published an addendum in which he admitted his error[27].

In his paper on optics, the shortest of the three and bearing the title, *De lineis opticis*[28], Leibniz turned his attention to a problem in catoptrics analogous to the problem of anaclastic surfaces in dioptrics proposed by Kepler in his *Dioptrice*[29]; that is, the invention of refracting surfaces that will converge the rays from a point source of light exactly into a given point. Leibniz tells us that Descartes had conceived these surfaces but kept them secret[30]. Curiously, he does not mention Kepler in this connection. The commentators had failed to fill the gaps because, in his view, the solution of the problem was not amenable to ordinary analysis. Huygens, he believed, had also discovered these surfaces but had not published anything about them, while Newton had discovered them again[31].

23 LH 35, IX, 5, Bl. 22r–25v.

24 LH 35, IX, 11, Bl. 4v.

25 Huygens developed his theory in a manuscript of 1669. *Oeuvres completes*, vol. 19, pp. 144–157. Newton's theory may be found in *Principia*, Book II, propositions 5–14.

26 *Discours sur la cause de la pesanteur*, p. 175.

27 *Additio ad schediasma de medii resistentia*, in: *Acta Eruditorum*, 1691 (April), pp. 177–178.

28 *Acta Eruditorum*, 1689 (January), pp. 36–38.

29 J. KEPLER, *Gesammelte Werke* (Munich, 1937–), vol. 4, pp. 371–372. See also the editor's note on pp. 518–519.

30 See, for example, R. DESCARTES, *Regulae ad directionem ingenii* (*Oeuvres de Descartes*, edited by ADAM and TANNERY, vol. 10, pp. 393–395) and *La Geometrie* (*Oeuvres*, vol. 6, pp. 434–444). See also *La Dioptrique*, chapter 8.

31 *Principia*, Book I, propositions 97 and 98. See also *The mathematical papers of Isaac Newton*, edited by D. T. WHITESIDE (Cambridge, 1967–1981), vol. 3, pp. 528–532. The contributions of HUYGENS may be found in his *Traité de la lumière* (La Haye, 1690), chapter 6, pp. 113–115. This essay was written in Paris and communicated to members of the Académie Royale des Sciences in 1678.

Although he had attempted analytical solutions of the anaclastic problems[32], Leibniz confined his short paper to an example in catoptrics illustrating his elegant geometrical methods[33]. The particular problem solved by Leibniz was as follows: given a point source of light and a reflecting surface, it is required to find another reflecting surface (or curve from which the surface can be formed by rotation about an axis) that will converge the rays to a given point. His first construction was inspired by an idea of Tschirnhaus for wrapping strings round curves[34]. Given a point source A (fig. 3) and a reflecting surface $B_1 B_2$, the problem is to construct a curve $C_1 C_2$ which will reflect the rays into the given point D. For the two rays shown in the figure (it is assumed that the caustic $E_1 E_2$ has been constructed), we have $AB_1 + B_1 E_1 + \text{arc } E_1 E_2 = AB_2 + B_2 E_2$ and $DC_2 + C_2 E_2 + \text{arc } E_2 E_1 = DC_1 + C_1 E_1$, so that AB + BC + CD is a constant k. From the second equation, it is clear that, if one end of a string is attached to E_1 (fig. 4) and the other to D, the stylus

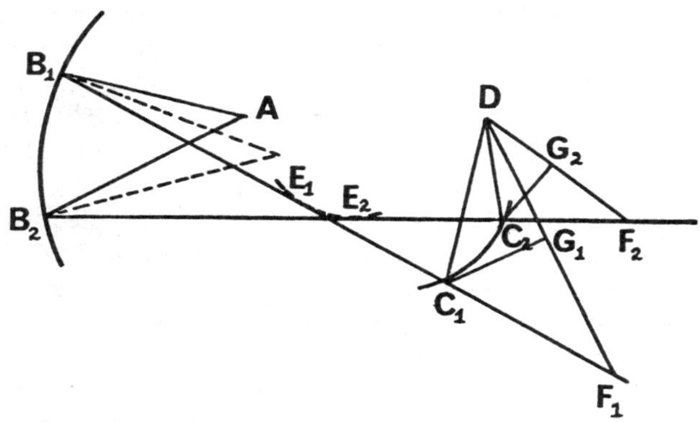

Fig. 3.

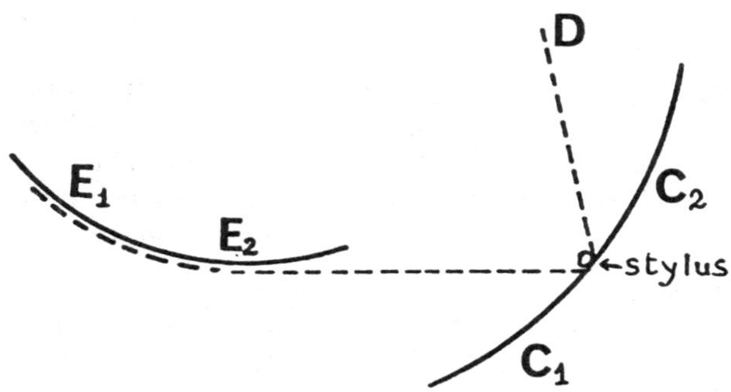

Fig. 4.

32 Some of these attempts have been published in E. GERLAND, *Leibnizens nachgelassene Schriften physikalischen, mechanischen und technischen Inhalts* (Leipzig, 1906). For example, LH 37, II, Bl. 77–78 (GERLAND, pp. 77–81), LH 37, II, Bl. 95v–96r (GERLAND, pp. 74–77) and LH 37, II, Bl. 75–76 (GERLAND, pp. 81–84).

33 See LH 37, II, Bl. 130.

34 *Acta Eruditorum*, 1682, pp. 364–365. See also E. W. TSCHIRNHAUS, *Medicina mentis* (Amsterdam, 1687).

(keeping the string taut and wrapped around the arc E_1E_2) will describe the line C_1C_2. The second construction given by Leibniz does not involve the caustic. Taking BF = k - AB (that is, BF = BC + CD), the reflected ray BF is constructed. Joining F to D, the perpendicular bisector of DF is then constructed to meet BF in C.

Apart from the correction of a few mistakes and the presentation of some clarifications resulting especially from his correspondence with Huygens and Varignon[35], Leibniz never gave his mind to further investigations of the themes of the essays he composed in Vienna in the autumn of 1688 after reading the review of Newton's *Principia* in the *Acta Eruditorum.* In particular, it is perhaps surprising that he did not attempt to determine the trajectory in a medium resisting as the square of the velocity. For this was recognized from experiment to be the important case, and having made a blunder, he might have been expected to be more determined to find a solution. Owing to his many interests and commitments, however, he had little time for this work. Moreover, his primary interest in mathematics was in general methods rather than particular results, so he left the remaining problems of astronomy, ballistics and optics to others. L'Hospital[36], with his encouragement, wrote the first textbook on the differential calculus. Leibniz[37] later claimed that his paper on optic lines had marked the beginning of the theory of caustics that L'Hospital had developed so well in this book[38].

When Varignon, in the early 1700s, began in effect to translate fundamental propositions of Newton into terms of the differential calculus, Leibniz encouraged him to consider cases involving more than one centre of attraction. He made little headway with this intractable problem, especially as it never occurred to him to consider simplified special cases involving perturbations and approximations instead of seeking an exact general solution. Varignon also suffered from another handicap; by the terms of an agreement with L'Hospital, Johann Bernoulli had withheld from him any instruction in the integral calculus[39]. A notable success was achieved in 1710 by two friends of Leibniz, Johann Bernoulli and Jakob Hermann, who sent independent solutions of the inverse problem of central forces to the Académie Royale des Sciences in Paris, demonstrating that, a body subject to a centripetal force varying inversely as the square of the distance must move in a conic section[40]. This result was stated in the first edition of Newton's *Principia*, without demonstration, though an outline of a proof was added in the second edition[41]. Yet another

35 See the references in notes 7 and 27 above.

36 L'Hospital received instruction in the calculus from Johann Bernoulli in return for an annual pension. See *Der Briefwechsel von Johann Bernoulli*, edited by O. SPIESS (Basel, 1955), vol. 1, p. 155.

37 GM III, p. 735.

38 L'HOSPITAL, *Analyse des infiniment petits* (new edition, Avignon, 1768), pp. 148–186.

39 *Der Briefwechsel von Johann Bernoulli*, p. 232.

40 See E. J. AITON, *The inverse problem of central forces,* in: *Annals of Science*, 20 (1964), 81–99, pp. 93–97.

41 In the first edition of the *Principia*, having demonstrated the inverse-square law of force for motion in an ellipse, hyperbola and parabola (propositions 11, 12, and 13), Newton claims

success was achieved in 1719 by Johann Bernoulli, when he found the trajectory of a body resisted in proportion to the square of the velocity[42]. Thirty years had elapsed since Huygens had judged this problem to be perhaps impossible to resolve – at least by his geometrical methods – before it responded at last to the ‚caracteristique' of Leibniz, as L'Hospital called the differential calculus[43].

(corollary 1) to be able to infer that, if a body moves under a centripetal force varying inversely as the square of the distance from the centre of force, then „movebitur hoc corpus in aliqua sectionum conicarum umbilicum habente in centro virium; & contra". In the second edition, he adds, „Nam datis umbilico, & puncto contactus, & positione tangentis, describi potest sectio conica, quae curvaturam datam ad punctum illud habebit. Datur autem curvatura ex data vi centripeta, & velocitate corporis; & orbes duo se mutuo tangentes eadem vi centripeta eademque velocitate describi non possunt." *Isaac Newton's Philosophiae naturalis principia mathematica*, edited by A. KOYRE and I. B. COHEN (Cambridge, 1972), vol. 1, p. 125.

42 *Acta Eruditorum*, 1719 (May), p. 216.

Orthogonaltrajektorien im Prioritätsstreit zwischen Leibniz und Newton

Von
STEVEN B. ENGELSMAN (LEIDEN)

§ 1. Einleitung

„Ich werde mir außerdem Mühe geben, einige Probleme zu stellen, von denen ich sicher bin, daß Newton dabei Schwierigkeiten haben wird."[1]

Mit diesen Worten kündigt Leibniz im Dezember 1714 in seiner Korrespondenz mit Johann Bernoulli an, er werde Newton in dem immer häßlicher werdenden Prioritätsstreit mit einem mathematischen Problem herausfordern. Ein Jahr lang diskutierten beide über die Wahl eines geeigneten Problems. Im Dezember des folgenden Jahres war es dann soweit. Über den Abbé Conti vermittelte Leibniz den Engländern das Problem – „pour tater un peu le pouls à nos Analystes Anglois", wie er schrieb – zu einer gegebenen Kurvenschar in allgemeiner Weise eine Kurve zu bestimmen, die alle Kurven der Schar unter einem rechten Winkel schneidet. Als Beispiel einer solchen Schar nannte er alle Hyperbeln mit demselben Scheitel und demselben Zentrum[2].

Dieses Problem der Orthogonaltrajektorien war keineswegs neu, und es mag die damals herausgeforderten Briten wohl gewundert haben, daß Leibniz gerade dieses Problem stellte. Johann Bernoulli hatte es schon 1697 publiziert, und seine Mathematikerkollegen – insbesondere seinen Bruder Jakob – aufgefordert es zu lösen. 1698 hatte er dann eine elementare Lösungsmethode, die von Leibniz stammte, publiziert und angekündigt, er habe noch eine zweite Lösungsmethode, die an Allgemeinheit nichts mehr zu wünschen übrig lasse[3].

Der Ablauf der Trajektoriendiskussion, wie sie zwischen 1715 und 1720 in der mathematischen Welt geführt wurde, ist ziemlich gut bekannt und bereits häufig beschrieben worden[4]. Sie ist Standardingredienz jeder Darstellung des Leibniz-

1 Leibniz an Johann Bernoulli, 30/12/1714; in: GM III/2, pp. 933–935. Alle Übersetzungen sind von mir.

2 Leibniz an Antonio-Schinella Conti, 6/12/1715; in: NEWTON, *Correspondence* VI, pp. 250–255.

3 Bernoulli stellte das Problem am Ende seines Aufsatzes 1697; Jakob Bernoulli reagierte darauf in seinem Aufsatz von 1698, und Johann Bernoulli kam auf das Problem zurück in seinem Aufsatz von 1698.

4 Z.B. CANTOR 1880, Band 3; MEJLBO 1980; WHITESIDE in seiner „overlong fuss-note" 25

Newton-Disputs. Dennoch glaube ich, daß es sinnvoll ist, diese Affaire hier erneut zu diskutieren, und zwar insbesondere im Hinblick auf die Frage, warum Leibniz gerade dieses Orthogonaltrajektorienproblem zur Herausforderung der Engländer ausgewählt hat. Nach dem Resultat der Trajektoriendiskussion zu urteilen, war seine Wahl eine recht ungeschickte: seinen unmittelbaren Zweck, die Demütigung der Engländer, hat das Problem nämlich nicht erfüllt. Sowohl in erster als auch in zweiter Instanz wurde den spezifischen Anforderungen des von Leibniz nach England vermittelten Trajektorienproblems auch von Mathematikern aus Newtons Gefolge Genüge getan, und zwar mit ziemlich herkömmlichen Mitteln.

Wie sich aber bei näherer Analyse zeigen wird, liegt hier keineswegs von Leibniz' Seite eine Unterschätzung der mathematischen Fähigkeiten seiner britischen Opponenten vor. In seiner vollen Allgemeinheit war das Orthogonaltrajektorienproblem den isoperimetrischen Problemen aus der Kontroverse zwischen Johann und Jakob Bernoulli an Schwierigkeit bestimmt ebenbürtig. Vielmehr läßt sich das Fehlschlagen dieser Herausforderung auf eine von Johann Bernoulli bewußt inszenierte Undeutlichkeit über die geforderte Allgemeinheit der Lösungsmethodik zurückführen. Während Leibniz nämlich mit diesem Orthogonaltrajektorienproblem ganz bewußt auf eine Erweiterung der gewöhnlichen Differentialrechnung auf partielle Differentiale hinzielte, auf eine allgemeine Lösungsmethode ohne spezielle Tricks, gab Johann Bernoulli dem Problem in seiner in zweiter Instanz nach England übermittelten Formulierung eine Form, die gerade auf eine solche spezielle ad-hoc-Methode abzielte.

In diesem Beitrag werde ich Leibniz' Gründe für die Wahl des Orthogonaltrajektorienproblems skizzieren, auf Johann Bernoullis Anstrengungen, selbst den von Leibniz gestellten Anforderungen gerecht zu werden, eingehen und zeigen, wie Nikolaus I Bernoulli, der Neffe Johann Bernoullis, in einer von ihm nie publizierten Arbeit in der Tat die von Leibniz erwartete Erweiterung der Differentialrechnung um partielle Differentiale vollzogen hat[5].

§ 2. Formen des Orthogonaltrajektorienproblems 1716

Leibniz' Formulierung des Trajektorienproblems in seinem oben erwähnten Brief an Conti war in mehreren Hinsichten unglücklich. Zunächst hatte er versäumt, dem für die Hyperbelschar gestellten Problem die Frage nach einer allgemeingültigen Lösungsmethodik anzuhängen. Diese Frage fügte er erst in späteren Briefen an Arnold und Nicolas Remond zu, aber zu einem Zeitpunkt, an dem das Problem

auf Seite 431 ff. in *Mathematical Papers* VIII; HALL 1980; HALL und TILLING in *Correspondence* VI.

5 Ich habe die Frühgeschichte der partiellen Differentialrechnung ausführlicher dargestellt in: ENGELSMAN, 1984. Dieser Beitrag enthält kein neues Material.

in England bereits bekannt geworden war[6]. Als spezifisches Problem für die Hyperbelschar aufgefaßt, war das Problem äußerst simpel und also vollkommen ungeeignet, um einen Eindruck von der von Leibniz verlangten Allgemeinheit zu vermitteln. Innerhalb kurzer Zeit wurde es von verschiedenen englischen Mathematikern gelöst, z.B. von Keill und Pemberton[7], und auf dem Kontinent fanden Johann Bernoullis 16 jähriger Sohn Nikolaus II und der damals in Padua lebende Basler Mathematiker Jakob Hermann eine korrekte Lösung. Hermanns Lösung war exemplarisch für Leibniz' unglückliche Formulierung des Problems: sie war allgemeingültig für sämtliche Scharen algebraischer Kurven, aber kaum mehr als eine aufgeputzte Version des 1694 bereits von Leibniz selbst beschriebenen und 1698 von Johann Bernoulli publizierten Algorithmus. Newton publizierte eine kurze und recht vage Notiz in den *Philosophical Transactions* 1716, in der er das Trajektorienproblem auf eine Fluxionen zweiter Ordnung enthaltende Rechenart reduzierte und in der er explizit auf Johann Bernoullis Aufsatz von 1698 hinwies, in dem das Problem bereits gelöst sei.

Johann Bernoulli wies Leibniz sofort auf den taktischen Fehler bei der Wahl des Hyperbelbeispiels hin; er schrieb:

„Ich gebe zu, daß dieses Problem in seiner vollen Allgemeinheit von jenen Analysten nicht einfach gelöst werden kann, es sei denn, sie entdecken unsere Art der Differentiation nach dem Parameter [...], oder des Übergangs mittels Differentiation von Kurve auf Kurve. [...]. Wir müssen aber fürchten, daß die englischen Analysten diesen Fall mit gewöhnlichen Methoden lösen werden, und daß sie, sobald sie herausfinden, daß es ihnen so mühelos abgegangen ist, hieraus noch mehr vor Stolz aufgeblasen, und noch mehr verstärkt in ihrem Superioritätsglauben hervorkommen werden"[8].

Auf Leibniz' Bitte, ihm dann doch einen anderen Spezialfall zu nennen, der nur mit Hilfe einer allgemeinen Methode zu lösen sei, schickte Johann Bernoulli ihm im März 1716 folgendes Doppelproblem: erstens soll eine Kurvenschar bestimmt werden derart, daß der Krümmungsradius BO in jedem Punkt jeder Kurve von der horizontalen Achse in dem Punkt C derart geteilt wird, daß BO : BC = 1 : n; zweitens soll zu dieser Kurvenschar eine Orthogonaltrajektorie bestimmt werden. Zu diesem Doppelproblem gab Johann Bernoulli folgende Lösungen an: die Kurvenschar besitzt die Gleichung

$$(1) \quad y = \int_0^x \frac{x^n}{\sqrt{a^{2n} - x^{2n}}} \, dx \quad \text{(a ist der Parameter der Schar)}$$

6 Die Frage nach einer allgemeingültigen Methode stellte Leibniz zuerst in seinem Brief an Nicolas Remond vom 27/1/1716 (N.S.), *Correspondence*, VI nr. 1178; er wiederholte sie in dem Brief an Arnold, 7/2/1716 (N.S.), *Correspondence*, VI nr. 1179, mit der Bitte diese Hinzufügung an Conti weiterzuleiten. Cf. *Correspondence*, VI, p. 254 Fußnote 6.

7 In: Keills Brief an Newton, 23/2/1716 (A.S.), *Correspondence*, VI pp. 282–284. Pembertons Lösung ist nie veröffentlicht worden; cf. *Correspondence*, VI, p. 284 Fußnote 6.

8 Johann Bernoullis Brief an Leibniz, 15/1/1716, GM III/2 pp. 953–955.

und eine Orthogonaltrajektorie läßt sich konstruieren aus der Bedingungsgleichung

$$\int_0^{x_0} \frac{a^n}{x^n \sqrt{a^{2n} - x^{2n}}} \, dx = c = \text{Konstante},$$

die die Beziehung zwischen der Abszisse x_0 des Schnittpunktes der Orthogonaltrajektorie (festgelegt durch Wahl der Konstanten c) mit der Kurve mit dem Parameter a und diesem Kurvenparameter a festlegt. Eine Herleitung dieser Lösungen gab Johann Bernoulli aber nicht – sie hätte, wie in § 4 deutlich wird, nur allzu deutlich gezeigt, daß auch dieses Problem nicht auf die von Leibniz verlangte allgemeine Lösungsmethode zu führen braucht[9].

Dieses in zweiter Instanz von Leibniz gestellte Problem war, wie Newton in einer kleinen Notiz zurecht bemerkte[10], ein anderes, umfassenderes Problem als das erste: zum ersten wurde nach der Kurvenschar gefragt – das war ein Differentialgleichungen betreffendes Problem – und erst zum zweiten wurde nach den Orthogonaltrajektorien dieser Kurvenschar gefragt. Nur dieser zweite Teil war im strikten Sinne ein Orthogonaltrajektorienproblem. Das Doppelproblem wurde aber trotzdem in seinem vollen Umfang sowohl von englischen als auch von kontinentalen Mathematikern gelöst: von Brook Taylor und Jakob Hermann 1717, von Nikolaus I Bernoulli 1719, und Johann Bernoulli publizierte seine beiden Lösungen, unter dem Namen seines Sohnes Nikolaus II Bernoulli, sowohl im Jahre 1718 als im Jahre 1720[11].

Auch in zweiter Instanz gelang es also Leibniz – welcher den größten Teil des Disputs nicht mehr miterleben sollte – nicht, mit dieser Herausforderung die Engländer effektiv zu demütigen.

§ 3. Zur Wahl des Problems

Auf Leibniz' eingangs zitierte Ankündigung hin, er werde Newton mit einem schwierigen Problem herausfordern, reagierte Johann Bernoulli mit folgender, für unsere Untersuchung recht aufschlußreichen Bemerkung:

„Zweifelsohne gibt es eine Reihe solcher [Probleme], die wir einst diskutiert haben und die mit der gewöhnlichen Methode der Differentiale gewiß nicht einfach zu behandeln sind. Von diesem Typus sind solche, die den Übergang von Kurve auf Kurve betreffen, und die wir damals mit einer gewissen singulären Art von Differenzieren erfaßt haben"[12].

9 Johann Bernoulli an Leibniz, 11/3/1716, GM III/2 pp. 957–959. Meine Formelschreibweise ist leicht modernisiert, indem Integrationsgrenzen, die bei Bernoulli im Text genannt werden, hier explizit mit aufgeführt sind.

10 Cf. *Correspondence*, VI p. 323 Fußnote 1.

11 Die Jahreszahlen verweisen auf die in der Bibliografie genannten Arbeiten der betreffenden Mathematiker.

12 Johann Bernoulli an Leibniz 6/2/1715, GM III/2 pp. 935–938.

Diese „singuläre" Art der Differentiation, die Bernoulli hier anspricht, war die von Leibniz 1697 entwickelte Methode der Differentiation nach dem Parameter a einer Kurvenschar[13] zusammen mit dem wichtigen Satz von der Vertauschbarkeit der Reihenfolge von Integration und Differentiation nach dem Parameter, den Leibniz damals in der folgenden Form niedergeschrieben hatte:

$$\text{(3)} \quad \mathrm{d(secund.a)} \int \overline{x; a}\, dx = \int \mathrm{d(secund.a)}\, \overline{x; a}\, dx$$

und der, modern formuliert, besagt:

$$\text{(4)} \quad \frac{\partial}{\partial a} \int_{x_0}^{x} f(a, t)\, dt = \int_{x_0}^{x} \frac{\partial}{\partial a} f(a, t)\, dt$$

Leibniz war sich 1697 der Bedeutung dieser Differentiationsmethode und des Vertauschbarkeitssatzes sehr wohl bewußt: in einer privaten Aufzeichnung schrieb er damals:

„Dies ist sicherlich von großer Bedeutung, und es behebt einen beträchtlichen Defekt in unserem Differentialkalkül"[14].

Dieser Defekt bestand darin, daß in jeder damals üblichen Anwendung der Differentialrechnung Differentiale immer nur in einer eindimensionalen Problemsituation auftreten konnten (man vergleiche den Beitrag von Bos zu diesem Band oder Bos 1971). Diese Eindimensionalität war eine der konzeptuellen Grundlagen überhaupt für Leibniz' Differentialrechnung. Sie ermöglichte die Interpretation von Differentialen als Variablen, definiert in den Punkten einer einzigen, als Polygonzug mit unendlich vielen Eckpunkten definierten Kurve. Sobald die lineare Ordnung dieser Eckpunkte festgelegt war, waren sämtliche Beziehungen zwischen den Differentialen ebenfalls eindeutig bestimmt (cf. Figur 1). Und nun traten im Zusammenhang

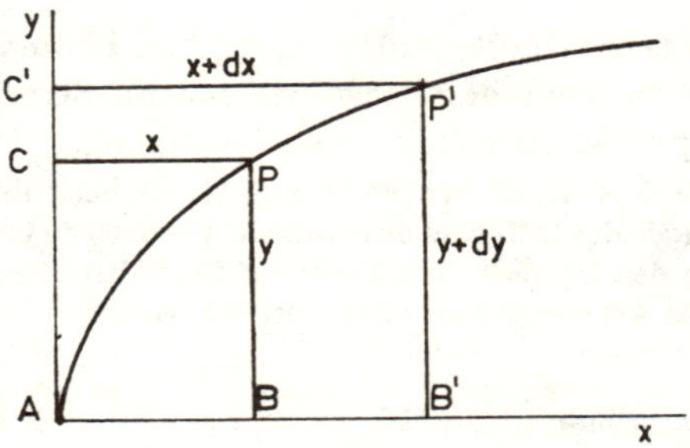

Figur 1

13 Leibniz an Johann Bernoulli 3/8/1697, GM III/2 pp. 449–454.

14 Ibidem, in der als Beilage herausgegebenen Notiz.

mit der „Differentiation von Kurve auf Kurve‘ und dem Vertauschbarkeitsatz simultan ganz verschiedenartig definierte Differentiale von endlichen Variablen auf: das Differential d(secund.a) einer Größe y zum Beispiel bezieht sich auf die infinitesimale Differenz der Werte dieses y in korrespondierenden Punkten zweier benachbarter Kurven, während dy im herkömmlichen Sinne die Differenz der Werte dieser Größe in zwei benachbarten Punkten auf derselben Kurve repräsentierte. (cf. Figur 2).

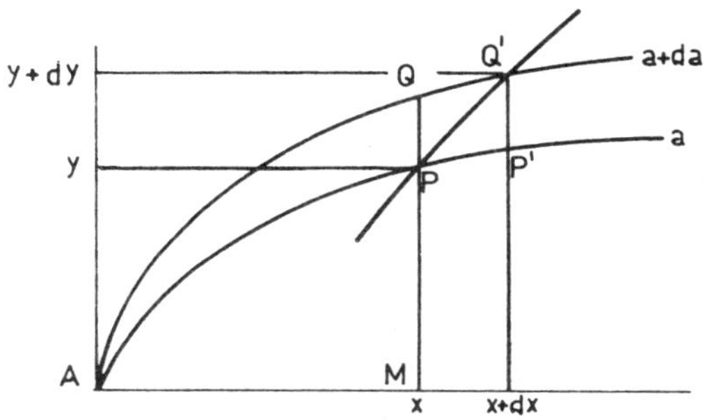

Figur 2 Hier kann z.B. dy drei Bedeutungen haben:
(1) dy = y(P′) − y(P)
(2) dy = y(Q) − y(P)
(3) dy = y(Q′) − y(P)

Damit ist die Bedeutung der Differentiale nicht mehr eindeutig festgelegt, sondern sie hängt (abgesehen von der Progression der Variablen; siehe den Beitrag von Bos zu diesem Band) ab von der Richtung der Differentiation. In der oben genannten privaten Notiz skizzierte Leibniz noch einige andere Anwendungen dieser neuen Differentiationsart und des Vertauschbarkeitssatzes, zum Beispiel bei der Berechnung von Doppelintegralen.

Johann Bernoulli reagierte enthusiastisch auf Leibniz’ Entdeckung, die er nur all zu gerne in der Polemik mit seinem Bruder Jakob hätte verwerten wollen[15]. Leibniz lies das aber nicht zu, und schrieb:

„Meiner Meinung nach täten wir gut daran, diese neue Methode vorläufig ein bißchen geheim zu halten, bis wir selbst davon hinreichenden Gebrauch gemacht haben, denn sie enthält eine Reihe von Sachen von größerer Wichtigkeit, als man so auf dem ersten Blick erwarten würde. Ich glaube darum, daß es das Beste ist, wenn wir weder anderen auftragen, diese neue Art der Differentiation oder der Tangentenkonstruktion zu finden, noch über unsere Erfindung reden, geschweige denn daß wir darlegen, worin dieser Kunstgriff besteht, bis wir selbst in der Lage sind, ihn in Übereinstimmung mit seinem Wert zu verwenden.“[16]

15 Daß Jakob Bernoulli auch zu diesem Vertauschbarkeitsatz vorgedrungen war, wußte Johann Bernoulli nicht. Jakob Bernoullis Resultate wurden posthum von Nikolaus I in Jakob BERNOULLI, *Opera*, Genf 1744, pp. 1017–1023 herausgegeben.
16 Leibniz an Johann Bernoulli 9/8/1697, GM III/2 pp. 454–455.

Dieser Moment kam 1715, als Leibniz auf der Suche war nach einem geeigneten Herausforderungsproblem für Newton. Das Orthogonaltrajektorienproblem war im August 1697 von Johann Bernoulli als erstes Problem angegangen, nachdem er von Leibniz über diese neue Differentiationsart informiert worden war, und er hatte bei diesem Problem in der Tat einen wichtigen Durchbruch bei Scharen transzendenter Kurven erarbeitet. Ich möchte Johann Bernoullis Resultat kurz skizzieren[17]:

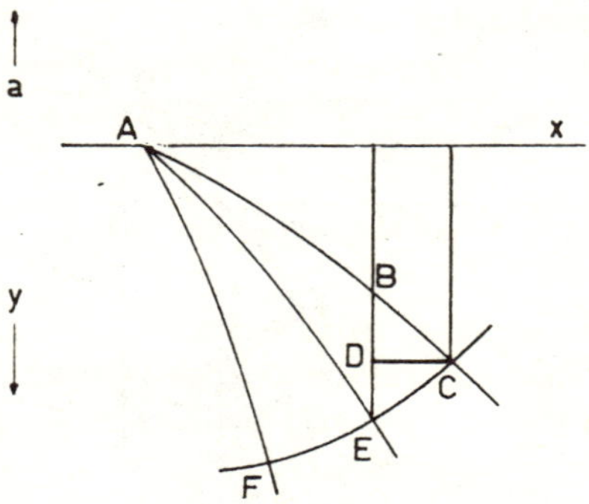

Figur 3 $BD = d_x y = p\,dx$
$BE = d_a y = q\,da$

Eine Kurvenschar mit dem Parameter a sei gegeben. Die beiden Differentiale der Ordinate y schreibe man als:

(5) $d_x y = p\,dx$ und $d_a y = q\,da$

(Johann Bernoulli verwendet eine andere, weniger explizite Schreibweise. Der Index x in d_x bedeutet, daß bei dieser Differentiation nur x als Variable betrachtet wird.)

In jedem Punkt einer festgewählten Orthogonaltrajektorie hat der Kurvenparameter a einen anderen Wert – er definiert die Kurve der Schar durch diesen Punkt der Trajektorie. Johann Bernoulli leitete ab, daß der Parameter a entlang einer Orthogonaltrajektorie der Differentialgleichung

(6) $(1 + p^2)\,dx + p\,q\,da = 0$

genügt. Diese „variable Parametergleichung" ist an sich schon etwas Besonderes, da hier Größen auftreten, die aus Differentiationen entstanden sind, die mit der Problemsituation der Trajektorie, d.h. entlang der Trajektorie, nichts zu tun haben.

17 Johann Bernoulli an Leibniz 14/8/1697, GM III/2 pp. 455–466.

Eklatant wird Bernoullis Erfolg aber erst, wenn diese Parametergleichung auf Scharen transzendenter Kurven der Art

$$(7) \quad y = \int_{x_0}^{x} p(x,a)\,dx$$

angewandt wird. Kurvenscharen dieser Art hatten bis dahin noch überhaupt keine analytische Erfassung des Orthogonaltrajektorienproblems erlaubt. Leibniz' Methode aus dem Jahre 1694, die auf der Bedingungsgleichung

$$(8) \quad (dx:dy)_{\text{Kurve}} = (-dy:dx)_{\text{Orthogonaltrajektorie}}$$

beruhte, führte bei Kurven dieser Art zu nichts.

Nun konnte man aber mit Hilfe des Vertauschbarkeitsatzes auch für solche durch ein Integral definierte y die beiden Koeffizienten p und q berechnen, und diese in die Parametergleichung einsetzen:

$$(9) \quad \frac{(1+p^2)}{p}\,dx + da \int_{x_0}^{x} p_a(x,a)\,dx = 0$$

Schön waren sie natürlich nicht, diese Parametergleichungen mit transzendenten Koeffizienten, und zu lösen vermochte Bernoulli sie schon gar nicht. Aber durch sie war das Orthogonaltrajektorienproblem für Scharen transzendenter Kurven nun wenigstens analytisch erfaßbar und auf eine Differentialgleichung reduziert worden.

Es steht fest, daß Leibniz 1715 bei der Wahl des Herausforderungsproblems an genau diese Arbeit von Johann Bernoulli aus dem Jahre 1697 gedacht hat, da ihm Johann Bernoulli im November 1715 davon eine Abschrift zuschickte und Leibniz einige Tage später den Brief an Conti auf die Post gab. Das liefert uns die erste Antwort auf die eingangs formulierte Frage nach Leibniz' Gründen für die Wahl eben dieses Problems. Das Orthogonaltrajektorienproblem zu lösen, bedeutete für Leibniz ein Vordringen zu dieser Differentiationsart „de curva in curvam", und das war gewiß eine schwierige Aufgabe. Es war die Frage nach einer „novissima methodus".

§ 4. Johann Bernoullis Alternativen

An der Tatsache, daß man eine Gleichung der Form (9) nicht lösen konnte, und daß man daraus also auch nicht zu einer wirklichen geometrischen Konstruktion der Orthogonaltrajektorien kommen konnte, hatte sich 1715 noch nichts geändert. Das aber hatte Johann Bernoulli Leibniz nicht mitgeteilt. Damit befand er sich in der verzwickten Lage, sogar selbst den von Leibniz gestellten Anforderungen an die Allgemeinheit der Methoden und den damals üblichen Anforderungen an die Akzeptabilität der Lösungen nicht genügen zu können.

Nur einmal, kurz vor Leibnizens Tod ließ er von diesen seinen Schwierigkeiten etwas durchschimmern, als er schrieb:

„In der Tat erfahre ich im Falle von Transzendenten etwas, das meine Pläne durchkreuzt, und auf Grund dessen ich mich noch nicht rühmen kann, eine Methode gefunden zu haben, die so allgemein ist, wie ich sie mir wünschte. Dies ist aber nur der Fall für einige gewisse Typen von Transzendenten; für viele andere klappt die Sache ganz wunderbar“[18].

Es gelang Johann Bernoulli auch später nicht, den Weg von der wahrhaft allgemeinen Differentialgleichung (9) für Orthogonaltrajektorien zu einer geometrischen, akzeptablen Konstruktion dieser Kurven zu finden. In seinem langen Aufsatz von 1720[19] über Methoden zur Konstruktion von Orthogonaltrajektorien, publiziert unter dem Namen seines Sohnes Nikolaus II, charakterisiert er den Ansatz über die Gleichung (9) dann auch als „mehr kurios als nützlich“.

Anstatt dieser Methode entwickelte er zwei andere Methoden; eine davon beruhte darauf, daß die vorgegebene Kurvenschar aus gleichförmigen – im gewöhnlichen oder im von Bernoulli verallgemeinerten Sinne – Kurven besteht, und in der die Hauptschwierigkeiten des Orthogonaltrajektorienproblems nicht durch analytische, sondern durch geometrische Mittel in der Lösungskonstruktion gelöst werden. Ich möchte diese Methode, die eine der beiden von Bernoulli bereits 1718 publizierten Konstruktionen der Orthogonaltrajektorien aus dem „Doppelproblem“ geliefert hat, hier nicht weiter besprechen[20]. Die zweite Methode ließ sich immer dann anwenden, wenn die vorgegebene Kurvenschar als Schar von Brachystochronen bei einem verallgemeinerten Fallgesetz interpretiert werden kann. Ich werde Johann Bernoullis Lösung seines Doppelproblems mit Hilfe dieser Methode hier kurz beschreiben. Sie vermittelt einen guten Eindruck von der für Johann Bernoulli typischen Form von ad-hoc-Feuerwerksmathematik.

Die Kurven, definiert durch die Gleichung

$$(1)\quad y = \int_0^x \frac{x^n}{\sqrt{a^{2n} - x^{2n}}}\, dx$$

lassen sich interpretieren als Brachystochronen (= Kurven kürzester Fallzeit) bei dem Fallgesetz

$$(10)\quad v = x^n$$

18 Johann Bernoulli an Leibniz 22/8/1716, GM III/2 p. 968–970.
19 Nikolaus II Bernoulli 1720.
20 Nikolaus II Bernoulli 1718.

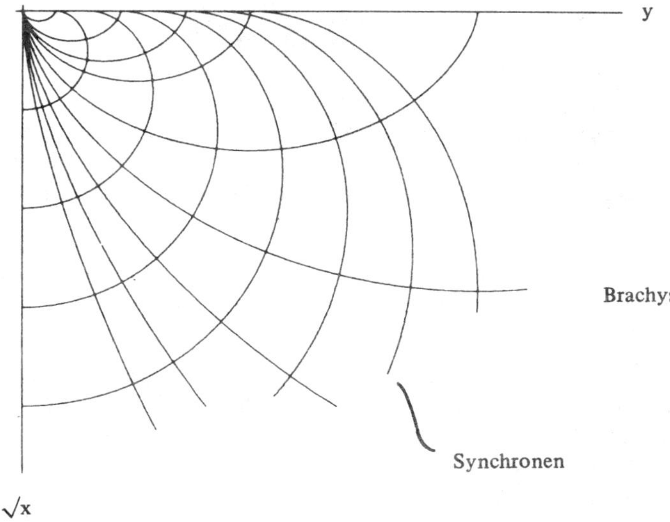

Figur 4

Wie Johann Bernoulli in seiner Herleitung der Brachystochrone 1697 bereits beschrieben hatte, lassen sich die Brachystochronen auch interpretieren als Lichtstrahlen in einem Medium mit umgekehrt proportional zum Fallgesetz variabler Dichte. Diese Analogie führte ihn sofort auf die Huygensche Lichttheorie, gemäß welcher die Wellenfronten des Lichtes immer orthogonal zu den Lichtstrahlen sind. Übersetzt in die Sprache der Kinematik bedeutete dies, daß die Kurven gleicher Fallzeit, die Synchronen, die Orthogonaltrajektorien der Brachystochronen sind. Dies alles hatte Bernoulli 1697 für den Fall $v = x^{1/2}$ bereits publiziert. Neu war 1716 nur die Verallgemeinerung des Fallgesetzes auf den Fall (10).

Die Konstruktion der Synchronen der verallgemeinerten Brachystochronen (1) wird durch die Bedingung der konstanten Fallzeit entlang der Brachystochronen reduziert auf die folgende Bedingungsgleichung:

$$(2)\quad T = \int_A^B ds/v = \int_0^{x_0} \frac{a^n}{x^n \sqrt{a^{2n} - x^{2n}}}\, dx = \text{Konstante;}$$

also genau die Bedingung, wie sie Johann Bernoulli in seinem Brief mit dem „Doppelproblem" Leibniz mitgeteilt hatte.

Wie elegant sie auch sein mögen, beide von Johann Bernoulli vorgebrachten Lösungen des Doppelproblems waren weit davon entfernt, den von Leibniz an eine allgemeine Lösungsmethode gestellten Anforderungen zu genügen. In beiden Fällen wird die Allgemeinheit der Bernoullischen Lösungen durch spezielle geometrische oder kinematische Voraussetzungen eingeschränkt. Das Doppelproblem war also gewiß nicht ein Problem, wie Leibniz es sich von Johann Bernoulli erbeten hatte, wenigstens nicht mit diesen beiden Lösungsmethoden vor Augen.

Der Grund für das Fehlschlagen des Prozesses des „tater un peu le pouls à nos Analystes Anglois" liegt aber nicht im Problem selbst, sondern in der Regie. Der Regisseur Leibniz war über das Können seines Hauptakteurs Johann Bernoulli nur unvollständig informiert; er hatte ihm eine Rolle zugedacht, die seine Kräfte überstieg.

§ 5. Nikolaus I Bernoullis Lösung der Parametergleichung

Was Leibniz nicht mehr miterlebte, was Johann Bernoulli nie zu wissen bekam und was damit auf der Ebene der Polemik ohne Konsequenz blieb, war, daß Nikolaus I Bernoulli, der Neffe Johann Bernoullis, in einem längeren Aufsatz in den *Acta Eruditorum* 1719[21] eine Konstruktion von Orthogonaltrajektorien veröffentlichte, die ganz und gar auf der von Leibniz avisierten Erweiterung der Differentialrechnung um partielle Differentiale gegründet war. Die Anweisung war aber derart formuliert, daß man den Gedankengang, der zu dieser Lösungsart geführt hatte, daraus überhaupt nicht ablesen konnte. Erst 1743[22], in einem Brief an Leonhard Euler, gab Nikolaus I die Analysis, die hinter der Konstruktion steckte, preis. Ich skizziere den Gedankengang hier nur andeutungsweise, ohne den Anspruch zu erheben, der tiefschürfenden Analyse Nikolaus I Bernoullis auch nur in entferntester Weise gerecht zu werden:

Zu der Parametergleichung (6), in der man sich p und q einmal als von x und a abhängige, bestimmte Größen denken kann, sucht Nikolaus einen integrierenden Faktor der Form 1/n, der das linke Glied der Gleichung

$$(11) \quad \frac{1+p^2}{pn}\,dx + \frac{q}{n}\,da = 0$$

zu einem vollständigen Differential macht. In grob modernisierter Schreibweise sieht seine Lösung dann analytisch folgendermaßen aus:

$$(12) \quad \int_{x_0}^{x} \frac{1+p^2}{pn}\,dx + \int_{a_0}^{a} \left.\frac{q}{n}\right|_{x=x_0} da = \text{Konstante}$$

21 Nikolaus I Bernoulli 1719. Daß Johann Bernoulli den Gedankengang seines Neffen nicht hat enträtseln können, wird zum Beispiel deutlich aus Johanns Bemerkung, diese Methode beruhe zweifelsohne auf einer der vier von ihm unterschiedenen Methoden zur Lösung des Trajektorienproblems (Nicolaus II Bernoulli 1720, § 65). Whiteside irrt in seiner „overlong fuss-note" (cf. Fußnote 4), wo er diesen Aufsatz als Nikolaus II Bernoullis „working-up of his father's and Hermann's essays" charakterisiert.

22 Nikolaus I Bernoulli an Euler 6/4/1743; in: FUSS 1843 pp. 701–707. Man findet den Text ebenfalls als Appendix 1 in ENGELSMAN 1984, hier ediert nach der Basler Handschrift LIa48, S. 24–25.

Den integrierenden Faktor bestimmt Nikolaus I Bernoulli unter Zuhilfenahme des Vertauschbarkeitsatzes für gemischte partielle Differentiale zweiter Ordnung (den er zuerst mittels einer geometrischen Betrachtung bewiesen hatte):

$$(13) \quad d_a d_x u = d_x d_a u,$$

des Differentialanalogons des modernen Satzes von der Vertauschbarkeit der Differentiationsreihenfolge bei gemischten partiellen Ableitungen der zweiten Ordnung:

$$(14) \quad \frac{\partial^2 u}{\partial a\, \partial x} = \frac{\partial^2 u}{\partial x\, \partial a}$$

Dieser Vertauschbarkeitsatz ist die natürliche Ergänzung zu dem oben beschriebenen, 1697 von Leibniz entdeckten, Satz von der Vertauschbarkeit der Reihenfolge von Differentiation nach dem Parameter und der Integration, und es ist diese Stelle, an der dieser Satz zum ersten Male explizit auftritt und angewandt wird.

§ 6. Schluß

Falls Leibniz' Wahl des Orthogonaltrajektorienproblems überhaupt einer Rechtfertigung bedarf, dann liegt diese ganz bestimmt in den hervorragenden Resultaten die Nikolaus I Bernoulli im Zusammenhang mit diesem Problem erarbeitet hat. Die „novissima methodus" Leibnizens aus dem Jahre 1697 wird durch Nikolaus Bernoullis Begriffsbestimmungen und Methoden ausgebaut zur Grundlage eines ganz neuen Zweiges der Differentialrechnung. Und das ist zugleich Triumph und Tragik der Situation: während eine mathematische Herausforderung dieser Art die Mathematiker zu wirklichen Spitzenleistungen antreibt, bringt sie zugleich eine Atmosphäre des Mißtrauens und der Geheimhaltung mit sich, die einen fruchtbaren Gedankenaustausch und gegenseitige Inspiration hemmt. So dauerte es bis in die 40er Jahre des 18. Jahrhunderts, bis dieser neue Zweig der Differentialrechnung einer breiteren Öffentlichkeit zugängig wurde, und zwar nicht durch Publikation der Resultate Nikolaus I Bernoullis, sondern durch die Arbeiten Eulers, der ganz unabhängig davon sich den Zugang zur partiellen Differentialrechnung erneut erarbeitet hatte.

Bibliografie

BERNOULLI, Jakob: Opera. Geneve, 1744, zwei Bände, fortlaufend paginiert. Abgekürzt: JBO.

1698 Solutio problematis fraterni in Actis mensis Maii 1697 propositi de curva infinitas logarithmicas ad angulos rectos secante, in: Acta Eruditorum 1698, pp. 230–232. Auch in: JBOO I, pp. 259–261.

BERNOULLI, Johann: Opera Omnia . . . , Lausanne/Geneve, 1742. 4 Bände (abgekürzt JBOO).

1697 Curvatura radii in diaphanis non uniformibus . . . , in: Acta Eruditorum 1697, pp. 206–211. Auch in JBOO I, pp. 187–193.

1698 Annotata in solutiones fraternas problematum . . . , in: Acta Eruditorum 1698, pp. 466–474. Auch in: JBOO I, pp. 262–271.

BERNOULLI, Nikolaus I (1687–1759)

1719 Tentamen solutionis generalis problematis de construenda curva, quae alias ordinatim positione datas ad angulos rectos secat, in: Acta Eruditorum 1719, pp. 295–304. Auch in: JBOO II, pp. 305–314.

BERNOULLI, Nikolaus II (1695–1726)

1718 De trajectoriis curvas ordinatim positione datas ad angulos rectos vel alia data lege secantibus, in: Acta Eruditorum 1718, pp. 248–262. Auch in: JBOO II, pp. 286–298.

1720 Exercitatio geometrica de trajectoribus orthogonalibus . . . , Teil 1, in: Acta Eruditorum 1720, pp. 223–237; Teil 2, in: Acta Eruditorum Supplement 7 (1721), pp. 303–326; Teil 3, Ibidem, pp. 337–353. Auch in: JBOO II, pp. 423–472.

BOS H. J. M.

1974 Differentials, Higher-Order Differentials, and the Derivative in the Leibnizian Calculus, in: Archive Hist. Ex. Sci. 14 (1974/75), pp. 1–90.

CANTOR, M.

1880 Vorlesungen über Geschichte der Mathematik. Leipzig 1880–1908. 4 Bände.

ENGELSMAN, S. B.

1984 Families of Curves and the Origins of Partial Differentiation, Amsterdam 1984 (North-Holland Mathematics Studies 93).

FUSS, P. H.

1843 Correspondance mathématique et physique de quelques célèbres géomètres du XVIIIe siècle, Tome 2, Petersburg 1843.

HALL, A. R.

1980 Philosophers at War: the Quarrel between Newton and Leibniz, Cambridge 1980.

HERMANN J.

1717 Schediasma de trajectoriis datae seriei curvis ad angulos rectos occurentibus. . . , in: Acta Eruditorum 1717, pp. 348–352. Auch in: JBOO II, pp. 275–279.

LEIBNIZ, G. W.

GM III/2 Mathematische Schriften, Band III/2, C. I. Gerhardt (Hrsg.). Reprint Hildesheim/New York, 1971.

MEJLBO, L. C.

1980 Ortogonaltrajektorier 1694–1720. Et kapitel i analysens tidlige historie, in: Nordisk Matematisk Tidskrift 28 (1980), pp. 41–51.

NEWTON, I.

The Correspondence of Isaac Newton, H. W. Turnbull et al. (eds.), Cambridge 1959–1977. 7 Bände.

The Mathematical Papers of Isaac Newton, D. T. Whiteside (ed.). Cambridge 1967–1981. 8 Bände.

TAYLOR, Brook

1717 Solutio problematis a Domino G. G. Leibnitio geometris Anglis nuper propositi, in: Philosophical Transactions 30 (1717), pp. 695–701. Auch in: JBOO II, pp. 281–285.

Autour du principe de continuité de Leibniz

Par
HANS FREUDENTHAL (UTRECHT)

Je n'ai osé registrer tous les endroits historiques où l'on rencontre un ‹principe de continuité› et toutes les interprétations qu'on en a données. Le plus célèbre, qui a grandement influencé les géomètres du 19ème siècle, se trouve chez Poncelet[1] :

«Considérons une figure quelconque, dans une position générale et en quelque sorte indéterminée, parmi toutes celles qu'elle peut prendre sans violer les lois, les conditions, la liaison qui subsistent entre les diverses parties du système; supposons que, d'après ces données, on ait trouvé une ou plusieurs relations ou propriétés, soit m é t r i q u e s, soit descriptives, appartenant à la figure, en s'appuyant sur le raisonnement explicite ordinaire, c'est-à-dire cette marche que, dans certain cas, on regarde comme seule rigoreuse. N'est-il pas évident que si, en conservant ces mêmes données, on vient à faire varier la figure primitive par degrés insensibles, ou qu'on imprime à certaines parties de cette figure un mouvement continu d'ailleurs quelconque, n'est-il pas évident que les propriétés et les relations, trouvées pour le premier système, demeureront applicables aux états successifs de ce système, pourvu que toutefois qu'on ait égard aux modifications particulières qui auront pu y survenir, comme lorsque certaines grandeurs se seront évanouies, auront changé de sens ou de signe, etc., modifications qu'il sera toujours aisé de reconnaître à p r i o r i, et par des règles sûres.»

Donc, par exemple, tout ce qu'on peut affirmer d'une figure qui contient deux droites qui se coupent doit demeurer valable quand ces droites deviennent parallèles – légalisation de la droite (ou du plan) à l'infini, qui depuis l'Antiquité a joué un rôle, au moins heuristique, mais en outre – et c'est facilement oublié à présent – légalisation de l'imaginaire dans la géométrie. En effet, on peut se permettre d'affirmer la même chose pour la position d'une droite par rapport à une courbe, qu'elle la coupe (en points réels) ou non. Ces deux aspects déterminent le développement qui conduit au principe fameux de ‹Erhaltung der Anzahl› de Schubert.

Ce principe de continuité est-il seulement heuristique? Poncelet continue[2] :

« . . . ne serait-on pas en droit d'admetre dans toute son étendue le principle de continuité en Géométrie rationnelle, comme on l'a fait d'abord dans le calcul algébrique, puis dans l'application de ce calcul à la géométrie, si n'est comme moyen de découverte ou d'invention. N'est-il pas pour le moins aussi nécessaire d'enseigner les ressources employées, à diverses époques, par les hommes de génie, pour parvenir à la vérité, que les efforts pénibles qu'ils ont été ensuite obligés de faire pour le démontrer selon le goût des esprits timides ou peu capables de se mettre à leur portée?»

1 *Traité de propriétés projectives des figures*, 1822, p. XIII.
2 p. XIV.

Poncelet suggère que le principe de continuité a eu une longue histoire, qui d'après Chasles[3] commence avec une lettre de Leibniz[4] adressée à l'éditeur des *Nouvelles de la République des Lettres où il introduit:*

«un certain principe de l'Ordre Général... qui est de grand usage dans le raisonnement... Il a son origine de l'infini, il est absolument nécessaire dans la géométrie, mais il réussit aussi dans la physique... ce principe me sert souvent de preuve ou examen, pour faire voir d'abord et par dehors, le défaut d'une opinion mal concertée, avant même que de venir à une discussion intérieure. On le peut énoncer ainsi: lorsque la différence des deux cas peut être diminuée au dessous de toute grandeur donnée, in datis, ou dans ce qui est posé, il faut qu'elle se puisse trouver aussi diminuée au dessous de toute grandeur donnée in quaesitis ou dans ce qui en résulte; ou pour parler plus familièrement: lorsque les cas (ou ce qui est donné) s'approchent continuellement, et se perdent enfin l'un dans l'autre, il faut que les suites ou événements (ou ce qui est demandé) le fassent aussi. Ce qui dépend encore d'un principe plus général, savoir: datis ordinatis, etiam quaesita sunt ordinata.»

L'expression ‹loi de continuité› ne se trouve pas dans cette lettre, mais toujours quand Leibniz retourne à ce principe (et il fait cela maintes fois dans ses publications et sa correspondance) il en parle en tant que sa (belle) loi de continuité, par exemple dans la forme[5]

«...que la nature ne fait jamais des sauts...»

et sous le nom de loi de (la) continuité de Leibniz ce principe a été connu de philosophes, par exemple de Maine de Biran[6].

«La loi de continuité ne souffre point d'interruption ni de saut dans le passage d'un degré à l'autre, et remplit sans lacune, sans possibilité vide, l'intervalle immense qui sépare la dernière monade de la force intelligente suprême d'où tout émane.»

Souvent le principe de continuité de Leibniz a été formulé de la manière: «Ce qui vaut jusqu'à la limite, reste vrai à la limite même.» Nul part dans les écrits de Leibniz on ne trouve une formule brute comme celle-là, mais il est vrai que quelques exemples d'application mentionnés par Leibniz (le cercle comme la limite d'ellipses) pourraient avoir été à l'origine de cette formule peu nuancée.

Récemment elle a été reprise par I. Lakatos, dont l'œuvre célèbre est devenue la source moderne de ce qu'à présent et à tort on appelle le principe de continuité de Leibniz. Mais revenons au principe tel qu'il l'a formulé lui-même.

Tandis que ce principe de continuité est bien clair, on peut se demander quel est le sens du principe plus général ‹datis ordinatis quaesita sunt ordinata›. Il me semble que Leibniz a eu en vue l'invariance de quelque régularité que ce soit, trouvée dans

3 *Aperçu historique sur l'origine et le développement des méthodes en géométrie...* Paris 1889, p. 357.

4 *Nouvelles de la République des Lettres*, juillet 1687, p. 745–753. Cette lettre est une traduction abrégée d'un manuscrit latin: GM VI, pièce VI, 129–133. Un texte plus complet se trouve dans la Thèse: A. ROBINET, *Malebranche et Leibniz*. Paris 1955, p. 258–264.

5 *Sur l'entendement humain*, 1703, éd. ERDMANN, p. 198.

6 Cité d'après A. COURNOT, *Essais sur les fondements de nos connaissances...* II, p. 359 (1851).

les données (par exemple une symétrie), pendant le passage aux conséquences. C'est l'original latin publié par Gerhardt qui m'a inspiré cette hypothèse, mais ce n'est pas ici le lieu d'y insister.

Au lecteur moderne la loi de continuité rappelle la définition de continuité d'une fonction telle qu'elle nous est familière depuis Bolzano et Cauchy, et même la précision de langage de Leibniz laisse peu à désirer. Mais soyons prudents: Leibniz ne connaissait pas la ‚fonction', il énonçait une loi de la nature, qui dans notre vocabulaire pourrait être formulée en disant que chaque fonction ‚naturelle' est continue.

Depuis la fin du 17^{iéme} siècle c'est une vérité évidente que les lois naturelles sont continues, que la nature ne fait pas de sauts, ou plutôt c'était une vérité évidente jusqu'à l'arrivée de la théorie des quanta. Mais ce n'avait pas été toujours comme cela au passé. Oresme par exemple décrit – je ne me rappelle plus où – l'intensité apparente d'une source lumineuse comme fonction de la distance par une fonction qui est linéaire jusqu'à son évanouissement. Je passe sous silence le fait que d'après nos sentiments intuitifs une ‹actio in distans› doit obéir à la loi d'affaiblissement quadratique. Le point qui nous concerne est la discontinuité invraisemblable de la dérivée de cette fonction, l'évanouissement abrupt.

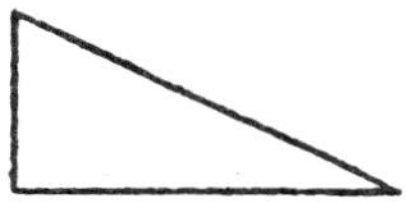

Il est bien connu que dans sa théorie de la collison élastique Descartes[7] a péché contre la continuité et ces péchés sont tellement flagrants qu'on s'étonne qu'il ait fallu presque un demi-siècle avant qu'ils soient attaqués et en même temps défendus par ses partisans furieux. Toutes ses sept règles pour le choc élastique pèchent contre la loi – ou dois-je dire, le bon sens – de la continuité, à la première près, qui dit que deux corps de masses égales qui se recontrent à vitesses égales, se repoussent aux mêmes vitesses. Mais déjà la deuxième règle – si l'un des corps est ‹tant soit peu plus grand› que l'autre, les deux vont après le choc ensemble dans la direction suivie par le plus grand – est un péché contre la continuité dès que la première règle est acceptée. C'est la même chose avec la troisième règle où l'un des corps a ‹tant soit peu plus de vitesse› que l'autre. La quatrième dit qu'un corps en repos n'est pas affecté par un autre s'il est ‹tant soit peu plus grand› que l'autre. C'est vrai que cette quatrième règle a été déjà mise en doute par Clerselier (l'éditeur postérieur de la correspondance de Descartes) et dans sa réponse[8] à Clerselier, Descartes essaie de s'en tirer par une définition du repos qui revient à l'immobilité absolue, où d'ail-

7 *Principia Philosophiae,* éd. ADAM-TANNÉRY, VIII, p. 62–76. Cp. aussi la traduction française, IX, p. 84–93.

8 éd. ADAM-TANNÉRY, IV, p. 183–188.

leurs la supposition que le corps en repos est plus grand que celui qui le heurte, serait superflue. C'est un des endroits parmi beaucoup d'autres où la traducton française diffère (par amplification) de l'original latin et qui suggèrent qu'à l'époque où la traduction fut faite, Descartes n'était plus satisfait de sa théorie. C'est d'ailleurs cette quatrième règle qui a surpris Leibniz assez tôt (1671)[9].

Mais revenons à cette lettre-là de Leibniz de 1687. C'est la première fois que Leibniz, adversaire fervent du cartésianisme, qui ne laisse passer aucune occasion d'attaquer Descartes, se jette sur le manque de continuité dans les règles de Descartes pour l'assaillir. Au contraire, auparavant dans la querelle sur la vraie estimation de la ‹force› (par la quantité de mouvement cartésienne ou par la force vive de Leibniz lui-même) il se sert plutôt des règles du choc de Descartes pour réfuter l'estimation de Descartes.

On sait que Descartes avait défini la force au moyen du produit de la masse et de la vitesse absolue et qu'il en affirmaît la conservation, qui en vérité ne vaut que si la vitesse absolue est remplacée par la vitesse vectorielle, ce qui revient à la loi du mouvement uniforme du centre des masses du système envisagé. Il est bien possible que cette loi cartésienne de la conservation de la force est née d'une interprétation fausse du phénomène qu'une balle, lancée vers un mur, est repoussée avec la même vitesse. Cette loi de conservation est combinée par Descartes avec la loi:

«. . . ubi corpus quod movetur alteri occurrit, si minorem habeat vim ad pergendum secundùm lineam rectam, quàm hoc alterum ad ei resistendum, tunc deflectitur in aliam partem, & motum suum retinendo solam motûs determinationem amittit; si verò habeat majorem, tunc alterum corpus secum movet, ac quantum ei dat de suo motu, tantundem perdit. Ita experimur dura quaelibet corpora projecta, cùm in aliud durum corpus impingunt, non ideò à motu cessare, sed versus contrariam partem reflecti; contrà verò occurunt corpori molli, quia facilè in illud omnem suum transmittunt, ideò statim ad quietem reduci.»

On peut s'imaginer la confusion qui naît de cette distinction entre ‹vis ad pergendum› et ‹vis ad resisendum› et de l'introduction dans cette matière des corps mus – confusion qui finalement conduit à sept règles fausses (à la première près) du choc élastique.

Je vous montre une image[10] témoignant d'idées plus saines nourries à cette même époque sur le choc des corps.

Christiaan Huygens s'est méfié très tôt de la théorie cartésienne. Son traité magnifique *De motu corporum et percussione*, publié en 1703, donc après sa mort, avait été achevé en 1656. Il est moins connu (par exemple ni E. J. Dijksterhuis[11] ni P. Costabel[12] n'en tiennent compte) qu'à cause d'une discussion à la Royal Society. Huygens a publié l'essence de ce traité posthume dans le *Journal des Sçavans*

9 *Theoria motus abstracti*. . ., GM VI, p. 79.
10 J. Marcus MARCI, *De proportione motus*, Prague 1639.
11 *De mechanisering van het werelbeeld*, Amsterdam 1950.
12 *Leibniz et la dynamique*, Paris 1960.

le 18 mars 1669[13]. (La même année Chr. Wren a publié des résultats moins complets.)[14]

Cette négligence des modernes est peut-être l'écho du manque de réaction du monde scientifique contemporain à ces publications. Elles échappaient à l'attention des Cartésiens – en effet on n'y trouve pas ces attaques explicites dont abondent, plus tard, les publications de Leibniz.

En 1671, quand Leibniz publie sa *Theoria motus abstracti. . .*[15], il ne connaît pas la note de Huygens. C'est avec un grand retard que celui-ci avertit son disciple de cette note, dans sa lettre du 11 juillet 1692, pour lui dire qu'il ne faut pas tant d'efforts pour réfuter les règles de Descartes.

La querelle sur la vraie estimation de la ‹force› avait commencé en mars 1686, quand Leibniz publie dans les *Acta Eruditorum* sa *Brevis demonstratio erroris memorabilis Cartesii, et aliorum circa legem naturalem secundum quam volunt a Deo semper eandem quantitatem motus conservari, qua et in re mechanica abutuntur*[16]. Une traduction abrégée de cette note paraît dans les *Nouvelles de la République des Lettres* de septembre 1686.

Le raisonnement de Leibniz est aussi surprenant que simple. Il part de l'hypothèse (généralement acceptée selon lui et qu'il peut même démontrer) qu'il faut la même force pour éléver des poids m, m' à des hauteurs respectives h et h' dès que $mh = m'h'$. Si l'on récupère cette force en laissant le corps tomber de la hauteur h, il acquiert d'après Galilée une vitesse v dependant de h telle que v^2 est proportion-

13 *Oeuvres*, tome XVI, p. 179–181. Cette note a aussi paru dans les *Mémoires de l'Acad. Roy.* et dans les *Phil. Trans.*

14 *Philos. Transactions*, 11 janvier 1669.

15 GM VI, p. 61–80.

16 GM VI, pièce IV, p. 117–119.

nel à h. Alors en tant que v joue un rôle, ce n'est pas par le mv Cartésien, la quantité de mouvement, qu'on doit mesurer la force, mais par mv^2.

C'est le bon plaisir de Leibniz de remplacer l'une mesure par l'autre, mais son argument ne démontre rien contre la conservation de la quantité de mouvement. En effet, ce n'est que le titre de la note qui suggère que cela aurait été l'erreur de Descartes. Dans la note même il ne revient pas sur ce point.

Leibniz doit avoir remarqué bientôt que c'était une lacune, au moins d'exposition, sinon aussi de principe. Mais l'ensemble des documents imprimés, manuscrits et épistolaires où il s'efforce de combler cette lacune à cette époque, est un ramassis de contradictions, parfois bizarres, de noeuds embrouillés que je n'ai pas réussi à dénouer, une confusion énigmatique. Il faut s'engager en des études plus profondes des matériaux, édités et inédits, que moi je n'ai pas eu le loisir, le courage et la force d'entreprendre, si l'on veut apporter quelque clarté dans ces ténèbres mystérieuses.

Pour être plus clair regagnons le chemin historique. La traduction française de la *Brevis demonstratio* dans les *Nouvelles de la République des Lettres* du septembre 1686 était accompagnée de la défense de la position cartésienne par ‹l'Abbé D.C.› (Catelan) à laquelle nous reviendrons plus tard. En février 1687 Leibniz lui répond dans la même revue. Il y a un manuscrit de Leibniz[17] qui semble être la préparation de cette réponse. Je pense qu'à raison Gerhardt l'a placé entre la *Brevis demonstratio* et l'original latin de la lettre du juillet 1687 (la loi de continuité). Voici un passage frappant de ce manuscrit[18]:

«Porro praeter propositam supra naturae legem, quod eadem servetur summa virium, aliam habeo non minus generalem et rationi consentaneam, nempe eandem semper in summa servari quantitatem directionis is sive in corporibus particularibus inter se communicantibus sive in tota natura, hoc est si ducatur recta quaecunque pro arbitrio et propositis corporibus solum inter se communicantibus quotcunque aestimetur in rectis assumtae parallelis quantitas progressus in unam partem detracta quantitate progressus in contrariam, reperietur hanc differentiam semper manere eandem, adeoque naturam non obstantibus corporum conflictibus, non interrupto tenore aequabiliter prosequi scopum eundem, quem in toto, singulis partibus in unum computatis, compensatione facta sibi proposuit, quippe ipsamet sibi ipsi obstare atque impedimenta ponere non possit. In universa autem natura omnia in aequilibrio sunt et respectu plagarum quarumcunque totius universi parallelos conatus contrarios inter se in summa perfecte aequales esse necesse est, differentia (nempe nulla) itidem semper eadem manente.»

C'est-à-dire vers la transition de 1686 à 1687 Leibniz doit avoir été en possession de la loi de la conservation de la quantité de mouvement correcte à savoir vectorielle, et non seulement linéaire, mais – surpassant Huygens – spatiale. Cette hypothèse est renforcée par une lettre du 8 décembre 1686 de Leibniz à Arnauld[19] où il répond à une réaction d'Arnauld à la *Brevis demonstratio* et donne la seule réfutation valable de la conservation de la quantité de mouvement cartésienne

17 GM VI, pièce V, p. 123–128.
18 p. 127.
19 GP p. 79.

(absolue) qu'il a jamais présentée mais qu'il n'a jamais publiée. C'est seulement dans sa correspondance avec de Volder, l'éditeur postérieur des *Œuvres* de Huygens, (fin 1698 ou début de 1699)[20] qu'il a répété cette démonstration belle, simple et absolument convaincante.

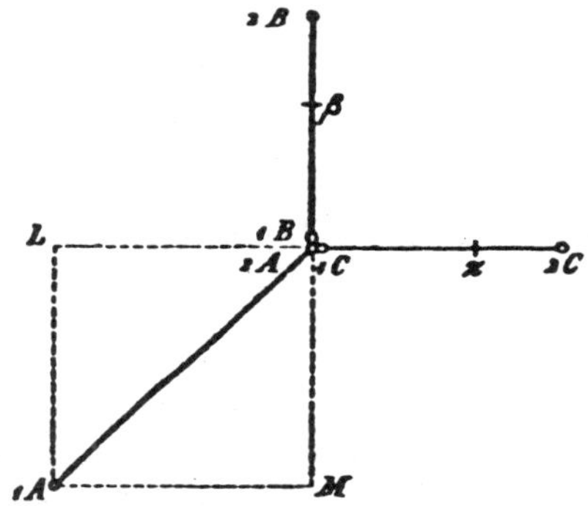

Soient données trois masses égales, deux en repos aux points 1B et 1C et la troisième lancée à partir de 1A le long de la diagonale vers 1B = 1C, où après le choc elle s'arrête et pousse les deux autres vers 2B et 2C. Si c'est le carré-unité et si la diagonale est parcourue dans l'unité de temps, la quantité de mouvement du système (à direction diagonale) sera $\sqrt{2}$m, tandis qu'après le choc la quantité de mouvement cartésienne (absolue) serait 2m, ce qui implique un gain de cette quantité. On note que la force vive est conservée puisque

$$\overline{1B2B}^2 + \overline{1C2C}^2 = \overline{1A2A}^2$$

Selon les Cartésiens les masses ne devraient avoir qu'une quantité de mouvement $1/2\ \sqrt{2}$m qui correspond aux positions β et κ après l'unité de temps. En inversant l'opération dans l'hypothèse cartésienne, on obtiendrait un gain de force vive (le carré de β1B étant remplacé par le carré-unité) et par conséquence le mouvement perpétuel.

Il est curieux que Leibniz n'a jamais publié cette démonstration, aussi curieux que le fait que, si je ne me trompe pas, ces deux passages n'ont pas obtenu l'attention des chercheurs historiens qu'ils méritent. Au deuxième passage Leibniz est tout près des lois correctes de collison. Ces lois se trouvent explictement dans un manuscrit *Essay de dynamique sur les loix de mouvement*[21] (que Gerhardt a placé entre des publications de 1691 et 1693), où la ‹quantité de mouvement› est confrontée à la quantité de progression, mais la similitude de l'ensemble des formules

20 GP II, p. 159.
21 GM VI, pièce XII.

me fait soupçonner qu'à ce moment Leibniz connaissait la note de Huygens citée plus haut.

Vu ces données, les efforts que Leibniz fait à la même époque pour combler la lacune dans la *Brevis demonstratio* semblent étranges.

Après l'apparition de la *Brevis demonstratio*, le 28 september 1686, Arnauld avait averti Leibniz[22] des contre-arguments possibles des Cartésiens et lui avait signalé des Lettres de Descartes où la force aurait été définie indépendamment de la vitesse. En effet, c'est dans une lettre à Huygens que Descartes[23], pour expliquer le fonctionnement des machines élémentaires, avait défini la ‹force› au moyen du produit de la force au sens moderne et du chemin (c'est-à-dire comme le travail). Leibniz, qui vraisemblablement jusqu'à ce moment ne connaissait pas ce document de Descartes remarque avec raison dans sa réponse à Arnauld du 8 décembre 1686 que si Descartes s'était rappelé cette lettre il n'aurait pas commis l'erreur que lui, Leibniz, lui a reprochée.

Les arguments de l'Abbé D.C.[24] sont bien différents et aisément ridiculisés par Leibniz. L'Abbé de Catelan lui accorde la définition mh de la ‹force› – ce qui est jeu gagné pour Leibniz – mais veut tenir compte du temps nécessaire à acquérir la quantité du mouvement et qui est plus court pour le corps tombant d'une hauteur plus faible – argument tout à fait non cartésien (cp. l'endroit cité). Leibniz[25] lui répond qu'on pourrait changer la ligne de descente à son gré ce qui changerait le temps nécessaire sans diminuer la ‹force›. Plus tard[26] Leibniz concédera à l'Abbé l'estimation de la force par le temps à condition que grâce au choix du parcours la descente se fasse uniformément. Voici le problème de l'isochrone par lequel il défie son adversaire, mais dont, hélas, Huygens donnera la solution le mois suivant dans la même revue.

Mais revenons à la réponse de Leibniz du février 1687, notamment à ses efforts pour combler la lacune de la *Brevis demonstratio*. Si toute la ‹force› d'un corps de 4 livres et d'une vitesse d'un degré est donnée à un corps d'une livre, ce dernier recevra selon Leibniz une vitesse de deux degrés, ce qui lui permettrait de monter à quatre fois la hauteur d'où le premier est tombé, comme il faut. Si au contraire on accepte la définition de force cartésienne, la quantité de mouvement, le second corps acquerrait 4 degrés de vitesse, ce qui lui permettrait de monter à 16 fois la hauteur d'où le premier est venu, ce qui est impossible.

La lacune d'exposition de la *Brevis demonstratio* est alors comblée, mais celle de principe reste ouverte, à défaut d'un mécanisme de transfert de la ‹force› totale d'un corps à l'autre. En vérité, ce transfert total, par exemple par le choc, n'est

22 GP II, p. 67–88.
23 éd. ADAM-TANNÉRY, I, p. 433–448.
24 Interprété par ‹de Conti› par Leibniz in *Acta Eruditorum* 1689 (GM V, p. 234) malgré l'explication d'Arnauld (GP II, p. 89).
25 *Nouvelles de la République des Lettres*, janvier 1687.
26 *Nouvelles de la République des Lettres*, septembre 1687.

possible que si les masses sont égales (et l'une d'elles est en repos), ou plutôt c'est une absurdité du point de vue relativiste (de Huygens) où tout ce qui compte sont les vitesses relatives des corps. Leibniz s'efforce d'inventer des outils qui réalisent ce transfert total et cela à une époque où, vu les deux documents que je viens de citer, on croirait qu'il était mieux renseigné.

Une autre fausse route est prise dans cette même lettre pour réfuter la conservation de la quantité du mouvement: l'application de la troisième règle de Descartes. Leibniz imagine deux corps égaux de poids 1 et à vitesses contraires 100 et 1. Leur quantité de mouvement totale serait 101; leur ‹force› permettrait d'élever un poids à la hauteur 10001. Mais d'après la troisième règle de Descartes leurs vitesses après le choc seraient 50 1/2 qui ne permettraient qu'une élévation à la hauteur $(50\ 1/2)^2 = 2550\ 1/4$.

C'est un argument étrange parce qu'à cet instant Leibniz savait que la troisième règle de Descartes était insoutenable. En effet, il continue avec une critique des efforts de Malebranche[27] pour corriger les règles de Descartes, où la 1ière, 2ieme, 3ième et 5ième sont maintenues, tandis que selon lui, Leibniz, aucune, à la 1ière près ne serait soutenable.

C'est dans cette critique de février 1687 que s'annonce aussi l'idée centrale de la lettre du juillet 1687: la loi de continuité. Selon Malebranche deux corps, l'un de poids 2 et de vitesse 1, l'autre de poids 1 et de vitesse 2 qui se recontrent, rejailliront après le choc avec les vitesses qu'ils avaient auparavant. «Mais si on suppose la vitesse ou la grandeur de l'un des corps, comme B, tant soit peu augmentée, il veut qu'ils aillent tous deux ensemble du côté où B seul allait auparavant», Leibniz dit et le trouve incroyable.

Leibniz répète ce qu'il a fait avec la troisième règle de Descartes, avec quelques autres, mais l'accent s'est déplacé de la réfutation de la conservation de la quantité de mouvement à celle des lois de collison cartésiennes.

Enfin, il remarque «qu'on aurait pu employer utilement la distinction qu'il y a entre la force et la direction» et «on pourrait cependant donner quelque interprétation nouvelle au principe de la quantité du mouvement, et après cette correction il demeurerait universel, mais il n'est pas aisé de s'en aviser».

On a l'impression que les idées divergentes ou même contradictoires déployées dans cette lettre se sont développées successivement pendant que Leibniz la composait – impression qui est renforcée par le manuscrit latin cité plus haut et auquel on reviendra tout à l'heure.

Voilà l'origine de la loi de continuité et de son application à la réfutation des lois de collision de Descartes. On aurait du réclamer contre Leibniz la discontinuité du choc même, le changement abrupte des vitesses (vectorielles) des corps dans la collision. Leibniz a prévu cela; il a rejeté la dureté parfaite des corps. Dans la note citée du juillet 1687 et à beaucoup d'autres endroits il a comparé les corps en collision aux ressorts tendus et détendus, pour sauver la continuité du phénomène

27 Je n'ai pu consulter l'édition de la *Recherche de la Vérité* où se trouve cette exposition.

du choc. Je ne sais pas si Leibniz fut le premier qui a pris conscience du phénomène de l'élasticité mais, autant que je sache, il en a crée le terme (elastrum en latin)[27a].

Il ne vaudrait pas la peine de s'occuper de la suite de cette discussion dans les *Nouvelles de la République des Lettres,* où interviennent Malebranche en avril 1867, l'Abbé de Catelan en juin et Leibniz lui-même en septembre, si ce n'était pas pour signaler que Leibniz, après avoir fait preuve d'un entendement plus juste et profond, revient aux arguments faux d'auparavant pour réfuter la conservation de la quantité du mouvement: «. . . toute la force d'un corps de 4 livres, dont la vitesse est d'un degré, devant être transférée sur un corps d'une livre. . .».

La lettre de Leibniz de février 1687 a son pendant dans le manuscrit latin[28] dont j'ai déjà cité un passage significatif. Les raisonnements sont illustrés par une courbe dans un plan vertical sur laquelle les corps descendent et montent. La conservation de la quantité de mouvement cartésienne est réfutée d'abord en appliquant la troisième règle de Descartes et puis par la position que

«tota potentia molis quatuor librarum, cuius gradus celeritatis sit ut 1, transferatur in corpus quiescens unius librae»

règle non-cartesienne et aussi fausse que les règles cartésiennes, et cela dans une situation où l'un des corps est en repos, c'est-à-dire où la quantité de mouvement vectorielle est en jeu. Et c'est suivi, comme dans la lettre de février 1687, par ce passage latin que nous avons cité auparavant «eandem semper in summa servari quantitatem directionis».

Une discussion analogue – mêlée avec celle sur la cause mécanique de la gravitation – se développe dans les *Acta Eruditorum* avec Papin. En répondant à Papin[29], Leibniz[30] présente de nouveau la machine construite dans sa lettre du février 1687 à l'éditeur des *Nouvelles de République des Lettres*, qui si la quantité de mouvement était conservée, ferait monter un corps d'une livre à la hauteur de 16 pieds par la force d'un corps de 4 livres tombé de la hauteur d'un pied, en ajoutant un levier par lequel le corps d'une livre fait monter celui de quatre livres à la hauteur de 4 pieds de telle façon qu'en somme un corps est gratuitement transporté de la hauteur d'un pieds à celle de 4 pieds – le mouvement perpétuel.

Quand Papin[31] lui promet

«si mihi indicet rationem aliquam qua tota vis motrix, sine miraculo, ex corpore majori transferri in corpus minus et quiescens: Ego vel motum perpetuum effectum vel manus victos dabo».

27a Ajoutée dans les épreuves: C'était plutôt Jean Pecquet, en 1654. Voir: H. BREGER, *Elastizität als Strukturprinzip der Materie bei Leibniz*, dans: *Studia Leibnitiana*, Sonderheft 13, 112–121, en particulier, note 3.

28 GM VI, pièce V.

29 *De gravitatis causa et proprietatibus observationes,* dans: *Acta Eruditorum*, avril 1689, p. 183–188.

30 *Acta Eruditorum,* mai 1690, p. 228–239 = GM VI, pièce X, p. 193–203, en particulier p. 199 sq.

31 *Mechanicorum de viribus motricibus sententia*, dans: *Acta Eruditorum*, janvier 1691, p. 6–13.

Leibniz[32] en changeant une partie du texte un peu,

«modum indicare, quo natura efficere possit, ut potentia corporis maioris transferatur in minus quiescens»:

fait des efforts spasmodiques pour se tirer d'affaire, même en profitant – mais sans vraiment réussir – d'une concession possible, mais jamais faite de l'adversaire,

«posse totam vim minoris transferri in maius».

La machine du levier fait aussi partie de l'exposition, presque axiomatique, dans l'*Essay de Dynamique* envoyé le 8 janvier 1692 à Pelisson (pour être publié par l'Académie). Ce texte a été publié récemment par P. Costabel[33], qui en tient en haute estime la ‹cohérence logique›. De nouveau on trouve ici un ‹Postulatum ou demande 1›:

«On demande que toute la force d'un corps donné puisse être transférée sur un autre corps donné, ou du moins, si on suppose cette translation, qu'il n'en arriverait aucune absurdité.»

L'idée correcte de la conservation de la quantité de mouvement vectorielle, exprimée brèvement dans le texte latin cité plus haut et dans la lettre à Arnauld du 8 décembre 1687 illustrée par un dessin, se trouve élaborée dans un manuscrit français[34], que je crois composé après la lettre de Huygens à Leibiz du 11 juillet 1692 ou plutôt après que Leibniz aurait pris connaissance de la note de 1669 (ou même du Traité de Huygens, alors inédit). On y trouve ces trois lois de collision, dont chaque paire détermine la troisième: ‹équation linéale›, qui dit que la vitesse relative des deux corps est renversée par le choc, ‹équation plane›, qui affirme la conservation du ‹progrès› (quantité de mouvement vectorielle), ‹équation solide›, qui prononce la conservation de la force vive.

Même la relativité des mouvements est reconnue: ‹par la méthode d'un bateau, comme a fait M. Huygens. . .›.

Le brouillard levé, tout semble en plein soleil. Mais on se trompe: Voici que dans sa *Dynamica de potentia et legibus naturae corporeae*[35] Leibniz revient sur ses pas (au moins si la chronologie de Gerhardt est correcte)! De nouveau il présente cette machine qui sert à réfuter la conservation de la quantité de mouvement, et cela dans un cas où c'est la quantité de mouvement vectorielle qui est en jeu, après avoir affirmé sa conservation à elle.

Je vous ai annoncé «un ramassis de contradictions, parfois bizarres, de noeuds embrouillés que je n'ai pas réussi à dénouer, une confusion énigmatique». Il se peut qu'avant moi d'autres se sont aperçus de cette situation, que des pièces importantes de la litérature primaire et secondaire m'ont échappé, que mes interprétations étaient trop superficielles.

Ce qui m'a intéressé au début, c'était la loi de continuité de Leibniz. Si j'avais su où cette étude me conduirait et combien de travail elle me coûterait, je ne l'au-

32 *Acta Eruditorum*. . . 1691. GM VI, pièce XI, p. 204.
33 *Leibniz et la Dynamique*, Paris 1960, p. 97–106.
34 GM VI, pièce XII, p. 215–231.
35 GM VI, en particulier p. 289–290 et 461.

rais pas entreprise. Mais je ne le regrette pas. J'espère que mon essai invitera d'autres à faire ces études plus profondes que cette matière mérite.

Remarque ajoutée dans les épreuves: Le Sonderheft 13, *Leibniz' Dynamica*, des *Studia Leibnitiana*, qui a été publié entretemps (en 1984), contient des contributions liées à notre sujet. En passant sous silence les autres, je m'arrête à celle de Gregory Brown (p. 122–137), qui me semble moins réussie. Cet auteur (ainsi que Carolyn Iltis dont il fait la critique) n'a pas prêté l'attention nécessaire à la multitude d'écrits de Leibniz pertinents à ce sujet. En particulier ni la conservation de la quantité de mouvement vectorielle, reconnue par Leibniz, ni ses efforts, manqués et réussis, de réfuter les prétentions cartésiennes ne sont considérés.

Leibniz and de Volder on the Infinitely Small in Metaphysics

By
GEORGE MACDONALD ROSS (LEEDS)

1. Introduction

The ulterior purpose of this paper is to serve as a particular case study in connection with a relatively neglected historiographical problem. This is the problem of what category of explanation to give of instances where philosophers are deceitful or dishonest in expounding their own philosophical positions. Here I have in mind, not only cases where they pretend to believe what they do not in fact believe, but also where they pretend n o t to believe, or at least deliberately keep quiet about, what they do in fact believe. Hitherto, a clear-cut distinction has generally been drawn between explaining philosophers' assertions in terms of their r e a s o n s, and explaining them in terms of their c a u s e s. An explanation in terms of reasons makes explicit the perceived logical or quasi-logical connections between the assertion in question, and other parts of a philosopher's system. An explanation in terms of causes, on the other hand, looks beyond the ideas themselves, and accounts for what is or is not said, by reference to individual psychology and habits of mind, or the social, political, and economic environment.

A good example of a commentator on Leibniz who has observed this sharp dichotomy is Bertrand Russell. Russell held that a system is not a genuinely p h i l o s o p h i c a l system, unless it forms a logical calculus – even if some of the axioms of the system are not themselves 'logical' axioms, whatever that may mean[1]. The reason for a particular philosophical doctrine or theorem is then its place within that calculus. In Leibniz's case, Russell tried to show that the core of Leibniz' philosophy consisted in just such a system, even if some of the premises were false, and some of the supposed connections invalid[2]. Any failure to follow an argument to its logical conclusion, and any belief extraneous to the logical core, Russell explained away as caused by external, non-rational factors. In particular, the Noble Lord Russell attributed certain of Leibniz's failures to express his philosophy in a form of which Russell could approve, to Leibniz's petit bourgeois ambition to gain the approval of the nobility[3].

1 See my *Logic and ontology in Leibniz*, in: *Studia Leibnitiana*, Sonderheft 9, pp. 20–26.

2 B. RUSSELL, *A critical exposition of the philosophy of Leibniz*, 2nd ed., London 1937. Russell contrasts causes and reasons in the Preface, pp. xi–xii.

3 Op. cit., pp. 1–2. cf. *The philosophy of logical atomism*, in: *The Monist* 5 (1918), pp. 495–527, where Russell attributes Leibniz's failure to complete his logical system to his 'respect for Aristotle', and draws the moral that 'this shows you that you should not have too

For the purposes of this paper, I shall have to take it for granted that Russell's crude dichotomy is unsatisfactory. I shall also have to take it for granted that it is even less satisfactory simply to eliminate one pole of the dichotomy, and adopt the wholly externalist approach of explaining philosophers' beliefs exclusively in terms of non-rational causes to be found in their socio-political context, or their personal history and psychology. Instead, I wish to suggest that there *is* a genuine distinction, but hat it consists in a difference of degree rather than of kind: that although Leibniz's reasoning is sometimes as abstract as could be, at other times his reasoning involves an essentially rhetorical dimension. I do not think that he can fairly be accused of pretending to believe what he does not in fact believe. On the other hand, Leibniz certainly does avoid volunteering certain of his beliefs, when he thinks they might hinder his chances of persuading others of the truth of his overall philosophical position.

So, to turn now to the specific topic of the present paper, the very title might seem paradoxical to anyone who is closely familiar with the correspondence between Leibniz, and the Dutch scientist and philosopher, Burchard de Volder. Surely the theme of the infinitely small in metaphysics was one of the few important philosophical themes *not* explicitly discussed in that otherwise extensive and probing set of letters?[4] This is indeed the case, and I hope to show why it was rational for Leibniz to steer clear of this particular area of his philosophical system in discussion with de Volder. But in order to establish that his avoidance of the theme must have been deliberate, I shall first explain why it is a *prima facie* remarkable fact, and not due to mere chance, that he failed to discuss doctrines such as the following: (1) That there are worlds within worlds, or in other words that tiny particles in our world might be complete solar systems in their own right, and that our own solar system might be a mere particle in some higher-order world; (2) That living organisms are organic colonies of smaller micro-organisms, and so on *ad infinitum*, or as Leibniz often expressed it, that machines of nature are machines in all their parts; (3) That even inanimate matter is ultimately a heap or aggregate of such microscopic organisms; (4) That animals exist eternally in the material world, birth being a gradual elevation from microscopic to macroscopic status, and death a more sudden transition in the reverse direction; (5) That our conscious perceptions are compounds of infinitely small perceptions not present to consciousness as such; (6) That it is impossible to specify a volume of space so small that it does not contain both matter and soul or form; (7) That every ap-

much respect for distinguished men'. More recently, H. ISHIGURO makes the same contrast, though in different words, when she writes: 'Leibniz's idea of the possibility of there being only God and oneself, which conflicts with the mirror thesis, but which keeps on intervening in his discussion of monads, is not an alternative metaphysical position at which he arrived by weighing other logical possibilities. He claims to have got the idea from St. Theresa of Avila, and it seems to come rather from his mystical leanings in religion' (*Leibniz's philosophy of logic and language*, London 1972, p. 116.).

4 The correspondence lasted from 1698 to 1706, and is printed in GP II, 148–283.

parently hard and inelastic particle contains a soft, elastic fluid consisting of much smaller relatively hard and inelastic particles – and so on[5].

2. That Leibniz's Omission is Remarkable

(1) One reason for expecting Leibniz and de Volder to discuss the infinitely small in metaphysics, is that the metaphysical dimension of the correspondence arose out of purely mathematical and scientific disagreements involving the concept of the infinitesimal. Johann Bernoulli's original occasion for suggesting that de Volder should write to Leibniz, was because de Volder had told him in conversation at Leiden, that his main disagreements with Leibniz were over his concept of an infinitesimal in mathematics, and his denial of absolutely hard and inelastic objects in mechanics[6]. So it is at least odd that the subsequent philosophical debate failed to touch upon the areas of Leibniz's metaphysics which were most intimitely connected with this aspect of his mathematics and mechanics.

(2) Bernoulli had an ulterior motive in introducing de Volder to Leibniz. He saw Leibniz's system as capable of filling the intellectual vacuum that was bound to be left by the final collapse of Aristotelian scholasticism on the one hand, and of Cartesianism on the other hand. But the fulfilment of such an ambition would require a deliberate strategy, like Descartes' strategy for making himself a second Aristotle[7], which had very nearly succeeded. Bernoulli's idea was that, if de Volder could be convinced of the correctness of Leibniz's system, he would then propagate it at Leiden University. Since he was still one of the only Professors of Experimental Philosophy in the whole of Northern Europe, and since he had a very large following of students, his influence as a teacher could be crucial in establishing Leibnizianism as the new alternative to Aristotelianism and Cartesianism. As Bernoulli wrote to Leibniz on 6th December 1698:

"We have two philosophies: the traditional and the modern; but both err in their extremism. What if you were to found a third philosophy, preserving a mean between the two? I know of no-one more suitable for such a task, and I am sure that any system you constructed would find a most favourable response. In Holland there are a number of outstanding people who would vigorously nurture and support such a brain-child as yours. These include Mr de Volder himself. He has admitted to me that he has long since abandoned the principles of Cartesianism as inadequate, and as for the most part false. So, once he has rightly understood your philosophy and taken it to heart, there is no doubt that he would propagate it assiduously. He also has a considerable number of students, and he would teach it to them so forcefully that perhaps it would soon become dominant over the Cartesian and Aristotelian philosophies, as reconciling the traditionalists with the modernists. I beg you again and again to think about this, and to be

5 These doctrines are given prominence in the *Discourse on metaphysics* (1686), the *New system* (1695), the *Monadology* (1714), and other such writings.

6 GM III, 505–6.

7 Cf. H. CATON, *The origin of subjectivity*, New Haven and London 1973, chapter 1.

willing to do the world of philosophy a great service. I ask you to consider us and posterity, and to erect a memorial to your name. After all, do you think you are a lesser philosopher than Descartes?"[8]

Leibniz did not respond directly to this plea, but on a number of occasions he showed himself impatient to know whether or not de Volder was going to teach his new dynamics[9]. And if Leibniz to any extent shared Bernoulli's ambitions on his behalf, he must have seen that a replacement for Aristotelianism and Cartesianism would, like those systems, have to be a total package, involving not just a distinctive set of mathematical and scientific concepts and principles, but also an appropriate metaphysical underpinning. Again, this would mean bringing the mathematical concept of an infinitesimal, and the scientific concept of an infinitely fine elastic fluid, into relation with his metaphysical system. And this he did not do in his discussions with de Volder.

(3) A third, and closely related reason why the omission is surprising, is that Leibniz did not merely see metaphysics as the foundation on which mechanics depended, but he also saw the laws of dynamics as providing an a posteriori proof of his metaphysical system. De Volder repeatedly pestered Leibniz for an a priori proof of his metaphysics, that is, a logical deduction of it from definitions and indisputable axioms. Leibniz consistently refused, on the grounds that he could only offer a posteriori proofs, that is, proofs arguing back from known effects to their hypothetical causes or foundations. In particular, he saw his metaphysics as derivable in this oblique way from his mechanics. As he said to de Volder, after hearing from Bernoulli that de Volder was more interested in his metaphysics than in his mechanics: 'mechanics . . . is the most appropriate gateway to true metaphysics'[10]. But if Leibniz really believed this, why did he not proceed from his denial of absolutely hard objects in mechanics to his metaphysical conception of matter as containing a hierarchy of finer and finer fluids?

(4) At the same time as the earlier stages of the correspondence with de Volder, Leibniz was conducting a lengthy and detailed debate with Bernoulli about the infinitely small in metaphysics[11]. This debate arose directly from discussions about the nature of infinitesimals in the calculus, and of elasticity in mechanics. Admittedly, Leibniz was on much friendlier terms with Bernoulli than with de Volder; but why should he have avoided discussing the metaphysical ramifications of his mathematical and dynamical concepts with someone, just because he was not a close friend?

(5) It might be suggested that Leibniz wanted to avoid shocking de Volder with his extreme metaphysical theories. But he was ready enough to give expression to other extreme positions, such as his radical phenomenalism. This was so unusual a

8 GM III, 558–9. On de Volder, cf. E. G. RUESTOW, *Physics at seventeenth and eighteenth-century Leiden*, The Hague 1973, esp. ch. 6.

9 E. g. GM III, 644; cf. GM III, 646–7.

10 August 1699, GP II, 195.

11 Especially from 5 July 1698 (GM III, 506).

position that it took some time for de Volder even to grasp what Leibniz was saying; when he finally did, he was completely bewildered, and had no idea what to say in response[12]. By contrast, the topic of Leibniz's phenomenalism never arose in the correspondence with Bernoulli, even though Bernoulli was reading all the letters which passed between Leibniz and de Volder. Presumably he thought it was one of those really deep metaphysical issues which he did not feel competent to discuss[13] – unlike the theory of worlds within worlds, or that of an elastic fluid, which he claimed to have thought up independently of Leibniz[14]. So, if phenomenalism was a much more extreme metaphysical doctrine, why should Leibniz have been so reticent about the more acceptable theme of the infinitely small in metaphysics, in his correspondence with the de Volder?

3. An Explanation of the Omission

Leibniz must have assumed that de Volder was the sort of person who could be particularly offended by his theory of worlds within worlds, and its animistic implications. All he knew about him was that he was an experimentalist with broadly Cartesian sympathies[15]. By then, one of the big public divisions between Leibniz and the Cartesians was over the question of animal souls[16], and related concepts such as those of final causes and of substantial forms, all of which Leibniz believed in, and the Cartesians denied. It is therefore hardly surprising that Leibniz should have been reluctant to enter an area where there would be no common ground between himself and his correspondent. He naturally wanted de Volder first to accept as a scientific fact that matter was always active, before then moving on to the more controversial metaphysical thesis that substance was essentially endowed with life. In fact it was only at de Volder's insistence that the essence of substance was discussed at all, and Leibniz persistently refused to match de Volder's definition of substance by offering his own. Both de Volder and Bernoulli thought he was being thoroughly unreasonable in this[17], but as we shall see later, he had reasons which show him up in a rather better light.

However, Leibniz was clearly e m b a r r a s s e d about his metaphysics. And here it is important to understand that then, as now, the term 'metaphysics' could

12 GP II, 272, 279.

13 3 June 1699, GM III, 589.

14 16 August 1698, GM III, 529; 8 November 1698, GM III, 548.

15 Leibniz argues with de Volder as with a Cartesian, and in the final version of his letter of 23 June 1699 (GP II, 185–7), he even adopts a consciously Cartesian style. In his letter of late August 1699, he implies that he regards de Volder as a dogmatic Cartesian (GP II, 194). De Volder understands the implication, and protests against it in his letter of 12 November 1699 (GP II, 198).

16 Cf. Bayle's attack on Leibniz under "Rorarius" in the *Dictionnaire historique et critique* (1696).

17 GM III, 602, 609–10, 653, 692; GP II, 213, 220–1, 224, 235.

be used either in a neutral, descriptive sense, to mean the most abstract part of philosophy; or it could have more or less pejorative overtones, as implying mysticism, occultism, esotericism, and dogmatic irrationalism. Leibniz himself tended to distinguish the two senses by writing m e t a p h y s i c a in Roman letters when he meant it purely descriptively, and in Greek characters (often using the comparative form: *τά μεταφυσικώτερα*). when he wanted to signal a certain embarrassment[18]. Indeed, one of the functions of Greek characters in Leibniz's literary style is to denote something deep, underlying, and esoteric. Thus he talks of ineffable mysteries as *ἄρρητα*[19]. P a r a d o x a is another term he generally has in Greek, but which he reserves for theories which are more outrageously metaphysical than his own, or 'hypermetaphysical', as he sometimes calls then[20]. It may even be that his referring to the underlying dynamic principle as t o d y n a m i c o n in Greek, and using Greek characters for terms like e n t e l e c h i a, a n t i t y p i a, and sometimes even a t o m o n[21], may also be a way of investing them with a sort of esoteric aura. This is certainly the impression he managed to give to Bernoulli, who said of one of Leibniz's letters to de Volder:

"I particularly enjoy reading your deepest thoughts, which savour of some recondite metaphysical system, as I said to de Volder himself, when I sent your last letter on to him"[22].

So, even in his literary style, Leibniz reveals a certain affinity between his own approach to philosophy, and the flagrant esotericism of well-known extremists, such as Henry More, Robert Fludd, Knorr von Rosenroth, and his personal friend Francis Mercury van Helmont. In a paper delivered at a previous symposium of this Society[23], I mentioned various respects in which Leibniz was willing to give public acknowledgment of the merits of such Platonists and mystics. But much more striking than the few occasions on which he sided with esoteric philosophers, are the many occasions on which he deliberately concealed his sympathies. One example is his denial in later life that he had ever had any serious interest in alchemy. If our informant, his secretary Eckhart, is reliable, then this is one of the few occasions on which Leibniz has been caught uttering a downright lie[24]. Another example is one brought to our attention by Anne Becco at another symposium of this Society[25].

18 E. g. it is in Latin characters in GP II, 195, and in Greek characters in GP II, 205, 219.

19 E. g. GP II, 168, 176, 234, 269.

20 *Παράδοξα*: e.g. GP II, 254; GM III, 586 (though 'Hypermetaphysica' is in Roman letters).

21 *τὸ δυνατικὸν*: GP II, 241, 282n; *ἐντελέχεια*: GP II, 174, 180, 189; *ἀντιτυπία*; GP II, 184; *ἄτομον*: GP II, 224n.

22 3 June 1699 (GM III, 589): 'Delector valde cum Tuas lego profundissimas meditationes quae reconditam quandam Metaphysicam spirant . . .' (Gerhardt prints 'reconditissimam' for 'reconditam').

23 *Leibniz and Renaissance Neoplatonism*, in: *Leibniz et la Renaissance*, ed. A. HEINEKAMP, Wiesbaden 1983, pp. 125–134.

24 See my *Leibniz and the Nuremberg alchemical society*, in: *Studia Leibnitiana* 6 (1974), pp. 222–248; and *Leibniz and alchemy*, in: *Studia Leibnitiana*, Sonderheft 7 (1978), pp. 166–180.

25 Anne BECCO, *Leibniz et François-Mercure van Helmont*, in: *Studia Leibnitiana*, Sonderheft 7 (1978), pp 119–142.

Leibniz prepared for publication a cabalistic interpretation of the first four books of Genesis under van Helmont's name, but was very careful never to reveal his own involvement in the project.

The reason for Leibniz's embarrassment about his esoteric leanings is not far to seek. He had a much sharper perception than most of his contemporaries of a dichotomy between rationality and superstition – between on the one hand the programme (if not always the practice) of the modern philosophers for a world-view based solely on reason and experience, and on the other hand the older world-view which depended on authority and tradition, and which postulated all sorts of hidden natures and virtues, occult forces, mystical connections, and the such like. As far as this divide was concerned, he was very much on the side of figures such as Galileo, Descartes, Hobbes, and Spinoza. He was if anything an extremist, since he criticised Descartes for postulating an inexplicable connection between mind and matter, Malebranche and Locke for appealing to miracles, and Newton for introducing occult forces into physics. So far so good. Leibniz's problem was that, in his desire to eradicate mystery, he ended up by erecting a system which was ontologically much closer to the traditional occultist world-view than to the modern philosophical systems he otherwise approved of. His metaphysics involved a thoroughgoing vitalism, the primacy of teleology over mechanism, and a vast cosmic sympathy. But if he had ever expounded his philosophical system as based on such principles as these, he would have been dismissed out of hand as a crank, rather than hailed as the scourge of the last remaining traces of occultist modes of thought.

Leibniz's solution was a form of Socratic dialectic. His approach was to get his correspondents to take the initiative in putting forward a positive position, and then show that it would lead to absurdity and paradox, unless they accepted his metaphysical theory. When he said, as he often did[26], that his theory was only a hypothesis provable a posteriori rather than a priori, this was not merely an excuse for not exposing his own views to critical examination. He genuinely believed that his metaphysical system could not, at least in practice, be deduced a priori from a set of indubitable premises. Rather, it depended on being the only possible self-consistent theory which could account for all the agreed phenomena. This meant that in argument he had to start from the positions accepted by his correspondent, in the hope that he would eventually be led to Leibniz's own metaphysics, as providing the only way out of the various 'labyrinths' in which philosophy had become trapped.

I have still not explained why, in the correspondence with de Volder, Leibniz should be more cautious about entering into a discussion of the infinitely small, than of his phenomenalism. I have no time here to go into the question of why he should have thought (wrongly as it turns out) that his phenomenalism would be

26 Cf. GP II, 241 in particular. This aspect of Leibniz's style of argument is emphasised in S. BROWN, *Leibniz*, Brighton 1984, passim.

accepted as reasonable, and as the very opposite of mystical[27]. As for the infinitely small, it might well seem natural to us that Leibniz should take advantage of the mathematical concept of an infinitesimal, in order to introduce this aspect of his metaphysics. From our perspective, we have a well-established concept that has stood the test of time. For Leibniz, however, the concept had not yet achieved a final form. For example, his Latin term infinitesimus cannot be translated into modern English by a single word, since it still retains the root meaning of the ordinal number 'infinitieth' as well as 'infinitesimal' in the modern sense[28]. Furthermore, Leibniz's position as to the ontological status of infinitesimals was overtly sceptical. He always insisted that infinitesimals were unreal, precisely in the sense in which quantities such as the square root of minus one were unreal: they did not denote any corresponding quantity in the real world, and were justified solely by their usefulness for mathematical calculations. So, in his correspondence with Bernoulli, Leibniz went out of his way to say that, although there were indeed worlds within worlds ad infinitum, there was no such thing as an infinitesimal world[29]. Similarly, Leibniz wrote as follows to Varignon on 20 June 1702:

"Between you and me, I think Fontenelle ... was joking when he said he would derive metaphysical elements from our calculus. To tell the truth, I myself am far from convinced that our infinites and infinitesimals should be considered as anything other than ideals, or well-grounded fictions. ... I believe I can prove that there do not, and never even could, exist any infinitely small things"[30].

Since Leibniz was so humble about the status of his infinitesimals, he could hardly have used them to support his theories about the infinitely small in metaphysics. Moreover, we have seen that his strategy was to propagate his mathematics and his dynamics first, and only subsequently to use them as a springboard for his more controversial metaphysics. He must have seen that too explicit a connection between his infinitesimal calculus and his vitalist metaphysics would only have alienated hard-headed critics like de Volder. Thus he would not only have blocked the only route by which he believed his metaphysics could gain acceptance, but he would also have lost de Volder's support for his calculus and his dynamics.

4. Conclusion

I have tried to show that, although one might have expected Leibniz to discuss topics relating to the infinitely small in metaphysics, his failure to do so with de Volder can be seen as part of a perfectly rational strategy to gain acceptance for his

27 See my *Leibniz's phenomenalism and the construction of matter*, in: *Leibniz' Dynamica, Symposion der Leibniz-Gesellschaft, 1982*, Wiesbaden 1984, pp. 26–36.

28 E.g. in GM III, 539, Bernoulli insists that there must be infinitesimals (infinite parva), since any infinite series has an infinitieth term (terminus infinitesimus).

29 E.g. GM III, 524, 535–6, 566.

30 GM IV, 110.

philosophy as a whole, in the widest sense of the term. From the point of view of someone like Russell, it might seem that my explanation has involved purely causal factors, which are extraneous to the internal logic of his system of ideas. After all, how can guile and dissimulation in the presentation of a system be part of that system itself? Surely such factors must belong to the realm of psychological motivation and political manoeuvring, not to the use of logical reasoning in the disinterested pursuit of truth?

But this Russellian analysis depends on his view of a philosophical system as being a sort of calculus. Only then do we have to accept a Russell-style accusation that Leibniz was being reprehensibly dishonest. I have made the alternative suggestion that Leibniz's methodology was in fact dialectical rather than strictly logical. His metaphysics was not derived by a priori deductions from indubitable axioms, but was to be justified as providing the only way, however implausible at first sight, of making sense of a wide range of apparently conflicting phenomena. Leibniz's reasons are as much the reasons of the rhetorician as of the logician. They do not exist in a vacuum: they are not divorced from language, from people's beliefs, or from conceptual contexts. Rather, they involve a movement of thought requiring a particular starting-point in order to have any significance. Far from being dishonest in his dealings with de Volder, Leibniz was sensibly and courteously taking de Volder's beliefs as his starting-point, rather than dogmatically asserting his own position as an incompatible rival.

The Metaphysical Presuppositions of Nieuwentijt's Criticism of Leibniz's Higher-order Differentials

By
BERNHARD PETER VERMEULEN (NIJMEGEN)

The main theme of this lecture will be the elucidation of the metaphysical basis of Nieuwentijt's criticism of the Leibnizian calculus. In order to do this I will give a short sketch of the historical and intellectual background of Nieuwentijt's non-mathematical writings.

The Dutchman Bernard Nieuwentijt (1654–1718) was first and foremost a Christian apologist. His famous work *Het regt gebruik der Wereltbeschouwingen* (1715; 'The right use of contemplating the works of the Creator'), a compendium of the scientific knowledge of his time, was one of the first systematic natural theologies. A strong religious motivation can also be discerned in his *Gronden van Zekerheid* ('Foundation of Certitude'), which appeared posthumously in 1720. In this remarkable work Nieuwentijt drew a sharp distinction between pure and applied mathematics in order to be able to criticize the *Ethics* of Spinoza, whom he regarded as an atheist. I believe his criticism of the calculus can be better understood when seen in the light of this religious background.

Nieuwentijt was a staunch Calvinist. In his youth he had adopted Cartesianism, but this evidently involved a religious crisis which he later came to regard as a temporary conversion to atheism. From then onwards he regarded rationalism, that is, deductive thinking isolated from empirical verification, as creating a favourable atmosphere for atheism. Empiricism on the other hand he saw as a necessary attitude for his apologetic purposes. The rejection of rationalism and the adoption of empiricism was confirmed by other factors, such as the failure of Cartesian philosophy in the field of the natural sciences, and the success of Boyle's *Philosophia Experimentalis*[1].

Nieuwentijt's empiricism or positivism is therefore in complete harmony with his theology; he might even be called a "theological positivist". E.g., according to Nieuwentijt we can only obtain knowledge of the world through sensory perception. Observation shows us a universe regulated by laws. However these laws are not logically necessary, they do not inhere in the things themselves[2], and therefore point to a Lawmaker. Man, being finite, cannot grasp the reason and ground for

1 J. BOTS, *Tussen Descartes en Darwin* (Assen, 1972), pp. 23–28.

2 *Het regt gebruik der Wereltbeschouwingen* (Amsterdam, 1725[4]), pp. 768, 775, 781. Cf. H. FREUDENTHAL, *Nieuwentijt und der teleologische Gottesbeweis*, in: *Synthese* IX (1953–1955), pp. 462–463).

these laws; the Lawmaker must therefore be of infinite wisdom and perfection, must therefore be God[3].

Nieuwentijt's positivism is also the ground for his distinction between a priori and a posteriori truths. A priori reasoning, the analysis of concepts, does not give us knowledge of the real; only through a posteriori reasoning, reasoning verified by the empirical facts, we attain knowledge of the world as it is. Upon this insight is based Nieuwentijt's distinction between pure and applied mathematics, which he used in order to criticize the *Ethics* of Spinoza, whom he regarded as an atheist. Spinoza pretended to demonstrate his philosophy mathematically, starting with definitions and axioms, and progressing to logically deduced propositions and corollaries. Nieuwentijt asked whether this procedure could be regarded as involving the principles of pure or applied mathematics and came to the conclusion that since it was "imaginary and in no respect material", it had to be regarded as an example of the former. As Nieuwentijt saw it, the difficulty was that this system of pure mathematics was applied: Spinoza claimed that his propositions had an ontological status. Since Nieuwentijt had also shown that it is only by means of its use in conjunction with experimentation that mathematics can have genuine ontological significance, and since he found no difficulty in demonstrating that Spinoza was not concerned with expounding any form of experimental philosophy, he had good reason to conclude that Spinoza could not claim any ontological significance for his philosophical system[4].

We can conclude that in his natural theology as well as in his methodology Nieuwentijt aims at restricting the pretensions of pure reason, while establishing the necessity of empirical investigation. In his *Regt gebruik* his goal is positive: the natural sciences give us a glimpse of the rational structure of the world from which we must conclude that God exists. In his *Gronden van Zekerheid* his goal is in the main negative, that is: to refute Spinozistic atheism by showing that it exceeds the limitations of pure reason and therefore has no ontological significance.

Fundamental is Nieuwentijt's concern to safeguard the distinction between God and man. This can only be done by confining human reason to the territory of finite knowledge: otherwise man will presume to be able to conceive of the infinite, will disregard the unbridgeable gap between finite and infinite, between man and God.

It is one of Nieuwentijt's most fundamental theological and methodological axioms that the human ratio is limited. E.g., that the reasons for the occurence of certain phenomena is often unknown to man is regarded as a sign of Divine wisdom infinitely transcending human knowledge[5]. The same axiom is basic in the treatment of the mathematical infinite in a chapter of *Gronden van Zekerheid*. In this

3 *Het regt gebruik*, pp. 767, 770, 773, 776.

4 M. J. PETRY, *Nieuwentijt's criticism of Spinoza*, in: *Mededelingen XL vanwege het Spinozahuis* (1979), pp. 6–7.

5 *Het regt gebruik*, pp. 896–897.

chapter it is argued that man cannot grasp the actual infinite but only the mathematical, that is: potential infinite ('das uneigentliche Unendliche'). The mathematical infinite can only be a negative concept, in that it refers to our limitations; it only expresses the absence of a limit, being indefinitely or incomparably great or small[6]. After a discussion of the contemporary disputes on this matter Nieuwentijt comes to the conclusion that while human reason finds its limits in conceiving the mathematical infinite, it a fortiori cannot grasp the properties of an absolute, actually infinite being (with which he means God, of course[7]). Although it is less explicit in Nieuwentijt's mathematical writings, it will be argued that this "Weltanschauung" also is the point of departure for Nieuwentijt's criticism of the Leibnizian calculus. I will therefore discuss this criticism in the light of the aforesaid.

In the *Considerationes circa Analyseos ad Quantitates infinite parvas applicatae principia, et calculi differentialis usum* (Amsterdam, 1694), his first mathematical work, Nieuwentijt criticizes Barrow's inconsistent use of infinitesimals. Moreover he rejects the first lemma's in Newton's *Principia*, in which it is supposed that infinitesimals may be disregarded, because such a supposition leads to absurdities, and for that same reason criticizes other writers (especially Leibniz). Furthermore he questions the validity of the procedure Newton follows to obtain the basic rules of differentiation, and criticizes the application of the calculus to exponential curves. However the bulk of his criticism is devoted to proving that the use of higher-order infinitesimals, and particularly the way in which Leibniz employs them, leads to contradictions and is dangerous from a theological point of view.

Because of the potentially infinite divisibility of a finite magnitude Nieuwentijt accepts infinitesimals and differentials of the first order. Such an operation he regards as involving the division of a given (finite) magnitude b by an infinite quantity m (that is: a quantity greater than any given quantity). From this division result infinitely small parts or lines b/m (first-order infinitesimals). However, Nieuwentijt rejects higher-order differentials (containing products of infinitesimals). According to his first Axiom every magnitude which, multiplied by an infinite quantity m, does not result in a given finite quantity, has to be considered as a mere nothing. From this axiom follows that higher-order differentials, which contain products of infinitesimals (for example ab/mm) and cannot therefore, by being multiplied with m, attain to a finite quantity like a or b, are to be considered as equal to zero[8].

Therefore Leibniz's use of higher-order differentials is unjustifiable. The reason for his mistake lies in the fact that he does not make a sufficiently sharp distinction between the finite and infinite, and thus proceeds to ascribe finite properties to

6 *Gronden van zekerheid* (Amsterdam, 1720), pp. 165, 167, 172. Cf. Nieuwentijt's definition of a finite quantity: 'Datam quantitatem eam voco, quae assignabilis est, cuiusque, magnitudo imaginationis humanae limites non excedit" (*Analysis infinitorum* (Amsterdam, 1695), p. 1).

7 *Gronden van zekerheid*, pp. 176, 179, 457.

8 *Analysis infinitorum*, pp. 2, 3, 281 ff.

infinitely small magnitudes[9]. For example, Leibniz treats infinitely small magnitudes as finite by supposing that after division by an infinite quantity they still have a real value. The problems and contradictions involved in the operation of higher differentials ensue from this presumption to apply to the infinite the laws of the finite[10]. Leibniz replied to Nieuwentijt's criticism in the *Acta Eruditorum* of 1695. He could not understand on what grounds Nieuwentijt stated that the infinitely small line dx (in Nieuwentijt's terminology: b/m) is a magnitude but its square is not: although an infinitely-infintely small magnitude multiplied by an infinite quantity of the first order does not produce a finite quantity, its multiplication with an infinite quantity of the second order does. Furthermore, if there is a real relation between a finite quantity and its first-order differential, and between the latter and the second-order differential, this second-order differential has to be a real quantity too[11].

Nieuwentijt's reply is a mere repetition of what he had said formerly. Multiplication by an infinite quantity of the second order is impossible, while this would imply that there are quantities which are greater than infinite quantities, that is, greater than the greatest quantity, which is a contradiction. Leibniz made this mistake because he attributed finite properties to infinite quantities[12]. Leibniz's second argument is rejected on the same ground[13].

As I see it, Nieuwentijt's criticism is based upon the two interconnected basic presuppositions of his philosophy. The first presupposition is of a primarily metaphysical nature, in that it has to do with the relation between man and God. As much as in his other writings, which I discussed earlier, point of departure in his mathematical works is the unbridgeable gap between the finite and infinite. Adoption of higher-order differentials is dangerous, in that it might lead to the assumption that man can grasp something of the actual infinite. This would obscure the fact that

"while it was our Creator's will that we are created in such a way that, although our comprehension can show us a quantity which is greater or smaller than whatever perceived quantity, we are still only able to perceive finite and determined objects; the human intellect is not capable of rising to a true and adequate understanding of the infinite itself"[14].

9 *Considerationes*, p. 36.

10 *Considerationes*, pp. 15–24, 28–39.

11 C. I. GERHARDT (ed.), *Leibnizens mathematische Schriften* (GM), vol. V, pp. 322, 323, 325. The second argument runs as follows: "jam duabus quantitatibus tertia proportionalis utique est etiam quantitas; talis autem, respectu quantitatum x et dx, est quantitas ddx, quod sic ostendo. Sint x progressionis Geometricae, et y arithmeticae, erit dx ad constantem dy, ut x and constantem a, seu dx = ydy:a; ergo ddx = dxdy:a. Unde tollendo dy:a per aequationem priorem fit xddx = dxdx, unde patet esse x ad dx, ut dx ad ddx." H. J. M. BOS, *Differentials, higher-order differentials and the derivative in the Leibnizian calculus*, in: *Archive for History of exact Science*, Vol. 14 (1974/1975), p. 24, has pointed out that this argument is valid for the logarithmic curve.

12 *Considerationes secundae* (Amsterdam, 1696), pp. 31–33.

13 *Considerationes secundae*, pp. 13–15.

14 *Analysis infinitorum*, praefatio p. 4; id. *Considerations secundae*, p. 33. Cf. Nieuwentijt's definition of a finite quantity in note 6.

Fundamental in this line of thought is the aforementioned axiom: "Every magnitude which, multiplied by an infinite quantity m, does not result in a given finite quantity, has to be considered a mere nothing". According to Nieuwentijt this axiom expresses the metaphysical insight that any quantity can be reduced to nothing by an infinite power, and conversely, that any quantity can be created from nothing, which points to the infinite power of God and the transitoriness of all matter[15].

The other basic premiss of Nieuwentijt's criticism is his empiricism. According to Nieuwentijt the calculus belongs to the field of applied mathematics[16]; its operations produce empirical knowledge, and therefore have an ontological status. This can only be so if the calculus is some kind of short-hand for the language of physics, some kind of idealization of sensory perception. Nieuwentijt primarily looks at the calculus from a geometrical point of view: because an extensive magnitude, for example a line, is divisible ad libitum, he can accept the result of this operation, indefinitely small lines, which he associates with first-order infinitesimals[17]. From such an empiricist standpoint a further divison, producing higher-order infinitesimals, is inconceivable.

How must we assess Nieuwentijt's arguments against higher-order differentials? In general, I believe they are of no great value from a mathematical point of view. His thesis that an infinite quantity of higher order cannot be admitted because that would imply the adoption of a quantity larger than the largest quantity is inconsistent with his own procedures, in which he uses higher-order infinites, resulting from products of infinitesimals[18]. Furthermore, his rejection of higher-order differentials[19] leads to absurdities. This would mean that there only exist functions in which $ddx = ddy = 0$. In mathematics this is equivalent to rejection of all but straight lines; in physics it means that all motion is rectilinear and uniform: change of direction and change of speed is impossible. According to Nieuwentijt's presuppositions every distance covered (s) as a function of time (t) must be expressed by a formula like $s = ct + d$ (c and d being constant); in that case $v = s' = c$ (velocity is constant); and $a = s'' = v' = 0$ (acceleration is zero). Of course Leibniz eagerly pointed out these strange consequences[20].

Although from a mathematical point of view these arguments have no value they give an insight in the empiricist outlook which obstructed the formulation of a sound foundation of the calculus. Nieuwentijt saw the calculus as an instrument for describing perceivable phenomena, and only accepted it inasfar as its operation

15 *Analysis infinitorum*, praefatio, p. 4.

16 *Gronden van zekerheid*, p. 169.

17 *Considerationes*, p. 37.

18 For example, in *Analysis infinitorum*, p. 4 (lemma 10) he makes use of bb/mm (m denotes an infinite quantity).

19 To be more accurate: his Axiom 1 according to which higher-order differentials equal zero.

20 GM V, pp. 325–327.

was intuitively clear. Nieuwentijt's concept of magnitude is derived from geometrical intuition; therefore he regarded infinitesimals as magnitudes of an infinitely small extension[21]. The ontological status he attributed to infinitesimals precluded the pragmatic and operationalistic stance Leibniz often adopted when questioned about their validity.

Moreover, Nieuwentijt regarded infinitesimals "absolutely", that is, as being infinitely small in themselves, without regard as to their proportion or relation to other magnitudes. This prevented him from attaining the insight that the calculus is not concerned with variables in themselves, but only with the relation between series of variables. Because of this "absolutist" attitude Nieuwentijt could not accept Leibniz's argument that if there is a real relation between a finite quantity and its first-order differential, and between the latter and the second-order differential, this second-order differential must also be a real quantity. For Leibniz it is the relation or functional dependence between differentials and not the differentials in themselves, which is fundamental. For example, in a letter to Grandi he writes: "Interea infinite parva concipimus non ut nihila simpliciter et absolute, sed ut nihila respectiva. . . id est ut evanescentia quidem in nihilum, retinentia tamen characterem ejus quod evanescit"[22]. Nieuwentijt grounded the infinitesimals in geometrical extension, thus regarded them "absolutely" and therefore could not obtain a true understanding of this "relational" character of the Leibnizian calculus[23].

I have not drawn a very favourable picture of Nieuwentijt's criticism of higher-order differentials. However, his writings also contain a lot of sound criticism. For instance, I believe he was right in stating that Leibniz could not account for his neglect of infinitesimals (however, the same criticism can be applied to Nieuwentijt himself: I cannot perceive the difference between leaving aside as negligible first-

21 Which is already clear from the second axiom of the *Analysis infinitorum*, p. 2: "Quaelibet quantitas data in partes qualibet data minores, tum aequales inter se, tum inaequales, est divisibilis", suggesting the division of a line.

22 GM IV, p. 218. Cf. Leibniz's *Justification du Calcul des infinitesimales par celuy de l'Algebre ordinaire*: "Donc c et e dans ce calcul d'Algebre ne sont prises pour des riens que comparativement par rapport à x et y, mais cependant c et e ont du rapport l'une à l'autre, et on les prend pour des infinitesimals" (GM IV, p. 105).

23 It might be interesting to note that it is precisely this shortcoming (that is, regarding a "thing" simply in itself without taking into account its relations with others) which Leibniz criticized in the Cartesian substance ("Ego vero nullam esse substantiam censeo quae non relationem involvat ad perfectiones omnes quarumcunque aliarum. Unde nec concipi potest substantia unius attributi, nec ullum quod sciam a nobis seorsim concipitur attributum seu praedicatum simplex et absolutum. Scio Cartesianos quoad prius, et Spinosam quoad posterius quoque aliter sensisse, sed scio etiam hoc provenire ex defectu sufficientis analyseos" GP II (Berlin, 1879), p. 239)) and in Newton's absolute space and time ("Spatiam et tempus non sunt substantiae, sed relationes reales" (FOUCHER DE CAREIL (ed.), *Nouvelles lettres et opuscules inédits de Leibniz* (Paris, 1857), p. 328)).

order infinitesimals (as Leibniz does), and (like Nieuwentijt) defining as zero the higher-order infinitesimals[24]).

Another interesting point of criticism is directed at the second lemma in book II of the *Principia*, where Newton develops some rules for differentiation. Nieuwentijt rightly criticizes the first rule for arbitrarily using the decrements 1/2 a and 1/2 b and the increments 1/2 a and 1/2 b, instead of the increments a and b. Forty years later Berkeley made the same point in the *Analyst* (sections 9 and 10), but was able, as Nieuwentijt was not, to perceive that Newton followed this procedure in order to get rid of second-order infinitesimals.

Furthermore, it may be that Nieuwentijt's criticism of the application of the calculus to exponential curves by Leibniz and John Bernoulli is justified. Moreover, it might even be the case that apart from the metaphysical arguments mentioned earlier, Nieuwentijt had another (and better) reason for his acceptance of first-order differentials and his rejection of higher-order differentials. While first-order differentials are indeterminate, the relations between them are determined, in contrast with higher-order differentials, whose relations also involve indeterminacy[25]. It might be that in order to get rid of the problems involved in this indeterminacy Nieuwentijt rather naively "solved" them by regarding the higher-order differentials as zero.

More research in this field may lead to the conclusion that Bernard Nieuwentijt was a much abler mathematician than the historians of mathematics have pictured him.

24 Cf. M. CANTOR, *Vorlesungen über die Geschichte der Mathematik* (Leipzig, 1901), III, p. 255.

25 H. J. M. BOS, op. cit., p. 24 ff.

Berkeleys Kritik an der Infinitesimalrechnung

Von
WOLFGANG BREIDERT (KARLSRUHE)

Vor dreihundert Jahren erschien die *Nova Methodus* von Leibniz und vor zweihundertfünfzig Jahren der *Analyst*, jene berühmte Streitschrift von Berkeley gegen die Infinitesimalrechnung.

I. Was kannte Leibniz von Berkeley? Der erste Deutsche, von dem wir namentlich wissen, daß er Berkeley selbst gelesen hat, war Leibniz. Im Brief an Des Bosses vom 15. März 1715 spricht Leibniz ohne Namensangabe von dem, „der in Irland die Realität der Körper bekämpft"[1]. Dieser erkläre zwar seine Auffassung nicht genug und liefere auch keine geeigneten Begründungen, er wolle wohl nur durch Paradoxe bekannt werden. Leibniz bezieht sich damit auf Berkeleys 1710 erschienene *Principles of Human Knowledge*. Leibniz hat das Buch vermutlich im Winter 1714/15 gelesen[2]. Der 69-jährige erkennt wohl die Ähnlichkeit beider Philosophien, setzt aber schließlich doch dem unbekannten jungen Mann ungerührt seine eigene Auffassung gegenüber. Das am Ende des Handexemplars von Leibniz enthaltene Gesamturteil über Berkeleys Buch beginnt mit der Feststellung, daß darin vieles richtig und nach dem Sinn von Leibniz sei[3]. Leibniz wendet aber gegen Berkeley ein, dieser sei nicht weit genug gegangen, nämlich nicht bis zu den unendlichen Monaden und ihrer prästabilierten Harmonie. Leibniz tadelt, daß Berkeley die Verwendung abstrakter Vorstellungen ablehnt und die arithmetischen und geometrischen Subtilitäten beschneidet. Zum Schluß stellt Leibniz fest, Berkeley verwerfe mit Recht die infinitesimalen Größen, aber zu Unrecht die unendliche Teilung des Ausgedehnten.

Die Ironie des Schicksals wollte es so, daß Leibniz Berkeleys Ablehnung der infinitesimalen Größen lobt, während Berkeley selbst diese Ablehnung u.a. gerade auf die Kritik eines Leibniztextes gestützt hatte, in dem Leibniz – anders als sonst an vielen Stellen – ausdrücklich die infinitesimalen Größen als w a h r e Größen anerkennt, indem er sagt: „l i n e a s i n f i n i t e p a r v a s, u t dx, dy, p r o q u a n t i t a t i b u s v e r i s i n s u o g e n e r e a s s u m o"[4]. Es handelt sich um die Erwiderung auf Nieuwentijt, die 1695 in den *Acta Eruditorum* erschienen war.

1 GM II, 492: „Qui in Hybernia corporum realitatem impugnat, . . ."

2 Willy KABITZ, *Leibniz und Berkeley*, in: *Sitzungsberichte der Preußischen Akademie der Wissenschaften*, Philos.-histor. Klasse, Jg. 1932, S. 624.

3 Das Handexemplar wird eingehend beschrieben und die Notizen von Leibniz sind abgedruckt bei Kabitz (s. Anm. 2). Man sehe auch André ROBINET, *Leibniz-Lecture du Treatise de Berkeley*, in: *Études philosophiques* 1983, 2, S. 217–223.

4 GM V, 322.

Leibniz kannte offenbar nicht Berkeleys 1709 erschienene *Theory of Vision* und auch nicht die *Three Dialogues between Hylas and Philonous* von 1713. Als Leibniz starb, war Berkeley ein in Deutschland sonst noch unbekannter Mann. Sieht man von der sich auf französische Rezensionen stützenden Rezension der Dialoge in den *Acta Eruditorum* von 1717 ab, so wurde Berkeley 1722 zum ersten Mal in einer in Deutschland erschienen Publikation erwähnt[5].

II. Berkeley kannte Leibniz dem Namen nach schon sehr früh, nämlich bei Beginn seiner wissenschaftlichen Tätigkeit 1706/07. In seinen aus dieser Zeit stammenden Notizen (*Philosophical Commentaries*) nennt er zwar nur einmal Leibniz und seine Differentiale, die weggelassen werden könnten (Nr. 333), doch in einem Kolloquiumsvortrag von 1707 (*Of Infinites*) geht Berkeley u.a. auf die Kontroverse zwischen Nieuwentijt und Leibniz ein, wo er sich auf die erwähnte Leibnizsche Erwiderung in den *Acta Eruditorum* von 1695 stützt, aber auch auf das Vorwort aus dem Lehrbuch des Marquis de l'Hospital (1696) Bezug nimmt[6]. Dabei geht Berkeley in seiner Ablehnung weiter als Nieuwentijt. Während dieser nur die Differentiale höherer Ordnung ablehnt, hält Berkeley schon die Differentiale erster Ordnung für absurd.

III. Berkeley war trotz mathematischer Interessen kein Mathematiker, nicht einmal im Sinne eines ‚Amateurmathematikers'. Das komplizierteste mathematische Beispiel, das er anführt, ist die Berechnung der Subtangente der Parabel, was sicherlich keine nennenswerte mathematische Leistung im Jahre 1734 bedeutet. Der Sache nach ist der *Analyst* nicht erst 1734 entstanden, sondern er ist eine Frucht des Gesamtsystems von Berkeley, das in den Jahren 1706/07 entstand und mit den *Principles* von 1710 im wesentlichen abgeschlossen war. In seinem Philosophischen Tagebuch läßt sich ein Entwicklungsgang erkennen, der von Betrachtungen über das Verhältnis von Zeit, Ewigkeit und Jetzt über die Betrachtung der Teilbarkeit der Materie und die mathematische Teilbarkeit sowie die Inkommensurabilität zu den Argumenten gegen die Infinitesimalmathematik führt. Berkeley greift vor allem das Exaktheitsideal der Mathematiker an, indem er die exakte Mathematik für leer erklärt, weil ihr nichts in der auf sinnliche Wahrnehmung zurückzuführenden Realität entspreche. Dabei führt Berkeley drei Fehler der Mathematiker bezüglich der unendlichen Teilbarkeit an:

1) Sie nehmen an, es gäbe abstrakte, d.h. nicht wahrgenommene, Ausdehnung.
2) Sie nehmen an, es gäbe Länge ohne Breite.
3) Sie nehmen an, eine E i n h e i t sei unendlich teilbar.

IV. Aus zwei Gründen glaubt Berkeley der Unendlichkeitsmathematik eine Mathematik der endlichen sinnlich wahrnehmbaren Minima entgegensetzen zu müssen. Endlich müssen die Minima sein, weil es außer Gott nichts aktual Unendliches

5 Nämlich bei Christoph Matthäus PFAFF, *Oratio de egoismo*, Tübingen 1722.

6 Berkeley hat wahrscheinlich von Leibniz nur das *Specimen dynamicum* und die Erwiderung auf Nieuwentijt gelesen (s. W. BREIDERT, *Jakob Hermanns „Exercitationes"*, in: *Archiv für Geschichte der Philosophie* 53, 1971, S. 164–168). Vermutlich kannte er Nieuwentijts Kritik an Leibniz nur aus dessen Erwiderung.

geben darf. Sinnlich wahrnehmbar müssen sie sein, weil es nach dem Hauptsatz der Berkeleyschen Philosophie (Sein ist Wahrnehmen oder Wahrgenommenwerden, d.h. Geist oder Vorstellung) außer dem Geist nichts Unwahrgenommenes geben darf, denn alles kommt unmittelbar, ohne Vermittlung durch die Materie, von Gott. Berkeley sah in Leibniz einen religiösen Gegner, nicht nur, weil er in ihm einen Unendlichkeitsmathematiker sah, sondern offenbar auch in Bezug auf andere Teile der Leibnizschen Philosophie, woher Berkeley sie auch immer gekannt haben mag. An der einzigen Stelle, an der in Berkeleys Werken Leibniz nicht als Mathematiker oder Naturphilosoph erwähnt wird, wird er als Atheist zwischen Hobbes, Spinoza und Bayle genannt[7].

V. Abgesehen von dem theologischen Hintergrund setzt Berkeleys Kritik bei Problempunkten der Infinitesimalrechnung an, die Leibniz selbst bei der Darlegung seiner neuartigen Gedanken immer wieder durch ein „dennoch“ (tamen) markiert:

1) Obwohl er die sorgfältige und akkurate Rückführung auf erste Prinzipien anstrebt, glaubt er dennoch, daß zu große Skrupulosität der ars inveniendi im Wege stehe (GM V, 322).

2) Eine unvergleichlich kleine Differenz darf zwar nicht schlechthin nichts heißen, aber sie ist dennoch keine Größe, die mit denen, die eine Differenz haben, vergleichbar wäre (ibid.)

3) Obwohl er zugibt, daß es keinen Teil (portio) der Materie gibt, der nicht wirklich abgetrennt ist, meint er, man komme dennoch nicht zu Minima, unteilbaren (insecabilia) Elementen oder unendlich kleinen Größen (infinite parvas) (GM III, 524, 536).

4) Die unendlich kleinen Größen werden als solche aufgefaßt, die im Nichts verschwinden, aber dennoch den Charakter dessen, was verschwindet, beibehalten (GM IV, 218).

5) Obwohl die unendlich kleinen Größen des Calculus Fiktionen sind, dürfen sie dennoch nicht vernachlässigt oder weggelassen werden (GM IV, 218).

VI. In der Erwiderung auf Nieuwentijt erweitert Leibniz den Begriff der Gleichheit von Größen, indem er sagt, daß nicht nur die Differenz Null die Gleichheit der Größen impliziere, sondern auch schon eine unvergleichlich (incomparabiliter) kleine Differenz (GM V, 322). Dieser Begriff der Gleichheit sei ebenso wie der Begriff der unendlich kleinen Linie für die ars inveniendi nützlich, doch Berkeley erwähnt diesen Aspekt der Nützlichkeit in seinem Vortrag mit keinem Wort. Berkeley läßt sich in diesem Zusammenhang nicht durch die Fruchtbarkeit der Wissenschaft beeindrucken, im Gegenteil: sie ist ihm ein Dorn im Auge, weil sie das Ansehen der Religion zugunsten der Wissenschaft herabsetzt. Andererseits kann Berkeley die offensichtlichen Erfolge der Wissenschaft nicht leugnen. Deswegen beschränkt er sich darauf, ihre Grundlagen zu kritisieren. Er ermahnt zur absoluten mathematischen Strenge der Geometrie und pickt mit ironischem

7 *Theory of Vision Vindicated and Explained* (1733), § 6 (G. BERKELEY, *Works*, ed. A. A. LUCE/T. E. JESSOP I, Edinburth 1948, Nachdruck Nendeln 1979, p. 253 f.).

Behagen aus dem Leibnizschen Text die Stelle heraus, an der Leibniz meint, die ars inveniendi dürfe nicht durch zu große Skrupel behindert werden. Am Beispiel der Differentialrechnung stoßen hier einerseits der stürmische Erfindergeist mit dem Schlachtruf „utilitas" oder „usus" und andererseits der Skrupel des zögernden Skeptikers, der die Sicherheit vor die Fruchtbarkeit setzt, aufeinander; Fortschrittseuphorie hier und Skeptizismus bzw. Begründungssorge dort. Berkeley greift jedenfalls die Nützlichkeit der Mathematik nicht an. Er läßt sogar die Infinitesimalrechnung als bloß heuristisches Mittel zu, leugnet aber, daß sie der Forderung nach mathematischer Strenge genüge. Trotzdem versuchen seine späteren Gegner, die im *Analyst* von 1734 enthaltene Kritik durch den Hinweis auf die Nützlichkeit der Mathematik zu entkräften, z.B. James Jurin, der Berkeleys Forderung nach „clearness and certainty" entgegenhält „of how great use Mathematical Learning is"[8].

Leibniz hatte zwar behauptet, es genüge für seinen Calculus, die unendlich kleinen Größen als bloße Fiktionen zu betrachten wie z.B. die imaginären Wurzeln in der Algebra. Alles was durch die unendlich kleinen Größen geleistet werden könne, könne auch durch eine reductio ad absurdum mit seiner Methode der incomparabilia erreicht werden[9]. Doch – und hier wäre ihm Berkeley nicht gefolgt – die incomparabilia sind keine fixen oder determinierten Größen, sondern „font l'effect des infiniment petits rigoureux", weil der dabei gemachte Fehler kleiner als jeder angebbare Fehler ist[10]. Immer wieder wird im Kontext der unendlich kleinen Größen von einem „Fehler" (error) gesprochen[11]. Nach den eigenen Aussagen von Leibniz werden hier offenbar „Fehler" begangen, die zwar kleiner als jede angebbare Größe sind (quovis dato minor), die aber doch wenigstens als „Fehler" angesprochen werden. Und nach dem Exaktheitsideal der reinen Mathematik, jener vielzitierten ἀκρίβεια, ist eben jeder Fehler ein Fehler. Daran hält Berkeley mit Hartnäckigkeit fest. Anders Leibniz: Die unendlich kleinen Größen haben wie die imaginären Wurzeln ein fundamentum in re, aber es genügt, sie als bloß ideale Begriffe zu nehmen, die den Gedankengang verkürzen[12]. Wie zuvor im *Journal de Trevoux* von 1701 erklärt Leibniz auch im Brief an Des Bosses vom 11. März 1706 die Infinitesimalien für eine façon de parler[13]. In der *Analyst*-Kontroverse taucht der Name „Leibniz" selten explizit auf, doch gerade dort, wo Thomas Bayes Berkeley gegenüber ein ähnliches Argument ins Feld führt („All these phrases are therefore to be considered merely as terms of art to help the memory . . "), wird auch der Name „Leibniz"

8 James JURIN, *Geometrie no friend to infidelity*, London 1734, p. 9. Berkeley legt daraufhin seine Auffassung noch einmal dar: *A Defence of Free-Thinking in Mathematics* §§ 14 u. 38.

9 GM III, 524 (Brief an Johann Bernoulli vom 29. Juli 1698).

10 GM IV, 92 (Brief an Varignon vom 2. Febr. 1702).

11 GM IV, 218; VII, 273.

12 GM IV, 92.

13 GM V, 350; GP II, 305.

genannt, so daß dieser Gedanke vielleicht direkt auf Leibniz zurückgeht[14].

VII. In seinem Vortrag von 1707 greift Berkeley aus der Leibnizschen Erwiderung auf Nieuwentijt die besonders schwache Stelle auf, an der Leibniz sagt, die Größe einer Linie werde durch Hinzufügung eines Punktes nicht vermehrt, und ebenso sei es, wenn man ihr eine unvergleichlich kleinere Größe als sie selbst hinzufüge[15]. Berkeley stellt dem zwei Fragen entgegen:

1) Gibt es denn Punkte, wenn man Linien unendlich teilen kann? Aristotelisch gesprochen: Gibt es denn Punkte per se, die man „zu einer Linie addieren" könnte? (Für Berkeley gibt es sie in diesem Sinne nicht.)

2) Angenommen, es gäbe trotzdem solche Punkte, darf man dann die Addition von Linie und Punkt ohne weiteres mit der Addition von Linie und Linie – und sei sie auch unvergleichlich klein – gleichsetzen?

Leibniz hatte selbst diese logische Schwierigkeit gespürt und deswegen durch Euklid V,5 bzw. das Archimedische Axiom klarzumachen versucht, daß a + Punkt und a + dy gleiche Größen seien, weil ihre Differenz kleiner als jede angebbare Größe sei. Doch obwohl Leibniz in diesem Zusammenhang selbst von „homogenen" Größen spricht, kann er damit nicht ganz den Unterschied der Arten verwischen, nämlich den Unterschied zwischen einem Punkt und einer – wenn auch unvergleichlich kleinen – Linie. Nach aristotelischem Verständnis handelt es sich hierbei um eine *μετάβασις εἰς ἄλλο γένος*, die sich Leibniz allerdings durch sein Kontinuitätsprinzip selbst erlaubt. Die Wurzeln dieses Prinzips liegen allerdings – Ironie der Wissenschaftsgeschichte – wiederum teilweise bei Aristoteles.

Berkeley hat im Grunde nie die Anwendung des Kontinuitätsgesetzes zugelassen. Er wendet sich entschieden gegen solche Gedankengänge, wie sie Leibniz etwa in seiner berühmten *Justification du Calcul des infinitesimales* zur Unterstützung von Varignon im Kampf gegen Angriffe auf die Differentialrechnung vorführt[16]. Die Gerade EY schneide die Gerade AX nicht unter 45°, so daß $x:y \neq 1$ ist. Die Gerade EY wird zu sich selbst parallel verschoben, bis sie durch A geht. Dazu meint Leibniz: Da $x:y = c:e$ war, gilt dann $x:y = 0:0$. $0:0 = 1$, also ist dann $x = y$, was absurd ist.

Diese Absurdität ergibt sich aber nur, wenn man mit Leibniz die Gültigkeit des Kontinuitätsgesetzes voraussetzt. Das ist aber gerade der umstrittene Punkt! Gilt $c:e \neq 1$ auch noch im „Grenzfall", obwohl dort doch $c = 0$ und $e = 0$ gilt? Der Logiker Leibniz führt gegen solche Skrupel einiger Gelehrter die Vorteile und großen Nützlichkeiten seines Kalküls an.

Immer wieder betont Berkeley, daß er sich gar nicht über den Erfolg ihrer Rechnungen mit den Mathematikern streitet. Im Gegenteil: für praktische Zwecke kann es nach Berkeley gut sein, in Rechnungen etwas zu vernachlässigen. Er greift nur die mathematische Genauigkeit an, d.h. er zeigt, daß die Wissenschaft, die (da-

14 Thomas BAYES, *An Introduction to the Doctrine of Fluxions*, London 1736, p. 45 f.
15 GM V, 322.
16 GM IV, 104–106.

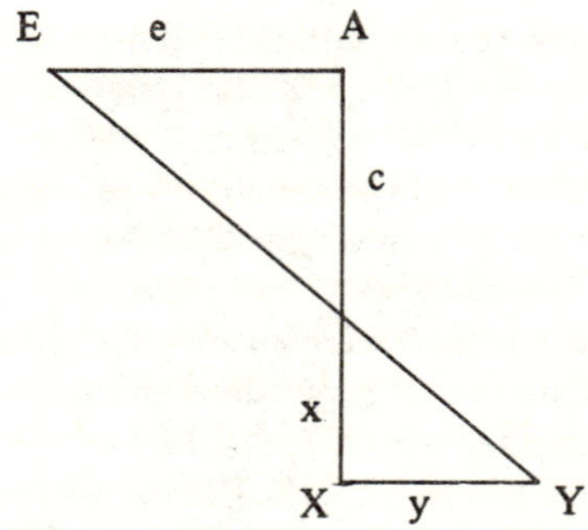

mals) ihre Sicherheit auf Exaktheit gründete, gar nicht so exakt ist, wie der gemeine Mann glaubt. Die Mathematik sei also nicht genauer und daher nicht sicherer begründet als die Religion. Die Ergebnisse der Infinitesimalrechnung des Marquis de L'Hospital werden nach Berkeley nur aufgrund einer Fehlerkompensation erreicht. Aber sein logischer Fehler sei die Beseitung von Infinitesimalien, die der Marquis allerdings einfach durch ein Postulat erlaubt: „On demande qu'on puisse prendre indifférement l'une pour l'autre deux quantités qui ne différent entr'elles que d'une quantité infiniment petite: . . .“[17]. Der Gedanke der Fehlerkompensation geht zurück auf das *Organon* des Aristoteles, in dem gezeigt wird, daß aus zwei falschen Prämissen eine wahre Konklusion folgen kann[18]. Jacob Bernoulli verwendet das Argument von der Fehlerkompensation im Streit mit seinem Bruder Johann im *Journal des Sçavans* vom 4. August 1698[19].

VIII. Berkeley stellt in seiner Kritik an der Infinitesimalrechnung fest, daß in Bezug auf ihre Grundlagen die sonst so gerühmte Einstimmigkeit der Mathematiker versagt.

„Einige nehmen ihre Zuflucht zu Proportionen zwischen Nullen. Einige verwerfen Größen, weil sie infinitesimal sind. Andere lassen nur endliche Größen zu und lassen sie weg, weil sie unbedeutend sind. Andere setzen die Methode der Fluxionen auf eine Ebene mit derjenigen der „Exhaustionen“ und nehmen damit nichts Neues an. Andere behaupten, sie könnten über unbegreifliche Dinge Beweise führen. Einige wollten den Algorithmus der Fluxionen durch reductio ad absurdum, andere a priori beweisen. Einige behaupten, die verschwindenden Inkremente seien wirkliche Größen, einige sie seien Nichtse, einige sie seien Grenzen.“[20]

Jurin bemerkt nicht die Verfänglichkeit seiner Äußerung und betont noch, daß einige Leibniz folgen, einige dem Marquis de L'Hospital, einige anderen Autoren und einige, die nach seiner Überzeugung das bessere Urteil besitzen, Newton.[21]

Berkeley war mit seinem *Analyst* in die Nachwirkungen des lästigen Streits zwi-

17 de L'HOSPITAL, *Analyse des infiniment petits*, Paris 1696, p. 2. Vgl. BERKELEY, *A Defence of Free-Thinking in Mathematics* § 40.

18 *Anal. prior.* B 2 (53 b 26 ff.).

19 Zit. nach M. CANTOR, *Vorlesungen über Geschichte der Mathematik*, III, Leipzig ²1901, Nachdr. 1965, S. 240.

20 *A Defence of Free-Thinking in Mathematics* § 44.

21 *The Minute Mathematician*, London 1735, p. 108.

schen den Leibnizianern mit den Anhängern Newtons geraten. So kommt es, daß Jurin meint, die britischen Mathematiker gegen Berkeley verteidigen zu müssen, den er – Ironie der Wissenschaftsgeschichte – für einen Leibnizianer hält[22]. Im Gegensatz dazu meint James Smith, alle Einwände Berkeleys träfen zwar auf den calculus differentialis von Leibniz zu („that erroneous Method of Fluxions"), aber nicht auf Newtons Fluxionsmethode[23]. Jurin wollte Newton gegen Leibniz bzw. Berkeley durch den Nachweis verteidigen, daß die von Newton vernachlässigten Größen im Vergleich zu den bei Leibniz vernachlässigten selbst „unvergleichlich klein" seien[24]. Newtons Methode sei also zwar nicht streng geometrisch, aber komme der geometrischen Strenge doch näher als die Methode von Leibniz[25]. Es ist aber klar, daß das keine adäquate Erwiderung auf den *Analyst* sein konnte.

IX. Was war die Wirkung des *Analyst*? Die englischen Mathematiker reagierten wie aufgeregte Hühner, die auf dem Kontinent reagierten in der ersten Zeit danach überhaupt nicht. Als die Diskussion unter den Mathematikern selbst einsetzte, zog sich Berkeley aus der Debatte zurück. Die Uneinigkeit der Mathematiker offenbarte die Unsicherheit in der Grundlegungsfrage. Trotzdem hat Berkeley sein Hauptziel nicht erreicht:

1) Der Gedanke von der auf sinnliche Minima beschränkten Mathematik hat sich nicht durchgesetzt.

2) Es gelang ihm nicht, das Unendliche aus der Mathematik herauszuhalten. (Das moderne Kontinuum ist eine unendliche Punktmenge.)

3) Vor allem aber gelang es ihm nicht, die Reputation der Mathematiker und ihre Überheblichkeit einzudämmen.

4) Die Fehlerkompensation, die er einigen Mathematikern (Leibnizianern) vorwarf, wurde von einigen späteren Mathematikern sogar bewußt als Begründungsprinzip akzeptiert.

5) Schließlich konnten die Mathematiker die Grundlagen des Calculus verbessern. Wenn Berkeley in Mathematikgeschichten erwähnt wird, so eigentlich nur aufgrund seines Mißerfolges.

Die *Analyst*-Kontroverse, wie die gesamte nachgeholte Grundlegung der Analysis, zeigt, daß die Grundlagen für den Wissenschaftsaufbau weitgehend irrelevant sind. Welchen Sinn kann dann die Beschäftigung mit den Grundlagen der Wissenschaft, speziell der Mathematik, haben? Auf diese Frage mag es verschiedene Antworten geben, z.B. die Förderung des intellektuellen Genusses oder, seriöser ausgedrückt, die Befriedigung eines Erkenntnisbedürfnisses, die Ablenkung von anderen Problemen oder die Verteidigung einer Ideologie bzw. Weltanschauung. Die Grundlagendiskussion der Analysis, ganz sicher aber die *Analyst*-Kontroverse, diente wohl in manchen Punkten diesem letzten Zweck.

22 *Geometry no friend to infidelity*, London 1734, p. 50. *Considerations. . . in defence of Sir Isaac Newton, and the British Mathematicians*, in: *The Present State of the Republic of Letters*, 16, 1735, p. 392.

23 James SMITH, *A New Treatise of Fluxions*, London 1737, p. 40.

24 *Considerations* (s. Anm. 22), p. 391 f.

25 p. 392.

Les Mathématiciens Italiens et le Calcul Infinitésimal au début du XVIIIe siècle*

Par
LUIGI PEPE (FERRARA)

En faisant le compte rendu du livre *De constructione aequationum differentialium primi gradus*, première monographie en Europe sur les équations différentielles publiée à Bologne en 1707 par Gabriele Manfredi, le *Giornale de' letterati d'Italia*, qui allait devenir la revue scientifique et litteraire la plus illustre d'Italie au début du XVIIIe siècle, écrivait au sujet du calcul différentiel de Leibniz:

«in venticinque anni ha arricchito la Geometria d'un numero di nuove scoperte maggiore di gran lunga di quello che si era accumulato per le fatiche di tanti Matematici in tutti i secoli addietro»[1].

Au début du XVIIIe Siècle le nouveau calcul de Leibniz et Newton était connu en Italie seulement dans son exposition leibnizienne: le calcul différentiel. En effet, bien que Newton ait été connu des savants italiens, on ne trouve pas de véritables tentatives d'employer la méthode des fluxions en Italie avant 1720[2].

Au contraire, les mathématiciens italiens qui, déjà en 1710, sont bien familiarisés avec les principes et les méthodes du calcul différentiel sont assez nombreux, sourtout si l'on considère la décadence des recherches en mathématiques dont Leibniz avait fait l'expérience lors de son voyage en Italie en 1689[3].

A Bologne, vers la fin du XVIIIe Siècle, travaillait déjà un groupe de jeunes sauvants qui, dirigés par Domenico Guglielmini, avaient commencé à prendre soin de la géométrie cartésienne et du calcul différentiel en étudiant les mémoires publiés dans les *Acta Eruditorum*; il s'agit des frères Eustachio et Gabriele Manfredi, de Vittorio Francesco Stancari et de Giuseppe Verzaglia. Le *De Constructione aequa-*

* Les recherches exposées ici ont été financées par le Ministero della Pubblica Istruzione de l'Italie.

1 *Giornale de' letterati d'Italia*, Venezia 1 (1710), pp. 395–396.

2 Sur la diffusion du calcul infinitesimal en Italie on peut voir les mémoires suivants. L. PEPE, *Il calcolo infinitesimale in Italia agli inizi del secolo XVIII*, dans: *Bollettino di storia delle scienze matematiche*, 1 fasc. 2 (1981), pp. 43–101; L. PEPE, *La Nova Methodus et G. Manfredi*, dans: *IV Internationaler Leibniz-Kongress Hannover, 1984*, pp. 575–583 (avec la réédition d'une lettre scientifique de Leibniz à Manfredi); L. PEPE, *Newton, il metodo delle flussioni e i fondamenti dell'Analisi in Italia nel secolo XVIII*. Preprint. – On peut s'adresser au premier mémoire pour une bibliographie assez complète des éditions anciennes citées ici.

3 Le voyage de Leibniz en Italie a été étudié par A. Robinet; voir: A. ROBINET, *Le voyage de Leibniz en Italie: Modène, Ferrare et la Vangadizza*, dans: *Studia Leibnitiana* 10 (1982) pp. 1–29.

tionum differentialium de Gabriele Manfredi est le résultat le plus important de leur travail, mais Vittorio Francesco Stancari démontrait également qu'il avait appris le calcul différentiel dont il donna de nombreuses applications physico-mathématiques, en partie inédites, en partie publiées après sa mort en 1714 par Eustachio Manfredi dans les *Schedae mathematicae*. Verzaglia, de son côté, alla étudier à Bâle, chez Jean Bernoulli, et après son retour en Italie, s'engagea dans une polémique avec Jacques Hermann au sujet du problème réciproque des forces centrales. Les écrits de Hermann et Verzaglia furent publiés par le *Giornale de' letterati d'Italia*.

Les savants de Bologne avaient été des premiers à apprendre en Italie les méthodes du Calcul différentiel, mais déjà dans les prémières années du XVIIIe siècle, d'autres savants étudiaient le nouveau calcul.

A Padoue, Domenico Guglielmini et Michelangelo Fardella, avaient procuré la chaire de mathématiques de l'Université à Jacques Hermann qui avait été élève à Bâle de Jacques Bernoulli: Leibniz même avait été l'intermédiaire entre des Italiens et Hermann. Hermann était arrivé à Padoue en 1707, et des savants tels que Scipione Maffei, Bernardino Zendrini, Giovanni Poleni, Jacopo Riccati et Antonio Conti se référaient pour le calcul à ses leçons universitaires. Tous ces savants ont une place remarquable dans l'histoire de la civilisation du XVIIIe siècle en Italie.

A Pise, enseignait Guido Grandi, qui, le premier en Italie, avait publié un ouvrage dans lequel on employait le calcul différentiel: *De quadratura circuli et hyperbolae* (Première Edition, Pise 1703).

Grandi ne comprit jamais profondéement le calcul différentiel et fut plutôt un continateur des techniques des géomètres greces et des indivisibles, mais ses relations avec Leibniz, Newton et les principaux savants italiens de son temps (ainsi Grandi fut le conseiller de Fagnano pour ses premierers études en Mathématiques) en font un auteur qu'il faut nécessairement étudier pour connaitre les Mathématiques en Italie au début du XVIIIe Siècle.

À ce temps-là on a donné un essai des principaux resultats trouvés par des mathématiciens italiens dans le premir quart du XVIIIe siècle par le calcul différentiel: il s'agit des recherches de Giulio Fagnano sur la lemniscate et sur le calcul des longueurs de courbes et des études de Jacopo Riccati sur les équations différentielles; mais avant tout nous devons présenter un ouvrage très original par sa structure: le *De Constructione aequationum differentialium* de Gabriele Manfredi.

Gabriele Manfredi et la construction des équations différentiels

L'introduction du calcul différentiel ouvrit un nouveau sujet de recherche en Mathématiques qui est encore loin d'être épuisé: les équations différentielles (c'est-à-dire les équations qui lient des fonctions avec leurs différentielles).

C'est à Leibniz et aux Bernoulli que nous devons le mérite d'avoir posé le problème de la résolution des équations différentielles sous une forme riche en développements exceptionels. En effet, Newton avait employé les séries de puissances pour résoudre les équations différentielles; les solutions sont exprimées par des séries dont les coéfficients sont déterminés, au moyen des équations mêmes et d'autres conditions.

Leibniz et les Bernoulli par contre cherchent à ramener la solution des équations différentielles au calcul des primitives d'un certain nombre de fonctions élémentaires (les fonctions rationnelles, l'exponentiel, l'arctangente): c'est la méthode de l'intégration. Les mathématiciens de l'Europe continentale suivent cette méthode qui est beaucoup plus fertile. Il s'agit d'abord d'examiner des problèmes particuliers; on cherche à résoudre les équations par la méthode de la séparation des variables et, souvent, il y a confusion entre la séparation des indeterminées et la solution des équations. On comprend que les problèmes qui ont été résolus les premiers sont ceux qui conduisent aux équations différentielles du premier ordre. Ces problèmes comprennent des questions très intéressantes sur les courbes et sur le calcul de variations, mais au delà des solutions souvent très ingénieuses à différents problèmes on attendait un ouvrage où l'on examinait les équations d'un point de vue général et où les questions étaient traitées par des méthodes générales. Le mathématicien italien Gabriele Manfredi (1681–1761) se chargea, le premier en Europe au début du XVIIIe Siècle de ce devoir aussi difficile qu' utile.

Son ouvrage, *De constructione aequationum differentialium primi gradus*, fut imprimé à Bologne en 1707[4]; l'auteur tenta en vain d'obtenir une chaire de mathématiques à l'Université de Bologne. Le *De Construction* fut l'objet d'un compte-rendu dans les *Acta Eruditorum* (1708); il s'agit d'un volume des presque deux cent pages, divisé en six chapitres dont les titres sont:

1. Quomodo ex datis quaesitae alicuius Lineae proprietatibus nonnullis, ad aequationem illius Curvae differentialem possit perveniri.
2. De constructione Aequationum differentialium primi gradus, quando constet illas esse integrabiles algebraice.
3. De Constructione Aequationum differentialium primi gradus, quando non sint algebraice integrabiles, et, praeter utriusque indeterminatae differentialia ad altiorem potestatem non elevata, continent alterutram tantum indeterminatarum.
4. De constructione aequationum differentialium primi gradus, quando constet non esse algebraice integrabiles, et praeter utriusque indeterminatae differentialia ad quamvis potestatem elevata, continent alterutram tantum indeterminatarum.
5. De constructione aequationum differentialium primi gradus quas constet non esse algebraice integrabiles, et cum ambae indeterminatae illas ingrediantur, sunt tamen cum suis differentialibus ab invicem separabiles.
6. Constructio variarum aequationum differentialium primi gradus in quibus ambae indeterminatae cum suis differentialibus reperiuntur, nec tamen sunt ab invicem separabiles, non existente aequatione algebraice integrabili.

4 G. MANFREDI, *De constructione aequationum differentialium primi gradus* etc., Bononiae, Pisarri (1707).

Dans son livre, Manfredi examine beaucoup de problèmes liés aux équations différentielles du premier ordre; il a le mérite de la clarté et sourtout de l'originalité de l'entreprise, éclatante si l'on compare le *De constructione* aux meilleurs ouvrages sur le calcul différentiel publié à cette époque par example à la *Méthode pour la mesure des surfaces* de Louis Carré (1700) qui est un ouvrage bien plus traditionnel mais qui est toutefois le meilleur pour l'exposition du Calcul intégral publié par les savants liés à Malebranche qui ont introduit le Calcul différentiel en France.

Le nom de Gabriele Manfredi est aussi lié à la resolution des équations homogènes, pour lesquelles il publia, le premier, une méthode pour arriver à la séparation des variables (1714)[5]. La valeur de l'œuvre mathématique de Manfredi dans les premières années du XVIIIe siècle est aussi documentée par ses lettres scientifiques qu'on trouve à Pise dans les Archives de Grandi, à Naples dans les Archives de Celestino Galiani, à Venise dans les Archives de Giovanni Poleni[6].

Fagnano et la lemniscate

On trouve dans le tome XIX du *Giornale de' letterari d'Italia* (1714) le *Problema proposto dal Sig. Giulio Carlo de Fagnano* (1682–1766):

«Sa data una parabola biquadratica primaria, che ha per equazione costitutiva $x^4 = y$, e sia data ancora una porzione di essa; dimando che si assegni un'altra porzione nelle medesima curva, tale che la differenza delle porzioni suddette sia rettificabile.»

Il s'agit d'un problème analogue à celui résolu par Jean Bernoulli dans les *Acta Eruditorum* (1698, p. 465) et concernant des transformations liant aux arcs d'une courbe les arcs d'une autre courbe de sorte que les différences des longueurs correspondentes soient des quantités a l g é b r i q u e s.

Fagnano donne une solution de son problème, dans deux mémoires publiés dans le *Giornale de' letterati d'Italia* du 1715[7]. Il est interessé aux paraboles généralisées $y = \frac{x^q}{q}$ où q est le rapport de deux nombres impairs consécutifs ou de deux nom-

5 G. MANFREDI, *Breve schediasma geometrico per la costruzione di una gran parte delle equazioni di primo grado*, dans: *Giorn. Lett. d'Italia*, Venezia 18 (1714), pp. 309–315.

6 Les Archives publiques les plus intéressantes pour l'étude du calcul infinitésimal en Italie au début du XVIIIe siècle ont été sommairement décrites par L. PEPE, *Il calcolo infinitesimale* etc. cf. 2. Dans les Archives de Leibniz (Hannover) on garde les manuscrits de Bodenhausen, un mathématicien allemand qui enseigna chez le Granduca di Toscana (1689–1698); il y a 170 lettres en latin et en allemand et six volumes de manuscrits, en partie ordonnés par Leibniz même. On peut voir pour cela: E. BODEMANN, *Der Briefwechsel des Gottfried Wilhelm Leibniz*, 1895 (Olms 1966), p. 19.

7 *Un nuovo metodo per rettificare la differenza di due archi (uno dei quali e dato) in infinite specie di parabole irrettificabili colla soluzione del problema proposto nel XIX tomo di questo Giornale, p. 438,* dans: *Giornale de' letterati d'Italia*, 22 (1715), pp. 229–262. *Giunta alla Schediasma, inserito nel XXII tomo del Giornale, sopra la maniera di rettificare la differenza di due Archi in infinite specie di Curve Paraboliche, con una nuova proprietà della Parabola d'Archimede,* etc., dans: *Giornale de' letterati d'Italia*, 24 (1715), pp. 363–375.

bres non divisibles par 3 (par exemple $q = \frac{1}{4}$); Fagnano examine des cas particuliers où l'arc est donné par

$$ds = \sqrt{1+x^{2q-2}}\,dx = (1 - \frac{1}{q})\ \frac{dx}{\sqrt{1+x^{2q-2}}} + \frac{1}{q}\ d(x\sqrt{1+x^{2q-2}})$$

Fagnano reconduit, par un changement de variable cette différentielle à la somme de la différentielle d'une expression algébrique et d'une des différentielles suivantes

$$\frac{dt}{\sqrt{t(t^2+at+b)}} \quad ; \quad \frac{dt}{t}\sqrt{\frac{t^2+at+b}{t}}$$

On transforme l'une de ces différentielles en l'autre en remplaçant $t \to b/t$. Cette transformation donne la solution du problème.

Déjà dans le premier mémoire on retrouve l'intérêt de Fagnano pour la lemniscate. Il resolut en effet le problème suivant (loc. cit. pp. 258–262):

«Sia l'arco CLPA la quarta parte della periferia della curva lemniscata, che ha per sua equazione $xx+yy = a\sqrt{xx-xx}$ (prendendo x per l'Abscisse, e y per l'ordinate che sono ad esse normali) dividere per mezzo l'arco suddetto CLPA.»

L'année suivante, 1716, Fagnano démontre un thèoreme abstrait dont on peut déduire à construction des arcs d'une ellipse, d'une hyperbole ou d'une épicycloïde différant d'autres donnés par une quantité algébrique[8]. Le théorème démontré par Fagnano est le suivant:

«Teorema. Ne' due Polinomi infrascritti X e Z, e nell'equazione (1) le lettere h, l, f, g rappresentino qualsivoglia quantità costante. Io dico in primo luogo, che se nell'equazione (1) l'esponente s significa l'unità positiva, l'Integrale dell'aggregato de' due Polinomi X+Z e uguale a $\frac{-hxz}{\sqrt{-fl}}$. Io dico in secondo luogo, che se nella medesima equazione (1) l'esponente s esprime l'unità negativa, allora l'Integrale dell'aggregatio di X + Z e uguale a $\frac{xz}{\sqrt{g}}\sqrt{-h}$

(X) $\dfrac{dx\sqrt{hxx+1}}{\sqrt{fxx+g}}$

(Z) $\dfrac{dz\sqrt{hzz+1}}{\sqrt{fzz+g}}$

(1) $fhxxzz^s + flxx^s + flzz^s + gl^s = 0$.»

8 *Teorema in cui si deduce una nuova misura degli archi Ellittici, Iperbolici, e cicloidali,* dans: *Giornale de' letterati d'Italia*, 26 (1716), pp. 266–279.

Dans trois mémoires suivants, toujours publiés dans le *Giornale de' letterati d'Italia* Fagnano étudie la lemniscate (de Bernoulli)[9].

La lemniscate est la courbe d'équation cartésienne:

$$(x^2 + y^2)^2 = a^2(x^2 - y^2)$$

de son équation polaire $\rho^2 = a^2 \cos 2\vartheta$ on tire l'expression de l'arc:

$$ds = \frac{a^2\, d\rho}{\sqrt{a^4 - \rho^4}}$$

et par la substition $t = \rho^2$:

$$ds = \frac{a^2\, dt}{2\sqrt{t(a^4 - t^4)}}$$

Dans le premier de ses mémoires consacrés à la lemniscate, Fagnano, en faisant:

$$t = \frac{a\sqrt{aa+zz}}{\sqrt{aa-zz}}$$

obtient, la relation suivante entre les arcs de lemniscate, d'ellipse et d'hyperbole (loc. cit., p. 261):

$$\int \frac{aadz}{\sqrt{a^4 - z^4}} = \int dz \frac{\sqrt{aa+zz}}{\sqrt{aa-zz}} + \int \frac{ttdt}{\sqrt{t^4 - a^4}} - \frac{zt}{a}$$

Un autre résultat remarquable est obtenu en étudiant le problème (loc. cit. p. 268): «Tagliare per mezzo il quadrante della lemniscata.» Fagnano introduit la transformation:

$$(*) \qquad \rho\rho' + a^2(\rho^2 + \rho'^2) - a^4 = 0,$$

ρ, ρ' sont les rayons vecteurs. On arrive ainsi à l'équation $ds + ds' = 0$; donc les arcs correspondants sur la lemniscate (issue respectivement de l'origine et du sommet) sont de la même longueur; en faisant en (*) $\rho = \rho'$ on donne la division du quadrant de lemniscate en deux arcs de même longueur:

$$\rho = \sqrt{\sqrt{2}\, a^2 - a^2}$$

9 *Metodo per misurare la Lemniscata. Schediasma primo*, dans: *Giornale de' letterati d'Italia*, 29 (1718), pp. 258–269. *Metodo per misurare la Lemniscata. Schediasma secondo*, dans: *Giornale de' letterati d'Italia*, 30 (1718), pp. 87–111. *Giunte al primo schediasma sopra la lemniscata*, dans: *Giornale de' letterari d'Italia*, 34 (1723), pp. 197–207.

Dans le même mémoire est résolu le problème de diviser le quadrant de la lemniscate algebraicamente en $2 \cdot 2^m, 3 \cdot 2^m, 5 \cdot 2^m$ parties.

Dans le deuxième mémoire, toujours publié en 1718, Fagnano démontre deux relations très importantes:

$$\text{si} \quad x = \frac{1}{z}\sqrt{1 \pm \sqrt{1-z^4}} \quad \text{on a} \quad \frac{dz}{\sqrt{1-z^4}} = \frac{\sqrt{2}dx}{\sqrt{1+x^4}}$$

$$\text{si} \quad \frac{u\sqrt{2}}{\sqrt{1-u^4}} = \frac{1}{z}\sqrt{1 - \sqrt{1-z^4}} \quad \text{on a} \quad \frac{dz}{\sqrt{1-z^4}} = \frac{2du}{\sqrt{1-u^4}}$$

Cette dernière égalité peut être interpretée comme une formule de duplication des intégrales elliptiques.

Un autre problème lié à la lemniscate est étudié par Fagnano dans un mémoire, publié en 1722, sur le calcul de la longueur de la parabole $3y = x^3$, dont l'arc est $ds = \sqrt{1 \div x^4}\,dx$[10].

Des compléments et des corrections aux deux premiers mémoires (en partie de nature typographique) sont faites par Fagnano dans son mémoire du 1723. Là, il étuidie les problèmes suivants:

«Trovare il punto in cui il quadrante della lemniscata e tagliato dalla maggiore delle ordinate (loc. cit., p. 202); tirare la tangente a qualsivoglia punto della lemniscata (loc. cit., p. 204); esibire la quadratura generale della lemniscata» (loc. cit., p. 205).

Il faut remarquer que ces résultats de Fagnano ne sont pas seulement des exemples très cerieux dans la théorie de la longueur des courbes, ils représentent au contraire un fait structural important, qui peut être regardé, suivant l'interprétation d'Euler des écrits de Fagnano publiés en 1750[11], comme une première avance dans la théorie des intégrales elliptiques: cette théorie avec ses développements (fonctions elliptiques, intégrales abéliennes) fut l'un des sujet les plus importants de l'analyse mathématique jusqu'à la fin du XIXe siècle[12].

10 *Metodo per trovare nuove misure degli archi della parabola cubica primaria*, dans: *Giornale de' letterati d'Italia*, 33, p. 2^a (1722), pp. 139–158.

11 Les Œuvres mathématiques de Fagnano ont été publiées au XVIIIe siècle: *Produzioni matematiche del Conte Giulio Carlo di Fagnano, marchese de' Toschi, di Sant'Onorio*, etc., Pesaro, Gavelliana, 1750, 2 tomi in 4°. Une édition plus complète et une partie de sa Correspondence fut publiée au début du XXe siècle: *Opere matematiche del Marchese Giulio Carlo de' Toschi di Fagnano* pubblicate ... dai soci V. VOLTERRA, G. LORIA, D. GAMBIOLI, Roma, 1911–12 (trois volumes).

12 Sur Fagnano et la théorie des fonctions elliptiques ont été publiés un grand nombre de mémoirs allant de F. SIACCI, *Sul teorema del Conte di Fagnano*, dans: *Bull. Bibl. Storia Sci. Mat. Fis.* (Boncompagni) 3 (1870), pp. 4–26 (Boncompagni publia aussi une biographie de Fagnano tirée d'un manuscrit de Mazzuchelli), à une étude, pas trop érudite de R. AYOUT, *The Lemniscate and Fagnano's Contributions to Elliptic Integrals*, dans: *Archive for History of exact Sciences* 29 (1984), pp. 131–149. Parmi les études les plus récentes on signale: C. HOUZEL, *Functions elliptiques et intégrales abéliennes*, dans: *Abrégé d'histoire*

L'équation de Riccati

Jacopo Riccati (1676–1754) est, du point de vue des mathématiques, le plus créatif parmi les savants de Padoue et de Venise qui avaient pris soin du calcul différentiel au début du XVIIIe siècle.

Jacopo, de la noble famille des Riccati, fut élève de Stefano degli Angeli à l'Université de Padoue (Angeli lui confia les manuscrits de son maître Cavalieri). Il étudia dans les premières années du siècle la géométrie cartésienne et le calcul différentiel et pris part au débat sur le problème réciproque des forces centrales dans le *Giornale de' letterati d'Italia*, revue à la quelle il collabora beaucoup. Il publia aussi, dans un mémoire dans le *Giornale*, sa méthode de séparation des variables dans les équations différentielles. Cette méthode fut exposée à Leibniz qui, par l'intermédiaire de Louis Bourguet (1678–1742)[13], porta jugement bienveillant sur les recherches de Riccati. Le premier jugement de Leibniz est imprimé dans les *Œuvres* de Riccati[14] avec la formulation suivante:

«Le discours Analytique de votre Ami sur la maniere de separer les inconnues dans les Equations differentielles, me paroist ingenieux, et ses meditations meritent d'etre cultivées et eclaircies plus amplement. Je compare ces sortes de Methodes avec les differens tours d'adresse dont on se sert dans le Calcul de Diophante, quand il s'agit de resoudre les Equations en nombres rationaux. Je ne say si c'est Monsieur Zendrini ou quelqu'autre ami que vous avés en Italie. Quel qu'il soit, il paroist capable de donner quelque chose de considerable, et je vous soupplie, Monsieur, de l'exhorter à poursuivre. Cependant il faut que je dise, qu'il y a des separations des inconnues dans les differentielles, qui ne suffisent point pour en tirer les quadratures, quoy qu'on ait coutume de prendre l'un pour l'autre.»

Après, Leibniz revint sur la question[15].

Comme il n'occupait aucune position dans l'Université ou dans la vie académique, Riccati publia peu de mémoires, tous très courts. Ses manuscrits, parmi lesquels on trouve une très riche correspondance[16], sont conservés par ses héritiers.

Par le soin de ses fils (les mathématiciens Vincenzo, Giordiano et Francesco) furent publiés en 1762–1765 quatre gros volumes in 4° des *Oeuvres* de Jacopo Riccati.

Dans le premier volume (pp. 435–598) on trouve un traité de Riccati sur les équations différentielles, écrit dans les années 1722–1723 pour l'instruction de Giuseppe Suzzi et Ludovico Riva, qui enseignèrent à l'Université de Padoue. Le

des mathématiques 1700–1900, sous la direction de J. DIEUDONNÉ, II, Paris, Hermann 1978, p. 1–113.

13 Louis Bourguet (1678–1742) fut l'un des correspondants de Leibniz dans la période 1706–1716. Cfr. E. BODEMANN, loc. cit. in 6, p. 24.

14 Jacopo RICCATI, *Opere*, t. 1, Lucca, Jacopo Giusti 1762, p. 436. Cf. GP III, 576.

15 GP III, 557. A. A. MICHIELI, *Una famiglia di matematici e di poligrafi trevigiani: i Riccati. I, Jacopo Riccati*, dans: *Atti Istituto Veneto di scienze lettere ed arti*, 1942–43, 102, p. 20, pp. 537–587 (cf. p. 579).

16 M. L. SOPPELSA, *«Commerzio di lettere», di Jacopo Riccati (2 gennaio 1687 – 15 febbraio 1754)*, dans: *Annali dell'Istituto e Museo di Storia della Scienza di Firenze*, 8 (1983), pp. 151–158.

traité, dont le titre est: *Della separazione delle indeterminate nelle equazioni differenziali del primo grado e della riduzione delle equazioni differenziali d'altri gradi ulteriori*, est composé de trois chapitres et deux Appendici[17].

Un bref mémoire de Riccati, publié dans le tome VIII des Suppléement aux *Acta Eruditorum* (1724)[18], entama un sujet très important dans la théorie des Équations différentielles ordinaires: il s'agit de la celèbre Equation de Riccati sur laquelle on pourait préparer une bibliographie ad hoc[19]. L'Equation de Riccati, liée à plusieurs questions de la théorie des équations différentielles, est un chapitre classique de cette théorie (on peut voir par exemple des traités classiques, tels les traités de Boole, Forsyth, Kamke, Sansone, etc.)[20].

Daniel Bernoulli étudia des cas de résolubilité pour l'équation de Riccati dans une note publiée dans le même volume des Supplementa, où on trouve le mémoire de Riccati (1724); Daniel Bernoulli donna aussi dans un ouvrage à part une solution explicite de l'équation de Riccati[21]. Un deuxième mémoire de Riccati dont le titre est *Appendix in Animadversiones in aequationes differentiales secundi gradus*[22], redigé après la note de Bernoulli, fuit publié dans les *Acta Eruditorum* de 1723 (dans les revues scientifiques du XVIIIe siècle, on a souvent des problèmes d'édition).

L'équation différentielle qui porte pour l'histoire des mathématiques le nom de Jacopo Riccati, est une équation non linéaire du premier ordre que l'on peut écrire sous la forme suivante:

$$u' + u^2 x^{-2} = nx^{m+n-1}$$

17 *Della separazione delle indeterminate nelle equazioni differenziali del primo grado e della riduzione delle equazioni differenziali del secondo grado, e d'altri gradi ulteriori,* in: *Opere del Conte Jacopo Riccati,* t. 1, Lucca, Jacopo Giusti, 1762, pp. 433–598.

18 J. RICCATI, *Animadversiones in Aequationes differentiales secundi gradus,* dans: *Actorum Eruditorum Supplementa*, t. VIII (1724), pp. 66–73.

19 Pour avoir une idée de la production mathématique d'aujourd'hui sur l'équation de Riccati on peut remarquer que, parmi les mémoires desquels on a donné un compte-rendu dans les *Mathematical Reviews* entre 1973 et 1984, on trouve dans le titre l'expression Riccati Equations 270 fois (Banca dati MATHFILE, ESRIN 00044 Frascati, Italia; Récherche de Madame Nadia Nasci, Istituto Matematico Université de Ferrara). Pour l'histoire de l'équation de Riccati et aussi pour l'Œuvre mathématique de Fagnano il est encore utile de consulter M. CANTOR, *Vorlesungen über Geschichte der Mathematik*, 3 (1668–1758), Leipzig 1901.

20 G. SANSONE, *Equazioni differenziali nel Campo reale Parte Prima*, 2 éd., Zanichelli, Bologna, 1956, pp. 88–89. A. Russel FORSYTH, *Theory of differential Equations*, vol. II, Reprint Dover, pp. 271–276. E. KAMKE, *Differentialgleichungen reeller Funktionen,* New York 1947, pp. 37–42. G. BOOLE, *A Treatise on differential Equations*, 5 éd., Reprint New York, pp. 91–104.

21 D. BERNOULLI, *Notata in precedens Schediasma Ill. Jacobi Riccati,* dans: *Actorum Eurditorum Supplementa*, t. VIII (1724), pp. 73–75. Daniel BERNOULLI, *Exercitationes quaedam Mathematicae*, Venetiis, Lovisa, 1724.

22 J. RICCATI, *Appendix ad Animadversiones in aequationes differentiales secundi gradus,* dans: *Acta Eruditorum* (1723), pp. 502–510.

où m, n sont des nombres réels. Riccati proposa l'étude de cette équation à la fin du mémoire *Animadversiones in aequationes differentiales secundi gradus* dans les termes suivants (loc. cit., p. 73):

«In superiori formula $x^m dq = du + uudx{:}q$, dato ad libitum exponente m, statuatur quantitas $q = x^n$. Peto qua ratione determinandi sint valores alterius exponentis n, ut succedat indeterminatarum separatio, et aequationis constructio per solas quadraturas.»

On n'est pas surpris aujourd'hui que Riccati soit arrivé à ce problème en étudiant des équations du deuxieme ordre; en effet si l'on fait $y = e^{\int z dz}$ dans l'équation

$$a_0 y'' + a_1 y' + a_2 y = 0$$

on obtient l'équation de Riccati:

$$a_0 z' + a_0 z^2 + a_1 z + a_2 = 0$$

et, inversement, une équation de Riccati peut être transformée en une équation linéaire du deuxième ordre.

Dans les années dans lesquelles Riccati publia ses mémoires dans les *Acta Eruditorum*, les mathématiques d'Italie étaient particulièrement étudiées par les rédacteurs des *Acta Eruditorum*; en effet, parmi les livres de mathématiques cités dans les *Acta* de 1723, on trouve quatre auteurs italiens sur 18 auteurs; et encore Italiens sont six auteurs de livres mathématiques sur 18 (non anonymes) dans les Supplementa (t. VIII) de 1724.

Cependant, dans ces années-là, les mathématiciens d'Italie se distancièrent des Bernoulli (Leibniz était mort), et ils s'intéressent à la theorie des fluxions de Newton. L'occasion de tout cela fut le problème proposé par Brook Taylor en 1719, par l'intermédiaire de Montmort, aux mathématiciens de l'Europe continentale. Tandis que le problème fut résolu en Italie par Gabriele Manfredi, Fagnano et Riccati[23], en France, où vivait Montmort, personne n'y parvint. C'est là preuve supplémentaire de la valeur des mathématiciens d'Italie de ce temps-là, qui aspiraient à une indépence raisonnable vis à vis de leurs maîtres.

23 Vooir à ce sujet L. PEPE, *Newton*, etc., loc: cit. en 1.

The Early Reception of the Calculus in the Netherlands

By
MICHAEL PETRY (ROTTERDAM)

Leibniz saw his mathematics as an integral part of his philosophy as a whole. When attempting to assess the significance of the way in which in the Dutsch was reacted to his version of the calculus, it is therefore essential not to overlook the fact that throughout the eighteenth century his philosophy in general had little effect upon the intellectual life of the country. Although his works were frequently published in the Netherlands, they seem not to have been read there. It is true that Dutch publishing houses were interested in his philosophical speculations, just as they were in the doctrines of the French materialists. What interested them, however, was not the intrinsic value of his ideas, but the fact that there was a European market for them. The home demand for his books may have been minimal, but there was no difficulty in selling them abroad. His idiosyncratic views on the origin of evil and the nature of Divine Grace may have been unsuitable for home consumption, but like French opinions concerning the materiality of the soul, they were an excellent export commodity. Dutch publishers who financed editions of La Mettrie, d'Holbach, Diderot and Helvetius during the middle years of the century were meeting an international, not a local demand[1]. They were producing books which they knew to be of no more than marginal interest to their fellow countrymen, but which they also knew had a good chance of selling steadily abroad. The commercial background to the Leibniz editions was much the same. Consequently, despite the general indifference to his philosophical speculations, no less than five editions of the original French version of the *Theodicy* were published in the Netherlands between 1710 and 1730, Kahle's defence of his metaphysics against the criticism of the Newtonians was published in a French translation at The Hague in 1744[2], Raspe's *Oeuvres philosophiques latines et françaises de feu Mr. Leibniz* made its first appearance at Amsterdam in 1765. If one is tempted to conclude that such publishing activity must indicate that there was some Dutch interest in what was being produced, one should call to mind that despite the readiness with which the Dutch have always responded to certain foreign philosophical movements, and notwithstanding the

1 LA METTRIE, *L'Homme machine* (Leiden, 1748); d'HOLBACH, *Systeme de la Nature* (Amsterdam, 1770); DIDEROT, *Œuvres philosophiques* (6 vols. Amsterdam, 1772); HELVETIUS, *De l'homme* (Amsterdam, 1772). Cf. F. SASSEN, *Geschiedenis van de Wijsbegeerte in Nederland* (Amsterdam, 1959) pp. 348–349.

2 L. M. KAHLE, *Vergleichung der Leibnitzischen und Neutonischen Metaphysik* (Göttingen, 1741); *Examen d'un Livre intitule la metaphysique de Newton* (La Haye, 1744).

well-documented demand for translations of philosophical texts, no Dutch language edition of any of Leibniz's writings was published prior to 1763[3].

The reasons for this lack of co-ordination between publishing policy and intellectual commitment are complex. There is no point, for example, in attempting to explain it simply by investigating what was going on in the universities. Although enthusiasm for Leibnizian metaphysics was certainly not widespread among Dutch academics, it was by no means non-existent. Groningen, in particular, made a sustained effort, over a period of some seventy years, to get it established as a general framework for philosophical discourse, although significantly enough it was only able to do so by importing foreigners.

The Groningen tradition in Leibniz studies began with Johann Bernoulli (1667–1748), who first became widely known as a skilled and original exponent of the calculus in 1691. By 1693 he had entered into an extensive correspondence with its creator, and two years later, on the recommendation of Huygens, he was appointed to the chair of mathematics at Groningen. During the ten years he taught there, he maintained regular contact with his mentor. Though mathematics continued to be his main interest, he also had a background in medical studies and experimental philosophy. In the Netherlands, the tensions between the Aristotelians and the Cartesians in these fields were playing a major part in determining philosophical developments. It is certainly worth noting, therefore, that he should have encouraged Leibniz to publicize the significance of his metaphysical standpoint as a synthesis of Aristotelianism and Cartesianism. Had he been more successful in bringing out this aspect of his master's philosophy in his teaching at Groningen, he may well have managed to change the intellectual climate in which he was working. As things turned out, although he was respected by his Dutch colleagues as a mathematician, he was largely ignored by them as a philosopher. His attempt to persuade Burchardus de Volder (1643–1709), professor of mathematics, physics and philosophy at Leiden, that Leibniz's philosophical principles were the solution to the problems he knew de Volder to be facing in his attempt to reconcile Cartesianism with current developments in experimental philosophy came to nothing. Only too intensely aware of what he could only regard as the essential sterility of the Dutch intellectual scene, he turned down repeated offers to teach mathematics at Utrecht and Leiden, and eventually returned to his home town, Basel, in 1705. He continued to exercise some influence upon decision-making at Groningen, however, for it was on his recommendation that his fellow-countryman Jean Pierre Crousaz (1663–1750) was appointed to the chair of philosophy and mathematics there in 1724[4].

3 Johannes PETSCH (1720–1795), *Proef eener Nederduitsche vertaling van de Essais de theodicee van Leibniz* (Utrecht, 1763); Th. VERBEEK, *Voorlopige bibliografie van 18e eeuwse vertalingen in het nederlands van wijsgerige werken*, in: *Documentatieblad Werkgroep 18e eeuw* (22) 1974, pp. 3–40.

4 W. J. A. JONCKBLOET, *Gedenkboek der Hoogeschool te Groningen* (Groningen, 1864); Johann BERNOULLI, *Lectiones de calculo differentialium* (tr. and ed. P. SCHAFHEITLIN, Leipzig, 1924); *Commercium philosophicum et mathematicum G. Leibnitii et Joh. Ber-*

His having backed Crousaz for this post is not quite so strange as might appear. Though Crousaz's orthodoxy was by no means beyond all suspicion, he was a committed Calvinist, and he had recently published a huge, if uneven volume on the infinitesimal calculus. He seems, moreover, to have made a real effort to accommodate himself to the Dutch scene. In his inaugural lecture, he acknowledged his debt to Descartes, especially in matters mathematical, and although he only remained in Groningen for ninteen months, he evidently took careful note of the developments taking place in Dutch experimental philosophy, and published quite extensively on topics of local philosophical interest. It was some years later, long after he had left the Netherlands, that he established his European reputation as one of the most incisive critics of the Leibnizian doctrines of monadology and pre-stablished harmony, and that Gibbon came to know of him as a disciple of Locke[5].

His successor at Groningen was Nicolaus Engelhard (1696–1765), another Swiss, who had studied at Lausanne and Utrecht and in 1723 succeeded Petrus van Musschenbroek (1692–1761) as professor of philosophy and mathematics at Duisburg. Though somewhat lacking in originality and in no respect distinguished as a mathematician, Engelhard, like his contemporary Wolff, devoted much time and energy to expounding and scholasticizing the basic principles of Leibnizian metaphysics, and attempting to illustrate their relevance to systematic exposition in such practical fields as ethics, economics and politics[6]. Though highly regarded in Groningen, both as a person and as a teacher, he had little effect upon the intellectual development of his adopted country, his only follower of any note being Frederik Adam Widder (1724–1784), a German from the Palatinate, who edited some of his lectures, and went on to develop his own brand of Leibnizian optimism concerning the best of all possible worlds[7].

noulli (ed. BOUSQUET, Lausanne and Geneva, 1745); L. J. RUSSELL, *The Correspondence between Leibniz and de Volder*, in: *Proceedings of the Aristotelian Society*, new series, vol. 28 pp. 155–176, 1927/8; *Der Briefwechsel von Johann Bernoulli* vol. 1 (ed. O. SPIESS, Basel, 1955) p. 59; E. G. RUESTOW, *Physics at 17th and 18th Century Leiden* (The Hague, 1973) pp. 89–112.

5 J. P. de CROUSAZ, *Commentaire sur l'analyse des infiniment petits* (Paris, 1721), *De physicae origine, progressibus, ejusque tractandae methodo* (Groningen, 1724), *De l'esprit humain* (Basel, 1741); Emmeric de VATTEL (1714–1767),*Défense du système leibnitien contre les objections et les imputations de Mr. Crousaz contenues dans l'examen de l'essai sur l'homme de Mr. Pope* (Leiden, 1741); E. GIBBON (1737–1794), *Memoirs of my life and Writings* (1796; ed. J. B. BURY, Oxford, 1978) p. 62; J. E. de LA HARPE, *J. P. de Crousaz et le conflit des idées au siècles des lumières* (Geneva and Lille, 1955).

6 *Institutiones philosophiae theoreticae* (2 pts. Groningen, 1732/43); *Institutiones logicae* (Groningen, 1742); *Compendium Philosophiae Practicae* (ed. F. A. WIDDER, Groningen, 1767).

7 F. A. WIDDER, *De sapientia Dei in minimis naturae operibus conspicua* (Groningen, 1750); *De hylozoismo et Leibnitianismo* (Groningen, 1758); *Exercitationum Philosophicarum fasciculus* (Groningen, 1777). W. B. S. BOELES, *Levenschetsen der Groninger hoogleeraren*, in: JONCKBLOET, *Gedenkboek*, op. cit. p. 91.

Engelhard does not seem to have become involved in much philosophical controversy while actually teaching in the Netherlands. Outside Groningen, his Leibnizianism seems simply to have been tolerated and very largely ignored. In a work on the concept of extension which he had published while he was still teaching at Duisburg, however, he had suggested that Leibniz's monadic doctrine was superior to Descartes' exposition of the relationship between thought and extension as a help in dealing with the problems presented by modern physics. As might have been expected, this assertion had provoked a reaction from Ruard Andala (1665–1727), professor of logic, physics and theology at Franeker. Although Andala was something of an anomaly among the Dutch academics of the time, his reasons for taking issue with Engelhard on this point do throw light upon one of the main reasons for the general lack of enthusiasm for Leibniz's metaphysics. Andala was the last of the Dutch Cartesians. He was convinced that in philosophy, physics and theology, his fellow countrymen had erred in so far as they had deviated from the doctrines enunciated by his master. He saw it as his life work to defend the truth of the original expositions by calling attention to the errors of those who claimed to be expounding but were in fact misinterpreting them. At the heart of his interest lay the relationship between natural science and religion. He had polemicized against Balthasar Bekker for blurring the true distinction between superstition and belief, against Geulincx for confusing morality and godliness, against Boerhaave for preferring Newtonian to Cartesian physics. Yet the most pernicious misrepresentation of the truth lay in the double assertion that Cartesian methodology was no longer relevant to progressive work in the natural sciences and that Cartesian metaphysics had been worked out to their logical conclusion in the pseudo-mathematical atheism of Spinoza's *Ethics*. It was this arch aberration which had preoccupied him just prior to his coming across Engelhard's criticism and defence of Leibniz. In order to understand why he attempted to counter Engelhard's Leibnizianism, one has, therefore, to remember that like so many of his countrymen, he saw the metaphysical presuppositions of monadology as deriving from the same philosophical confusions as Spinoza's geometrical method. The reasoning was, that if this was so, there was always the possibility that Leibnizianism too would give rise to atheism. Consequently, if its ineffectiveness in the field of natural science could be demonstrated, this could only help to establish a more satisfactory conception of the true relationship between natural philosophy and religious trust[8].

8 N. ENGELHARD, *De notione extensi ad mundum applicata* (Duisburg, 1726); R. ANDALA, *De quator fictis simplicium speciebus* (Franeker, 1727); *Dissertatio philosophica de monadibus* (Duisburg, 1727); *Balthasar Bekkers en insonderheyd sijner voedsterlingen onkunde* (Franeker, 1696); *Examen ethicae Geulingii* (Franeker, 1716); *De comparando certo in physicis* (Leiden, 1715). Johannes REGIUS (1656–1738), Anadala's colleague at Franeker, in his *Cartesius verus Spinozismi architectus* (Leeuwarden, 1719), argued that Spinoza had simply developed Descartes' ideas. ANDALA, in his *Cartesius verus Spinozismi eversor* (Franeker, 1719), attempted to show that the best arguments against Spinoza were to be derived from Descartes. S. GALAMA, *Het wijsgerig onderwijs aan de hogeschool te Franeker* (Franeker, 1954).

One of the main reasons why Leibniz's metaphysics failed to make much headway in the Netherlands during the eighteenth century was, therefore, the widespread suspicion that his ostensibly sympathetic attitude toward religion might turn out to be no more compatible with religious truth than Hobbes' displays of Biblical erudition or the definitions, axioms and propositions by means of which Spinoza had defined the Deity. It is certainly significant that when Bernoulli quarrelled with the Groningen theologians in 1702, he should have been accused of Spinozism, and that the tensions so created should have played no small part in his final decision to leave the university. The shortness of Crousaz's stay may well have had something to do with a continuation of the theological disputes he had become involved in in Lausanne after 1722, when the Consensus was imposed in order to ensure strict Calvinist orthodoxy in respect of the doctrine of grace[9]. Engelhard's harmonious and resilient personality enabled him to win through in his new cultural context, but not without his having to defend himself in print against various charges of heresy, one of which actually forced him to explain how Copernicanism might be reconciled with religious orthodoxy[10].

Apart from this Groningen dynasty of Swiss ex-patriots, the only eighteenth century proponents of Leibnizian metaphysics in Dutch universities were Samuel Koenig (1712–1757), a Swiss-German who had studied mathematics under Bernoulli and philosophy under Wolff, and who taught philosophy at Franeker from 1745 until 1748, and his pupil Antonius Brugmans (1732–1789), who also taught philosophy at Franeker for a number of years (1755/66), and subsequently held the chair of mathematics and physics at Groningen. Although Koenig, in his inaugural oration, showed that he was aware of some of the broad issues at stake in the longstanding rivalry between Leibnizianism and Newtonianism, he has left behind little published work of any philosophical value. It could have been the case, however, that he was rather more effective as a teacher than he was as a writer, for it was evidently as a result of his tuition that Brugmans, in 1749, published his fascinating attempt to interpret Leibnizian metaphysics in platonic terms, to explore in detail the implications of the distinction between sense-experience or the truths of fact and immutable principles or the truths of reason. It is rather disappointing to find that despite the potential fruitfulness of this line of enquiry, by the time he entered upon his professorial duties at Franeker he had abandoned Leibnizian platonism for the philosophy of commonsense[11].

9 The Consensus ecclesiarum Helveticarum reformatarum was drawn up in 1675 and imposed by Bern on its subjects in Lausanne and Vaux just prior to Crousaz's acceptance of the chair at Groningen; BOELES, loc. cit. pp. 65–66.

10 SASSEN, op. cit. p. 241. His critics were A. Driessen (1684–1748) and M. Bertling (1710–1772).

11 S. KOENIG, *Oratio inauguralis de optimis Wolfiana et Newtoniana, philosophandi methodis: earumque amico consensu* (Franeker, 1749); A. BRUGMANS, *De essentiarum idearumque absoluta necessitate, earumque origine ex intellectu divino* (Franeker, 1748), *De phaenomeno* (Franeker, 1749; French tr. Leiden, 1756); *De sensu communi, matheseos et philoso-*

J. C. von Sprögel published a series of Dutch translations of Wolff's works between 1738 and 1742, and A. F. Marci, who was teaching mathematics at Amersfoort at the time, continued the project throughout the middle years of the 1740's. There is, however, little evidence that the undertaking had much influence upon the teaching of philosophy. The only other major contribution to Leibniz studies in the Netherlands during this period was made by Johannes Petsch (1720–1795), preacher in the Moravian community at Zeist, who attempted to popularize the metaphysical doctrines by translating the *Theodicy* into Dutch. By the time Petsch had begun to publish, however, there was no longer anyone in the universities teaching Leibnizianism[12].

Once the history of the Dutch reaction to Leibnizian metaphysics is placed in its European context, it soon becomes apparent that in their general lack of enthusiasm for it, Dutch philosophers resembled their British rather than their continental counterparts. It is important to note, therefore, that the situation was quite different in respect of Dutch mathematicians, who appear to have had no desire at all to follow their British colleagues in refusing to make use of Leibnizian notation. The general attitude might have been rather different had there been any widespread interest in the philosophy of mathematics in Dutch universities. In the controversy initiated in Britain by the publication of Berkeley's *The Analyst* in 1734, close attention was paid to the logical foundations of the calculus, to the philosophical implications of postulating an infinitesimal difference between the consecutive values of the continuously varying quantities. What is more, the language and notation employed in the debate centred exclusively upon Newton's "fluxions". No one in Britain saw any point in confusing the matter still further by also attempting to determine the precise significance of Leibniz's "differentials". Considering the close cultural ties between Britain and the Netherlands in the eighteenth century, one might have expected this debate to spark off some interaction between mathematicians and philosophically-minded Newtonians in Dutch academic circles, and this fusion of ideas to have left some mark upon the history of Dutch mathematics, but there appears to be no evidence that it did so. In this particular respect, Britain seems to have gone its own way alone. It would seem, therefore, that Dutch mathematicians had little interest in the logical foundations of the calculus, and were simply prepared to make use of the practical advantages of the Leibnizian notation, regardless of its philosophical connotations. The mathematician and philosopher J. F. Hennert (1733–1813), for example, taught the calculus regularly in his courses at Utrecht, and managed to stimulate a wide interest in this branch of mathematics outside the university, without making any mention of the issues

phiae matre (Franeker, 1756); GALAMA, op. cit. pp. 171–177; BOELES, loc. cit. pp. 89–90.

12 J. J. POORTMAN, *Repertorium der Nederlandse Wijsbegeerte* (Amsterdam and Antwerp, 1948) pp. 292, 399.

raised by Berkeley or any use of Newton's notation[13]. The initiative in the development of the calculus eventually passed to France. In Britain, it was not until 1812 that Babbage, Herschel and Peacock founded the Cambridge Analytical Society, in order, as they put it, "to promote the principles of pure D-ism in opposition to the Dot-age of the university"[14].

***
*

There is a sharp contrast between the way in which the Leibnizian conception of the relationship between philosophy and mathematics was received in the Netherlands during the eighteenth century, and the way in which the corresponding Cartesian conception was received there a century earlier. It is, moreover, an extremely curious contrast, since in many crucial respects, the Cartesian and the Leibnizian conceptions of the relationship were very similar. For Descartes, as for Leibniz, mathematics was not simply one intellectual skill among others, but an integral part of his philosophy as a whole. He had argued in his *Discourse on Method*, that just as the relative perfection of his own thought obliged him to regard external natural objects as in some respect dependent upon his own consciousness of them, so the relative imperfection of this same thought obliged him to regard himself as in some sense dependent upon the perfect being of God. He had maintained, moreover, that he was aware of the necessity of the perfect being of God in the same way that he was aware of the truths of geometry. To demonstrate the effectiveness of geometry in enabling us to grasp the rational essence of natural objects, was, therefore, to exercise the intellectual skill which also constituted the basis of rational theology. To mathematicize our knowledge of the natural world was to fulfil ourselves as the prime link between that world and God[15].

During the first half of the seventeenth century, Descartes was not alone in conceiving of mathematics as the one perfect science it had pleased the Almighty to confer upon mankind, and in therefore attempting to formulate proofs of God's existence in mathematical terms. Jean-Baptiste Morin (1583–1656), for example, professor of mathematics at the Royal College in Paris and scientific adviser to Richelieu and Mazarin, set out to develop the geometrical method into an instrument for refuting various forms of atheism[16]. Ignatius Der-Kennis (1598–1656),

13 J. F. HENNERT, *Elementa matheseos purae* (3 pts. Utrecht, 1766/8); *Elementa matheseos adplicatae* (6 pts. Utrecht, 1768/75); *Mathematische Abhandlungen* (ed. C. F. HINDENBURG Leipzig, 1805); H. J. M. BOS, *Johan Frederik Hennert, Wiskundige en Filosof te Utrecht* (Department of Mathematics, University of Utrecht, Reprint no. 324, February, 1984).

14 S. LACROIX, *An Elementary Treatise on the Differential and Integral Calculus* (tr. and ed. C. BABBAGE, G. PEACOCK, J. HERSCHEL, Cambridge, 1816); A. M. CLERK's article on Babbage in the D.N.B.

15 *Discourse on Method* pt. 4.

16 J. B. MORIN, *Quod Deus sit, mundusque ab ipso creatus fuerit in tempore, ejusque providentia gubernatur. Selecta aliquot theoremata adversus atheos* (Parisiis, 1635), which was

Jesuit professor at the University of Louvain and persistent critic of the Jansenists, published an extensive treatise designed to demonstrate mathematically not only the unity but also the triunity and creativeness of the Deity[17]. Jacob Boehme (1575–1624), whose writings were to have a great influence in the Netherlands after 1634, especially among those groups who were also attracted to Spinozism, was by no means averse to expounding his theosophical system in geometrical terms. It came readily to his mind to speak of birth as the centre of a circle and of nature too as having its centre. Like Cusanus, he often used the infinity of the sphere as a symbol of the Divine Trinity, which he also thought of in connection with the radii of the circle or of a triad of circles having a single centre[18].

In professedly mathematical undertakings of this kind, there is quite obviously no clear distinction, as there often is in Descartes, between the use of geometrical and algebraic procedures in elucidating a specific natural phenomenon such as the rainbow, and the use of the Euclidean method as a general model for scientific enquiry and philosophic exposition. Even the basic and crucial distinction between the 'geometrical' procedure of deducing and demonstrating a series of complex theorems on the basis of certain simple and self-evident axioms, and that of structuring scientific enquiry hierarchically by the methods of resolution and composition, is by no means fully apparent[19]. There are, therefore, certain basic confusions to be taken into consideration if we are to understand precisely why it was that so many Dutch mathematicians, scientists and theologians, during the middle years of the seventeenth century, found Descartes' fusion of mathematics and theology so thoroughly congenial. It is evident from the way in which this aspect of his thought was received when the *Discourse* was first published at Leiden in 1637, that it was in harmony with a well-established consensus, although precisely why this should have been the case is not very clear. There is not much evidence of any widespread Platonism during the early seventeenth century, and a recent exhaustive study of a mathematically-minded physicist such as Isaac Beeckman (1588–1637), who knew Descartes well as early as 1618, has thrown no further light upon

subsequently re-written as *De vera cognitione Dei ex solo Naturae lumine; per theoremata adversus Ethnicos et Atheos, mathematico more denuntiata* (Parisiis, 1655). Cf. the English translation *The atheist silenced: or, the existence of a Deity: and his creation and government of the world* (London, 1672); Jozef Iwanicki, *Morin et les démonstrations mathématiques de l'existence de Dieu* (Paris, 1936), *Leibniz et les démonstrations mathématiques de l'existence de Dieu* (Straßburg, 1933).

17 *De Deo uno, trino creatore* (Brussels, 1655) 642 pp.

18 D. MAHNKE, *Unendliche Sphäre und Allmittelpunkt. Beiträge zur Genealogie der mathematischen Mystik* (Halle/Saale, 1937); M. J. PETRY, *Behmenism and Spinozism in the Religious Culture of the Netherlands 1660–1730*, in: *Spinoza in der Frühzeit seiner religiösen Wirkung* (ed. K. GRÜNDER and W. SCHMIDT-BIGGEMANN, Heidelberg, 1984) pp. 111–147.

19 Wolfgang RÖD, *Geometrischer Geist und Naturrecht. Methodengeschichtliche Untersuchungen zur Staatsphilosophie im 17. und 18. Jahrhundert* (München, 1970).

the matter[20]. It might, perhaps, be helpful to take a closer look at the kind of influence exercised upon the young Grotius about the turn of the century by the mathematician and physicist Simon Stevin (1548–1610). Stevin was a great admirer of the methodology of Euclid's *Elements*[21]. In his *Elements of the Art of Weighing*, as in his *Elements of Hydrostatics* (1586), he attempts to reproduce this methodology in the presentation of his subject-matter, beginning with definitions and axioms, proceeding to the deduction of propositions and concluding with a consideration of the practical application of what has been expounded[22]. Since he was a close friend of Grotius' father, it is not surprising to find the young Grotius, in an early work such as the *De jure praedae* (1604/6), employing precisely the same methodology in expounding the law of war. What is surprising, and, perhaps, original or distinctively Dutch, about the value which Stevin and Grotius attached to the geometrical method, is that they saw it as an essential part of an intellectual enterprise, the overriding purpose of which was to overcome the dire effects of the Fall, the degenerative course of human history, to re-establish the idyll of the Garden, bring about the reconciliation of man and God. To formulate aright the axioms, propositions and uses of the sciences was, as they saw it, to lay the foundation of a new epoch in the history of humanity, to open up the path for a return to the Golden Age. If such a conception was at all widespread in the Netherlands at the time, it could account for the enthusiasm with which so many Dutch scholars accepted Descartes' seemingly far-fetched proposition that mathematics constituted the key, not only to the rational exposition of the sciences, but also to a truly rational theology[23].

Many of the Dutch academics who devoted themselves to the development of Descartes' mathematics after the publication of the *Geometry* in 1637 certainly did so because they were convinced that Cartesian metaphysics was capable of placing Christian theology on a new rational foundation, in harmony with the momentous advances then being made in the natural sciences. What is more, although their theism and their mechanistic ontology came in for severe criticism from orthodox Calvinists such as Gisbertus Voetius (1589–1676), professor of theology at Utrecht, and from Aristotelians such as Adam Stuart (1591–1654), professor of philosophy at Leiden, no one seems to have regarded their ideas as in any way anti-religious[24].

20 K. van BERKEL, *Isaac Beeckman (1588–1637) en de Mechanisiering van het Wereldbeeld* (Amsterdam, 1983) pp. 170, 262, 287.

21 E. J. DIJKSTERHUIS, *Simon Stevin. Science in the Netherlands around 1600* (The Hague, 1970) p. 43.

22 *De Beghinselen der Weeghconst: De Beghinselen des Waterwichts* (Leiden, 1586); cf. *The Principle Works of Simon Stevin* (5 vols. Amsterdam, 1955/66) vols. 1,6.

23 STEVIN, *Ghetuychenissen eens serr ouden Wysentijts, by een vergaert deur den Hoochgeleerden Heer Doctor Huych de Groot*, in: *Wisconstighe Ghedachtenissen* (2 vols. Leiden, 1605/8) vol. 1 pt. 2 pp. 16–17; B. VERMEULEN, *Simon Stevin and the geometrical Method in De jure praedae*, in: *Grotiana*, new series, vol. 4, 1983 pp. 63–66.

24 A. C. DUKER, *Gisbertus Voetius* (3 pts. Leiden, 1897–1914); J. BERTRAND, *Un ennemi de Descartes: Gisbert Voetius*, in: *Revue de Deux Mondes* vol. 103 pp. 45–67, 1891. On

It was at Leiden, where Stuart was involved in a prolonged philosophical controversy with his Cartesian colleague Adriaan Heerebord (1614–1661)[25], that the main advances took place in post-Cartesian mathematics, that the foundations were laid for Newton's and Leibniz's development of the integral and differential calculus. The professor of mathematics there was Frans van Schooten (1615–1660), who had met Descartes and seen the proofs of the *Geometry* when the work was being prepared for the press in the summer of 1637. In 1649 he published a Latin version of the book, and in 1659/61 a much enlarged two volume edition of this translation which included a greatly expanded commentary and a number of original contributions by his pupils[26]. This was soon recognised as the standard work on the new analytical geometry, and its publication marked a turning point in seventeenth century mathematics. Van Schooten was well-acquainted with the work of his immediate predecessors in algebra and geometry, and although he did not himself enter upon the application of these purely mathematical techniques to physical problems, he was well aware, – as, indeed, he could hardly fail to be considering the context in which Descartes had published his *Geometry*, – of the direct relevance of the work to mechanics, physics and optics. If one accepted Descartes' purely mechanistic ontology, it was perfectly clear that the development of mathematical techniques which enabled one to calculate the motion of particles by a system of co-ordinates and a series of algebraic equations was a matter of immense importance to every branch of the exact sciences. And given the validity of such an ontology in respect of everything that is not mental, what science could not be reduced to a matter of exact mathematical computation, what possible limitation could there be to the techniques now being discovered? Van Schooten's pupils, in the contributions they made to his publications, confined themselves to pure mathematics. Christiaan Huygens (1629–1695), drawing upon what he had learnt from Pascal and Fermat in Paris, published the first systematic treatise on the a priori theory of probability. Jan de Witt (1625–1672), who had had private lessons from Van Schooten while studying Law at Leiden, worked out one of the first systematic developments of the analytic geometry of the conic. Jan Hudde (1628–1704), building on what he had learnt of Fermat from his teacher, formulated his rule of extreme values and tangents to algebraic curves. Later in life they all made their mark in applied rather than pure mathematics, – Huygens as a theoretical and experimental physicist, de Witt in the theory of life-insurance, Hudde also in insurance, and in the application of analytical geometry to dioptrics[27].

Stuart, see J. P. N. LAND, *Schotsche wijsgeeren aan Nederlandsche hoogescholen*, in: *Verhandelingen en Mededeelingen der Koninklijke Nederlandsche Akademie van Wetenschappen*, Amsterdam, 1878; Ruestow op. cit. pp. 43–58.

25 H. De DIJN, *Adriaan Heereboord en het Nederlands Cartesianisme*, in: *Algemeen Nederlands Tijdschrift voor Wijsbegeerte* 75e jrg. afl. 1, pp. 56–69, January, 1983.

26 *Geometria à Renato Des Cartes anno 1637 gallice edita, nunc autem... in linguam latinam versa* (Leiden, 1649; 2nd ed. 2 vols. Amsterdam, 1659/61; 3rd ed. 1683; 4th ed. Frankfurt/M., 1695).

27 J. F. HOFMANN, *Frans van Schooten der Jüngere*, in: *Boethius* 2 (Wiesbaden, 1962); A. E.

Their main interest was, therefore, in the ways in which geometrical and algebraic procedures might be used in order to elucidate specific natural phenomena, and during the years immediately following Van Schooten's death, most of them exchanged ideas with Spinoza on these matters, probably in connection with the preparation and publication of his *Descartes' Principles of Philosophy proved geometrically*. From Spinoza's library list and correspondence, it is apparent that until about 1667, he was as interested in the work of the specialists as they were in his exposition of the central principles of Cartesianism. They consulted him concerning their specific problems, and he quite clearly took an intense interest in the development of both post-Cartesian mathematics and the fields of exact enquiry to which it was being applied[28]. He did so, however, not because his primary interests were scientific or practical, but because he saw in the practical effectiveness of Cartesian science added confirmation of his own metaphysical enquiries. As he read the situation, Descartes' philosophy had to be re-constructed, not, as Hobbes might have maintained, by a more rigorous and comprehensive application of Baconianism[29], by employing the methods of resolution and composition in order to structure scientific enquiry hierarchically, but by developing the Euclidean apparatus of axioms and definitions in order to deduce a comprehensive system of philosophy as a series of increasingly complex propositions[30]. To his exposition of the principles of Descartes' philosophy, he appends a series of *Metaphysical Cogitations* touching upon the gradations in our knowledge of the essence of things, the existence of all created things in God and the nature of extension or the human body as distinct from thought or the human mind. Such cogitations were evidently intended to complement the accomplishments of specific scientific enquiry, and provide the broad basis of the philosophical system by means of which the problems left by Cartesianism were to be resolved into a geometrical whole.

Spinoza seems never to have doubted that the geometrical method, as so interpreted, was capable of furthering a clear and distinct conception of the Deity. Until

BELL, *Christian Huygens and the Development of Science in the Seventeenth Century* (London, 1947); J. L. COOLIDGE, *The Mathematics of Great Amateurs* (Oxford, 1949) chs. IX and X (de Witt and Hudde).

28 *Renati Des Cartes Principiorum Philosophiae . . . More Geometrico demonstratae* (Amstelodami, 1663); M. J. PETRY, *Spinoza's Algebraic Calculation of the Rainbow and Calculation of Chances* (Dordrecht, 1985).

29 Although the comprehensive architectonic of *De Corpore* (1655), *De Homine* (1657) and *De Cive* (1642) is not explicitly Baconian, the influence of Bacon upon Hobbes should not be underrated: see, K. SCHUMANN, *Francis Bacon und Hobbes' Widmungsbrief zu de Cive*, in: *Zeitschrift für Philosophische Forschung* Bd. 38, Heft 2, pp. 165–190, April–June, 1984

30 This Euclidean apparatus, which is already apparent in DESCARTES' *Principles of Philosophy* (1663), was employed by Spinoza in the composition of the *Short Treatise* (1659–1662), the original version of the *Ethics*. The general public, however, knew nothing of the full scale of its use in this context until the publication of the *Ethics* after Spinoza's death in 1677.

about 1667 he seems also to have been convinced that Cartesian methodology, and especially Cartesian algebra, as a corollary of this version of the geometrical method, were also capable of resolving our conceptions of such physical phenomena as the probability of dying at a certain age, the effectiveness of gunpowder, the appearance of the rainbow, into a pure and apodictic logic. He was only too ready to enlighten his friends concerning the confusions implicit in popular conceptions of both the infinite and the Infinite:

"The question concerning the Infinite has always seemed most difficult, or rather insoluble, to all, because they did not distinguish between what must be infinite because of its own nature, or in virtue of its definition, and that which has no limits, not indeed in virtue of its essence, but in virtue of its cause. And also because they did not distinguish between that which is called infinite because it has no limits, and that whose parts we cannot equate with or explain by any number, although we know its maximum and minimum. And lastly because they did not distinguish between that which we can only understand but cannot imagine, and that which we can also imagine."[31]

It is perfectly understandable, therefore, that in his correspondence with Henry Oldenburg, the Secretary of the Royal Society, concerning Baconianism in general and Boyle's chemistry in particular, Spinoza should have had no hesitation in informing his would-be promotor that neither Descartes nor Bacon had had an adequate conception of, "the prime cause of all things", that they had both failed to grasp the nature of the human mind, and that they knew nothing of the true cause of human error[32]. It was quite clear to Oldenburg that if preoccupation with Cartesian mathematics was giving rise to such a confusing of the tentative uncertainties of natural science and the assertive enthusiasm of metaphysics, it was absolutely essential to lose no time in getting the Baconian programme under way. Though he managed to maintain a tone of politeness in corresponding with Spinoza, he gave a clearer indication of his real opinion of him when he wrote to Sir Robert Murray, President of the Royal Society, that he was in contact with, "an odd Philosopher, that lives in Holland, but no Hollander"[33].

In the Netherlands at that time, Spinoza's fusing of mathematics and metaphysics, his use of the algebraic method in resolving physics into apodictic logic and of the geometric method in demonstrating the coherence of a general philosophical system, was by no means unique. It is difficult to point with any confidence to any one major source of inspiration for such undertakings. It was certainly not only academics who published works containing ideas of this kind. The hold which Cartesianism had gained upon the universities undoubtedly encouraged their members to think along these lines, but there was a ready market for Descartes' works in Dutch as well as Latin, and a study of the non-academic literature of the time soon shows the extent to which Spinoza's preoccupations were part of a fairly well-

31 Letter 12 (20 April 1663).

32 Letters 1–7, 11, 13, 14, 16 (16 August 1661–4 August 1663).

33 *The Correspondence of Henry Oldenburg* (11 vols. ed. A. R. HALL and M. B. HALL, University of Wisconsin Press, 1965/75) vol. 2 p. 549 (October 7th 1665).

defined popular movement. In Leiden in 1674, for example, Quirinus Kuhlmann (1651–1689), who was convinced that the millenium and the second coming were imminent, published an extraordinary work purporting to make evident to all, by means of numberless theosophical questions and the mystical mathematics of the kingdom of heaven, that this was indeed the case. The diplomat and court preacher Petrus van Balen (1643–1690), in a two volume work on pure and applied logic, inspired by Spinoza, praises the clarity and certainty of the geometrical method, and attempts to show how it might profitably be employed in interpreting the Bible. The autodidact and lay preacher Willem Deurhoff (1650–1716) never makes any mention of Spinoza in his writings, but it is unlikely that his attempt to axiomatize theology was uninfluenced by the use of the geometrical method in the *Ethics.* What is more, his expositions must have had a popular appeal, for he succeeded in forming a religious sect which lasted on well into the eighteenth century. Frederik van Leenhof (1647–1742), a clergyman of the Reformed Church, eventually defrocked for suspected Spinozism, devoted a whole section of his work *Heaven on Earth* (1704), the main message of which was that true religion ought to foster true happiness in those who professed it, to discussing the part mathematics had to play in the achievement of such an objective:

"The intellect conceives of things as they are within the eternal order, or in their immediate causes, and as they are deduced from certain knowledge and basic truths. This is the same as in mathematics, which is extremely clear, and in which one would never think of certain truths were they not clearly demonstrable."

Even the mystic Jakob Bril (1639–1700), whose central proposition was that, "God is an object of constant wonder for us, not one we can describe", set out to establish, "the foundations of a good life, mathematically demonstrated, leaving no room for doubt", and carefully explained his method as follows:

"This work has a mathematical certainty, that is to say, it puts forward nothing which is not self-evident, which could possibly be doubted by natural reason. If anything is deduced from what is by its nature clear, this is done in such a certain and definite manner, that no one who makes use of his natural reason can deny, cast doubt upon, or fail to understand, any part of it."[34]

***
*

By 1665, all van Schooten's pupils who had begun by making contributions to pure mathematics under his guidance and who had gone on to employ analytical geometry in specific disciplines, had lost interest in the wider philosophical implications of Descartes' fusing of mathematics and metaphysics. Huygens had become

34 Q. KUHLMANN, *Neubegeisterter Böhme* (Leiden, 1674) 415 pp.; P. van BALEN, *De Verbetering der Gedagten* (2 pts. Rotterdam, 1691) pt. 1 pp. 271–283; pt. 2 pp. 185–232; W. van BLYENBERGH and W. DEURHOFF, *Klaare en Beknopte Verhandeling* (Amsterdam, 1692; 1718²) pp. 5–7; F. van LEENHOF, *Den Hemel op Aarden* (Zwolle, 1704) pt. ix pp. 48–53; J. BRIL, *De Werken* (Amsterdam, 1705) pp. 359–369.

increasingly involved in work of a purely scientific nature, and, until the very end of his life, was to become increasingly indifferent to all forms of abstract speculation. De Witt's energies were fully absorbed in administration, politics and diplomacy. Hudde, even while he was still working with van Schooten, had observed that he set no store by, "fruitless enquiries, not worth a doughnut"[35], and after 1663 his commitments as city councillor of Amsterdam left him little time for scientific work of any kind, let alone for philosophizing. Of those in the Netherlands who had followed closely what van Schooten had been doing, and who had gone on to ponder upon its philosophical significance, Spinoza alone had also remained in close touch with certain aspects of the exact sciences. During the course of 1666, for example he corresponded with the Leiden financier and insurance agent Jan van der Meer (1639–1686) on probability, and with Hudde on the possible advantages of plano-convex lenses and the geometrical presentation of spherical aberration in algebraic terms[36]. It must have been at about this time that he composed the *Algebraic Calculation of the Rainbow*, in which he demonstrated how Descartes' geometrical explanation of the phenomenon might be reduced to a series of algebraic equations, how physics might be intellectualized into the pure logic of mathematics. It is significant, therefore, that he not only never published this work, but that he also attempted to make sure that no one would ever set eyes on it. This complete change of attitude was almost certainly due to the rapid transformation of empirical optics which took place between the publication of Grimaldi's description of the diffraction of light in 1665 and the announcement of Newton's revolutionary theory of prismatic colours in 1672. In 1664 Fermat had given good reasons for thinking that Descartes' mathematical derivation of the sine law might be improved upon. In 1665 Hooke gave an account of investigations which seemed to indicate that interference plays a part in the appearance of colour. In 1669 Bartholin announced his discovery of double refraction, which Huygens was to suggest might be explained by regarding light not as a corpuscular but as a wave phenomenon. We have direct evidence that Spinoza was aware of the importance of these developments, since in a letter written not long before his death, he asks Tschirnhaus if he can inform him as to the signficance of the latest discoveries being made in the field of refraction[37]. He realized, therefore, that even in the extremely limited field in which he had specialized, Cartesianism was being outdated by Baconianism, mathematicism by experimentalism, that in respect of the natural sciences at least, he himself may not have had as clear and distinct an idea of the true source of human error as he had once imagined.

Although, as we have seen, there were Dutch Cartesians who continued to defend the physical theories of their master until well on into the eighteenth century, there was a general realization, towards the end of Spinoza's life, that nearly all

35 HUYGENS, *Oeuvres complètes*, II.101; a letter written on 1 December 1657.
36 Letters 34–38 (7 January–1 October 1666).
37 Letter 83 (15 July 1676).

the detailed expositions in this aspect of Cartesianism were outdated. By 1680 most working scientists were well aware that although Descartes' broad approach might still have some value, there was little point in attempting to defend his mechanics or physics or biological theories in detail. As Spinoza realized, there was, therefore, no point at all in taking the findings of his physics to be final and generalizing them into a series of algebraic equations. De Volder tended to persist in his Cartesian quest for certain and uncompromised knowledge in the natural sciences, but even as early as 1674, when he returned from his visit to England, he petitioned the curators of Leiden to be allowed to put the principles of the Royal Society into practice by arranging a course in experimental physics at the university[38]. Pieter Rabus (1660–1702), though in no respect an expert in the natural sciences, was well-informed concerning the prevailing climate of opinion, and made it quite clear in his well-known periodical *De Boekzaal van Europe*, published at Rotterdam between 1692 and 1702, that it was no longer possible to regard the natural philosophy of Descartes as anything but hopelessly out of date[39]. Cartesian medicine had flourished in the Netherlands as nowhere else in Europe, but the very last Cartesian *Oeconomia Animalis* was published in 1697, and we know that the author of it, Pieter Muis of Rotterdam (c. 1645–1721), had written it "some years previously, for his assistants and apprentices"[40].

By the publication of his book on Descartes' principles of philosophy, Spinoza had established himself as one of the foremost exponents of Cartesian physics and metaphysics. Seven years later, by the publication of the *Tractatus theologico-politicus*, he established himself, in the eyes of many of his contemporaries, both in the Netherlands and abroad, as a shameless and incorrigible atheist and a highly dangerous enemy of public morality. People were deeply shocked by the sharp distinction between the language of philosophy and that of theology, by the unfamiliar conception of the significance of the Bible, by the sort of arguments put forward for religious freedom, by the apparent cynicism of the way in which significance was ascribed to the social context of religion. The book probably did more than any other single publication to confirm the general opinion, which had always been present in some quarters, but which during the 1660's had been adopted by many of those who had originally regarded Descartes' philosophical principles as the potential ally of Christian theology, that Cartesianism, thought through to its logical conclusions, could lead to nothing but a denial of all morality and all true religion.

It is widely known that much of the criticism levelled at Spinoza in the Netherlands between 1670 and 1720 was motivated by religious considerations. It has

38 Jean LE CLERK, *Eloge de feu Mr. de Volder*, in: *Bibliotheque choisie* (Amsterdam, 1703–1713) vol. 18 p. 362.

39 Jan de VET, *Op de grens van cartesianisme en verlichting*, in: H. BOTS, *Pieter Rabus* (Amsterdam, 1974) pp. 233–257.

40 R. J. de FOLTER, *A Newly Discovered Oeconomia Animalis*, in: *Janus* LXV (1978) pp. 183–204.

been generally assumed, evidently on account of the way in which his ideas influenced German idealism and nineteenth century materialism, and because they have been taken seriously by groups as diverse as Eastern European ideologists and those publishing in the modern analytical tradition, that the philosophical significance of this criticism must have been negligible. Nothing could be further from the truth. We have already seen that the use made of the geometrical method in the *Ethics*, the fact that Spinozism tended to inter-relate mathematics and the sense-data of the empirical sciences in an outdately Cartesian manner, that it had quite evidently lost touch with the momentous advances then being made within the Baconian tradition in experimental philosophy, was one of the main reasons why this manner of thinking failed to become philosophically respectable in the Netherlands after the publication of the complete works in 1677. Everyone, even such a convinced Cartesian as De Volder, was aware of the vast difference between the way in which Spinoza had employed geometry and the uses to which it was put in Newton's *Principia*[41]. But even in the more general philosophical implications of Spinoza's theory of knowledge do not show up particularly well when considered in the light of the criticism to which they were submitted by many of his Dutch contemporaries. Johannes Severijn, professor of the philosophy of religion at the University of Utrecht, pointed out almost seventy years ago, that many of the arguments used against Spinozism by late seventeenth century Dutch theologians anticipated the Kantian critique of traditional metaphysics. Severijn concentrated in particular upon Spinoza's attempt to revise the use Descartes had made of the ontological argument for the existence of God. He pointed out that the sharp distinction the theologians continued to draw between the light of nature and revelation was subsequently justified by Kant, and that they may therefore be said to have seen far more clearly than the Cartesians and the Spinozists the real limits of human reason in providing us with insight into the nature of God[42].

Valuable though Severijn's book is in correcting uninformed opinion concerning the theological reaction to Spinoza, it needs to be supplemented by further research into the more purely philosophical significance of the ways in which he was criticized by his Dutch contemporaries. What is probably needed is a translated anthology of the crucial texts, most of which are very difficult to come by, even in the Netherlands. For example, there appears to be only one surviving copy of such an important work as Frans Kuyper's (1629–1691) *Refutation of Spinoza's Mathematical Proof* (1687), in which the initial definitions and axioms of the *Ethics* are submitted to a lucid, rigorous and hard-hitting analysis, and the author claims that by demonstrating them to be inconsistent and therefore illogical and the argumentation behind them to be either circular or self-contradictory, he has demolished the whole edifice of the work, and so prepared the way for the reassertion of the traditional doctrine of the unity and transcendence as opposed to the diversity and immanence

41 RUESTOW, op. cit. pp. 109–110.
42 J. SEVERIJN, *Spinoza en de Gereformeerde Theologie zijner dagen* (Utrecht, 1919).

of the Deity[43]. The ways in which Cumberland, Shaftesbury and Hutcheson developed their moral-sense theory of ethics in opposition to the doctrines of Hobbes, have a precise parallel in the ways in which Jacobus Koelman (1632–1695), Jacobus Leydekker (1656–1729) and Carolus Tuinman (1659–1728) criticized Spinoza and those suspected of Spinozism for calling in question any absolute distinction between good and evil and so undermining any sound system of social ethics[44]. The ways in which De la Forge, Cordemoy and Malebranche wrestled with the problems posed by Descartes' rigid mind-body dualism, postulating a transcendent God as the occasion for the apparent interaction, have an exact counterpart in the Dutch alternatives to the subsumption of mind and body within Spinoza's infinite substance, – in Geulincx's use of the analogy of synchronized clocks in order to illustrate the absence of any such interaction, in Pontiaan van Hattem's (1641–1706) careful elucidation of the conflict between the flesh and the spirit, in J. Roodenpoort's deriving the soul from the perfect and eternal being of God, in his insisting on its being, "quite distinct from the images of the brain"[45]. Until the cultural background and the intrinsic philosophical significance of such reactions to the Cartesian-Spinozistic tradition have been properly analyzed, there is little chance of our reaching any realistic understanding of precisely why it was that Leibniz's contributions to this tradition should have failed to arouse any widespread interest in the Netherlands.

It is worth noting that each of the philosophical issues just mentioned touches in one way or another upon the relationship between the finite and the infinite. One of the most constant and widespread criticisms levelled at the turn given to Cartesianism by Spinoza, was that the distinction implicit in this relationship, the difference between man and God, created and Creator, had been confused and lost sight of. Kuyper, for example maintained that if we subscribe to the Spinozistic definition of the Deity, there is no reason why we should not, "take the word God to mean an elephant or a mouse". Leydekker argued that for Spinoza, each person must be, "a part of the Godhead, and be himself a God". Willem Spandaw was convinced that the failure to distinguish clearly between man and God was the

43 F. KUYPER, *Korte en Bondige Weederlegging, van het Wiskunstig Bewijs van B. D. Spinosa* (no place, 1687), copy in the Royal Library, The Hague; M. J. PETRY, *Kuyper's analysis of Spinoza's axiomatic method*, in: *Spinozas Ethik und ihre frühe Wirkung* (ed. K. CRAMER, W. G. JACOBS, W. SCHMIDT-BIGGEMANN, Wolfenbüttel, 1981) pp. 1–18.

44 J. KOELMAN, *Het vergift van de Cartesiaansche philosophie ontdekt* (Amsterdam, 1692), *Wederlegging van B. Bekkers Betoverde Wereldt* (2 pts. Amsterdam, 1692); J. LEYDEKKER, *Dr Bekkers Philosophise Duyvel* (Dordrecht, 1692); C. TUINMAN, *Het helsche Gruwelgeheim der heillooze Vrijgeesten* (Middelburg, 1717); M. J. PETRY, *Hobbes and the Early Dutch Spinozists*, in: *Spinoza's Political and Theological Thought* (ed. C. de DEUGD, Amsterdam, 1984) pp. 150–170.

45 A. GEULINCX, *Opera Philosophica* (ed. J. P. N. LAND, 3 vols. The Hague, 1891/3) III.212; P. van HATTEM, *Den Val van's Werelts Af-God* (ed. J. ROGGEVEEN, The Hague, 1718) pp. 576–580; J. ROODENPOORT, *'t Verleidend Levens-Bedrijf van Kakotegnus* (Amsterdam, 1700); M. J. PETRY, *Behmenism*, loc. cit.

hallmark of all atheism. Willem Deurhoff pointed out how ridiculous it would be to maintain that man had had any part in the creation:

"He who comprehends the absolute nature of God, is forced to confess that the creation in all its aspects must depend upon Him, and that we men are of little significance, not second gods, or assistants to the Creator, and, consequently, to reject the blasphemous doctrine of truly secondary causes, not to allow custom, majority opinion or eminent predecessors to foist such a concept upon him; for insights pleasing to man are not relevant to the doctrine of salvation. All that we are and have, we are and have from Almighty God."[46]

Tuinman distinguished between absolute and relative infinity, and went on to point out that all we can grasp of the former is that the latter is dependent upon it, that is to say, that there are gradations of relative imperfection:

"We deny that the comprehension of all substantial being necessarily includes a complete independence. We take this to be the case only in respect of the Infinite and Supreme Being, and maintain that the same Being has freely brought forth from itself inferior and extraneous beings which are less perfect... In all that is extraneous to the Supreme Being, one has to grasp much nothingness, that is to say, all which there falls short of infinite perfection. There is therefore most certainly an infinite divide between finite and infinite, the one being quite incapable of passing over into the other: but between nothing and something there is only a difference on account of something's having degrees of being. No finite force can make nothing into even the most minimal something, since it cannot create."[47]

Leibniz was in close touch with the developments which had given rise to these controversies. He had first concerned himself extensively with the Dutch Cartesian school during the course of 1668, and it was then or soon afterwards that he first discovered that Spinoza was one of its leading lights. What fascinated him about the book on the principles of Cartesianism was the attempt to apply the geometrical method to philosophical speculation[48]. After the publication of the *Tractatus theologico-politicus* in 1670 he entered into correspondence with him, and during the late autumn of 1676 he spent more than two months in the Netherlands, informing himself concerning Spinoza's circle of friends in Amsterdam and eventually managing to arrange a meeting with him in The Hague, during which he was shown the manuscript of the *Ethics* and gained some insight into Spinoza's conception of the identity of God and nature. He received a copy of the *Opera posthuma* early in 1678, and immediately set about studying and annotating it closely[49]. He evidently

46 KUYPER, *Korte en Bondige*, op. cit. p. 83; W. SPANDAW, *De bedekte Spinosist ontdekt* (Goes, 1700) pp. 163–175; W. DEURHOFF, *Brief van Willem Deurhoff aan Jacobus Schuts* (Amsterdam, 1693) p. 40.

47 C. TUINMAN, *De heillooze Gruwelleere der Vrygeesten* (Middelburg, 1714) pp. 109–110. The nature of emptiness or nothingness played an important part in controversies concerning the Cartesian physics and metaphysics of the time, see: Martinus SCHOOCKIUS, *Tractatus philosophicus de Nihilo* (Groningen, 1661); Gunnar ERIKSSON, *Om ingenting: Olof Rudbecks föreläsningsprogram 1679*, in: *Lychnos* 1979/80 pp. 79–108.

48 *Die philosophischen Schriften* (ed. C. I. GERHARDT, 7 vols. Berlin, 1875/90) (= GP) I pp. 16, 58, 71; IV p. 163.

49 *Sämtliche Schriften und Briefe*, Reihe 6, Band 3, pp. 578–580 (Berlin, 1980); K. MÜLLER und G. KRÖNERT, *Leben und Werk von G. W. Leibniz. Eine Chronik* (Frankfurt/M., 1969) pp. 40–46; L. STEIN, *Leibniz und Spinoza* (Berlin, 1890) pp. 284–296; G. FRIEDMAN, *Leibniz et Spinoza* (Paris, 1946) p. 190.

appreciated the significance of the way in which Spinoza had developed Cartesianism, but felt obliged, primarily on account of the limitations of Spinoza's grasp of the natural sciences, to re-think it. A complexity of motives, which eventually led to the formulation of his mature monadology, led in the first instance to his re-reading Plato and Aristotle in order to confirm the notion that it was essential to criticize Spinoza for taking God to be in the universe and not vice versa, for developing no conception of a final cause, failing to appreciate the necessity of thinking teleologically. Drawing upon newly won insights into the natural sciences, he felt justified in postulating force as being inseparably inherent in substance, and the individuation of substance as being in direct contradiction of Spinoza's pantheism. In his correspondence with Antoine Arnauld (1612–1694), he developed the extraordinary idea that since every individual soul is as a self-contained world, independent of everything other then God, and since substance is both individual and immaterial, matter has to be regarded as devoid of corporal interaction[50]. Much the same sort of themes and the same conclusion resulted from his interchange of ideas, over a period of twenty years (1676–1696), with Simon Foucher (1644–1696), who remained sceptical, not only of the philosophical significance of Cartesianism itself, but also of the ways in which the occasionalists and Leibniz were attempting to rectify certain aspects of it[51]. As Burchardus de Volder (1643–1709) became increasingly dissatisfied with both the physical and the metaphysical aspects of Cartesianism and its various proponents, he also became involved in a correspondence with Leibniz which left him unconvinced that monadology had anything to offer in providing solutions to the problems posed by body-mind dualism and the writings of Spinoza[51].

It was, therefore, well-known in the Netherlands that Leibniz's mathematical approach to the natural sciences was playing an important part in the development of his philosophy as a whole. As in the case of the others who had developed the principles of Cartesianism, his ideas concerning the relationship between material units, body and soul, man and God, finite and infinite, were in some way or another bound up with his mathematics. What is more, he showed no signs of losing faith in the fundamental importance of the broad Cartesian framework, the general terms of reference within which physics and metaphysics had developed since 1637. While Spinoza had been learning to draw a distinction between the way in which the geometrical method might be used in order to fix and clarify metaphysical conceptions and the ways in which geometry and algebra might be employed in the natural sciences, he had been forging ahead with the conception of an algebra, a calculus, which, while revolutionizing the empirical sciences, would also justify,

50 GP I pp. 363–427; R. A. WATSON, *The Downfall of Cartesianism 1673–1712* (The Hague, 1966) pp. 123–142. An explanation of his, *Sisteme nouveau de la nature et de la communication des substances* which Leibniz sent to Foucher was published in *Le Journal des Sçavans* vol. 23 pp. 444–462 (Amsterdam, June–July, 1695).

51 RUSSELL, loc. cit. (note 4).

with absolute certainty, the ways of God to man, fuse the finite and the infinite into a new and rational synthesis. In December 1675 he had written to Oldenburg as follows:

"This algebra (of which we are justified in making so much) is only part of the general system. It is a prime part, since we cannot err even if we wish to, and in that truth is, as it were, delineated for us, as though with the aid of a sketching-machine. I am, however, quite willing to concede that whatever algebra yields to us in this way is the fruit of a superior science, which I am in the habit of referring to as Combinatory or Characteristic. . . Once this way of philosophizing has been accepted, the time will come, and come soon, when we shall have no less certainty concerning God and the mind than about figures and numbers, when the invention of machines will be no more difficult than the construction of geometrical problems."[52]

***
*

When Descartes' *Geometry* was published at Leiden in 1637, as an appendix to the compendium in which he explained the full scope of his philosophical method, and demonstrated in detail how analytical techniques might be used to revolutionize the exact sciences, there were many in the Netherlands who saw immediately that it was a philosophical and methodological breakthrough. Those who were already thinking of material reality in terms of atoms rather than entelechies, hat no difficulty in grasping the significance of a mathematics geared to movement rather than measurement. Those who saw the necessity of a new comprehensive methodology, capable of drawing the diversifying sciences into a rational synthesis, were delighted with the prospect of this being accomplished within a familiar Euclidean framework. Those, like Bacon, who had not forgotten that it was God Almighty who had first planted a garden, who had cherished the legends of the golden age, the idea that mathematics was the one perfect science which it had pleased the omniscient Creator to confer upon mankind, were overjoyed to find a mathematician of the first rank giving the all but forgotten speculations of Anselm a fresh significance. The new geometry answered the needs of its age, opened up new perspectives of rational enquiry, appeared to give promise of unsuspected fulfilment.

When Leibniz published his *New Method for Maxima and Minima* at Leipzig in 1684 even his friends and admirers the Bernoulli brothers found the badly printed article, the six pages of barren and jejune exposition, "an enigma rather than an explication". It was his first published presentation of the calculus, and he had evidently modelled his exposition of it on the text of Descartes' *Geometry*. But whereas the context in which the *Geometry* had appeared had made it quite clear what its practical application was,Leibniz's text was confined exclusively to the purely mathematical operation of differentiation and its geometrical uses. The technique was simply presented as an isolated exercise in mathematical abstraction. No reference was made to what had led up to its formulation, to the development

52 *Sämtliche Schriften und Briefe*, Reihe 3, Band 1 (Berlin 1976), pp. 372–334, 18/28 December 1675.

of methods of tangents and of determining the quadrature of curves. No mention was made of any other mathematician[53].

It is hardly surprising, therefore, that the immediate reception of the calculus in the Netherlands should have been very different indeed from the way in which the *Geometry* had been received there half a century earlier. What the enlightened scientific world was looking for was a new way ahead out of the morass of difficulties facing Cartesianism. When de Volder was appointed professor of mathematics at Leiden in 1682, he assumed his new post with an address on the union of mathematics and natural philosophy, dwelling upon the practical applicability and usefulness of the "new " mathematical physics, the ways in which, "the illustrious Huygens" had, "joined to the other sciences in which he excels a recondite knowledge of the mathematical arts". Jan van der Meer may well have been encouraged by this apparent revival of the early ideals of the Cartesian movement to edit the Spinoza correspondence he had in his possession and prepare it for the press in the form of a booklet, "serving to unite physics more closely with mathematics"[54]. But as de Volder's teaching and correspondence were soon to show, his inaugural address had been little more than window-dressing for the undergraduates. Those, like Huygens, who were attempting to deal with the problems presented by the use of mathematics in a field of exact science such as optics, in which it was uncertain whether one was concerned with waves or corpuscles, had need of a simplifying procedure in the philosophy of mathematics, a yardstick which would enable them to demonstrate that when a fanatic such as Kuhlmann mixed number theory with theosophy, when a mystic such as Bril claimed he was mathematicizing ethics, when a Spinozist such as van Balen applied geometry to Biblical exegesis, when a homespun speculator such as Deurhoff started Euclidizing theology, they were confusing issues, abusing the genuine capabilities of the discipline. By 1684 the great majority of the mathematical scientists, theologians and philosophers who had passed through the universities of the Netherlands and experienced the controversies engendered by Cartesianism were on the look-out for a constructive change. They suspected, and quite rightly, that the Leibnizian calculus was an integral part of a philosophical system rooted in a movement which had proved to be more trouble than it was worth. What they wanted was a guideline concerning the new experimentalism then getting under way in England, a more realistic appraisal of the body-mind problem, a return to more traditional ethical norms, an approach to mathematics which did not confuse it with theology or weigh it down with philosophical ballast, a conception of God which allowed due significance to revelation and the Bible, drew a clear distinction between Creator and created, did not confound the infinite and the finite. Many were by no means unfamiliar with Leibniz's

53 *Nova methodus pro maximis et minimis*, in: *Acta Eruditorum* (Leipzig, 1684) pp. 467 ff.; *Mathematische Schriften* (GM 7 vols. Halle 1849–63) vol. 5 pp. 220–226; J. RAPHSON, *History of Fluxions* (London, 1715) pp. 19–27.

54 De VOLDER, *Oratio de conjugendis philosophicis et mathematicis disciplinis* (Lugduni Batavorum, 1682); *Spinoza's Algebraic Calculation*, op. cit. (note 28).

philosophical style, and realized that it was very largely at odds with such needs. It is almost certainly significant, therefore, that one of the earliest of the positive reactions to his first published account of the calculus came from the Scot John Craig (d. 1731), who went on to employ the mathematical theory of probabilities in calculating the veracity of the gospel narrative, the imminence of the second coming, and the precise ratio between the happiness obtainable in this world and the felicity to be expected in the next[55].

The earliest reaction to the calculus to be published in the Netherlands appeared between 1694 and 1696, and came from Bernard Nieuwentijt (1654–1718). Although it was primarily concerned with the logical anomalies implicit in Leibniz's employment of higher-order infinitesimals, it was motivated by a general dissatisfaction with the mathematical, natural scientific and metaphysical developments taking place within Cartesianism as a whole, and is therefore typical of its period and of the cultural context in which it was formulated. Nieuwentijt was the eldest son of a minister of the Dutch Reformed Church. He may have made some acquaintance with Cartesianism as early as 1670, when he was studying at the Amsterdam Athenaeum, but he certainly acquired a thorough grasp of it while he was studying medicine at Leiden and Utrecht. After he had graduated at Utrecht in 1676, he came to regard his involvement in the movement as a lapse into atheism. For the greater part of his active professional life, he was a general practitioner and town councillor at Purmerend near Amsterdam, where he founded and helped to administer a scientific body modelled on the Royal Society of London. Through the actitivities of this society and by means of his writings, he did a great deal to popularize interest in the natural sciences throughout the country. His published works provide us with ample evidence of the close and critical attention he paid to developments taking place in most branches of mathematics, and in an astonishingly broad spectrum of the exact sciences. It was through him that the main principles of physico-theology, the broad conception of the relationship between natural science and religion worked out by Robert Boyle, John Ray, Richard Bentley, Samuel Clarke, William Derham, became part and parcel of eighteenth century Dutch culture. Most of the main works published by these scientist-theologians were translated into Dutch, and proved to be immensely popular[56]. The Baconian ideal of institutionalized experimental philosophy was put into practice throughout the country, no less than seventy eight societies similar to that in Purmerend flourishing there during the course of the eighteenth century, some of which are still in existence[57]. It was, therefore, the widespread acceptance of Nieuwentijt's

55 CRAIG, *Methodus figurarum . . . quadraturas determinandi* (London, 1685) p. 27; *Theologiae Christianae Principia Mathematica* (London, 1699).

56 See the bibliography in J. BOTS, *Tussen Descartes en Darwin. Geloof en Natuurwetenschap in de 18e Eeuw in Nederland* (Assen, 1972).

57 M. J. van LIEBURG, *De Geneeskunde en Natuurwetenschappen binnen de Rotterdamse Genootschappen uit de 18e Eeuw*, in: *Tijdschrift voor de Geschiedenis der Geneeskunde, Natuurwetenschappen, Wiskunde en Techniek*, I (1978), pp. 14–22, 124–143.

alternative to the manner of thinking developed by the Cartesians, which constituted one of the main reasons for the relative lack of interest in Leibnizianism. It could be argued, of course, that this indifference simply reflected a lack of understanding, that if the Dutch had taken the trouble to grasp the full significance of the distinction between truths of fact and truths of reason, or of the monadology, they would have realized that Leibniz had anticipated many of their misgivings concerning Cartesianism, that he had formulated a philosophical system which met most of their intellectual requirements, which provided a thoroughly constructive answer to much of the criticism they felt compelled to level at the followers of Spinoza[58]. The fact is, however, that they had no need to make anything but a superficial assessment of such matters. Nieuwentijt had already provided them with a satisfactory alternative, and in their mother tongue. It is interesting to note, moreover, that in certain important respects his criticism of the calculus anticipates that put forward by Berkeley in *The Analyst* (1734), and that what proved to be his most popular book among his fellow-countrymen also had a European appeal. It was translated into English as *The Christian Philosopher* (1718) and into French and German and was highly regarded by thinkers as diverse as Christian Wolff, Voltaire, Diderot, Rousseau, Chateaubriand and William Paley[59].

Despite the abstract and formal account Leibniz had given of the calculus, it was quite evidently not simply an abstract and formal mathematical procedure. It was clearly important because of its applicability, because of the uses to which it could be put, the convenience of being able to calculate real motions in terms of continuous variables. There was, as yet, little awareness of its purely logical implications and certainly no systematic survey of the logical categories it involved. It was only natural, therefore, that in the first instance critical analysis of it should have concentrated upon its ontological significance, and that this should have resulted in the paradoxes of Zeno being reconsidered. It is certainly not a matter of mere chance that these brain-teasers are so well dealt with in Bayle's *Dictionary* (1695/7). The new mathematical techniques forced one to ask, once again, whether a sizeless existent is a nothing, whether an infinite sequence of terms of decreasing extent have a last term, whether an extensive magnitude consists of extensionless elements, whether the completion of an infinite sequence of acts in a finite period

58 As in the Netherlands, the general indifference to Leibniz in Italy during the eighteenth century was evidently due to the widespread opinion that his philosophy was simply another form of Cartesio-Spinozism. In order to bring out the distinctive characteristics of the situation in the Netherlands and Italy, it ought to be compared with the way in which Wolffianism helped to popularize physico-theology in Sweden during the eighteenth century: Tore FRÄNGSMYR, *Wolffianismens genombrott i Uppsala*, in: *Acta Universitatis Upsaliensis* (1972); Sten LINDROTH, *Svensk Lärdomshistoria. Frihetstiden* (Stockholm, 1978) pp. 514–530.

59 A. J. VANDEVELDE, *Bijdrage tot de Bio-bibliographie van Bernard Nieuwentyt*, in; *Bijdragen en Mededeelingen, Koninklijke Vlaamsche Academie van Taal en Letterkunde*, 1926, pp. 709–718; J. VERCRUYSSE, *La Fortune de Bernard Nieuwentydt en France au XVIIIe siecle*, in: *Studies on Voltaire and the Eighteenth Century*, vol. 30 pp. 223–246, 1964.

of time is a logical impossibility. In short, they forced one to reconsider the logical implications of regarding a continuum as consisting of discrete units. All who had published on the new techniques had had to deal with the problem. Barrow, in his *Geometrical Lectures* (1670), had given rules for his "method for finding tangents by calculation", and had simply maintained that to regard a continuous magnitude as composed of indivisibles was, "in most cases the most expeditious of all, and not the least certain and infallible of the whole set"[60]. Leibniz, in the 1684 text, had defined the tangent as a line joining two infinitely close points on the curve. He had regarded these infinitely small distances as being expressible by means of differentials, the differences between two consecutive values of the variable, and had therefore implied that the sum of infinitely small quantities might constitute a finite quantity[61]. Newton, in the initial lemma of the *Principia* (1687), had maintained that:

"Quantities, and the ratios of quantities, which in any finite time converge continually to equality, and before the end of that time approach nearer to each other than by any given difference, become ultimately equal."[62]

Nieuwentijt, in his initial criticism of the calculus, a forty eight pages pamphlet published at Amsterdam in 1694, criticized the logical coherence of all three attempts to shed light upon the problem. He asked what possible justification there could be for Barrow's regarding *a* (*dy*) and *e*(*dx*) as zero, what rational basis Leibniz could give for postulating the sum of infinitesimals as being a finite quantity, what precise meaning could be attached to Newton's evanescent quantities, to quantities which approach to equality in a given period of time, and in the end are equal[63].

Leibniz was in the habit of referring to natural situations, occurrences or motions in order to illustrate the difference between first- and second-order differentials, – the Earth is infinite in respect of a ball held in the hand, the distance of the fixed stars doubly infinite in respect of the ball; in linear motion, the velocity is an infinitely small line, the acceleration a doubly infinitely small line; first differentials refer to tangents or the directions of lines, higher differentials to osculations or curvatures[64]. In the pamphlet published in 1694, Nieuwentijt had tackled this aspect of his work by calling attention to the contradictions which ensue when one follows him in ascribing finite qualities to higher-order differentials, and so fails to take into account the unbridgeable gulf between the finite and the infinite[65]. In

60 I. BARROW, *Geometrical Lectures* (ed. J. M. CHILD, Chicago and London, 1916) pp. 43, 130.

61 C. I. GERHARDT, *Die Entdeckung der Differentialrechnung durch Leibniz* (Halle, 1848) p. 35.

62 *Principia*, bk. 1, sect. 1, lemma 1.

63 *Considerationes circa Analyseos ad quantitates infinite parvas applicatae principia, et calculi differentialis usum in resolvendis problematibus Geometricis* (Amstelaedami, 1694) pp. 8, 15–24, 9–15.

64 GM V, pp. 325–326, 350, 389; *Acta Eruditorum* 1689 p. 86.

65 Op. cit., pp. 15–24, 27–37.

a substantial volume of three hundred and four pages, plus twenty one sheets of diagrams, published at Amsterdam during the following year, he follows up this line of argument by reiterating the criticism that Leibniz had been no more successful than Barrow and Newton in clarifying the nature of infinitely small quantities, and that he had completely failed to draw any satisfactory distinction between first- and higher-order differentials[66]. He suggests that the central difficulty might be overcome by adopting as the fundamental axiom of the calculus the proposition that anything which is multiplied by an infinite quantity, if it does not become a magnitude, is a mere nothing[67]. Leibniz replied to this criticism in an article published toward the end of 1695, by emphasizing the practical effectiveness of the calculus, and maintaining that one should not be led by niggling critics and exaggerated scrupulousness into refusing to enjoy the fruits of invention[68]. Elsewhere, he expressed the view that there was no point in making too much of the precise nature of infinitesimals, since they were simply used, "in order to indicate that an error is less than any which can be assigned, that is, that there is no error"[69].

This appeal to the criterion of pragmatic effectiveness in vindicating the significance of the new technique was hardly justified, since Nieuwentijt had never attempted to call this aspect of it in question. Already in the pamphlet of 1694, he had indicated that in criticizing the logical coherence of the calculus he was attempting to bring to light its ultimate metaphysical pressuppositions, the philosophical world-view in which it was rooted, not to deny its practical effectiveness. One can only assume, therefore, from the way in which Leibniz responded, that he wanted to avoid any airing of such issues.

In the works replied to by Leibniz, Nieuwentijt had stated quite explicitly that his overriding purpose was that his axiom concerning multiplication by an infinite quantity, based as it was upon a realistic assessment of the nature of human knowledge, would provide sufficient reward for his efforts:

"by supplying an unanswerable argument against the eternity of the world and the other detestable dogmas propagated by despicable atheists, by vindicating the power of the Creator of such great things in the face of the blasphemous onslaughts of the philosophers, through developing a line of reasoning which is drawn from the creation and which is in accordance with revelation."[70]

Higher-order infinitesimals were an anathema, not only because they were ultimately indemonstrable and gave rise to hopeless contradictions, but because anyone who

66 *Analysis infinitorum, seu curvilineorum Proprietates ex polygonorum natura deductae* (Amstelaedami, 1695).

67 Op. cit. (1695), pp. 1–2; cf. op. cit. (1694), p. 38.

68 *Responsio ad nonnullas Difficultates a Dn. Bernardo Nieuwentiit circa Methodum Differentialem seu Infinitesimalem Motas*, in: *Acta Eruditorum* (1695) pp. 310–316; GM V, pp. 320–328.

69 GP VI, p. 90.

70 Op. cit. (1694), pp. 38–39.

took their existence seriously would be encouraged to think that he was capable of grasping something of the infinite:

"Our Maker has willed that we should be created in such a way that although our intellect can grasp a quantity greater or smaller than any perceived quantity, we are only capable of perceiving finite and determinate objects, the human understanding being incapable of rising to a true and adequate grasp of the infinite itself."[71]

Since Nieuwentijt had no means of relating the problems presented by the calculus to a systematic survey of the logical categories involved, and since the new technique was being presented by its inventor as a mathematical generalization from natural situations, occurrences and motions, he was perfectly justified in criticizing the metaphysical presuppositions it involved from an epistemological standpoint which involved awareness of the relativity of all human knowledge. Once the calculus is conceived of in purely mathematical or categorial terms, Nieuwentijt's axiom concerning anything multiplied by an infinite quantity being a mere nothing if it does not become a magnitude, is irrelevant to the logical coherence of the procedures involved. If the mathematical treatment of the infinitely small is regarded as relevant to our understanding of the infinitely large, however, if it is conceived of as having ontological implications, as a generalisation by the mind of a truth inherent in material reality, one is certainly justified in doing what Nieuwentijt did, and pointing out that the nature of our sensuous perception of what is objective to us does not enable us to make any valid generalisations concerning the infinitude of the natural world or the nature of God.

The importance of Nieuwentijt's criticism of the Leibnizian calculus lies not so much in the history of the calculus itself, since by the end of the eighteenth century this mathematical technique was already being treated as a purely logical or categorial matter, but in the criticism of the metaphysics which had encouraged Leibniz to develop it as an integral part of his philosophy as a whole. Nieuwentijt had seen, and far more sharply than his contemporary Locke, who shared his epistemological position but lacked his mathematical insight and his extensive knowl-

71 Op. cit. (1695), p. 4. Nieuwentijt responded to Leibniz's answer in *Considerationes secundae Circa calculi differentialis principia et Responsio ad Virum Nobilissimum G. G. Lebnitium* (Amstelaedami, 1696) 42 pp. Jakob HERMANN (1678–1733) subsequently replied on Leibniz's behalf, *Responsio ad Clarrisimi Viri Bernhardi Nieuwentijt considerationes secundas circa calculi differentialis principia editas* (Basel, 1700). For a recent survey of the controversy, see B. P. VERMEULEN, *Nieuwentijts Controverse met Leibniz*, in: *Algemeen Nederlands Tijdschrift voor Wijsbegeerte* 75e jrg. afl. 1, January 1983, pp. 88–94. It is certainly worth going on to investigate whether Nieuwentijt's emphasis upon the significance of the polygon in setting the calculus upon a more satisfactory theoretical basis shares any common ground with Newton's tendency, during the late 1690's, to regard the geometry of the ancients as superior to the new analysis. This may well have been due to his awareness of the way in which the manipulations made possible by analytical geometry had caused the essential distinction between mathematics and physics to be overlooked (*Princ. Math.* bk. 1, sect. xi, schol.). The priority dispute with Leibniz may also have played a part in determining his attitude: see, *The Mathematical Papers of Isaac Newton* (ed. D. T. WHITESIDE, 8 vols. Cambridge, 1967/81) vol. VII pp. 185–229.

edge of the natural sciences, that behind Leibniz's treatment of the infinitely small there lay the philosophical pretension of being able to grasp the infinitely large, of being able to rationalize the existence of God by means of the ontological argument, of being able to philosophize about the one infinite substance, which exists in itself and is conceived through itself, of being able to dispense with the postulation of a transcendent First Cause, of a Creator who wills the universe into being in accordance with a design which is independent of all secondary causes, all contingency. It is interesting to note, that although Nieuwentijt could have known nothing of Newton's *De Gravitatione* (1668), his criticism of the metaphysics of Descartes, Spinoza and Leibniz in this particular respect bears a very close resemblance to the anti-Cartesian arguments developed in this work, which is one of the earliest of Newton's attempts to deal with such problems, and which provides us with important insights into the origins of certain central propositions in the *Principia.*

Newton was evidently driven to write out this work by the extent to which he found himself in disagreement with Descartes' *Principles of Philosophy*, – the book on which Spinoza published the commentary which first made Leibniz aware of the importance of Dutch Cartesianism. Like Spinoza, Newton discovered that it was essential to think carefully about his own epistemology when attempting to assess the significance of Descartes' propositions, that is, to distinguish between the limitedness of the imagination, which prevents us from obtaining any idea of infinite extension, and the full power of the understanding, which enables us to grasp, "that there exists a greater extension than any we can imagine"[72]. Unlike Spinoza, he was not prepared to make use of this distinction in order to play down the importance of sense data in the formation of knowledge, and he therefore insisted that, "whatever reality we attribute to bodies arises from their phenomena and sensible qualities"[73]. Spinoza went on to maintain that what is understood is simply a more coherent form of what is imagined, that one substance lies behind both conceptious of it, that whereas, for the imagination, Descartes' extension is finite, divisible and composed of parts, the understanding grasps the same substance as it really is, that is to say, as the infinite, indivisible and unified substance of God himself[74]. Newton did not pretend to be able to adopt such a meta-standpoint, to be in possession of such a perfect comprehension of the nature of the Deity, from which it is possible to regard what is imagined concerning infinite extension as being simply an imperfect form of what is understood, of what actually is. He decided that it is necessary to live with a certain tension or incompatibility between the relative perfection of our understanding of the ontology of extension, and the relative imperfection of our knowledge of the world as gained through sense experience, and that

72 NEWTON, *De gravitatione et aequipondio fluidorum*, in: *The Unpublished Scientific Papers of Isaac Newton* (ed. A. R. and M. B. HALL, Cambridge and New York, 1962) pp. 90–156; p. 134.

73 Op. cit., p. 140.

74 *Ethics*, bk. 1 props. 11–15.

this necessity has immediate implications for our conception of God. He was convinced that the way in which Spinoza was to interpret Descartes' ontology was atheistic and intellectually unjustified; and that its basic fault lay in the identification of God with infinite material extension. His alternative interpretation was that the extension of space is not a real attribute of God's essential nature, but an affection which pertains to the actuality of the Divine existence[75]. On this view, there was therefore no reason why we should not regard God himself as directly informing space with bodies, "so long as we distinguish the formal reason of bodies from the act of Divine will"[76].

For the Newton of 1668, therefore, it was Descartes' attempt to extract an effective philosophy of science from the wholly abstract ontological proof of God's existence, precisely that aspect of his thought which appealed most strongly to Spinoza, which constituted the basic flaw in the *Principles of Philosophy.* In the Netherlands, this fundamental difference of interpretation set the scene for most of the subsequent tensions between those who made some attempt at introducing Leibnizianism, and the physico-theologians who followed the lead given by Nieuwentijt, most of whom were enthusiastic Newtonians. Whereas those who remained true to the Cartesian tradition tended to maintain that there was no real distinction between bodies and space, that real places did not exist independently of the disposition of bodies, that all true properties of bodies were merely the proper and derived modifications of what is extended, Nieuwentijt and the Newtonians tended, with ever increasing success, to propagate the view that there is a real distinction between matter and space, that places are intrinsic to the structure of space and capable of being filled by matter, that the properties of matter which distinguish it from space are not derived from extension, but the product of God's active will[77]. The Newtonianism taught with such effect at the University of Leiden during the eighteenth century by W. J.'s-Gravesande (1688–1742) and Petrus van Musschenbroek (1692–1761) was by no means slavishly imitative, Leibniz was backed in the vis viva controversy, for example[78], but it had no trace at all of Spinozism about it, and this was largely the result of the incisiveness of Nieuwentijt's critique of the metaphysics behind the formulation of the Leibnizian calculus.

Spinoza was not actually mentioned in Nieuwentijt's controversy with Leibniz. It is evident from the writings of Nieuwentijt's friend Carolus Tuinman, however, from *The Christian Philosopher* (1715)[79], and especially from Nieuwentijt's last,

75 Op. cit., p. 141.

76 Op. cit., p. 142.

77 J. E. McGUIRE, *Space, infinity and indivisibility: Newton on the creation of matter*, in: *Contemporary Newtonian Research* (ed. Z. BECHLER, Dordrecht, 1982) pp. 145–190.

78 C. ILTIS, *Leibniz and the Vis Viva Controversy*, in: *Isis* vol. 62 pp. 21–35, 1971.

79 *Het Regt Gebruik der Werelt Beschouwingen, ter overtuiginge van Ongodisten en Ongelovigen* (Amsterdam, 1715, 1759[7]; Eng. tr. 1718, 1745[4]; Germ. tr. 1722, 1747[2]; French tr. 1725, 1760[3]) 916 pp., preface §§7–11. Literally translated, the title is as follows: *The Right*

and philosophically most important work, the *Foundations of Certitude* (1720), that the real object of attack in the criticism of the calculus was the metaphysical system propounded in the *Ethics*.

In the *Foundations of Certitude*, which was written in the last years of his life, Nieuwentijt developed the insights he had acquired in analysing Leibniz's mathematics, and put forward an elaborate and comprehensive critique of the supposedly scientific and mathematical foundations of Spinozism. Unfortunately, although the work proved to be extremely popular in the Netherlands, it has never been translated into any foreign language[80].

In the opening chapters he provides numerous instances, drawn mainly from the experimentally based disciplines of his day, but also from the general history of philosophy and the sciences, of the ways in which mathematical procedures may be used to clarify, simplify and give greater cogency to scientific exposition. He draws a very sharp distinction between this applied aspect and the principles of pure mathematics, however, arguing that the ideas with which pure mathematics operates need only to be possible, not real, and that it is only by applying and testing them, showing them to be pragmatically effective in experimental work, that one can demonstrate their objective validity.

After exploring the scientific and mathematical implications of this crucial distinction, he notices that the followers of Spinoza have made much of the fact that he professed to demonstrate his philosophy mathematically, starting, like Euclid, with definitions and axioms, and progressing to what appear to be logically deduced propositions and corollaries. He then asks whether this procedure can be regarded as involving the principles of pure or of applied mathematics. The answer is, of course, that since it is, "imaginary and in no respect material", it has to be regarded as an example of the former. As Nieuwentijt sees it, however, the difficulty is that this system of pure mathematics has been applied, Spinoza has claimed an ontological significance for his expositions. It has already been shown that mathematics can only have a genuinely ontological significance in conjunction with experimentation. Consequently, since Nieuwentijt has no difficulty in demonstrating that the Spinoza of the *Ethics* was not concerned with expounding any form of experimental philosophy, he has good reason to conclude that he was not warranted in claiming any ontological significance for his philosophical system.

Use of World Views, for the persuasion of the Ungodly and of Unbelievers. Nieuwentijt's 'wereldbeschouwing' or 'world-view' is interesting as ante-dating by some eighty years the earliest recorded occurrence of its better-known German equivalent. He probably acquired the word from Pieter Rabus (1660–1702), who translated Christiaan HUYGENS' *Cosmotheoros* (The Hague, 1698), as *De Wereldbeschouwer* (Rotterdam, 1699).

80 *Gronden van Zekerheid, of de Regte Betoogwyse der Wiskundigen so in het Denkbeeldige, als in het Zakelyke: Ter Wederlegging van Spinosas Denkbeeldig Samenstel; en Ter aanleiding van eene Sekere Sakelyke Wysbegeerte* (Amsterdam, 1720, 1754[4]) 458 pp. On infinitude in general, see especially section XXIII (pp. 164–179).

Nieuwentijt's positive doctrine concerning the relationship between theology and natural science is very similar to that expressed by Bacon in the opening section of *The Advancement of Learning:*

"For if any man shall think by view and inquiry into these sensible and material things to attain that light, whereby he may reveal unto himself the Nature or Will of God, then indeed is he spoiled by vain philosophy: for the contemplation of God's creatures and works produceth (having regard to the works and creatures themselves) knowledge, but having regard to God, no perfect knowledge, but wonder, which is broken knowledge."[81]

The knowledge to be gained from the natural world can yield us only a refracted image of the Author of nature:

"For the greatest philosopher, as for the best mathematician, the world lies open in all its grandeur and beauty, and by making basic and experimental discoveries through his own observations and those of others on whom he may rely, he can trace, find and materially demonstrate the perfections of the glorious Creator and Ruler of the Universe."[82]

It can hardly be regarded as surprising, that as the popularity of the experimental philosophy spread throughout the Netherlands during the opening decades of the eighteenth century, and as the prestige and effectiveness of Newtonianism set their mark upon European culture as a whole, this powerful and incisive criticism of the metaphysical presuppositions of the Leibnizian calculus should have been regarded by the great majority of Nieuwentijt's countrymen as conclusive[83].

81 *Advancement of Learning*, bk. 1 sect. 1 (Everyman ed. p. 7).

82 Op. cit., p. 455.

83 J. BOTS, op. cit.; M. J. PETRY, *Nieuwentijt's Criticism of Spinoza, Mededeelingen XL vanwege Het Spinozahuis* (Leiden, 1979).

Die Weiterentwicklung Leibnizscher Begriffe und Methoden durch Leonhard Euler

Von
DETLEF LAUGWITZ (DARMSTADT)

Als Schüler von Johann Bernoulli ist Euler mit der Leibnizschen Mathematik aufgewachsen. Mit größtem Erfolg hat er dann selbst die Weiterentwicklung des Kalküls und seiner Anwendungen betrieben. Daneben darf man aber nicht übersehen, daß Euler auch Wesentliches zur begrifflichen Entwicklung der Infinitesimalmathematik geleistet hat; das ist im 19. Jahrhundert mit der Überbetonung der Grenzwertmathematik weitgehend in Vergessenheit geraten.

Auch in Eulers teilweise als veraltet oder unexakt verpönten Methoden finden sich viele Fortführungen Leibnizscher Ansätze. Begriffe und Methoden der heutigen Infinitesimalmathematik (Nichtstandard-Analysis) knüpfen in fruchtbarer Rekonstruktion an Leibniz, besonders aber an Euler, an. So ergeben sich aus der Sicht unserer Zeit neue Perspektiven zu den Denk- und Handlungsweisen der beiden Forscher.

Auf eine wichtige Leistung Eulers werde ich hier nicht eingehen, da sie von H. S. M. Bos 1974 ausführlich behandelt wurde, nämlich das Problem der höheren Differentiale ddx, d^3x, . . . ; diese kann Euler mittels seiner Differentialkoeffizienten aus dem Kalkül eliminieren. Die Schwierigkeiten mit den höheren Differentialen lagen ja gerade darin, daß mit ihnen nicht immer so gerechnet werden kann wie im gewöhnlichen algebraischen Kalkül, und ihre Beseitigung verminderte die Gefahren für eine Akzeptanz des Infinitesimalkalküls.

Ich werde auf sechs Fragenkreise eingehen. Dabei wird sich zeigen, daß sich Eulers Weiterentwicklungen auf ein Prinzip gründen lassen, welches Leibniz als eine Konsequenz seines Kontinuitätsgesetzes angesehen hat: Die Regeln des Finiten gelten in Infiniten weiter. Am klarsten sind wohl die Formulierungen in Leibniz' berühmten Brief an Varignon vom 2.2.1702:

„Cependent on peut dire en general, que toute la continuité est une chose idéale, et qu'il n'y a jamais rien dans la nature, qui ait des parties parfaitement uniformes, mais en recompense le réel ne laisse pas de se gouverner parfaitement par l'idéal et l'abstrait, et il se trouve que les règles du fini réussissent dans l'infini, comme s'il y avait des atomes (c'est à dire des elements assignables de la nature) quoyqu'il n'y en ait point la matière estant actuellement sousdivisée sans fin; et que vice versa les règles de l'infini réussissent dans le fini, comme s'il y avait des infiniment petites metaphysiques, quoyqu'on n'en ait point besoin, et que la division de la matière ne parvienne jamais à des parcelles infiniment petites. . ."

Die Hervorhebungen sind von mir. Bei aller Vorsicht will ich hier, um eine kurze Terminologie zu haben, dieses als das Leibnizsche Prinzip bezeichnen: Die Regeln des Endlichen behalten im Unendlichen

Geltung, und umgekehrt. Aus Leibniz' Erläuterung geht zwar hervor, daß die zweite Hälfte sich auf das Weitergelten der Regeln des unendlich Kleinen im Endlichen bezieht, aber für die Mathematik, in der man Reziproke bilden darf, ist die Kurzfassung „und umgekehrt" äquivalent dazu.

Natürlich muß dieses Prinzip präzisiert werden. Eulers tatsächlicher Umgang mit dem Infinitesimalen und Infiniten zeigt eine solche Präzisierung auf, welche die heutige Infinitesimalmathematik explizit zugrunde legt: Ist eine Formel A(n) für alle hinreichend großen endlichen natürlichen Zahlen n richtig, so auch für alle unendlich großen n, und umgekehrt. (Dazu u.a. Laugwitz 1983 b und die dort zitierte Literatur und besonders Schmieden und Laugwitz 1958; eine Formel darf nach jetziger Auffassung auch logische Zeichen enthalten: Aussageform.)

1. Eulers Erweiterung des Leibnizschen Vorrats an infiniten und infinitesimalen Zahlen

In Leibniz' Differentialrechnung treten, sobald dx gewählt ist, nur noch Ausdrücke $a_0 + a_1 dx + a_2 dx^2 + \ldots + a_n dx^n$ auf, gelegentlich auch $\frac{b}{dx}$, mit reellen a_k,b. Mehr benötigt er nicht. Euler erlaubt sich mit einer unendlich großen Zahl i oder $\sim$ (oder einer unendlich kleinen Zahl dx oder ω) die Bildung beliebiger Ausdrücke, sofern diese für sehr große (oder sehr kleine) endliche Zahlen einen Sinn haben. Die Exponentialfunktion schreibt er mit einem numerus infinitus i in der Form $(1 + \frac{x}{i})^i$, oder mit infinitesimalem $\omega = \frac{1}{i}$: $(1 + x\omega)^i$. Seine Summation der harmonischen Reihe ist $1 + \frac{1}{2} + \frac{1}{3} + \ldots + \frac{1}{\sim} = \ln(\sim+1) + C$.

Schon bei der Bildung solcher Zahlen kann man an das oben genannte Prinzip denken, dann aber auch beim Rechnen mit ihnen. Darauf komme ich noch ausführlicher zurück.

Jedenfalls wird schon hier deutlich, daß die moderne Nichtstandardanalysis nicht, wie Robinson 1974 im historischen Anhang zu seinem Buch behauptete, direkt an Leibniz anknüpft. Als Bindeglied wird man Eulers allgemeinere Auffassung sehen können.

2. Konvergenzbegriff und Konvergenzkriterium

Seit dem 17. Jahrhundert nennt man eine Reihe konvergent, wenn sie einen endlichen Wert hat. Leibniz' Konvergenznachweise bei alternierenden Reihen sind bekannt. Euler aber gibt bereits 1734/35 eine notwendige und hinreichende Konvergenzbedingung an, welche er sogleich als eine sehr allgemeine Methode zur Entscheidung über Konvergenz und Divergenz anwendet. Diese Methode ist für ihn sicherlich wichtiger als das Kriterium selbst, das er später nie wieder erwähnt. Da es in seinen Lehrbüchern nicht explizit auftritt, konnte ihm der Vorwurf gemacht werden, er habe keinen klaren Begriff von Konvergenz gehabt (so noch bei Morris Kline, *Mathematical Thought from Ancient to Modern Times*, 1972, p. 462 u.a.).

Eulers Kriterium ist: $\Sigma\, a_k$ konvergiert genau dann, wenn $\sum_i^j a_k$ infinitesimal ist für unendlich große i,j. Methodisch verwendet er es zunächst in der Gestalt von Majorantentest, Minorantentest und Verdichtungstest. In der *Introductio* (1748) auftretende Beweise wie der für

$$\left(1+\frac{x}{i}\right)^i = \sum_k \frac{x^k}{k!}$$

(Gleichheit bis auf infinitesimale Abweichung) sind vom Standpunkt der Grenzwertanalysis zweifelhaft, in seinem eigenen Begriffs- und Methodenschema aber völlig korrekt.

Will man den nicht-trivialen Teil des Kriteriums, das Hinreichen, einsehen, so geht das sehr einfach mit der zweiten Hälfte des Leibnizschen Prinzips: Wenn $\sum_{k \geqslant i} a_k$ infinitesimal ist für alle infiniten i, also für solche i insbesondere $|\sum_{k \geqslant i} a_k| < \epsilon$ bei gegebenem endlichen ϵ, so gilt auch noch für hinreichend großes endliches n $|\sum_{k \geqslant n} a_k| < \epsilon$.

3. Die Methode der Verwendung „divergenter" Reihen als Beweismittel

Wieder im Sinne des genannten Prinzips haben Leibniz und andere, besonders auch Johann Bernoulli, gelegentlich mit divergenten Reihen so wie mit endlichen Summen gerechnet und damit konvergente Reihen summiert. In Leibniz' Arbeit über die Integration rationaler Funktionen von 1702 wird die Methode der Partialbruchzerlegung auch auf eine Reihe angewendet:

$$\frac{1}{3}+\frac{1}{8}+\frac{1}{15}+\text{etc.} = \sum_{k \geqslant 2} \frac{1}{k^2-1}$$

$$= \sum_{k \geqslant 2} \frac{1}{2}\left(\frac{1}{k-1}-\frac{1}{k+1}\right) = \frac{1}{2}\sum_{k \geqslant 2}\frac{1}{k-1} \quad \frac{1}{2}\sum_{k \geqslant 2}\frac{1}{k+1}$$

$$= \left\{\begin{array}{l} \frac{1}{2}\left(\frac{1}{1}+\frac{1}{2}+\frac{1}{3}+\frac{1}{4}+\frac{1}{5}+\text{etc.}\right) \\ \\ +\frac{1}{2}\left(* * -\frac{1}{3}-\frac{1}{4}-\frac{1}{5}-\text{etc.}\right) \end{array}\right\} = \frac{3}{4}\,.$$

An seinem „harmonischen Dreieck" hatte Leibniz bereits 1673 unendlich viele derartige Reihensummationen entdeckt. Reihensummationen unter Verwendung der divergenten harmonischen Reihe führt Jacob Bernoulli 1689 in den *Propositiones Arithmeticae de Seriebus infinitis*, besonders § XV, durch.

Beim jungen Euler treten viele ähnliche Beispiele auf; aus der Arbeit 1734/35 zitiere ich nur die Berechnung der Summe

$$S = 1 - \frac{1}{2} + \frac{1}{3} + \frac{1}{4} - \frac{2}{5} + \frac{1}{6} + \frac{1}{7} + \frac{1}{8} - \frac{3}{9} + \text{etc.}$$

Diese wird als Differenz zweier divergenter Reihen aufgefaßt,

$$1 + \frac{1}{2} + \frac{1}{3} + \frac{1}{4} + \ldots + \frac{1}{i\,\frac{i+3}{2}} = C + \ln i + \ln(i+3) - \ln 2$$

und

$$\frac{2}{2} + \frac{3}{5} + \frac{4}{9} + \ldots + \frac{i+1}{i\,\frac{i+3}{2}} .$$

Diese letzte Reihe wird durch Partialbrüche in zwei Reihen zerlegt,

$$\frac{2}{3}\left(1 + \frac{1}{2} + \frac{1}{3} + \ldots + \frac{1}{i}\right) + \frac{4}{3}\left(\frac{1}{4} + \frac{1}{5} + \frac{1}{6} + \ldots + \frac{1}{i+3}\right) =$$

$$= \frac{2}{3}(C + \ln i) + \frac{4}{3}(C + \ln(i+3)) - \frac{22}{9} .$$

Daraus folgt

$$S = \frac{22}{9} - C - \ln 2.$$

Man sieht, wie es auf die Verwendung letzter unendlich großer Indizes ankommt. Im Sinne des Leibnizschen Prinzips wird i wie eine sehr große natürliche Zahl behandelt.

4. Weiterentwicklung zur Methode der Polynome unendlich hohen Grades

Viel wichtiger als diese Methode zur Summation von Reihen ist Eulers daran anschließende Auffassung von Potenzreihen als Polynome unendlichen Grades. Sie ist von hoher grundlagentheoretischer und pädagogischer Bedeutung. Das wird in der *Introductio* (1748) systematisch dargestellt. Die Grundlegung der Analysis wird damit, selbstverständlich unter Benutzung infiniter Zahlen, algebraisch geleistet: Alle elementaren Funktionen werden durch Polynome dargestellt. Die grundlegende Funktion ist die Exponentialfunktion $(1 + \frac{x}{i})^i$. Aus ihr werden die anderen elementaren Funktionen und die Relationen zwischen ihnen mit zwei algebraischen

Hilfsmitteln entwickelt, dem Binomialsatz und der Zerlegung von Polynomen in lineare und quadratische Faktoren. Hier knüpft Euler an Newton an.

Die Methode hatte Euler zu seiner großen Jugendleistung verholfen, der Summation der Reihen $\Sigma \frac{1}{k^2}, \Sigma \frac{1}{k^4}, \ldots$; einer der frühen Beweise benutzt die Darstellung von $\frac{\sin x}{x} = \sum_{k=0}^{\sim} \frac{x^{2k}}{(2k+1)!}$ durch das Produkt $\prod_{k=1}^{\sim} (1 - \frac{x^2}{(k\pi)^2})$. Der Einwand der Zeitgenossen richtete sich nicht gegen die Methode, sondern gegen die unbewiesene Annahme, daß der Sinus keine nicht-reellen Nullstellen habe. Dieser Einspruch führte Euler zur Auffindung des Zusammenhangs zwischen der Exponentialfunktion und den triogonometrischen Funktionen, und mit der Formel

$$2\sqrt{-1}\sin x = (1 + \frac{x\sqrt{-1}}{\sim})^{\sim} - (1 - \frac{x\sqrt{-1}}{\sim})^{\sim}$$

gelingt ihm im Zusammenhang mit der Abfassung der *Introductio* ein korrekter Beweis seiner frühen Resultate.

Ich meine, daß es solche konkreten Fragen waren, was Euler zum systematischen Aufbau der algebraischen Grundlegung der Analysis veranlaßte.

Eine solche algebraische Auffassung ist wieder im Geiste von Leibniz. Es muß natürlich geprüft werden, ob sie tatsächlich für die *Introductio* ausreicht. Ich habe an anderer Stelle gezeigt, daß man zu den genannten Mitteln aus der Algebra der Polynome (die im Sinne des Leibnizschen Prinzips ohne Kommentar auch für Polynome unendlichen Grades verwendet werden) nur noch zwei für Euler ganz selbstverständliche Hilfsmittel für eine Rekonstruktion im heutigen Sinne braucht, nämlich Eulers Konvergenzkriterium und das Verfahren „descente infinite". (Laugwitz 1983 a).

5. Was ist ein Differential?

Euler äußert sich erst relativ spät (Differentialrechnung, 1755) und dann auch noch mißverständlich zum Begriff des Differentials. Er beginnt das Buch in einer für ihn typischen pragmatischen Weise: Die Differentialrechnung ist ein Spezialfall (!) des Differenzenkalküls, sie beschränkt sich auf infinitesimale Differenzen (§ 114).

Die theoretische Begründung hat nicht alle Leser überzeugen können: Einerseits gibt es in der Wirklichkeit keine Infinitesimalien, ein dx ist „revera = 0". (Auch in der Zeit der Formulierung des Konvergenzkriteriums werden nullum und infinite parvum synonym gebraucht.) Andererseits sind infinite und unendlich kleine Zahlen, als Fiktionen, für theoretische Spekulationen nützlich und zuweilen sogar unentbehrlich. Es ist zwar $a \pm dx = a$, bei der Addition und Substraktion ändert etwas unendlich Kleines nichts am Zahlwert; aber Verhältnisse unendlich kleiner Zahlen dy : dx können endliche Werte haben.

Euler hat die Monadenlehre in der durch Wolff verflachten Form energisch bekämpft und will sich auf die Realität von Infinitesimalien daher nicht einlassen. Er steht aber in seiner Zulassung infinitesimaler Zahlen als idealer Elemente durchaus in Leibniz' Tradition, ohne sich explizit auf sie zu berufen. Auch seine Auffassung der Differentialrechnung als Spezialfall der Differenzenrechnung ist im Sinne des von uns so genannten Leibniz-Prinzips.

Viel Verwirrung hat Eulers freimütiger Gebrauch des Gleichheitszeichens gestiftet, dessen genaue Bedeutung im Einzelfall erst aus dem Kontext zu ersehen ist. In den von uns bisher angegebenen Beispieln bedeutet =, daß die beiden Seiten eine infinitesimale Differenz haben; Euler nennt das (1755) arithmetische Gleichheit. Da dann für Differentiale dx, dy gilt dx = 0, dy = 0, ist dieser Begriff für den Kalkül nicht brauchbar. Dort ist er zu ersetzen durch die geometrische Gleichheit: a = b wenn der Quotient arithmetisch gleich 1 ist. Dieser Begriff gehört auch zu Formeln in Jugendarbeiten, wie $\sum_{k=1}^{\infty} \frac{1}{k} = \ln \infty$ und $\sum_{p<\infty} \frac{1}{p} = \ln \ln \infty$ für die Primzahlen p. Hier fehlt Euler offenbar die Möglichkeit, das verbal allgemein verständlich genug zu fassen, was wir heute Äquivalenzrelationen nennen. Der Philosoph Leibniz bereitete bekanntlich diese Möglichkeit vor, ohne daß sie aber in der Infinitesimalrechnung anschließend explizit wirksam gewesen wäre: „Eadem sunt, quorum unum potest substitui alteri salva veritate". Daran knüpft schließlich Frege an, um Äquivalenzrelationen allgemein zu erfassen. Euler verwendet arithmetische und geometrische Gleichheit durchaus in Leibnizens Sinne: Bei Additionen kann man a durch a ± dx ersetzen; bei Multiplikationen und Divisionen mit a + b kann man das durch a ersetzen, wenn $\frac{b}{a}$ infinitesimal ist. Die Richtigkeit, die erhalten bleiben muß, bezieht sich auf den jeweiligen mathematischen Kontext.

6. Was ist eine Funktion?

Diese Frage, die jeder Schüler vor einem Jahrzehnt mit einer kurzen Bemerkung in Mengenterminologie beantworten durfte, war für die Mathematiker zu keiner Zeit einfach. Hermann Weyl schreibt in seiner *Philosophie der Mathematik und Naturwissenschaft* 1928 (S. 8): „Niemand kann erklären, was eine Funktion ist. Aber: ‚Eine Funktion ist gegeben, wenn auf irgendeine bestimmte gesetzmäßige Weise . . .'".

Leistungsfähige Mathematik hat stets einen pragmatischen Funktionsbegriff, der den jeweiligen Bedürfnissen angepaßt ist und daher auch bei jedem einzelnen Wissenschaftler nicht durchweg konstant zu sein braucht. In diesem Sinne kann man bei Euler nicht ohne weiteres eine Weiterentwicklung des Leibnizschen Funktionsbegriffs sehen; es werden ja mathematische Objekte intendiert, welche durchaus von verschiedener Natur sein können. In der *Enzyklopädie* von Mittelstrass 1980 liest man allerdings: „In der Mathematik . . . ist die heutige Verwendungsweise von ‚Funktion' das Ergebnis einer ständigen Erweiterung des Funktionsbegriffs, von G. W. Leibnizens Einführung des Wortes ‚Funktion' für geometrische Größen, die wie z.B. Tangente oder Subtangente von einem innerhalb eines Koordinatensystems gleitend gedachten Kurvenpunkt abhängen, über L. Eulers ‚beliebige Abhängigkeit' zweier oder mehrerer mathematischer Größen bis zu J. P. G. L. Dirichlets ‚willkürlichen Funktionen'. . .".

Im Hinblick auf Leibniz bin ich mit diesem von Christian Thiel stammenden Text einverstanden. Bei Euler allerdings ist anzumerken, daß – abgesehen von physikalischen Problemen, wie dem der schwingenden Saite – die e x p r e s s i o a n a l y t i c a als mathematischer Funktionsbegriff dominiert. Das geht sogar so weit, daß der analytische Ausdruck f(x) für Euler auch dann noch für eine bestimmte Zahl x einen Sinn hat, wenn er keinen Zahlenwert ergibt. Ich muß mich hier auf diese Andeutungen beschränken, da eine weitere Ausführung nicht zum Thema Leibniz gehört.

Wohl aber gibt die kurze Betrachtung zum Funktionsbegriff Gelegenheit zu einer Kritik am verbreiteten Fortschrittsglauben der Mathematikgeschichte: Euler entwickelt den Leibnizschen Funktionsbegriff nicht weiter, er verwendet vielmehr seinen Zwecken entsprechende Begriffe; diesen gegenüber erscheinen die starren Festlegungen des 19. und 20. Jahrhunderts eher als Rückschritte.

Überhaupt kommt es wohl weder Leibniz noch erst recht Euler in erster Linie darauf an, was eine Funktion i s t: Wichtig ist, was man damit m a c h e n kann: Mathematik ist mehr eine Aktivität als eine Doktrin.

Literatur

H. S. M. BOS, 1974: Differentials, Higher-Order Differentials and the Derivative in the Leibnizian Calculus, in: Arch. Hist. Exact. Sci. 14, 1–90.

Leonard EULER 1734/35: De progressionibus harmonicis observationes. Op. omnia I, 14, 73–86.

1748: Introductio in analysin infinitorum. Lausanne (Op. omn. I, 8).

1755: Institutiones calculi differentialis (Op. omn. I, 10).

Detlef LAUGWITZ, 1983a: Eulers Begründung der Analysis aus der Algebra, in: Math. Semesterber. 30, 171–193.

1983 b: Die Nichtstandard-Analysis: Eine Wiederaufnahme der Ideen und Methoden von Leibniz und Euler, in: Leonhard Euler 1707–1783, 185–197, Basel.

Jürgen MITTELSTRASS (Herausg.) 1980 f.: Enzyklopädie Philosophie und Wissenschaftstheorie, I u. II, Mannheim.

Abraham ROBINSON 1974: Nonstandard Analysis.

Curt SCHMIEDEN und Detlef LAUGWITZ 1958: Eine Erweiterung der Infinitesimalrechnung, in: Math. Zeitschrift 69, 1–39.

Newtons Fluxionsrechnung im Vergleich zu Leibniz' Infinitesimalkalkül*

Von

ALFONSO PÉREZ DE LABORDA (SALAMANCA)

Der heftige Streit, der zwischen Newton und Leibniz über die Erfindung der Infinitesimalrechnung stattfand[1], ist allgemein bekannt. Jeder von ihnen behauptete der „Erfinder" zu sein. Es muß aber sofort gesagt werden, daß sie nur „Geburtshelfer' einer Erfindung waren, die sozusagen in der Luft lag. Entscheidend ist hierbei, daß man nicht nur ein bestimmtes Wissen haben muß, man muß vielmehr auch das explizite Bewußtsein dieses Wissens haben, d.h. man muß wissen, daß man sehr gut weiß, was man weiß. Newton und Leibniz haben nicht nur den Bereich der Mathematik erweitert, sie haben die außerordentliche Wichtigkeit ihrer Entdeckungen für die Mathematik und für die Wissenschaft klar und deutlich erkannt.

Man muß Newton und Leibniz wegen der Kühnheit ihrer mathematischen Arbeiten loben. Da sie sich viel sicherer fühlten als die Mathematiker vergangener Zeiten, haben sich beide an das gewagt, was seit den alten Griechen – vor allem aufgrund der Arbeiten von Archimedes und Eudoxos – verboten war. Sie haben einer Vergangenheit, die eine Methode für die „Intuition" oder für die Entdeckung von Resultaten, die danach streng geprüft werden mußten, um als gültig betrachtet zu werden, suchte, den Rücken gekehrt. Ihre Methode entbehrt zwar der strengen Beweisführung, aber sie ist gerechtfertigt – wenn auch provisorisch – durch die Fruchtbarkeit und Kohärenz ihrer Ergebnisse. Unsere beiden Autoren bleiben nicht in dem konkreten Problem, das sie jeweils untersuchen, befangen, sondern sie suchen und erreichen in ihren Überlegungen eine Abstraktionsebene, die sie zur Generalisierung der Methode führt: der algebraischen Behandlung von Aufgaben jeder Art über Tangenten, Rektifikationen von Kurven, Quadraturen, Maxima und Minima usw. Sie erreichen das, was Viète in der Theorie der Gleichungen und Descartes in der Geometrie gelungen war. So entsteht eine „Methode", die voll von unendlich vielen neuen Möglichkeiten ist. Sie schreiben im Rahmen der Mathematik ihre Abhandlung über die Methode nieder. Der beachtliche mathematische Fortschritt der ersten sechs Jahrzehnte des 17. Jahrhunderts entwickelte die Ideen, die unsere Autoren später verwendeten.

‚Es entwickelten sich in dieser Zeit viele Methoden, um Rechnungsaufgaben zu lösen, aber die meisten hatten ad hoc Charakter. Ihre [Newtons und Leibnizens] besondere Leistung ist, daß

* Der Vortrag wurde nicht gehalten, da der Referent verhindert war.

1 Ein ausführlicher Bericht über diese Diskussion in PÉREZ DE LABORDA (1977).

beide unabhängig voneinander, eine allgemeine Theorie für die Infinitesimalrechnung entwikkelt haben"[2],

ohne jedoch, wie wir wissen, eine höhere Genauigkeit als ihre Vorgänger zu erreichen.

***

Wahrscheinlich hat die Ähnlichkeit mit Napiers[3] Problemstellung für die Logarithmen mitgewirkt; sicher ist jedoch, daß Newtons neue Methode der Fluxionen im Zusammenhang mit der Frage nach der Bewegung steht: Gesucht wird das Verhältnis zwischen den Geschwindigkeiten von sich bewegenden Körpern, deren Bewegung durch Gleichungen definiert ist und deren jeweilige Geschwindigkeiten bekannt sind. Ich möchte hier nur auf einen Punkt eingehen, selbstverständlich ohne dem Gang der Newtonschen Erfindung zu folgen. Gegeben seien die Körper A und B[4], welche sich gleichförmig bewegen, der eine von a nach c, d, e, f, der andere von b nach g, h, k, l, beide zur gleichen Zeit. Die Linien ac, cd, de, ef und bg, gh, hk, kl sind ihren jeweiligen Geschwindigkeiten p und q proportional. Auch wenn die Bewegung nicht gleichförmig sein sollte, so führt Newton fort – werden die Infinitesimallinien, die die Körper in jedem Moment beschreiben, immer ihren Geschwindigkeiten proportional sein. Der Körper A, dessen Geschwindigkeit p ist, beschreibt in einem Moment eine infinitesimale kleine Linie, cd, die den Wert $p = 0$ hat. Im selben Moment beschreibt der Körper B, dessen Geschwindigkeit q ist, die Linie gh, die den Wert $q = 0$ hat. Beide bewegen sich so, daß $p/q = p0/q0$. Wenn die Körper in einem Moment die Linien x (= ac) und y(= bg) beschreiben, werden sie dehsalb im nächsten Moment in $x + p0$ (= ad) und $y = q0$ (= bh) sein.

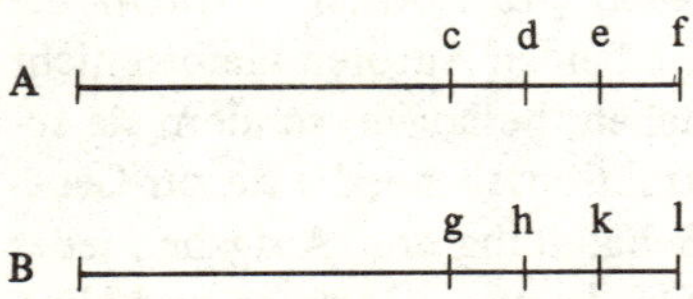

Fig. 1

Wir stoßen somit von Anfang an in Newtons Fragestellungen auf Geschwindigkeiten und Momente. Später lesen wir, wenn man in der Gleichung, die x und y verbinde, diese Werte durch $x + p0$ und $y + q0$ ersetze, so könne man am Schluß aller Operationen alle Ausdrücke, die ‚0' enthalten, auslassen, weil sie unendlich klein seien im Vergleich zu denen, die es nicht enthalten, oder zu denen, die es mit einer größeren Dimension als eins enthalten. Es sind die letzteren – schließt Newton –

2 Kirsti ANDERSEN in GRATTAN-GUINESS (1984), 22.

3 Ich glaube, daß die Bemerkung von François de GAND in GUÉNARD und LELIEVRE (1984), 63, zutreffend ist.

4 In seiner Abhandlung von Oktober 1666 über die Fluxionen, NMP, I, 414. Siehe PÉREZ DE LABORDA (1977), 35–37.

diejenigen, die die gesuchte Relation zwischen den Geschwindigkeiten[5] bilden, wenn sie durch ‚0' geteilt werden.

Wir werden nun die Arbeit *De analysi per aequationes numero terminorum infinitas* von 1669 in Betracht ziehen. Newton legt dar[6]: Sei ABD irgendeine Kurve, AHKB ein Rechteck, dessen Seite AH – und daher auch BK – die Einheit bildet. Nehmen wir an, die Gerade DBK bewege sich von AH aus gleichmäßig und beschreibe in Flächen ABD und AK. Newton behauptet, daß BK (= 1) das ‚Moment' ist, durch das AK (= x) sich graduell vergrößert, wobei BD (= y) das ist, durch das ABD sich vergrößert. Angesichts des Momentes DB, kann man die Fläche ABD, welche durch dieses beschrieben wird, untersuchen oder mit AK (= x), beschrieben durch ein Einheitsmoment, vergleichen. Aufgrund ähnlicher Erwägungen, durch die die Fläche ABD durch das konstante Moment entsteht, können wir beliebige andere Beispiele anführen.

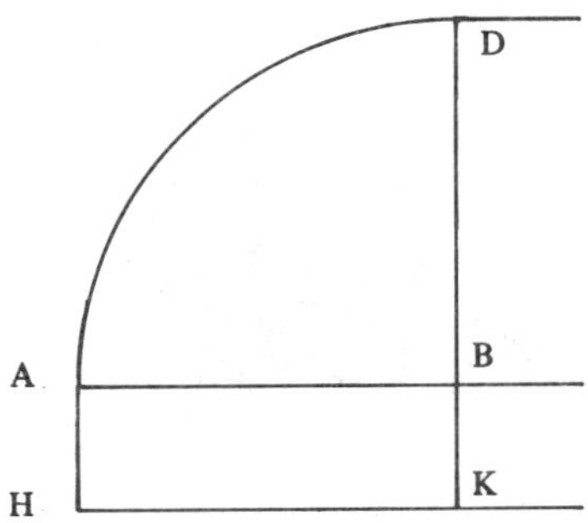

Fig. 2

Man muß sich vergegenwärtigen, sagt Newton, daß die Einheit, die für das Moment gegeben wird, eine Fläche ist, wenn es sich um Körper handelt, eine Linie, wenn es sich auf Flächen bezieht, und ein Punkt, wenn es um Linien geht. Ich habe keine Bedenken – sagt er – von einer Einheit von Punkten oder von unendlich kleinen Linien zu sprechen, wie es der Geometer tut, wenn er die ‚Methode der Unteilbaren' anwendet. Es ist nützlich, hier den Schluß der Abhandlung, in welcher er seiner Meinung nach eine Methode, die auf alles erweitert werden kann, vorstellt, wiederzugeben:

„Et quicquid Vulgaris Analysis per aequationes ex finito terminorum numero constantes (quando id sit possibile) perficit, haec per aequantiones infinitas semper perficiat: Ut nil dubitaverim nomen Analysis etiam huic tribuere. Ratiocinia nempe in hâc non minùs certa sunt quam in

5 Wie es Fermat schon vorher gesehen hatte. Von $x^3 - abx = a^3 - dy^2 = 0$ gelangt er zu

$$3pox^2 + 3p^2o^2x + p^3o^3 - abpo - 2dqoy - dq^2o^2 = 0$$

Wenn man zuerst durch ‚o' dividiert und dann die Ausdrücke, die ‚o' noch enthalten, ausläßt, erhält man schließlich $3px^2 - abp - 2dqy = 0$. Auch in *De analysi*, worauf ich mich sofort beziehen werde, NPM II, 242.

6 In NMP II, 232. Siehe PÉREZ DE LABORDA (1977), 53–57.

illâ, nec aequationes minùs exactae; licet earum terminos nos homines et rationis finitae nec designare neque ita concipere possumus, ut quantitates inde desideratas exactè cognoscamus: Sicut radices surdae finitarum aequationum nec numeris nec quavis arte Analytica ita possunt exhiberi ut alicujus quantitas a reliquis distinctè et exactè cognoscatur. Geometricè quidem exhiberi possunt, quod hisce non conceditur. Imò et istis dimensionum duabus tribusve plurium, ante curvas in Geometriam nuper inductas, constructio nulla fuit habita. Denique ad Anlayticam merito pertinere censeatur cujus beneficio curvarum areae et longitudines etc.(id modò fiat) exactè et Gometricè determinentur"[7].

Wenig später, im Jahre 1671, entstand eine weitere große Arbeit von Newton: *De Methodis serierum et fluxionum*; auch sie blieb lange Jahre unveröffentlicht. Im Zusammenhang mit Überlegungen über die zurückgelegte Strecke einer beliebigen Ortsbewegung (einer beschleunigten oder verzögerten) formuliert er das uns interessierende Problen in folgender Weise:

„1. Spatij longitudine continuo (sive ad omne tempus) data, celeritatem motûs ad tempus propositum invenire.

2. Celeritate motûs datâ longitudinem descripti spatij ad tempus propositum invenire"[8].

In seiner Benennungsweise bezeichnet y die in irgendeinem Moment durch einen sich bewegenden Körper beschriebene Fläche, die durch eine sich gleichmäßig bewegende Strecke x, erzeugt wird. x und y sind durch eine algebraische Gleichung miteinander verbunden. Es ist nicht die Zeit, was Newton interessiert, sondern die Quantitäten, welche fließen. Er schlägt vor, die fließenden Quantitäten, v, x, y, z zu nennen und die Geschwindigkeit, mit der jede von ihnen fließt, mit l, m, n, r, zu bezeichnen. Wir werden sie Fluxionen nennen. Nun können wir schon in die Lösung der beiden oben aufgeworfenen Probleme eindringen. In diesem Fall werden wir aber Newton nicht folgen.

Statt dessen interessiert uns sein Gedankengang[9]: Die Momente der fließenden Quantitäten, d.h. ihre unendlich kleinen Teile, die sich in jeder unendlich kleinen Zeitperiode erhöhen, sind wie die Geschwindigkeiten ihres Fließens. Das Moment der Quantität x – so legt er dar – ist das Produkt der Geschwindigkeit m und der unendlich kleinen Quantität 0, d.h. m0, usw., so daß die Momente l0, m0, n0, r0 untereinander wie die Geschwindigkeiten l, m, n, r sind. Sobald eine unendlich kleine Erhöhung erfolgt, finden wir x + m0 anstatt x und y + n0 anstatt y, wenn wir dies in die Ausgangsgleichung einsetzen, gelangen wir zum Verhältnis m/n.

Es wird also deutlich, in welchem Zusammenhang die Fluxionenrechnung von Newton steht. Hinzuzufügen ist, daß bei ihm diese Bemühungen eng mit dem Problem der unendlichen Reihen verbunden sind, wie wir sofort sehen werden. Außerdem ist auf die allgemeine Eigentümlichkeit seiner mathematischen Arbeiten hinzuweisen sich mehr der Lösung von konkreten Fällen zu widmen, auch wenn sie sehr schwierig sind, als der vollkommenen ‚theoretischen' und ‚generellen' Bestimmung seiner Methode der Fluxionen.

7 NMP II, 240–242.
8 NMP III, 170–171. Siehe PEREZ DE LABORDA (1977), 66–68.
9 Cf. NMP III, 78–82.

Wir haben mit Newton bereits das Problem der Fluxionen in seiner doppelten Dimension aufgeworfen: Wenn die fließenden Quantitäten in ihrer algebraischen Relation gegeben sind, die Relation ihrer Fluxionen zu finden, und umgekehrt. In seiner ersten Abhandlung vom Oktober 1666 beschäftigt er sich mit der Lösung von siebzehn Aufgaben und auch mit der Lösung von einigen Fällen. Aber Newton weiß sehr gut, daß das nur der Anfang ist, wenn man die unendlich verschiedenen Aufgaben von sehr schwieriger Lösung betrachtet, die gestellt werden können. Deshalb führt er bereits am Anfang von *De analysi* aus, er werde in seiner Arbeit mehr versuchen, „die generelle Methode, die er sich seit langer Zeit überlegt habe, um die Quantität der Kurven durch unendliche Reihen von Ausdrücken zu messen"[10], kurz zu erklären als sie eingehend zu beweisen. Denn nicht alle Kurven seien so einfach, wie man wünsche, oder mühelos auf einfache Kurven reduzierbar. Darum bemüht er sich eifrig, Kurven von größerer Komplexität durch Division, durch Wurzelziehen oder durch das Auflösen von Gleichungen auf Reihen von unendlichen Ausdrücken, von denen jeder jedoch eine einfache Form hat, zurückzuführen. Damit war das Problem der Fluxionen und Fluenten gelöst.

Wir können nun zu Newtons großartigem Werk *De methodis serierum et fluxionum* übergehen. In ihm werden seine ersten Intuitionen als ein voll entwickeltes ‚Corpus'[11] dargeboten. Gerade im Brief an Leibniz vom Mai 1676, der *Epistola prior*, erläutert er seine Bemühungen um die Reihen, da er Leibniz' Interesse an diesen und an den Ergebnissen, die ihm Oldenburg[12] übermittelt hatte, kannte. Den ersten Teil widmet er seiner Methode der Berechnung unendlicher Reihen. Hier legt Newton zum ersten Male in seinem Briefwechsel das ‚Binom von Newton' aus. Im zweiten Teil versucht er herauszufinden, wie die Flächen, Kurvenlängen, Volumina und Flächen fester Körper sowie ihre Schwerpunkte ermittelt werden können, und zwar mit Hilfe von Gleichungen, die auf unendliche Reihen reduziert werden. Ferner untersucht er, auf welche Weise alle ‚mechanischen' Kurven auf ähnliche Gleichungen reduziert und damit die „geometrischen' Kurven bestimmt werden können. Wie es bei unserem Autor üblich ist, teilt er seinem Briefpartner mit, daß es zu weit führen würde, zu erklären, wie diese Probleme in allgemeiner Art zu behandeln sind. Ohne Umschweife legt er einige Beispiele dieser Aufgaben vor. Er ist sich aber bewußt, daß einige Probleme sich dieser Behandlung entziehen. Es muß auch angemerkt werden, daß in diesem Brief der Autor die Resultate, zu denen er gekommen ist, darlegt, aber in keinem Augenblick von der Weise, wie er zu ihnen gekommen ist, spricht. Es scheint, als ob er Leibniz sagen wollte: dir kommt es zu, die Wege, die mich zu den Entdeckungen, die ich dir mitteile, geführt haben, selbst zu finden.

***

10 NMP II 206. Siehe PÉREZ DE LABORDA (1977), 45–59.
11 Siehe PÉREZ DE LABORDA (1977), 64–71.
12 In NC II, 20–32. Siehe PÉREZ DE LABORDA (1977), 83–91.

In Leibniz' Antwort vom 27. August 1676, finden wir eine andere generelle Methode der Transformation von einigen Figuren in andere, die ihm etwas leistungsfähiger erscheint für die Analyse als das Verfahren der unendlichen Reihen[13]. Es ist vielleicht nicht interessant, sich hier aufzuhalten, wir möchten jedoch einige Bemerkungen, in denen Leibniz' erstaunliches Interesse auf diesem Gebiet – wie auf allen anderen – an allgemeinen Methoden sichtbar wird, anführen. Die Stelle bezieht sich auf Themen auf die wir hier nicht näher eingèhen möchten:

„Quae omnia talia sunt, ut cuivis statim ordine progredienti ipsa natura duce in mentem veniant, veramque contineant indivisibilium methodum generalissimè conceptam, nec quod sciam hactenus satis universaliter explicatam"[14].

Was Leibniz in diesem Brief sucht, ist die Berechnung von Flächen; er möchte zu einer generellen Methode gelangen. Die folgenden Sätze spiegeln den Charakter unseres Autors und seine weitreichenden Zielsetzungen gut wieder:

„Innumera alia possent dici, quae his fortasse elegantia et exactitudine non cederent; Sed ego ita sum comparatus, ut plerumque methodis generalibus detectis, rem in potestate habere contentus, reliqua libenter aliis relinquam; neque enim ista omnia magnopere aestimanda sunt, nisi quod artem inveniendi perficiunt mentemque excolunt. Si quae obsura videbuntur, ea libenter elucidabo, et illud quoque explicabo quomodo hac methodo Aequantionum quoque utcunque affectarum radices per infinitam Seriem dari possint, sine ulla extractione, quod mirum fortasse videbitur"[15].

Weiter vorn finden wir den allgemeinen Zusammenhang seines Denkens in dieser Zeit, wenn er erklärt, er habe eine allgemeine Methode des Wurzelziehens bei sämtlichen Gleichungen gefunden. Diese ist ihrerseits abhängig von einem viel umfassenderen Prinzip d.h., von einer allgemeinen kombinatorischen Kunst, die eines Alphabets des menschlichen Denkens bedarf. Um dieses zu finden, ist eine Analyse der Axiome unentbehrlich:

„Sed non miror ista nemini satis considerata, quia plerumque facilia negligimus, et multa quae clara videntur, assumimus; quod quamdiu faciemus nunquam ad illud perveniemus, quod mihi videtur in rebus intellectualibus summum, nec genus calculi, etiam non-mathematicis accommodati, obtinebimus"[16].

Wir kennen Leibniz' Selbstportrait. Da sein frühes Interesse an Differenzen bekannt ist können wir auf seine Arbeiten der letzten Oktobertage und der ersten Novembertage 1675 eingehen, obwohl es nicht in diese Abhandlung paßt. Diese Arbeiten gehen dem Brief an Newton, in welchem er bereits eine Methode mit Differentialen und Integralen anwendet wie in einem modernen Lehrbuch, voraus.

Wenn Leibniz Jahre später die Geschichte der Differentialrechnung schreibt[17], legt er Nachdruck darauf, daß der Ursprung seiner Entdeckungen zu suchen sei in der Aufmerksamkeit, die er während seines Aufenthaltes in Paris den Differenzen

13 Kann in NC II, 57–64, gelesen werden, auch in GM, I, 114–122. Siehe PÉREZ DE LABORDA (1977), 91–98, auch EDWARDS (1982), 245–252.

14 NC II, 58.

15 NC II, 61–62.

16 NC II, 63.

17 Für das Folgende, siehe die wertvollen Seiten von EDWARDS (1982), 234–242. Ich beziehe mich auf *Historia et origo calculi differentialis*, worüber wir später sprechen werden.

der Glieder einer Zahlenfolge, der Summe dieser Differenzen sowie den Folgerungen aus diesen Untersuchungen entgegengebracht habe. Gegeben sei beispielsweise die Folge

$$a_0, a_1, a_2, \ldots, a_n.$$

Betrachten wir die Differenzen $d_i = a_i - a_{i-1}$, die die Folge

$$d_1, d_2, d_3, \ldots, d_n$$

ergeben, so ist die Summe dieser Differenzen

$$d_1 + d_2 + \ldots + d_n = (a_1 - a_0) + (a_2 - a_1) + \ldots + (a_n - a_{n-1}) = a_n - a_0$$

Daraus folgt: Wenn wir von der Folge der Quadrate $0, 1, 4, \ldots, n^2$ ausgehen, so ist die Folge ihrer Differenzen die Folge der ungeraden Zahlen $1, 3, 5, \ldots, 2n-1$, weil $i^2 - (i-1)^2 = 2i-1$. Daher ist die Summe der n ersten ungeraden Zahlen n^2.

Bei der Beschäftigung mit dem Pascalschen Dreieck und seinen besonderen Eigenschaften für die Erlangung von Summen von Zahlenfolgen fand er sein ‚harmonisches Dreieck'[18], das durch die Reziproken der ganzen Zahlen und die Reihen und die Spalten seiner Differenzen gebildet ist und demselben Konstitutionsgesetz folgt wie in dem Dreieck, das ihn inspirierte. Auf diese Weise erhielt er Reihen wie die folgende:

$$\frac{1}{2} + \frac{1}{6} + \frac{1}{12} + \frac{1}{20} + \ldots = 1$$

$$\frac{1}{3} + \frac{1}{12} + \frac{1}{30} + \frac{1}{60} + \ldots = \frac{1}{2}$$

$$\frac{1}{4} + \frac{1}{20} + \frac{1}{60} + \frac{1}{140} + \ldots = \frac{1}{3}$$

Vielleicht ist der wichtigste Punkt der Beschäftigung mit Pascals Papieren das ‚charakteristische Dreieck', welches dieser zum Beweis eines bestimmten Satzes[19] benutzte. An den Kreis BC zog er die Tangente E_1E_2, die den Kreis im Punkt D berührt, wobei K ein Punkt des Radius AD ist. Die Dreiecke E_1E_2K und ADI sind ähnlich. Deshalb gilt

$$\frac{AD}{E_1E_2} = \frac{DI}{E_2K}, \text{ d.h. } DI \cdot E_2E_2 = AD \cdot E_2K = AD \cdot R_1R_2$$

Man braucht nur anzunehmen, daß DI die Ordinate y sei und AI die Abszisse x. Dann ergibt sich, daß E_1E_2 die Differenz der Länge des Kreisbogens ist, gebildet durch die Differenz oder das Inkrement der Abszisse. Wenn Δx und Δs R_1R_2 und

18 Siehe HOFMANN (1975), 81 und 301.
19 PASCAL, *Traité des sinus du quart de cercle*, in PASCAL, *Oeuvres*, 155.

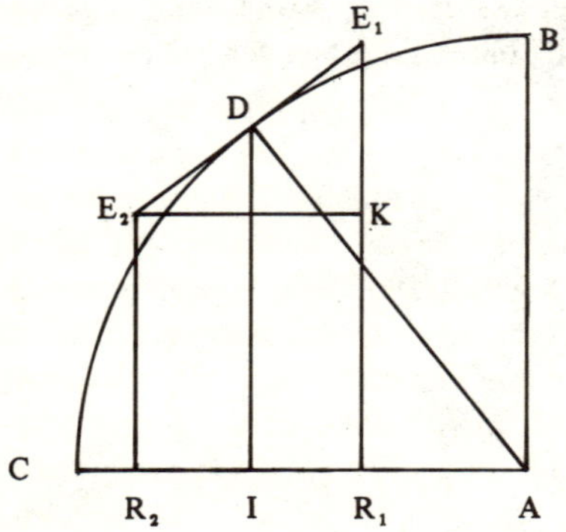

Fig. 3

E_1E_2 bezeichnen und wenn wir sie als unteilbar betrachten und addieren, erhalten wir ohne weiteres

$$\int y\, ds = \int a\, dx$$

Sobald Leibniz diese ‚Erleuchtung' gekommen war, brauchte er das Ergebnis nur auf einen beliebigen Bogen anzuwenden, wie bei der Figur

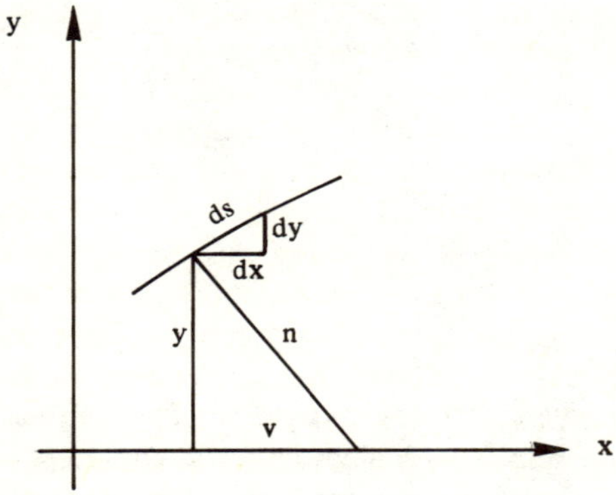

Fig. 4

bei der sich dasselbe Verfahren mit ähnlichen Dreiecken und dadurch, daß die Normale n nun dieselbe Rolle spielt wie vorher der Radius, folgendes ergibt, wenn wir die Infinitesimalien addieren:

$$\int y\, ds = \int n\, dx$$

Es bleibt nur noch, die Methode des charakteristischen Dreiecks auf die Probleme der Bogenrektifizierung und ähnliches anzuwenden.

Wenn wir noch hinzufügen, was zu Beginn dieses Abschnittes über die Methode der Transformation von einen Bogen in einen anderen angedeutet wurde, haben wir die Grundlagen einer allgemeinen Methode, deren Ausarbeitung noch viel Mühe bereiten sollte. Es bedurfte nur noch der Erfindung der Differentialrechnung als einer allgemeinen Methode.

Wir wissen genau, daß Leibniz diese ‚Erfindung' Ende Oktober und Anfang November des Jahres 1675[20] gelang. Deshalb geht die von mir benutzte Bezeichnungsweise der Entwicklung der Leibnizschen Denkens um zwei Jahre voraus. Sie ermöglicht folgenden Gedankengang: Gegeben sei ein Bogen mit seiner Ordinate y und mit seiner Abszisse x; wenn wir nun eine unendliche Reihe von y-Werten in Betracht ziehen, die mit der unendlichen Reihe von x-Werten verbunden ist, können wir ‚Differenzen' anwenden. Aber das ist nur dann möglich, wenn sie – wie wir schon im Zusammenhang mit dem charakteristischen Dreieck dargelegt haben – klein genug, d.h., unteilbar sind. Dadurch wird die Differenz zwischen zwei einander folgenden y-Werten von der vorhergehenden Reihe infinitesimal oder ‚vernachlässigbar' im Vergleich zu den y-Werten, denen sie entsprechen.

Bis zu den Erkenntnissen der ersten Veröffentlichung über den Calculus in den *Acta eruditorum* von 1684 ist nur noch ein kleiner Schritt zurückzulegen.

Bevor wir diesen Abschnitt verlassen, ist es ratsam, den Satz des Artikels von 1684 anzuführen, in dem Leibniz die Allgemeingültigkeit seiner Entdeckung und seiner Methode für jeden beliebigen Fall behauptet:

„Ex cognito hoc velut Algorithmo, ut ita dicam, calculi hujus, quem voco differentialem, omnes aliae aequationes differentiales inveniri possunt per calculum communem, maximaeque et minimae, itemque tangentes haberi, ita ut opus non sit tolli fractas aut irrationales aut alia vincula, quod tamen faciendum fuit secundum Methodos hactenus editas"[21].

Wenn irgendeine Gleichung gegeben ist, kann ihre Differentialgleichung durch die bloße Ersetzung eines jeden ihrer Glieder durch sein Differential gewonnen werden. Das ist eine sehr universale Verfahrensweise. Leibniz' Meinung nach besteht z.B. die Methode, eine Tangente zu bestimmen, darin, daß man eine Gerade zieht, die zwei unendlich nahe Punkte der Kurve verbindet, oder darin, daß man die Seite eines Polygons von unendlich vielen Seiten, die für uns mit der Kurve äquivalent ist, verlängert. Die unendlich kleine Entfernung kommt immer durch ein Differential zum Ausdruck. Zum Abschluß möchte ich die Worte zitieren, mit denen Leibniz den Inhalt seines Aufsatzes genau angibt:

„Et haec quidem initia sunt tantum Geometriae cujusdam multo sublimioris, ad difficillima et pulcherrima quaeque etiam mistae Matheseos problemata pertingentis, quae sine calculo nostro differentiali, aut simili, non temere quisquam pari facilitate tractabit"[22].

In seinem zweiten grundlegenden Aufsatz, veröffentlicht in den *Acta eruditorum* von 1686, widmet Leibniz einen Absatz von beträchtlicher Länge der Geschichte der Bemühungen „der berühmten Mathematiker unserer Zeit", die seine Erfindung der Differentialrechnung vorbereitet haben[23]. Leibniz versucht immer, systematisch und historisch Stellung zu nehmen.

20 Diese Texte findet man im LBM 147–167. Cf. EDWARDS (1982), 252–258.
21 GM V, 222–223.
22 GM V, 226.
23 GM V, 231–232. Zuerst Galilei und Cavalieri mit ihren Geometrien der Unteilbaren. Mehr noch Fermat wegen seiner Methode der Maxima und Mimina. Descartes wegen seiner Art,

Nun haben wir schon die wichtigsten Elemente, aus denen zuerst Newton und dann Leibniz ihre Methode der Fluxionen bzw. der Differenzen aufgebaut haben. Natürlich bleiben noch große und schwierige Probleme, nicht nur in bezug auf die Anwendung , sondern auch in bezug auf die Begründung . Was noch fehlt, ist herauszufinden, wie jeder von ihnen von seinen eigenen Voraussetzungen aus das verstanden hat, was er gemacht hat, und wie sie die Unterschiede zum Verfahren des jeweils anderen bestimmt haben.

***

Die im Sommer 1687 erschienenen *Principia* boten Newton eine günstige Gelegenheit von der Fluxionenrechnung, welche ihm seit mehr als zwanzig Jahren zur Verfügung stand, Gebrauch zu machen. Trotzdem sind die mathematischen Hilfsmittel ‚klassisch'. Jahre später bestätigte Newton selbst, daß er einige der Aussagen seines Buches mit Hilfe der neuen Analysis gefunden habe, daß er aber den Weg der Antike gegangen sei: in der Geometrie nichts anzunehmen, was nicht synthetisch bewiesen wäre. Das kann es den Unaufmerksamen schwer machen, die Begründungen dieser Aussagen zu verstehen[24].

Wie Westfall in seinem großartigen Buch über Newton darlegt, betrieb Newton in diesem Jahre ausführliche Studien der griechischen Geometer. Das führte ihn zu der Überzeugung, daß ihre Verfahren die einzigen legitimen seien, und er bemühte sich, die Prinzipien der alten Geometrie über die geraden Linien und Kreise hinaus bis zu den durch ein ständiges Fließen erzeugten gekrümmten Linien auszuweiten. Von dieser Auffassung aus ist der erste Teil des Buches I der *Principia* zu verstehen. Wenn nämlich Newton von etwas überzeugt war, so war er es mit großer Festigkeit, wie Westfall schreibt[25].

So können wir das Lemma I als eine Definition der Gleichheit, die uns in Verbindung mit den unendlichen Reihen bringt, lesen. Die Lemmata II, III und IV als Lemmata der Integrierung in geometrischer Version der Rechnung. Vom Lemma V (über die Ähnlichkeit) an sind die folgenden die Lemmata der Differenzierung. Wir stoßen dann auf die klassische Geometrie, aber auf eine, die, wie Westfall sagt, Euklid nicht als zu seinem Stamm gehörig anerkennen würde, weil Proportionen die letzten Gründe von Quantitäten, die sich Null nähern, sind[26].

die geometrischen Linien – nicht transzendente – durch Gleichungen auszudrücken und Gregoire de St. Vincent wegen seiner vielen wichtigen Erfindungen. Es sind auch, selbstverständlich, Wallis und Huygens, James Gregory und Mercator (der erste, – den ich kenne, sagt Leibniz –, der eine Quadratur durch eine unendliche Reihe gegeben hat). Er schließt mit Isaac Newton, Geometriker von tiefer Erfindungsgabe, der, wenn er seine Gedanken verbreiten würde, der Wissenschaft einen großen Impuls geben würde, sagt Leibniz.

24 In der *Recensio libri*. Der entsprechende englische Text in WESTFALL (1980), 423–424.

25 Cf. WESTFALL (1980), 424.

26 Cf. WESTFALL (1980), 426.

Wir stoßen somit auf das Lemma II des Teil II des Buches II, dessen Wortlaut wie folgt ist:

„Momentum Genitae aequatur momento Terminorum singulorum generantium in eorundem laterum indices dignitatum et coefficientia continue ductis"[27].

Nach dieser Definition erklärt er, was er unter einer hervorgebrachten Quantität versteht: Quantitäten, die durch einfache Rechenoperationen und das Wurzelziehen oder (in der Geometrie) durch die Bestimmung von Produkten und Wurzeln oder durch Extrem- und Mittelwerte entstanden sind. Dies sind die Produkte, Wurzeln, Quotienten, Rechtecke, Quadrate, Kuben, Quadratwurzeln, Kubikwurzeln, usw. Newton betrachtet diese Quantitäten als variabel durch eine kontinuierliche Bewegung, die sich steigert oder sich vermindert. Er nennt dieses momentane Inkrement oder Dekrement ‚Moment', so daß die Inkremente positive Momente sind und die Dekremente negative. Er weist darauf hin, daß sie nicht als endliche Partikeln verstanden werden dürfen, denn die Momente hören auf, Momente zu sein, wenn sie endliche Größen werden. Man muß sie – so fährt er fort – als die sich entwickelnden Prinzipien der unendlichen Größe verstehen. Deshalb darf man nicht auf ihre Größe achten, sondern auf die erste Proportion der sich entwickelnden Quantitäten. Es wäre dasselbe – schließt er – wenn man statt der Momente die Geschwindigkeit der Inkremente oder Dekremente – die auch Bewegungen, Mutationen, Fluxionen der Quantitäten genannt werden können – oder irgendwelche dieser Geschwindigkeit proportionale endliche Quantitäten anwenden würde.

Als Nachtrag zu den *Opticks* veröffentlichte Newton 1704 einen anderen Text über seine Fluxionenrechnung. Dieser lag seit 1676 vor, wurde aber für die Veröffentlichung überarbeitet. Dies ist der *Tractatus de quadratura curvarum*[28]. Es ist die erste Publikation – viele seiner Schriftstücke lagen noch unveröffentlicht in den Schubladen –, die ausführlich und wichtig genug ist, um seine Methode der Fluxionen allgemeinen bekannt zu machen. Fast vierzig Jahre dauerte es, bis er sich endlich entschloß, dem Publikum das, was er besaß, vollständig mitzuteilen. Zwanzig Jahre waren seit der Veröffentlichung des grundlegenden Artikels von Leibniz vergangen, als er die „Trompete des wahnsinnigen Rennens", in dem er selber neben den Brüdern Bernoulli und dem Marquis de L'Hopital einen der ersten Plätze einnahm, „ertönen" ließ. Nach ihrer verschleierten Existenz trat die Methode der Fluxionen ausgereift ans Licht.

Im Vorwort zu der obengenannten Abhandlung wird die Metode definiert. Zu Beginn hebt der Autor hervor, daß die mathematischen Quantitäten nicht aus Teilen zusammengesetzt seien, auch wenn diese noch so klein wären, sondern daß sie kontinuierlich erzeugt werden. Die Linien sind nicht eine Summe von Teilen, sondern sie werden durch Bewegungen von Punkten beschrieben, die Flächen durch Bewegungen von Linien, die Körper durch Bewegungen von Flächen, die Winkel

27 *Principia* (1687), 250. Siehe PÉREZ DE LABORDA (1977), 134–137.
28 Nachtrag zu *Opticks* (London, 1704), jetzt wiederveröffentlicht durch *Culture et Civilisation* (Bruxelles, 1966). Siehe PEREZ DE LABORDA (1977), 173–176.

durch Rotation der Schenkel, und die Zeit durch ein kontinuierliches Fließen usw. Diese Erzeugungen, fügt Newton hinzu, finden wirklich in der Natur statt. Sie können jeder Zeit in der Bewegung von Körpern beobachtet werden.

Wenn man zugesteht, daß die erzeugten Quantitäten gemäß der größeren oder kleineren Geschwindigkeit, mit der sie wachsen, zur selben Zeit größer oder kleiner werden, so behauptet Newton, eine Methode gefunden zu haben, um die Größe der Geschwindigkeit der Körper in Bewegung oder der Inkremente, die sie erzeugen, zu bestimmen. Er nennt die Geschwindigkeiten des Anstiegs ‚Fluxionen' und die erzeugten Mengen ‚Fluente'.

Man kann die Fluxionen als die Inkremente der Fluente mit einem beliebig großen Näherungswert, die in kurzen (sie ist so kurz, wie man möchte) gleichen Zeitabständen erzeugt sind, betrachten. Sie sind den augenblicklichen Inkrementen der Fluenten direkt proportional. Gegeben sei z. B. die Fläche des kurvenlinigen Dreiecks ABC und die Fläche des Rechtecks ABDG, erzeugt durch die gleichmäßige Bewegung von BC und BD. Verschieben wir die Ordinate von B nach B', dann werden die Inkremente BB', EC' und der Bogen CC' den Seiten des Dreiecks CET direkt proportional sein und damit auch den Seiten des Dreiecks VBC.

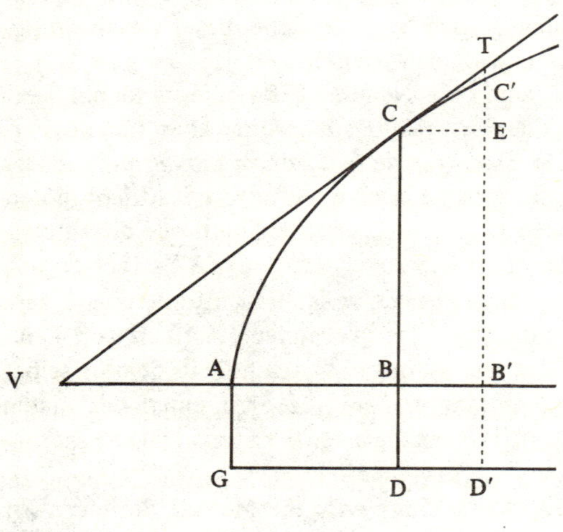

Fig. 5

Man kommt zu demselben Resultat – fährt Newton fort – wenn man für die Erlangung der Fluxionen die Methode der letzten Gründe der schwindenden Größen anwendet. Wenn man C', C einander immer näher bringt, wird das schwindende Dreieck CEC' schließlich dem Dreieck CET sehr ähnlich sein.

Nach dieser Einleitung behandelt er drei Aufgaben, wobei er die Methode, die er gerade erklärt hat, anwendet. Wir möchten ihm hierbei nicht weiter folgen, sondern nur auf die Erläuterung hinweisen, in der er in Übereinstimmung mit der Geometrie der Antike, die Analyse der endlichen steigenden oder schwindenden Quantitäten, begründen möchte, indem er nachweist, daß es nach der Methode der Fluxionen nicht nötig ist, unendlich kleine Figuren in die Geometrie einzuführen[29].

***

Huygens und Leibniz standen lange im Briefwechsel. Im Jahre 1690 kommt die Infinitesimalrechnung zur Sprache. Der alte Meister des Parisaufenthaltes und der Schüler von damals erörtern zahlreiche Probleme mit Klarheit und Offenheit. Dem ehemaligen Schüler, welcher nun zu einem Meister geworden ist, fällt es schwer, den Meister von der großen Bedeutung der neuen Rechnungsart zu überzeugen[30].

Mit großer Freiheit teilt Huygens Leibniz mit[31], daß er das Studium der Differentialrechnung begonnen habe, und daß er „erst vor zwei Tagen" die Beispiele zum Theorem von Fermat sowie zur Zykloide, die Leibniz in einem vorhergehenden Brief erklärt hatte, verstanden habe. Er findet die neue Methode sehr gut und nützlich, nachdem er die Grundlagen verstanden hat, obwohl er glaubt, selbst eine ähnliche Methode zu besitzen.

Die Antwort von Leibniz[32] ist kennzeichnend für die freundliche und wohlwollende Art, mit der Leibniz seinem Briefpartner begegnet, und die seinem Charakter entspricht. Zu Beginn schreibt er, er bezweifle nicht, daß Huygens eine ähnliche Tangentenmethode besitze; denn das, was er dy und dy nenne, könne auch anders genannt werden. Aber er legt Nachdruck auf die großen Vorteile, die seine eigene Benennungsweise hat, weil sie sofort erkennen läßt, auf welche Größen sie sich bezieht. Dies erleichtert das Verfahren im Falle, daß mehrere Buchstaben und mehrere Differenzengrade zu kombinieren sind. In diesem Falle ist ein gleiches Bennungsprinzip erforderlich. Newton – fährt er fort – verwendet Kleinbuchstaben für die Differenzen[33]. Das führt dazu, daß er die Bezeichnungsweise ändern muß, wenn er die Differenzen der Differenzen bezeichnen will. Daher ist es besser, einen Ausdruck anzuwenden, der sich auf alles erstreckt.

In John Wallis' Werken[34] erschienen die ersten Originaltexte von Newton mit einem expliziten Hinweis auf die Fluxionsrechnung sowie auch einige Briefe zu diesem Thema, u.a. der Briefwechsel zwischen Newton und Leibniz. Hier begegnet Newtons klassische Benennungsweise für die Fluxionen. Diese Veröffentlichung ver-

29 Implizite Kritik an Leibniz, welcher unendlich kleine Quantitäten in seinem Artikel von 1684 zuließ.

30 Über diese Briefwechsel siehe PÉREZ DE LABORDA (1977), 147–150.

31 Brief vom 9. Oktober 1690 in LBM 598–600.

32 Brief vom 13. Oktober 1690 in LBM 600–604, auch in GM II, 49–52.

33 Noch benutzt Newton m, n, r anstatt dy, dy, dz. Die Texte in denen die klassische Benennungsweise x, y, z für die Fluxionen und x, y, z für die Fluxionen der Fluxionen zum ersten Male erscheint, sind die von WALLIS im Band II seiner *Opera* im Herbst 1693 veröffentlichten Schriften. Wir werden uns sofort darauf beziehen.

34 Siehe PEREZ DE LABORDA (1977), 154–167.

anlaßte einen ausführlichen Briefwechsel zwischen Leibniz und Wallis. Huygens teilte Leibniz Exzerpte aus Wallis' *Opera* über die Methode der Fluxionen mit. Darauf antwortet Leibniz:

„Je commence pour vous remercier de la communication de l'extrait de l'ouvrage de M. Wallis touchant Mr. Newton. Je voy que son calcul s'accorde avec le mien, mais je pense que la consideration des differences et des sommes est plus propre à éclairer l'esprit; [. . .] Les choses composées ne sçauroient être si bien demelées par l'esprit humain sans aide de characteres. Je suis bien aise aussi de voir enfin le dechiffrement des enigmes contenus dans la lettre de Mr. Newton à feu Mr. Oldenbourg. Mais je suis faché de n'y point trouver les nouvelles lumiéres que je me promettois pour l'inverse des tangentes. Car ce n'est qu'une methode d'exprimer la valeur de l'ordonnée de la courbe demandée p e r s e r i e m i n f i n i t a m, [. . .]".[35]

***

Aus dem mühsamen, traurigen und albernen Anfängen des Streites[36] zwischen Newton und Leibniz über die Erfindung der Infinitesimalrechnung, der durch Newton selbst hervorgerufen aber durch Narren, die begierig waren, auch ein wenig Macht zu erlangen noch verwickelter wurde, möchten wir unsere Aufmerksamkeit nur auf das Urteil der Royal Society von London, dessen Vorsitzender Newton selbst war, richten. Der vierte Punkt lautet:

„That the Differential Method is one and the same with the Method of Fluxions, excepting the Name and Mode of Notation; Mr. Leibnitz calling those Quantities Differences, which Mr. Newton calls Moments or Fluxions; and marking them with the letter d, a Mark not used by Mr. Newton. And therefore we take the proper Question to be, not who invented this or that Method, but who was the first Inventor of the Method. And we believe that those who have reputed Mr. Leibnitz the first Inventor, knew little or nothing of his Correspondance with Mr. Collins and Mr. Oldenburg long before; nor of Mr. Newton's having that Method above Fifteen Years before Mr. Leibnitz began to publish it in the *Acta Eruditorum* of Leipzick".[37]

Wir gehen auch nicht darauf ein, wie langwierig und verwickelt die Diskussion war, die dieses Urteil verursacht hat[38]. Nur den Bemerkungen, die den ‚Vergleich' zwischen der Methode der Fluxionen und der Infinitesimalrechnung von Leibniz berühren, möchten wir unsere Aufmerksamkeit schenken.

Als Johann Bernoulli ein Exemplar des *Commercium epistolicum* erhielt, schrieb

35 Brief vom 24. September 1694, in LBM, 746. Die Rätsel, von denen er spricht, finden sich in der *Epistola posterior*, siehe PÉREZ DE LABORDA (1977), 109 und 115.

36 Siehe PÉREZ DE LABORDA (1977), 179–195.

37 *Commercium*, 184. Nach dem Urteil gab die Royal Society ein ganzes Buch in Auftrag, in dem der englische Standpunkt verteidigt wurde, mit vielen Bemerkungen, die nicht immer richtig und gerecht waren (PÉREZ DE LABORDA (1977), 196–201). Das Urteil ist vom 24. März (englischen Datums) 1712. Das Buch wurde im Dezember desselben Jahres ausgeliefert. Dieses Buch wurde Personen und Organismen in ganz Europa zugeschickt, außer Leibniz.

38 Siehe PÉREZ DE LABORDA (1977), 202–236. Man muß das Übergreifen der Diskussion auf die Theologie und Philosophie, die in PÉREZ DE LABORDA (1980) nachgelesen werden kann, hinzufügen.

er Leibniz einen langen Brief mit einigen Bemerkungen[39]. Mercator war – so schreibt er – der Erfinder der durch kontinuierliche Teilung erzeugten Reihen. James Gregory fand als erster die Quadratur der Kreise durch die Reihe $1 - \frac{1}{3} + \frac{1}{5} - \frac{1}{7} + \ldots$ Wie es scheine[40], habe Newton die Reihenentwicklung durch Wurzelziehen sehr gefördert, und dieses Verfahren als erster angewandt. Es scheint, fährt er fort, daß er in sie seine ganze Energie gesetzt habe, ohne an die Fluxion- und Fluentenrechnung zu denken oder an die Zurückführung dieser Rechnung auf allgemeine analytische Operationen. Bernoulli begründet seine Vermutung damit, daß man in den im *Commercium* veröffentlichten Briefen keine Spur von $\dot{x}$, $\ddot{x}$, $\dddot{x}$, $\ddddot{x}$ usw. zur Bezeichnung von dx, d^2x, d^3x, d^4x finde. Auch in den *Principia* verwende er die Zeichen nicht, obgleich er dort oft Gelegenheit dazu gehabt hätte. Man erkenne keine Spur der Methode der Fluxionen, sondern es würden Rechenweisen angewandt, die vor ihm von Huygens benutzt worden seien sowie bereits in früheren Zeiten von Torricelli, Roberval, Fermat, Cavalieri und anderen. Die punktierten Buchstaben erscheinen erst im dritten Band von Wallis' *Opera*, viele Jahre nach dem Bekanntwerden der Differentialrechnung. Ein weiteres Anzeichen dafür, daß die Fluxionsrechnung nicht früher als die Differenzenrechnung erfunden wurde, sieht Bernoulli darin, daß das wirkliche Verfahren des Differenzierens von Differenzen Newton nicht bekannt war. Das zeige sich auf S. 263 der *Principia*, wo er die konstante Zunahme von x, die er nun mit einem Punkt kennzeichnen würde, als 0 verstehe, wodurch man sehe, daß er die wirkliche Regel des Differenzierens nicht kannte.

Obgleich Bernoulli seinen Briefpartner bat, von seinem Brief behutsam Gebrauch zu machen, ist soviel gewiß, daß Leibniz unter dem Titel ‚Prozeß eines Mathematikers'[41] ein Flugblatt – die *Charta volans* –, vom 29. Juli 1713 abfaßte, das Äußerungen des Basler Mathematikers enthält. In diesem verteidigt er sich gegen den Plagiatsvorwurf. Damit war der Streit offen ausgebrochen.

Die *Charta volans* war nicht die einzige Veröffentlichung, denn im *Journal littéraire* vom November-Dezember 1713 erschien ein anonymer Artikel über die Polemik, den Leibniz selbst verfaßt hatte. Newton schrieb an Johnson, den Herausgeber der Zeitschrift, eine lange Antwort auf das erwähnte Schreiben, die aber nicht veröffentlicht wurde, obwohl es sogar eine von Abraham de Moivre verfaßte französische Version gibt. Vielleicht wurde sie nicht einmal an den oben genannten Herausgeber abgeschickt[42]. In ihr schreibt Newton:

39 Brief vom 7. Juni und vom 29. Juli 1713 in GM III, 907–912 und 915–918, und Auszüge von dieser in NC VI, 12–13.

40 Aus diesen Briefen hat Leibniz den Text der *Charta volans*, auf die wir uns sofort beziehen werden, zusammengestellt. Den vollständigen Text findet man in NC VI. 15–17.

41 In GM V, 411–413.

42 In NC VI, 80–90. Siehe die erste Bemerkung des Herausgebers auf Seite 90. Ähnliche Erklärungen befinden sich in den Briefen von John Keil vom 1. Mai und 26. Mai 1714, die in NC VI, 107–109 und 136–137 gelesen werden können.

„But its further to be observed that Fluxions and Differences are not quantities of the same kind. Fluxions are velocities, and Differences are small parts of things generated by fluxion in moments of time: fluxions are always finite quantities and differences are infinitely little. Mr Newton uses sometimes prickt letters sometimes other symbols for fluxions, Mr Leibnitz uses no symbols for fluxions to this day. The symbols of fluxions used by Mr Newton whether with pricks or without, are therefore the oldest in the kind. These he multiplies by the moment o to make them infinitely little and puts the rectangles for moments or differences, and without the moment o either exprest or understood they never signify moments or differences, but are always finite quantities and signify velocities. The fluxion of time or any exponent of time he usually represents by an unit, and the moment thereof by the letter o. wch is equipollent to ye rectangle 1 x o. In his Analysis above mentioned he represents fluents by the areas of courves, fluxions by their ordinates and moments by the rectangles under the ordinates and the moment of the common Abscissa. And these rectangles he uses instead of the Indivisibles of Cavallerius, and thereby makes his method Geometrical. For in Geometry there are no Indivisibles. When he is demonstrating any Proposition he always writes down the moment o and takes it in the sense of ye vulgar for an indefinetely small part of time and performs the whole calculation in finite figures by the Geometry of the Ancients without any approximation, and so soon as the calculation is ended and the equation reduced he supposes the moment o to decrease in infinitum and vanish. Exemples of this you have in the end of his Analysis and in the first Proposition of his Book of Quadratures. But when he is not demonstrating but only investigating a Proposition, he supposes the moment o to be infinitely small and usually for making dispatch neglects to write it down and proceeds in the calculation by any approximations wch he thinks will create no error in the conclusion. But this last way (to wch the Differential method is equipollent) is not Geometrical. For Geometry admits not of approximations nor of lines and figures infinitely little.“[43]

Leibniz schreibt seinerseits in einem Brief an den Herausgeber einer damals geschätzten Zeitschrift über den Streit:

„Autant que je me souviens de la lettre où Mr. Descartes veut rendre raison de la méthode de maximis et minimis de Mr. de Fermat, il n'y dit rien qui n'ait déja été connu de Mr. de Fermat et d'autres. Ce ne sont que quelques commencements fort éloignez du nouveau calcul, qui est tout autre chose. Au lieu de prendre les grandeurs infinitesimales pour 0, comme Monsieur de Fermat, Monsieur Descartes, et même Mr. Newton et tous les autres ont fait, avant que mon Algorithme des incomparables ait paru dans les actes de Leipsic; il faut supposer que ces grandeurs sont quelque chose, qu'elles different entre elles, et qu'elles soient marquées de differente maniere dans l'Analyse nouvelle. Car elles y seroient confondues, si elles étoient prises pour des zero. Je les prens donc, non pas comme des riens, ni même pour des infiniment petits à la rigueur; mais pour des quantitez incomparablement ou indéfiniment petites, et plus que d'une grandeur donnée, ou assignable, inférieures à d'autres dont elles font les differences ce qui rend l'erreur moindre qu'aucune erreur assignable, ou donée, et par conséquent elle est nulle“.[44]

In einem anderen um dieselbe Zeit abgefaßten Text, der *Historia et origo calculi differentialis*[45], den Leibniz jedoch nie veröffentlichte, zeichnet er den Weg seiner Entdeckung nach und legt dabei Nachdruck – wie schon oben gesagt – auf sein Interesse an den Differenzen und den Differenzen der Differenzen. Den Ausgangs-

43 NC VI, 82.

44 Brief von Leibniz an René-Joseph Tournemine vom 28. Oktober 1714, dessen Auszug im *Journal de Trévoux* vom Januar 1715 veröffentlicht wurde, cf. NC VI, 181–182.

45 In GM V, 392–410. Siehe PEREZ DE LABORDA (1977), 220–222.

punkt bildete das arithmetische Dreieck von Pascal. Später wandte er die Differentialrechnung in der Geometrie an bei der Bestimmung von Tangenten an Kurven, von Bogenlängen usw. und auch bei Quadraturen. Die Anwendung der Verfahren erstreckt sich auf die verschiedensten Gebiete und auf die verschiedensten Probleme. Von den Kurven kann man zu einem Differentialausdruck, der uns das Element der Kurve angibt, gelangen, d.h. zu y · dx, was ein Element der Fläche bezeichnet. Auf diese Weise erwiesen sich $\int$ y dx und $\int$ x dy als komplementäre Flächen.

Newton veröffentlichte seinerseits (zuerst auf Englisch und dann auf Lateinisch) eine sehr lange anonyme Rezension[46] – (die sogenannte *Recensio libri*) – vom *Commercium epistolicum*. Nach der Zusammenfassung des Inhalts von *De analysi* schreibt der anonyme Rezensent:

„he [Newton] layd down the Idea of deducing the area from the Ordinate by considering the Area as a quantity growing or increasing by continual flux in proportion to the length of the Ordinate, supposing the Abscissa to increase uniformly in proportion to time. And from the moments of time he gave the names of moments to the momentaneous increases or infinitely small parts of the Abscissa and Area generated in moments of time“[47].

Interessant in unserem Zusammenhang ist auch das folgende längere Zitat, in dem Newton – unabhängig von den nutzlosen Streitigkeiten über den Plagiatsvorwurf – die wichtigste Frage der Diskussion, die uns hier außerordentlich wertvoll ist, aufwirft:

„For making himself [Leibniz] the first inventor of the differential method he has represented that Mr Newton at first used the letter o in the vulgar manner for the given increment of x, wch destroys the advantages of the differential method: but after the writing of his *Principles*, changed o into $\dot{x}$, substituting $\dot{x}$ for dy. It lies upon him to prove that Mr Newton ever changed o into $\dot{x}$ or used $\dot{x}$ for dx, or left off the use of the letter o. Mr Newton used the letter o in his *Analysis* written in or ye year 1669, and also in his book of *Quadratures*, and in his *Principia Philosophiae*, and still uses it in the very same sense as at first. In his book of *Quadratures* he used it in conjunction with the symbol $\dot{x}$, and therefore did not use that symbol in its room. These symbols o and $\dot{x}$ are put for things of a differend kind. The one is a moment, the other a fluxion or velocity as has been explained above. When the letter x is put for a quantity wch flows uniformly, the symbol $\dot{x}$ is an unit and the letter o a moment and $\dot{x}$o and dx signify the same moment. Prickt letters never signify moments unless when they are multiplied by the moment o either exprest or understood to make them infinitely little, and then ye rectangles are put for moments.

Mr Newton doth not place his method in forms of symbols nor confines himself to any particular sort of symbols for fluents or fluxions. Where he puts the Areas of Curves for fluents he frequently puts the Ordinates for fluxions and denotes the fluxions by the symbols of the Ordinates, as in his *Analysis*. Where he puts lines for fluents he puts any symbols for the velocities of the points wch describe the lines, that is, for the first fluxions, and any other symbols for the increase of those velocities, that is, for the second fluxions, as is frequently done in his *Principia Philosophiae*. And where he puts the lettres x, y, z for fluents, he denotes their fluxions either by other letters as p, q, r, or by the same letters in other forms as X, Y, Z or $\dot{x}$, $\dot{y}$, $\dot{z}$, or by any

46 Englischer Text in NMP VIII, 561–602. Lateinischer Text in der zweiten Auflage des *Commercium epistolicum* von 1722, in *Commercium*, 9–48. Siehe PÉREZ DE LABORDA (1977), 211–219.

47 NMP VIII, 570. Lateinischer Text in *Commercium*, 13.

lines as DE, FG, HI considered as their exponents. And this is evident by his book of *Quadratures* where he represents fluxions by prickt letters in the first Proposition, by Ordinates of Curves in the last Proposition and by other symbols in explaining the method and illustrating it with examples in the Introduction. Mr Leibnitz nath no symbols of fluxions in his method, and therefore Mr Newtons symbols of fluxions are the oldest in the kind. Mr Leibnitz began to use the symbols of moments or differences dx, dy, dz in the year 1677: Mr Newton represented moments by the rectangles under the fluxions and the moment o when he wrote his *Analysis*, which was at least forty six years ago[48]. Mr Leibnitz has used the symbols $\int x$, $\int y$, $\int z$ for the summs of Ordinates ever since the year 1686: Mr Newton represented the same thing in his *Analysis* by inscribing the Ordinate in a square or rectangle. All Mr Newtons symbols are the oldest in their several kinds by many years"[49].

Man könnte noch weitere Äußerungen[50] von Newton und Leibniz herausgreifen, aber das Erörterte möchten wir als ausreichend betrachten.

***

In diesem Aufsatz haben wir die Methoden von Newton und Leibniz miteinander verglichen. Wir haben uns bemüht, die beiden Autoren nach Möglichkeit selbst zu Worte kommen zu lassen. Dabei konnten wir mindestens dreierlei feststellen: 1. Die Begründung des Calculus war zur Zeit seiner Erfindung unzulänglich, was wir freilich schon wußten. 2. In Newtons Darstellung, vor allem in späterer Zeit, steht der Differentialquotient im Mittelpunkt, wobei sein Interesse an den „schwindenden Verhältnissen" wächst. Gleichzeitig wird er immer blinder für das Problem der Notation. 3. erkennen wir, daß die Darstellung von Leibniz der Geometrie viel angemessener ist als die von Newton. Sie ist von einer sehr großen Deutlichkeit. Trotz der spektakulären Anwendung kommen deshalb die Fortschritte – wie C. H. Edwards[51] behauptet – durch die die Entwicklung der Mathematik des 18. Jahrhunderts inspiriert wurde, oft von den Mathematikern des Kontinents, welche eher die analytische ‚Maschinerie' von Leibniz benutzen als Newtons Methoden.

48 In diesen Jahre schreibt Newton so $\frac{aa}{64x}$, um die entsprechende Fläche zu bezeichnen.
49 NMP VIII, 595–597. Lateinischer Text in *Commercium*, 33.
50 Zum Beispiel im Brief Newtons an Conti vom 9. März 1716, in dem von Leibniz an Conti vom 9. April und in den Bemerkungen von Newton zu diesem Brief vom Monat Mai desselben Jahres, die in MC VI, 287, 305 und 343 nachgelesen werden können.
51 Cf. EDWARDS (1982), 267.

BIBLIOGRAPHIE

Commercium Epistolicum J. Collins et aliorum de Analysi promota, hrsg. von J.-B. Biot und F. Lefort (Paris, 1856) (= Commercium).

C. H. Edwards, The Historical Development of the Calculus, New York, 1982.

I. Grattan-Guinness (Kompilator), Del calculo a la teoria de conjuntos, 1630–1910. Una introduccion historica (Madrid, 1984).

Francois Guenard und Gilbert Lelievre (Hrsg.), Pensar la matematica (Barcelona, 1984).

Joseph E. Hofmann, Leibniz in Paris, 1672–1676. His growth to mathematical maturity (Cambridge, 1974).

G. W. Leibniz, Die Briefwechsel mit Mathematikern, hrsg. von C. I. Gerhardt (Berlin, 1899) (= LBM).

G. W. Leibniz, Mathematische Schriften, hrsg. von C. I. Gerhardt, 7 Bände (Berlin-Halle, 1849–1863, 1962) (= GM).

I. Newton, Philosphiae Naturalis Principia Mathematica (London, 1687, Nachdruck Bruxelles, Culture et Civilisation, 1965). (Principia = Philosophiae Naturalis Principia Mathematica, hrsg. von A. Koyre und I. B. Cohen, 2 Bände, Cambridge, 1972).

I. Newton, The Correspondance, hrsg. von H. W. Turnbull, J. F. Scott, A. Rupert Hall und L. Tilling, 7 Bände (Cambridge, 1959–1977) (= NC).

I. Newton, The Mathematical Papers, hrsg. von D. T. Whiteside, 8 Bände (Cambridge, 1967–1982) (= NMP).

B. Pascal, Oeuvres complètes, hrsg. von L. Lafuma (Paris, 1963).

A. Pérez de Laborda, Leibniz y Newton, I: La discusion sobre la invencion del calculo infinitesimal, und II: Fisica, filosofia y teodicea (Salamanca, 1977 und 1980).

R. S. Westfall, Never at Rest. A Biography of Isaac Newton (Cambridge, 1980).

Leibniz and the Taylor Series

By
LENORE FEIGENBAUM (BOSTON)

The history of the Taylor Series, like that of the calculus itself, is one of simultaneous and independent discovery, not in the work of two, but in the work of six mathematicians of the late 17th and early 18th centuries. When Brook Taylor published the famous series in 1715, he was unaware that his result had been anticipated several times during the preceding decades: four of his predecessors – Leibniz, James Gregory, Newton, and De Moivre – had neglected to make their discoveries public, while the fifth – Johann Bernoulli – had published a series in 1694 that we recognize today as equivalent to the Taylor Series.

An ardent Newtonian, Taylor provoked his Continental colleagues by failing to acknowledge their discoveries, although their work often influenced his own. Indeed Leibniz and Bernoulli reacted vehemently to Taylor's *Methodus incrementorum*, the treatise containing the celebrated series as well as his theory of finite differences and its applications to the calculus and mechanics. In a letter to Bernoulli, Leibniz commented:

"I have received Taylor's *Method of Increments*, as he calls it. It is the application of the differential and integral calculus to numbers. . . Thus the English 'put the cart before the horse' as the saying goes. I began the differential calculus from series of numbers, and . . . afterwards, observing that differences and sums give quadratures in geometry. . . I arrived by a natural route from the general calculus at the special geometrical or infinitesimal [calculus]. They proceed in a contrary fashion, because in fact they did not have the true method of discovering. In the whole of his book he cites no one but Newton."[1]

Bernoulli was more specific in his criticisms:

"Good God, what does the writer intend by that deliberate obscurity of his. . . No doubt to conceal his zeal for stealing, for as far as I understand. . . I see nothing there except what is ours hidden in the densest cloud of obscurity. What he has about isoperimeters belongs to my brother; what he treats concerning catenaries, sails, and cloths filled with liquid, etc., he has from me. And what is most new is plagiarism. . ."[2]

In the light of such harsh reproaches – and there were more to follow – it is interesting to note that neither Leibniz nor Bernoulli ever censured Taylor for publishing the series that each, in his own way, had anticipated decades before. Thus, in this paper I shall do the following: examine Leibniz' remarkable discoveries concerning the Taylor Series, as revealed in his letters to Johann Bernoulli

1 Leibniz to Bernoulli, June 7, 1716 in GERHARDT, *Leibnizens Mathematische Schriften*, III/2, p. 963, translated in the *Correspondence of Isaac Newton*, VI, p. 355.
2 Bernoulli to Leibniz, August 22, 1716, GM III/2, p. 970.

during the years 1694 and 1695; discuss briefly the reactions of Leibniz and Bernoulli to Taylor's published series; and conclude with some relevant new information from Taylor's unpublished papers.

To appreciate more fully the anticipatory work of Leibniz, one should begin with Taylor's own publication of the theorem in 1715 in which he established the series by means of finite differences.

In Proposition 7 of the *Methodus* Taylor set down the following chart giving the successive values of the variable y corresponding to the successive values of x under the assumption that x flowed uniformly. (In other words Δx = constant and $\Delta^2 x = \Delta^3 x = \ldots = 0$. I have modernized the notation slightly: Taylor wrote $\underset{\cdot}{x}$ for the finite increment of x and $\dot{x}$ for the Newtonian fluxion.)

Modern equivalent	Successive values of y	1st increments	2nd incr.	3rd incr.
$y(x)$	y			
		Δy		
$y(x+\Delta x)$	$y+\Delta y$		$\Delta^2 y$	
		$\Delta y+\Delta^2 y$		$\Delta^3 y$
$y(x+2\Delta x)$	$y+2\Delta y+\Delta^2 y$		$\Delta^2 y+\Delta^3 y$	
		$\Delta y+2\Delta^2 y+\Delta^3 y$		
$y(x+3\Delta x)$	$y+3\Delta y+3\Delta^2 y+\Delta^3 y$			

Having observed that the coefficients generated in the first column are the binomial coefficients, Taylor wrote the nth successive value of y, namely $y(x+n\Delta x)$, as

$$y + n\Delta y + \frac{n(n-1)}{2}\Delta^2 y + \frac{n(n-1)(n-2)}{2\cdot 3}\Delta^3 y + \ldots$$

Setting $v = n\Delta x$ so that

$$\frac{v}{\Delta x} = n, \quad \frac{v-\Delta x}{\Delta x} = n-1, \ldots$$

he obtained the following theorem: when $x \to x + v$ then

$$y \to y + \frac{v\Delta y}{\Delta x} + \frac{v(v-\Delta x)}{2}\frac{\Delta^2 y}{(\Delta x)^2} + \frac{v(v-\Delta x)(v-2\Delta x)}{2\cdot 3}\frac{\Delta^3 y}{(\Delta x)^3} + \ldots$$

Finally, in Proposition 7, Corollary 2 he found that "if in place of the evanescent increments, the fluxions proportional to them are written", then when x becomes $x + v$, y becomes

$$y + \frac{dy}{dx}v + \frac{d^2y}{dx^2}\frac{v^2}{2!} + \frac{d^3y}{dx^3}\frac{v^3}{3!} + \ldots$$

(Note the implicit assumption that when $n \to \infty$ and $\Delta x \to 0$ then $(v - n\Delta x) \to v$.)

Both Newton and Taylor would of course object to the use of differential notation here. Taylor actually wrote $\frac{\dddot{y}}{\dot{x}^3}$ for the third derivative, for example. However, with apologies to both of them, let me employ the notation of Leibniz here, if only to emphasize that Taylor's work was in fact much closer in character and spirit to that of Leibniz than to Newton.

Let us now make our way across the English Channel and back in time 21 years to 1694. With Leibniz in Hannover and Johann Bernoulli in Basel, a fruitful exchange of letters had already been taking place between them for a year.

In a letter to Leibniz in September of 1694[3] Bernoulli mentioned his recent discovery of a "most universal series. . . which expresses all quadratures and rectifications more generally and which is most appropriate for the inverse method of tangents". If the quantity ydx is to be integrated, where y is "a quantity formed in any way of indeterminates and constants", then according to Bernoulli the following formula should be employed:

$$\text{integr. } ydx = xy - \frac{x^2}{2}\frac{dy}{dx} + \frac{x^3}{2\cdot 3}\frac{d^2y}{dx^2} - \ldots$$

where dx is assumed to be constant.

As he explained further,

"By means of this universal series I easily find the sinus rectus from a given arc and radius, and I solve the rest of the problems that you solved by your method explained in the Acts for. . . April, 1693."

This last is a reference to an article in the *Acta Eruditorum* of the previous year[4] in which Leibniz demonstrated the method of undetermined coefficients for generating a power series solution to a differential equation.

One of the examples Leibniz solved was the differential equation for the log:

$$dz = \frac{dx}{1+x}$$

Assuming a solution of the form $z = bx + cx^2 + ex^3 + \ldots$, Leibniz substituted this in the original equation and obtained the particular solution

$$z = x - \frac{x^2}{2} + \frac{x^3}{3} - \ldots$$

In the published version of Bernoulli's series[5], which appeared in the *Acta Eru-*

3 Bernoulli to Leibniz, September 2, 1694, GM III/1, p. 150.

4 *Supplementum geometriae practicae sese ad problemata transcendentia extendens, ope novae methodi generalissimae per series infinitas*, in: *AE* (April, 1693): 178–180.

5 *Additamentum effectionis omnium quadraturarum & rectificationum curvarum per seriem quandam generalissimam*, in: *AE* (November, 1694): 437–441.

ditorum two months after his private announcement to Leibniz, Bernoulli solved the same differential equation using his universal series:

$$z = \int dz = \int \frac{1}{1+x} dx = \frac{1}{1+x} x - [-\frac{1}{(1+x)^2}] \frac{x^2}{2} + \frac{2}{(1+x)^3} \frac{x^3}{2\cdot 3} - \ldots$$

$$= \frac{x}{1+x} + \frac{x^2}{2(1+x)^2} + \frac{x^3}{3(1+x)^3} + \ldots$$

Noticing that his answer was not the same as that of Leibniz, he was prompted to remark that his own series "while different from that of Mr. Leibniz, nevertheless has the same value".

We should note that both Bernoulli and Leibniz implicitly assumed in their solutions that $z(0) = 0$. Thus in modern notation we would express the Bernoulli Series with limits of integration:

$$\int_0^x y dx = xy - \frac{x^2}{2} \frac{dy}{dx} + \ldots$$

In the same article in the *Acta Eruditorum* Bernoulli provided the derivation for his most universal series. Ydx is first written as an infinite sum composed of ydx and pairs of terms that cancel each other out:

$$y dx = y dx + \underbrace{x dy - x dy}_{d(xy)} - \underbrace{\frac{x^2 d^2y}{2dx} + \frac{x^2 d^2y}{2dx}}_{-d\left(\frac{x^2}{2}\frac{dy}{dx}\right)} + \underbrace{\frac{x^3 d^3y}{2\cdot 3\, dx^2} - \frac{x^3 d^3y}{2\cdot 3\, dx^2}}_{+d\left(\frac{x^3}{2\cdot 3}\frac{d^2y}{dx^2}\right)} - \ldots$$

When the terms are regrouped, each pair turns out to be the differential of a product. If both sides of the equation are now integrated, the proposed series results.

To what extent Leibniz was stimulated or possibly upset by Bernoulli's announcement is unclear to me. In any case he responded two months later[6] with his own announcement:

"Some time ago when I tried several things concerning differences of various degrees, I remember I fell into a series similar to yours. . . Indeed these were among my first reflections in Paris, when I thought so much about the sums of Dettonville or Pascal."

Leibniz then revealed his own discovery, made some 20 years before that of Bernoulli. He began by considering a decreasing series and its difference scheme:

6 Leibniz to Bernoulli, December 6, 1694, GM III/1, pp. 155–156.

Consider

the decreasing series	a		b		c		d		etc.				
its first differences		e		f		g		h		etc.			
second			l		m		n		o		etc.		
third				p		q		r		s		etc.	
fourth					t		u		v		x		etc.
fifth						β		γ		δ		θ	etc.

He then observed that the quantities in the first row can be expressed in terms of their differences in the second row, in other words

$$a = e + f + g + h + \ldots$$

that is,

$$a = (a - b) + (b - c) + (c - d) + \ldots$$

Each of the differences in the second row can be expressed in terms of the second, third, and higher differences in the first diagonal. Thus

$$a = \begin{cases} e = e \\ f = e - l \\ g = e - 2l + p \\ h = e - 3l + 3p - t \\ \vdots \end{cases}$$

$$\therefore\ a = (1 + 1 + 1 + \ldots)e - (1 + 2 + 3 + \ldots)l + (1 + 3 + 6 + \ldots)p - \ldots$$

The coefficients of e, l, p, etc. are the so-called “figurate” or “combinatoric” numbers that Leibniz had investigated earlier:

1	1	1	1	1	...
1	2	3	4	5	...
1	3	6	10	15	...
1	4	10	20	35	...
			⋮		

Each horizontal row is the difference sequence for the row immediately below it.

Remarking that one can proceed in the very same way if the terms of the series are infinitely small quantities, Leibniz adapted his result to the differential calculus by setting $a = y$, $e = dy$, $l = d^2y$, ... etc. and dx = infinitely small unity = 1. Writing

$$\begin{aligned} 1 + 1 + 1 + 1 + \ldots &= x \\ 1 + 2 + 3 + 4 + \ldots &= \textstyle\int x \\ 1 + 3 + 6 + 10 + \ldots &= \textstyle\int\int x \end{aligned}$$

he obtained

$$y = x dy - \int x \cdot d^2y + \int\int x \cdot d^3y - \ldots$$

Each of the integrals is then computed and each term adjusted according to the law of homogeneity for differentials:

$$y = x \frac{dy}{dx} - \frac{x^2}{2} \frac{d^2y}{dx^2} + \frac{x^3}{2\cdot 3} \frac{d^3y}{dx^3} - \ldots$$

Finally, substituting $\int y$ in place of each y, Leibniz arrived at the desired series:

$$\int y dx = xy - \frac{x^2}{2} \frac{dy}{dx} + \frac{x^3}{2\cdot 3} \frac{d^2y}{dx^2} - \ldots$$

The similarities between the results of Leibniz and Taylor are apparent: both use the theory of finite differences – in slightly different ways – to obtain a theorem that is then transformed, by a comparably rigorous – or nonrigorous – limit argument, into its counterpart in the differential calculus; moreover their final theorems are equivalent. Indeed the equivalence between the Bernoulli and Taylor Series can be demonstrated in several ways. Perhaps the easiest is to generate both from the same integral using integration by parts:

$$f(x) - f(0) = \int_0^x \underbrace{f'(t)}_{u} \underbrace{dt}_{dv} = \begin{cases} \underbrace{f'(t)}_{u} \underbrace{t}_{v} \Big]_0^x - \int_0^x f''(t) t dt \\ \underbrace{f'(t)}_{u} \underbrace{(t-x)}_{v} \Big]_0^x - \int_0^x f''(t)(t-x) dt \end{cases}$$

$$= \begin{cases} f'(x)x - f''(x) \dfrac{x^2}{2} + f'''(x) \dfrac{x^3}{2\cdot 3} - \ldots \text{(Let } y = f' \text{ to obtain the Bernoulli Series)} \\ f'(0)x + f''(0) \dfrac{x^2}{2} + f'''(0) \dfrac{x^3}{2\cdot 3} + \ldots \text{(Taylor Series about zero)} \end{cases}$$

It is of course intriguing, but not especially productive, to wonder whether Leibniz and Bernoulli were each subtly trying to outdo the other in announcing their discoveries and in their subsequent interchange, which I shall mention shortly. Any possible rivalry notwithstanding, the tone between them was both friendly and complimentary. Bernoulli remarked:

"how beautifully you deduce the same thing from your decreasing series by means of. . . differences."

And Leibniz praised his friend for

"that most beautiful method by which you investigated the general series."

How each reacted to Taylor's published work is quite another story, which I shall comment upon later. At present I want to return to the correspondence between Leibniz and Bernoulli during the year 1695, since their discussion of Bernoulli's most universal series did not end there. In fact the next phase of their correspondence is of special interest because it reveals their mutual progress toward an ingenious calculus of operations in which the differential and integral signs become symbols that are to be manipulated by the ordinary algebraic rules for exponents. Although it is impossible to do justice here to their entire exchange, let me concentrate on the particular work of Leibniz that led him to a new and completely different proof for the Bernoulli Series.

In separate letters to Bernoulli, in February and May of 1695[7], Leibniz contributed the following two important insights:

(i) that when k is a negative integer or zero, the differential symbol d^k can be interpreted as follows:

$$d^0x = x, \; d^{-1}x = \int x, \text{ and generally } d^{-r}x = \int^r x.$$

(ii) that a noteworthy analogy exists between the successive powers of a binomial and the successive differentials of a product – or as Leibniz says, "the differences of a rectangle". For example

$$(x+y)^3 = x^3y^0 + 3x^2y^1 + 3x^1y^2 + x^0y^3$$
$$d^3(xy) = d^3xd^0y + 3d^2xd^1y + 3d^1xd^2y + d^0xd^3y$$

As Leibniz noted, "the agreement is most perfect": x^my^n will always correspond to d^mxd^ny.

Extremely proud of this latter discovery – although it was not published until 1710 – Leibniz was no doubt delighted when Bernoulli remarked:

"There is nothing more elegant than the agreement you have observed between the numbers of the powers of a binomial and the differences of a rectangle."

Several months later[8] Leibniz realized that his two critical insights could be combined to produce not only another proof for the Bernoulli Series, but also a generalization of the same. As he explained, one can express the analogy between powers and differences as follows:

$$(x+y)^m = x^my^0 + \frac{m}{1} x^{m-1}y^1 + \frac{m(m-1)}{1 \cdot 2} x^{m-2}y^2 + \ldots$$

$$d^m(xy) = d^mxd^0y + \frac{m}{1} d^{m-1}xd^1y + \frac{m(m-1)}{1 \cdot 2} d^{m-2}xd^2y + \ldots$$

Substituting dx for x, he obtained

$$d^m(dx \cdot y) = d^{m+1}xd^0y + \frac{m}{1} d^mxd^1y + \frac{m(m-1)}{1 \cdot 2} d^{m-1}xd^2y + \ldots$$

7 Leibniz to Bernoulli, February 28, 1695 and May 6, 1695 GM III/1, pp. 167–168 and pp. 175–176.

8 Leibniz to Bernoulli, October 20, 1695, GM III/1, pp. 221–222.

He then allowed m to be negative, that is he set m = –n where n is positive:

$$d^{-n}(ydx) = d^{-n+1}x\,d^0y - \frac{n}{1}\,d^{-n}x\,d^1y - \frac{n(-n-1)}{1\cdot 2}\,d^{-n-1}x\,d^2y + \ldots$$

$$\textstyle\int^n y\,dx \;= d^0y \int^{n-1}x - \frac{n}{1}\;d^1y \int^n x + \frac{n(n+1)}{1\cdot 2}\;d^2y \int^{n+1}x + \ldots$$

Clearly if we set n = 1 in this more general expression, we have the familiar Bernoulli Series:

$$\textstyle\int ydx = xy - dy \int x + d^2y \int\!\!\int x - \ldots$$

Whether Leibniz realized it or not, Taylor published this very same generalization 20 years later as Proposition 12 of his *Methodus incrementorum.*

If we look back now on Leibniz' results on series, it is to be regretted that by virtue of his failure to make them public, Leibniz could not claim credit for the Bernoulli Series, for the generalization just mentioned, or for the equivalent series published by Taylor, all of which he had anticipated decades before. Nonetheless we are naturally led to ask how Leibniz reacted to Taylor's publication of the series we now call the Taylor Series.

Leibniz d i d have the opportunity to criticize Taylor's work publicly. Indeed the anonymous review of Taylor's book in the *Acta Eruditorum*[9] – which Taylor was convinced had originated with Bernoulli – we now know was written by Leibniz. Interestingly enough, when Leibniz arrived in his review at the section in Taylor's book containing Proposition 7, Corollary 2, he made only the following cool observation:

"the author presents several general theorems proceeding in series, and in this matter he prescribes methods, which do not seem contemptible. . ."

A back-hand compliment to be sure, but it suggests that Leibniz was probably unaware of the equivalence between the series of Bernoulli and Taylor. Since Leibniz never published his work on series, while both Bernoulli and Taylor called special attention to the fundamental importance of their respective results, it would appear that Leibniz did not fully appreciate the power and applicability of the series he had come upon 40 years before Taylor.

What can be said about Bernoulli, who published a result equivalent to the Taylor Series and who was hardly one to remain silent when his priority was in jeopardy, particularly when the would-be thief was an Englishman? Purely and simply, Bernoulli never claimed Taylor's Proposition 7, Corollary 2 as his own.

In view of this, and for a host of reasons, only one of which I have space to mention here, historians have concluded that neither Taylor nor Bernoulli recognized the equivalence of their respective series.

9 *AE* (July, 1716): 292–296.

The one reason I want to cite here is a mathematical argument. It is easy to prove that the Taylor Theorem implies the Bernoulli Theorem. Indeed Bernoulli's most famous student Euler published Taylor's series and his finite difference proof, which he noted "the Illustrious Taylor first brought to light"[10], and then showed how simply the Bernoulli Series could be derived from it. However, according to Pringsheim and others who have written about the history of the Taylor Series[11], proving the equivalence in the other direction requires considerably more analytical insight – namely a complicated change of variables – that might have been too much to expect from Bernoulli or Taylor.

It is in this context that I want to look briefly at a letter from Taylor's unpublished correspondence, now in the Royal Society of London[12]. The year is 1712, one year before Taylor discovered the finite difference proof and the particular form of the series he published later as Proposition 7, Corollary 2 of the *Methodus.* In a letter to John Keill concerning the subject of approximations, he reported that he had found the following theorem that enabled him to find an approximation for v when R and r were given:

$$R - r = \begin{cases} \dot{R}v - \dfrac{\ddot{R}v^2}{2} + \dfrac{\dddot{R}v^3}{2\cdot 3} - \ldots \\[2ex] \dot{r}v + \dfrac{\ddot{r}v^2}{2} + \dfrac{\dddot{r}v^3}{2\cdot 3} + \ldots \end{cases}$$

Taylor's proof began with the surprising pronouncement:

"This Theorem is demonstrated by Bernoulli's Series for Quadratures."

He then proceeded to explain. Consider the following shaded area ABCD. By Bernoulli's Theorem

$$ABCD(= \int y\dot{v}) = yv - \frac{\dot{y}v^2}{2} + \frac{\ddot{y}v^2}{2\cdot 3} - \ldots$$

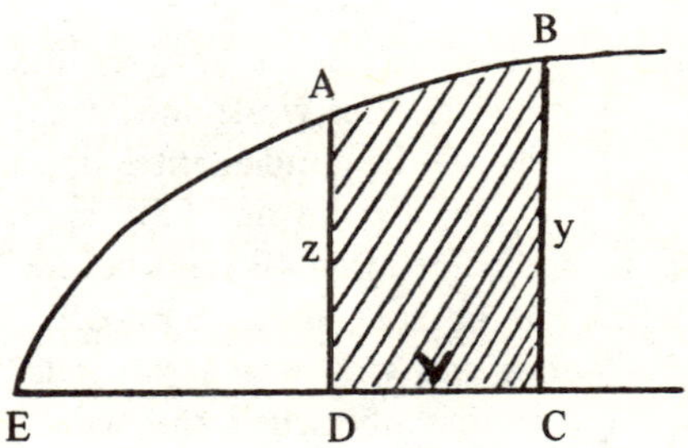

10 *Inventio summae cuiusque seriei ex dato termino generali*, in:*Commentarii academiae scientiarum Petropolitanae* 8 (1736) in EULER, *Opera Omnia* series I 14 (1925): 109.

11 Alfred PRINGSHEIM, *Zur Geschichte des Taylorschen Lehrsatzes*, in: *Bibliotheca Mathematica*, 3rd series 1 (1900): 433–479.

12 Taylor to Keill, October 9, 1712 in the Library of the Royal Society, MS. 82.

However the same region can be integrated in the opposite direction, also using Bernoulli's Theorem, with the result being the negative of the area:

$$-ABCD = z(-v) - \frac{\dot{z}(-v)^2}{2} + \frac{\ddot{z}(-v)^3}{2\cdot 3} - \ldots$$

$$ABCD = zv + \frac{\dot{z}v^2}{2} + \frac{\ddot{z}v^3}{2\cdot 3} + \ldots$$

Now if area EAD = r and area EBC = R, then

$$ABCD = R - r = \begin{cases} \dot{R}v - \dfrac{\ddot{R}v^2}{2} + \ldots \\[2ex] \dot{r}v + \dfrac{\ddot{r}v^2}{2} + \ldots \end{cases}$$

According to Taylor, the second series – which we now recognize as the Taylor Series – is no more than a reverse Bernoulli Series, and each is equally easy to prove from the other, contrary to what one reads in the historical accounts. Indeed we do not encounter the Bernoulli Series in mathematics textbooks anymore, partly because it does not seem to be a power series. Recall Bernoulli's own observation that his series for the logarithm, "while different from that of Mr. Leibniz, nevertheless has the same value". However Taylor's use of it here shows that he interpreted it as a power series whose coefficients depend on the values of the derivatives at the final ordinate, while the Taylor Series coefficients come from the derivatives at the initial ordinate.

Let me conclude by placing this last proof of Taylor back within the hostile context of the early 18th century from which it arose. Needless to say, Taylor never mentioned the Bernoulli Series when he later published an article about his method of approximations in 1717[13]. Instead he wrote:

"I soon found that this Method might easily and naturally be drawn from Cor. 2 Prop 7. . . ."

namely his own finite difference theorem published two years earlier.

13 *An Attempt towards the Improvement of the Method of approximating, in the Extraction of the Roots of Equations in Numbers*, in: *Phil. Trans.* 30 (October–December, 1717): 695–1701.

VERZEICHNIS DER ABKÜRZUNGEN

A = Leibniz: Sämtliche Schriften und Briefe. Hrsg. von der Preußischen (später: Deutschen) Akademie der Wissenschaften (später Akademie der Wissenschaften der DDR). Darmstadt, Leipzig, Berlin 1923ff.

C = Opusculus et fragments inédits de Leibniz. Extraits des manuscrits ... par Louis Couturat. Paris 1903 (Hildesheim 1961).

GM = Leibnizens mathematische Schriften. Hrsg. von C. I. Gerhardt. Bd. 1–7. Berlin, Halle 1849–1863 (Hildesheim 1962).

GP = Die philosophischen Schriften von Leibniz. Hrsg. von C. I. Gerhardt. Bd. 1–7. Berlin 1875–1890 (Hildesheim 1960–1961).

LBr = Niedersächsische Landesbibliothek Hannover: Leibniz-Briefe.

LH = Niedersächsische Landesbibliothek Hannover: Leibniz-Handschriften.

Ravier = Émile Ravier: Bibliographie des œuvres de Leibniz. Paris 1937 (Hildesheim 1966).

12. **Werner Kutschmann: Die Newtonsche Kraft.** Metamorphose eines wissenschaftlichen Begriffs. 1983. VIII, 177 S., kt. DM 56,– **ISBN 3-515-03727-6**

13. **Albert Heinekamp,** Hrsg.: **Leibniz' Dynamica.** Symposion der Leibniz-Gesellschaft in der Evangelischen Akademie Loccum, 2.–4. Juli 1982. 1984. 226 S. m. 5 Abb., kt. DM 54,– **ISBN 3-515-03869-8**

14. –, Hrsg.: **300 Jahre „Nova Methodus" von G. W. Leibniz (1684–1984).** Symposion der Leibniz-Gesellschaft im Congresscentrum „Leewenhorst" in Noordwijkerhout (Niederlande), 28. bis 30. August 1984. 1986. XVI, 268 S., kt. DM 58,– **ISBN 3-515-04470-1**

15. –, Hrsg.: **Leibniz: Questions de Logique.** 1987. Ca. 260 S., kt. ca. DM 48,– **ISBN 3-515-04604-6**

FRANZ STEINER VERLAG WIESBADEN GMBH · STUTTGART